中央空调
运行管理与维修

张国东 主编

U0201479

化学工业出版社
·北京·

本书涵盖了中央空调基础知识，并重点介绍了中央空调常见机组（活塞式、螺杆式、离心式和溴化锂吸收式）系统调试、运行操作、维护保养等运行管理和故障维修，以及中央空调水系统和风系统的运行管理和故障维修。本书在强化理论的基础上，更注重实践应用能力的提高。

本书可作为教育、劳动社会保障系统以及其他培训机构或社会力量办学和企业所举办的职业技能培训教学，也可作为职业技术院校的技能实训教材，还可供从事中央空调工作的人员参考使用。

图书在版编目（CIP）数据

中央空调运行管理与维修一本通/张国东主编． —北京：化学工业出版社，2013.6（2023.8重印）
ISBN 978-7-122-17147-4

Ⅰ.①中… Ⅱ.①张… Ⅲ.①集中空气调节系统-运行-管理②集中空气调节系统-维修 Ⅳ.①TB657.2

中国版本图书馆 CIP 数据核字（2013）第 084142 号

责任编辑：辛　田	文字编辑：冯国庆
责任校对：吴　静	装帧设计：尹琳琳

出版发行：化学工业出版社（北京市东城区青年湖南街 13 号　邮政编码 100011）
印　　装：北京虎彩文化传播有限公司
787mm×1092mm　1/16　印张 19　字数 509 千字　2023 年 8 月北京第 1 版第 11 次印刷

购书咨询：010-64518888　　　　　售后服务：010-64518899
网　　址：http://www.cip.com.cn
凡购买本书，如有缺损质量问题，本社销售中心负责调换。

定　　价：58.00 元

前言

随着社会的不断进步，国民经济的快速发展，人们生活水平的不断提高，中央空调技术显示出越来越重要的作用，已广泛应用于商业、工业、农业、国防、医药卫生、建筑工程、生物工程及人们生活等各个领域。中央空调在经济发达国家应用非常广泛，目前在我国的发展已进入成熟期，而且其增长速度还高于全球 GDP 的发展速度。我国中央空调行业的发展有两个显著特点：一是社会需求持续增长；二是新技术、新设备的应用和更新不断加快。这意味着今后需要大量掌握新技术、新设备的中央空调运行操作、维护保养、调试、故障排除与检修技能人员。为了满足社会需要，提高广大技术工人的操作技能，我们编写了本书。

本书依据中华人民共和国劳动和社会保障部制定的《中央空调系统操作员》国家职业标准，以职业技能鉴定要求为尺度，以满足本职业对从业人员的要求为目标，同时结合培训的实际情况进行编写。全书共 6 章，内容主要包括中央空调基础知识，并着重介绍了中央空调常见机组（活塞式、螺杆式、离心式和溴化锂吸收式）系统调试、运行操作、维护保养等运行管理与故障维修，以及中央空调水系统和风系统的运行管理与故障维修。

本书从强化培养高职、中职学生及相关专业技术人员职业技能，考取职业资格或技术等级证书的角度出发，在强调实用性的前提下，充分重视内容的先进性，较好地体现了本职业当前最新的实用操作技能，对于提高学生及相关专业技术人员职业素质，掌握中央空调运行管理与维修的职业技能有较大的帮助和指导作用。

本书除适用于高职、中职制冷与空调专业作为实训教学的教材外，还可用于劳动社会保障系统，社会力量办学以及其他培训机构所举办的培训教学，也适用于各级各类职业技术学校举办的中短期培训教学以及企业内部的培训教学。

本书由张国东担任主编，魏龙担任副主编。编写分工如下：第 1、5 章由魏龙编写，第 2、3、4、6 章由张国东编写。本书在编写过程中，得到了张桂娥协助进行文字和插图的校对工作，同时还得到戴路玲、陶洁、蒋李斌、冯飞、张蕾、金良等的大力帮助，在此一并表示衷心的感谢。

限于作者的水平，书中疏漏之处在所难免，敬请广大读者批评指正。

编者

目录

第1章 中央空调基础知识

空气调节系统，简称空调，就是把经过一定处理后的空气，以一定的方式送入室内，将室内空气的温度、湿度、清洁度和流动速度等控制在适当的范围内以满足生活舒适和生产工艺需要的一种专门设备。空调调节系统是用一台主机（一套制冷系统或供风系统）通过风道送风或冷热水源带动多个末端的方式来达到室内空气调节目的的。根据需要，它能组成许多种不同形式的系统。

1.1 中央空调系统的分类与结构原理

1.1.1 空气调节系统的分类

(1) 按空气处理设备的设置情况分类

① 集中式空调系统　它是将空气处理设备及冷热源集中在专用机房内，经处理后的空气经风道分别送往各个空调房间。这样的空调系统称为集中式系统，这是一种出现最早、迄今仍然广泛应用的最基本的系统形式。

② 半集中式空调系统　又称为混合式空调系统。它是建立在集中式空调系统的基础上，除有集中空调系统的空气处理设备处理部分空气外，还有分散在被调节房间的空气处理设备，对其室内空气进行就地处理，或对来自集中处理设备的空气再进行补充处理。风机盘管加新风空调系统是目前应用最广、最具生命力的系统形式，这种系统多半用于大型旅馆和办公楼等多房间建筑物的舒适性空调。

③ 全分散空调系统　又称为局部式或整体式空调系统。它是将空气处理设备、冷热源设备和风机紧凑地组合成为一个整体空调机组，可将它直接安装在空调房间或者安装在邻室，通过较短的风道将它与空调房间联系在一起。例如恒温恒湿机组、窗式空调器、分体式空调机及机房专用空调机等。

集中式空调系统和半集中式空调系统通常可以称为中央空调系统。

(2) 按负担室内负荷所用介质分类

① 全空气式空调系统　全空气式空调系统是指空调房间内的热湿负荷全部由经过处理的空气负担的空调系统，如图1-1（a）所示。空气经空调设备处理后，在风机的作用下，通过风管和风口送入各个空调房间或区域，吸热吸湿或放热放湿后排出房间，也可通过回风管道，部分返回空调设备再处理使用。

全空气式空调系统的优点是配置简单，初始投资较小，可以引入新风，能够提高空气质量和人体舒适度。但它的缺点也比较明显：安装难度大，空气输配系统所占用的建筑物空间较大，一般要求住宅要有较大的层高，还应考虑风管穿越墙体问题。而且它采用统一送风的

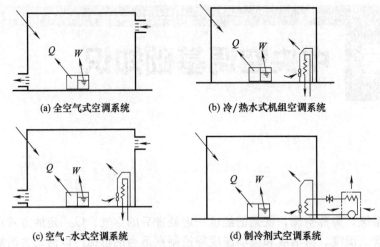

(a) 全空气式空调系统　　(b) 冷/热水式机组空调系统

(c) 空气-水式空调系统　　(d) 制冷剂式空调系统

图 1-1　按负担室内负荷所用介质的种类对空调系统分类示意

Q—空调系统产生的制冷或制热量；W—空调系统消耗的功

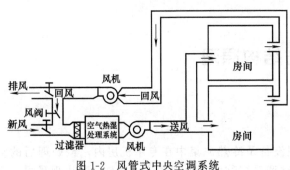

图 1-2　风管式中央空调系统

方式，在没有变风量末端的情况下，难以满足不同房间、不同空调负荷的要求。风管式中央空调系统就是典型的全空气式空调系统，如图 1-2 所示。

② 冷/热水式机组空调系统　空调房间内的热湿负荷全部由水负担的空调系统，称为冷/热水式机组空调系统，如图 1-1（b）所示，也称为全水系统。冷/热水式机组空调系统的输送介质通常为水或乙二醇溶液。它通过室外主机产生出空调冷/热水，由管路系统输送至室内的各末端装置，在末端装置处冷/热水与室内空气进行热量交换，产生冷/热风，从而消除房间内空调的冷/热负荷。该系统的室内末端装置通常为风机盘管。水管式空调系统就是典型的冷/热水机组空调系统，如图 1-3 所示。

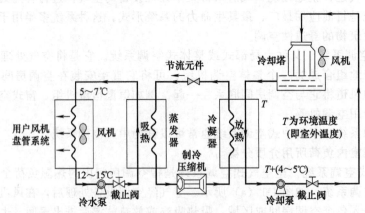

图 1-3　水管式空调系统

由于水的比热容比空气大得多，在相同情况下只需要较少的水量即可满足要求。因此，全水系统的水管管网所占建筑空间要比全空气系统的风管管网小得多。但是，由于这种系统是靠水来负担空调房间或区域的热湿负荷，显然解决不了通风换气的问题，因此室内空气质量没有保障，通常不单独采用。

③ 空气-水式空调系统　空调房间内的热湿负荷由水和空气共同负担的空调系统，称为空气-水式空调系统，如图1-1（c）所示。目前，广泛采用的空气-水式空调系统是风机盘管加新风系统，如图1-4所示。在这种系统中，冷热源提供的冷水或热水由水管分送到各个空调房间或区域的风机盘管，通过盘管与吸入风机盘管的空气就地进行热湿交换，从而达到控制风机盘管所在房间或作用区域温、湿度的目的。与此同时，冷热源提供的冷水或热水也送到专门的新风机组中以处理室外空气。经过新风机组处理后的室外空气再通过新风管网送到各个空调房间或区域，以满足人体生理等的需要。

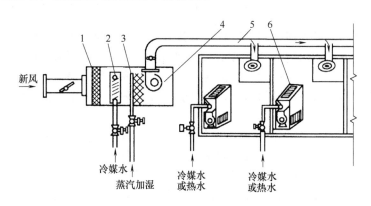

图1-4　空气-水式空调系统示意

1—过滤网；2—冷却器；3—加湿器；4—风机；5—风管；6—风机盘管

空气-水式空调系统解决了冷/热水式空调系统无法通风换气的困难，又克服了全空气系统要求风道面积比较大、占用建筑空间多的缺点。

④ 制冷剂式空调系统　制冷剂式空调系统是把制冷或热泵装置的蒸发器（冷凝器）直接放在室内，由制冷剂来负担空调房间或区域的热湿负荷，如图1-1（d）所示。VRV空调系统（变制冷剂流量空调系统）就是典型的这种系统，如图1-5所示。

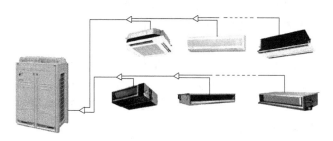

图1-5　VRV空调系统

制冷剂式空调系统具有节能、舒适、运转平稳等诸多优点，而且各房间可独立调节，能满足不同房间不同空调负荷的需求。但该系统控制复杂，对管道材质、制造工艺、现场焊接等方面要求非常高，初投资比较高。

(3) 按处理空气的来源分类

① 封闭式空调系统　封闭式空调系统所处理的空气全部来源于房间本身，没有室外空气补充，全部为再循环空气，又称为循环式空调系统，如图1-6（a）所示。封闭式空调系统用于密闭空间且无法或无需采用室外空气的场合。这种系统冷量消耗最少，但卫生效果差。只适用于无人或很少有人进入但又需保持一定温、湿度的库房等场所。

② 直流式空调系统　直流式空调系统又称为全新风空调系统，是指系统在运行过程中

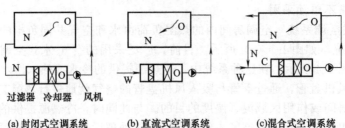

过滤器　冷却器　风机

(a) 封闭式空调系统　　　　(b) 直流式空调系统　　　　(c)混合式空调系统

图 1-6　按处理空气来源对空调系统分类示意

N—室内空气；W—室外空气；C—混合空气；O—冷却后空气状态

全部采用新风作风源，经处理达到送风状态参数后再送入空调房间内，吸收室内空气的热湿负荷后又全部被排掉，不用室内空气作为回风使用的空调系统，如图 1-6（b）所示。直流式空调系统卫生条件好，但能耗大、经济性差，多用于需要严格保证空气质量的场所或产生有毒或有害气体、不宜采用回风的场所，如放射性实验室、无菌手术室、散发大量有害物的车间等。

③ 混合式空调系统　混合式空调系统处理的空气来源一部分是新鲜空气，一部分是室内回风，如图 1-6（c）所示。混合式空调系统是实际工程中最常用的空调系统，根据回风混合次数可以分为一次回风系统和二次回风系统。一次回风系统是将新风和室内回风混合后，再经过空调机组进行处理，然后通过风机送入室内。一次回风系统应用较为广泛，被大多数空调系统采用。二次回风系统是在一次回风系统的基础上将室内回风分为两部分，分别引入空调箱中，一部分回风在新回风混合室混合，经过冷却或加热处理后与另一部分回风再一次进行混合。二次回风系统比一次回风系统更节省能源。

以上三种空调系统均属于集中式空调系统的范畴。

(4) 其他分类方法

除了上面介绍的分类方法外，空调系统还可以按另外一些方法进行分类，如下所示。

① 根据系统的风量是否固定，可分为定风量空调系统和变风量空调系统。

② 根据系统主风管内空气流速的高低，可分为低速（民用建筑低于 10m/s；工业建筑低于 15m/s）空调系统和高速（民用建筑高于 12m/s，工业建筑高于 15m/s，通常采用 20～35m/s）空调系统。

③ 根据系统的用途不同，可分为工艺性空调系统和舒适性空调系统。

④ 根据系统的控制要求不同，可分为一般性空调系统和恒温、恒湿空调系统。

⑤ 根据系统送风管数量的不同，可分为单风道空调系统和双风道空调系统。

1.1.2　中央空调系统的类型与结构原理

(1) 集中式中央空调系统

集中式中央空调系统是典型的全空气式系统，是工程中最常用、最基本的系统。它广泛应用于舒适性或工艺性的各类空调工程中，例如会堂、影剧院和体育馆等大型公共建筑，学校、医院、商场、高层宾馆的餐厅或多功能厅等。

① 集中式中央空调系统的组成　典型的集中式中央空调系统主要由下列部分组成，如图 1-7 所示。

a. 空气处理设备（即空调机组）　主要包括各种处理设备的集中空气处理室，一般由空气过滤器 6、空气冷却器 7、空气加热器 9、喷水室 11 等组成。它的作用是把空气经处理后达到预定的温度、湿度和洁净度。

b. 空气输送设备　主要包括风机 14、送风管 19、新风进口 25 等风道系统和必要的调

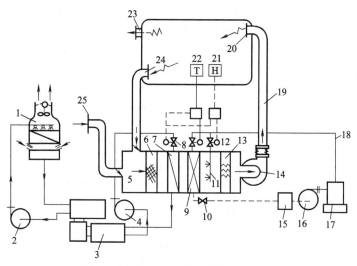

图 1-7　集中式中央空调系统组成示意

1—冷却塔；2—冷却水泵；3—制冷机组；4—冷水循环泵；5—空气混合室；6—空气过滤器；
7—空气冷却器；8—冷水调节阀；9—空气加热器；10—疏水器；11—喷水室；
12—蒸汽调节阀；13—挡水板；14—风机；15—回水过滤器；16—锅炉给水泵；
17—锅炉；18—蒸汽管；19—送风管；20—送风口；21—湿度感应控制元件；
22—温度感应控制元件；23—排风口；24—回风口；25—新风进口

节风量装置等。它的作用是将经过处理的空气按照预定要求输送到各个空调房间，并从各个空调房间抽回或排出一定量的室内空气。

c. 空气分配装置　主要包括设置在不同位置的各种类型的送风口 20、排风口 23、回风口 24 等。它的作用是合理地组织室内气流，以保证工作区（通常指离地 2m 以下的空间）内有均匀的温度、湿度、气流速度和洁净度。

除以上三部分，还有为空气处理设备服务的冷热源、冷热媒管道系统，以及自动控制和自动检测系统等。

② 集中式中央空调系统特点

a. 空气处理设备和制冷设备集中布置在机房，便于集中管理和集中调节。

b. 过渡季节可充分利用室外新风，减少制冷机运行时间。

c. 室内温、湿度和空气清洁度可以严格控制。

d. 使用寿命较长。

e. 空调系统可以采取有效的防振消声措施。

f. 机房面积较大，层高较高。风管布置复杂且较多，安装工作量大，施工周期较长。

g. 当不同房间热湿负荷变化不一致或运行时间不一致时，系统运行不经济。

h. 风管系统各支路和风口的风量不易平衡，各房间之间由风道连通，不利于防火。

③ 集中式中央空调系统空气处理的基本方法

a. 直流式空调系统　直流式空调系统全部使用室外新风，空气从百叶栅进入，经处理后达到送风状态，送入房间，其结构示意如图 1-8 所示。

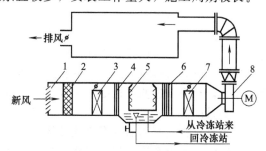

图 1-8　直流式空调系统结构示意

1—百叶栅；2—空气过滤器；3—预热器；4—前挡水板；
5—喷水排管及喷嘴；6—后挡水板；7—再热器；8—风机

ⓐ 直流式空调系统的夏季处理过程　室外的新风经空气过滤器过滤后进入喷水室冷却去湿，达到机器露点状态（习惯上称相对湿度为 90%～95% 的空气状态为"机器露点"状态），然后经过再热器加热至所需的送风状态，送入室内去除室内余热、余湿，使室内空气维持在稳定状态，然后被排出室外。

ⓑ 直流式空调系统的冬季处理过程　冬季室外空气温度低，含湿量小，要把这样的空气处理到送风状态必须进行加热和加湿处理。室外的新风经空气过滤器过滤后由预热器等湿加热到机器露点状态，然后进入喷水室进行绝热加湿处理，最后经再热器加热至所需的送风状态点送入室内，在空调房间放热达到加热、加湿目的后被排出室外。

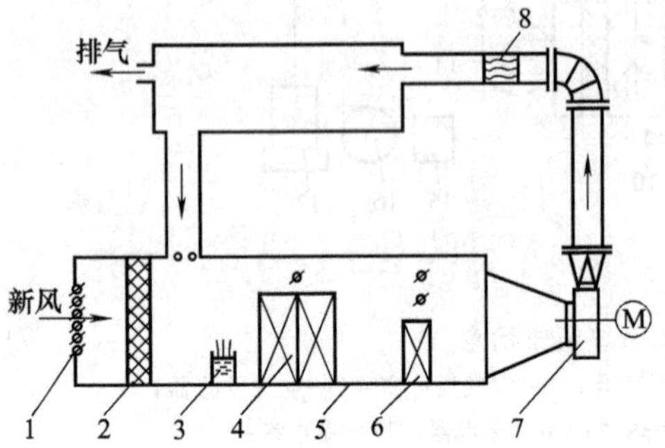

b. 一次回风式空调系统　一次回风式空调系统是将一部分回风与室外新风在喷水室（或表面冷却器）前混合，经处理再送到室内的空调系统。由于这种系统兼顾了卫生与经济两个方面，故应用最广泛。一般规定，空调系统中的新风量占送风量的百分数（即新风百分比）不低于 10%。一次回风式空调系统结构示意如图 1-9 所示。

图 1-9　一次回风式空调系统结构示意
1—新风口；2—空气过滤器；3—加湿器；
4—表面冷却器；5—排水口；
6—再热器；7—风机；8—精加热器

ⓐ 一次回风式空调系统的夏季处理过程　室外新风与来自空调房间的回风混合后进入表面冷却器（或喷水室）冷却减湿，然后经过再热器加热至所需的送风状态后，送入室内，吸收房间的余热和余湿变成室内状态后，一部分被排出室外，另一部分回到空调箱再和新风混合。

ⓑ 一次回风式空调系统的冬季处理过程　冬季室外新风与室内空气的回风混合后，进入喷水室绝热加湿（喷循环水），然后经过再热器加热至送风状态后，送入室内。在室内放热湿，达到室内设计的空气参数后，一部分被排出室外，另一部分回到空调箱再和新风混合。

c. 二次回风式空调系统　在夏季，一次回风系统仍需要再热器来解决送风温差受限制的问题。为了加热送风，必须通过再热器来提供热量。再热器所提供的热量又抵消了与热量相等的冷量。显然这样做在能量的利用上不够合理。二次回风正是基于这一考虑，在喷水室（或空气冷却器）前后两次引入室内回风，以冷却减湿设备后的回风代替再热器对空气的再加热，节省了热量和冷量。由于这一过程中采用了两次回风，所以称为二次回风空调系统。其系统结构示意如图 1-10（a）所示。

(2) 风机盘管中央空调系统

风机盘管中央空调系统是为了克服集中式空调系统在系统大、风道粗、占用建筑面积和空间较多、系统灵活性差等方面的缺点而发展起来的一种半集中式空气-水系统。它是将主要由风机和盘管（换热器）组成的机组，直接设在空调房间内，开动风机后，可将室内空气吸入机组，经空气过滤器过滤，再经盘管冷却或加热处理后，就地送入房间，以达到调节室内空气的目的。

风机盘管机组所用的冷媒水或热媒水，是由制冷机房或热交换站集中供应的。室内所需的新鲜空气，是由新风处理机组将室外空气进行集中处理后，经风道送入各个房间的。通常所说的风机盘管空调系统，一般指的是风机盘管机组加独立新风的系统，如图 1-10 所示。不设新风的风机盘管系统，由于卫生条件差，很少采用。

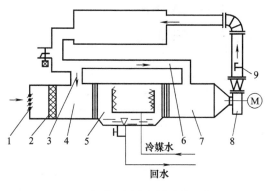

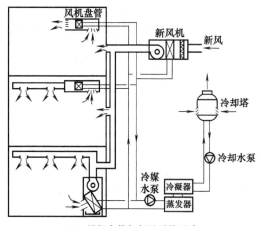

(a) 二次回风式空调系统结构示意

1—新风口；2—过滤器；3——次回风管；4——次混合室；
5—喷水室；6—二次回风管；7—二次混合室；
8—风机；9—电加热器

(b) 风机盘管加新风系统示意

图 1-10　二次回风式空调系统结构与风机盘管加新风系统

风机盘管空调系统是目前我国多层或高层民用建筑中采用最为普遍的一种空调方式。它具有噪声较小、可以个别控制、系统分区进行调节控制容易、布置安装方便、占建筑空间小等优点，目前在国内外广泛应用于宾馆、公寓、医院、办公楼等高层建筑物中，而且其应用越来越广泛。

① 风机盘管中央空调系统的新风供给方式　风机盘管中央空调系统的新风供给主要有如图 1-11 所示的几种方式。

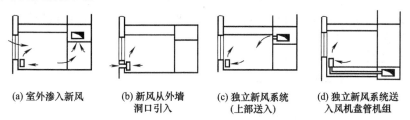

(a) 室外渗入新风　　(b) 新风从外墙　　(c) 独立新风系统　　(d) 独立新风系统送
　　　　　　　　　　洞口引入　　　　　（上部送入）　　　入风机盘管机组

图 1-11　风机盘管中央空调系统的新风供给方式

a. 借助室外空气的渗入和室内机械排风以补给新风［图 1-11 (a)］　机组基本上只处理室内再循环空气。系统的特点是初期投资和运行费用都较低，但因靠渗透补风，受到风向、热压等影响，新风量无法控制，且当室外大气污染严重时，不经过滤而渗入的新风洁度很差，在卫生间排风时又常常发生短路，室外新风不能正常补入室内，故难以保证室内卫生。因此，这种方式只适用于人员少的情况，特别适用于旧建筑物增设风机盘管空调系统且布新风管有困难时。

b. 墙洞引入新风直接进入机组［图 1-11 (b)］　如果风机盘管靠外墙安装，则可以采用此种方式。此时应在外墙上开洞口（设格栅或防雨板），设短管将新风引入机组。该方式投资小，节约建筑空间。这种方式虽然使新风得到比较好保证，但随着新风负荷的变化，室内参数将直接受到影响，它不适用于高层建筑，只适用于对室内空气参数要求不太严格的建筑物。而且新风口会破坏建筑立面，增加污染和噪声。

c. 由独立的新风系统供给新风［图 1-11 (c)、(d)］　这种方式要求有一个集中式空调系统处理新风，并可让新风负担一部分空调负荷。由于新负担了一部分负荷，夏季风机盘管要求的冷水温度可以高些，水管表面结露问题会得到改善，所以应该推广这种风机盘管加新风系统。

采用这种系统时，当风机盘管机组卧式暗装时，工程上常采用如图 1-12 所示两种方式。

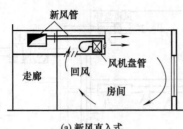 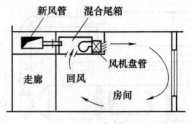

(a) 新风直入式 (b) 串接式

图 1-12 新风直入式与串接式

如图 1-12（a）所示是新风直入式，是将风机盘管出风口与新风口并列，上罩一个整体格栅，外表美观。由于新风直接送入房间，风机盘管机组只承担处理和送出回风，两者混合后才进入工作区。

如图 1-12（b）所示是新风与回风串接式，即将新风机组处理过的室外新风送入风机盘管尾箱，让经新风机组处理后的新风在尾箱中与风混合，再经风机盘管处理送入房间。

② 风机盘管的供水形式 风机盘管机组的供水系统有下列三种形式。

a. 双管制 一根为供水管，冬季供热水，夏季供冷水；另一根为公共回水管。

b. 三管制 一根为供冷水管，另一根为供热水管，第三根为公共回水管。

c. 四管制 冷水供、回水各一根，热水供、回水各一根。

我国兴建的各类高层建筑空调工程中，多采用双管制供水系统。对于舒适性要求很高的建筑物，在有可靠的自控元件时，也有少数工程是采用四管制的。

③ 风机盘管中央空调系统的特点 风机盘管中央空调系统的优点如下。

a. 布置灵活，各房间能单独调节温度，房间不住人时可关掉机组，不影响其他房间的使用。

b. 节省运行费用，运行费用与单风道系统相比少 20%～30%，比诱导器系统少 10%～20%，而综合费用大体相同，甚至略低。

c. 与全空气系统比较，节省空间。

d. 机组定型化、规范化，易于选择安装。

风机盘管中央空调系统的缺点如下。

a. 机组分散设置，维护管理不便。

b. 过渡季节不能使用全新风。

c. 对机组制作有较高的要求。在对噪声有严格要求的地方，由于风机转速不能过高，风机的剩余压头较小，使气流分布受到限制。

d. 在没有新风系统的加湿配合时，冬季空调房间的湿度低，对空气的净化能力较差。

e. 夏季室内空气湿度往往无法保证，使室内湿度较高。

(3) 变风量中央空调系统

当室内热负荷发生变化而又要使室内温度保持不变时，可使房间送风量保持不变，靠改变送风温度来适应；也可将送风温度固定不变，通过改变送风量来适应。保持全年送风量不变，靠改变送风温度来适应空调负荷变化的全空气系统称为定风量（constant air volume，CAV）系统；而保持送风温度或参数不变，靠改变送风量来适应空调负荷变化的系统则称为变风量（variable air volume，VAV）系统。我国国家标准 GB 50189—2005《公共建筑节能设计标准》规定：同一个空气调节系统中，各空调区的负荷差异和变化大、低负荷运行时间较长，且需要分别控制各空调区温度；或者建筑内全年需要送冷风的情况下全空气空调系统宜采用 VAV 系统。

变风量中央空调系统根据空调负荷的变化以及室内要求参数的变化来自动调节各末端及空调机组风机的送风量及排风量，是一种全空气系统。室内空气的送入与排出按设计要求进行平衡，换气次数高，能及时地将室内人员呼出的废气排走，最大程度地保证空调环境的品质，将二氧化碳的浓度真正地控制在 900×10^{-6} 以下，提高人的舒适性，降低空调机组的运行能耗。如图 1-13 所示为变风量空调简图。

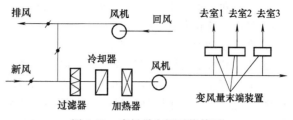

图 1-13　变风量空调系统简图

① 变风量中央空调系统形式　根据是否有变风量末端装置，变风量中央空调系统可分为两种：一种是只能改变系统总送风量，送风末端为普通送风口的系统；另一种是不仅系统总送风量可以改变，而且各送风末端还加装有变风量末端装置的系统。

a. 只能改变系统总送风量的变风量中央空调系统　对系统总送风量进行调节以适应房间负荷变化的变风量中央空调系统主要适用于有同一温、湿度控制要求的大型空调房间，如影剧院、候机（车、船）厅、展览馆、生产车间等。

对于系统总送风量的调节，可采用风机电动机调速、调传动装置（如更换带轮、调液力耦合器等）等方法来实现，其中以电动机变频无级调速方法在技术经济方面的综合效能最高，应用也最广泛。

b. 加装变风量末端装置系统的变风量中央空调系统　对于服务多个空调房间或区域，且有可调节性差异控制要求的全空气系统，通常采用加装变风量末端装置的变风量系统。利用分设在各个空调房间或区域的变风量末端装置，来适应相应房间或区域热湿负荷的变化，保证其温、湿度在要求的范围内。

加装变风量末端装置的变风量系统有如下一些特点。

ⓐ 由于末端装置可以随所服务房间或区域实际负荷的变化而改变送风量，因此，整个空调系统的供冷（热）量可以在各个空调房间或区域之间自动合理分配，并能转移。这充分利用了在同一时刻，各个空调房间或区域在朝向、位置、功能和使用时间上的不一致，负荷参差不齐这一特点，化不利条件为有利因素，减少了整个系统的负荷总量（包括总送风量和处理空气所需的总冷热量）。从而使设备的安装容量减小，设备、管道尺寸减小，能源消耗降低，机房占用面积也相应减少，初期投资和运行费用也都可以减少。

ⓑ 配以合理的自动控制，空调设备和冷热源设备只按实际需要运行，耗电降低，运行费还可进一步减少。

ⓒ 每个空调房间或区域的送风量调节，直接受装在室内的恒温器控制，故可实现单个房间或区域的温度自动控制，当然也可以独立地选择自己要求的控制温度。

ⓓ 这种系统尤其适合于建筑物的改建和扩建，例如大型民用建筑的裙房部分，其用途和布置隔断经常发生变化，只要在系统设备容量范围之内，一般都不需要对系统做太大的改动，只需要重调设定值即可。

ⓔ 由于增加了变风量末端装置及系统静压、室内最大送风量和最小送风量、室外新风量值等控制环节，整个系统的造价会有所提高。但由于系统的总装机容量和管道尺寸可以减小，综合投资费用不一定增加，甚至会降低。

② 变风量末端装置　变风量末端装置又称为变风量箱（VAV box），是变风量系统的关键设备，通过它来调节送入房间的风量，适应室内负荷的变化，维持室内温度。变风量箱通常由进风短管、箱体（消声腔）、风量调节器、控制阀等几个基本部分组成。变风量末端装置的种类很多，构造各异，有的还和送风散流器连成一体，但都具有以下基本功能。

a. 接受房间温控器的指令，根据室温的高低，自动调节送风量。

b. 当系统压力升高时，能自动维持房间送风量不超过设计最大值。

c. 当房间负荷降低时，能保证最小送风量，以满足最小新风量和室内气流组织的要求。

d. 具有一定的消声功能。

e. 当不使用时，能完全关闭。

目前常用的变风量末端装置主要有以下三种。

a. 单风管型　单风管型变风量末端装置是最基本的变风量末端装置。它通过改变空气流通截面积达到调节送风量的目的，它是一种节流型变风量末端装置。节流型变风量末端装置根据室温偏差，接受室温控制器的指令，调节送入房间的一次风送风量。

单风管型变风量末端装置的构造如图1-14所示。它由圆形进气管1、蝶形风阀2、风阀执行器及其联动装置3、箱体4以及与控制配套的电气元件和测量元件（如风量、温度传感器及控制器等）组成。其结构简单，工作可靠，控制也较为容易，因此是目前应用较多的一种变风量末端装置。

在夏季，当室温升高时，需冷量增大，通过温控器的作用使风阀执行机构将风阀由小开大，增加送入室内的冷风量；当室温降低时，则温控器又使风阀关小，减少冷风的送风量。由于温控器具有冬夏反向作用的功能，因此冬季变风量末端装置的工作情况与夏季正好相反，即在冬季，室温过高时关小风阀，室温过低时开大风阀。

b. 单风管再热型　单风管再热型变风量末端装置也是目前常用的一种变风量末端装置形式，通常用于建筑的外区部分，其构造如图1-15所示。与普通单风管型末端装置相比，再热型装置增加了一个空气加热器5，该加热器既可以是热盘管，也可以是电加热器。因此，对所服务的房间而言，它提供了一个独立的加热功能，可以使每个变风量末端装置能独立地加热空气而不受整个系统空气参数变化的影响。显然，这种形式的变风量末端装置适用范围和控制精度均超过普通单风管型，对使用者来说是更加具有灵活性和方便性的产品，但因此也增加了再热器的费用。

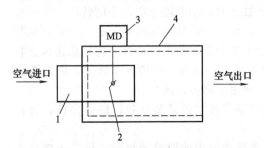

图1-14　单风管型变风量末端装置的构造
1—圆形进气管；2—蝶形风阀；3—风阀执行
器及联动装置；4—箱体

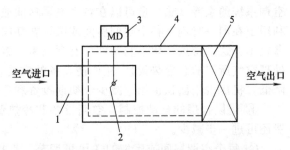

图1-15　单风管再热型变风量末端装置的构造
1—圆形进气管；2—蝶形风阀；3—风阀执行器
及联动装置；4—箱体；5—空气加热器

单风管再热型变风量末端装置在夏季时的控制方式与普通单风管型相同，但冬季则要求既控制风阀，又控制再热器，以实现对室温的控制。通常是优先控制风量，在送风量不能满足室温要求时再调节再热量。

c. 风机动力型　风机动力型末端装置（fan powered box，FPB）是在箱体内设置一台离心式增压风机，又称为风机加压型末端装置。根据增压风机与一次风风阀的排列位置的不同，风机动力型VAV末端装置可以分成并联式和串联式两种形式，如图1-16所示。

并联型FPB是指增压风机与一次风风阀并排设置，经集中式空气处理机组处理后的一次风只通过一次风风阀而不通过增压风机。并联型FPB的增压风机仅在为了保持最小循环风量或加热时运行。因此，其风机能耗小于串联型FPB。并联型FPB的增压风机是根据空调房间所需最小循环空气量或按串联型FPB设计风量的50%～80%选型。在大多数项目中，

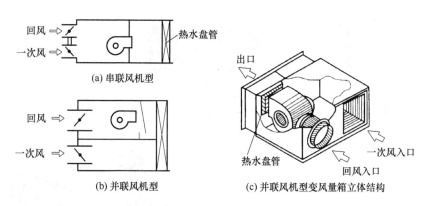

图1-16 风机动力型变风量末端装置

并联型 FPB 的增压风机每年运行在 500～2500h 之间。

串联型 FPB 是指在该变风量箱内一次风既通过一次风风阀,又通过增压风机。串联型 FPB 一般用于一次送风低温送风空调系统或冰蓄冷空调系统中,它将较低温度的一次风与顶棚内空气混合成所需温度的空气送到空调房间内。采用大温差、低温送风系统具有集中式空气处理机组较小、可减小送回风管及其配件的尺寸、节省设备初投资费用和降低吊顶空间等优点。

串联型 FPB 始终以恒定风量运行,因此该变风量箱还可用于需要一定换气次数的场所,如民用建筑中的大堂、休息室、会议室、商场及高大空间等场所。现在,国内外各种串联型 FPB 的静压值一般为 75～150Pa,设计风量为 160～5000m³/h。正常情况下串联型 FPB 的增压风机每年运行 3000～6000h。

一般来说,变风量中央空调系统具有以下特点。

a. 舒适性 能实现各个空调区域的灵活控制,可以根据负荷变化或个人的要求自行设定环境温度。

b. 节能 由于空调系统绝大部分时间在部分负荷下运行,而变风量中央空调系统是通过改变送风量来调节室温的,因此能够合理地分配气量,减少空调机组的风机能耗。这种方式与定风量、改变送风温差调节负荷的空调方式相比,有着显著的运行经济性和节能效果,全年可节约总能耗 30％～50％,并可降低空调机组的总装机容量。

c. 不会发生过冷或过热 由于温度控制的灵活、有效,可以避免常规空调常见的局部区域过冷或过热,既提高了舒适感,又节约了能量。

d. 系统噪声低 如果风量减小是通过风机转速降低实现的,则会使系统噪声大幅降低。

e. 无冷凝水烦恼 变风量系统是全空气系统,冷水管路不经过吊顶空间,可以避免冷冻水、冷凝水滴漏污染吊顶,没有凝水盘,避免了霉菌污染。

f. 系统灵活性好 其送风管与风口之间采用软管,送风口的位置可以根据房间分隔的变化而任意改变,也可根据需要适当增减风口,使系统结构变得十分灵活。

(4) 变制冷剂流量中央空调系统

变制冷剂流量(varied refrigerant volume,VRV)中央空调系统是一种制冷剂式空调系统,它以制冷剂为输送介质,室外主机由室外侧换热器、压缩机和其他制冷附件组成,末端装置是由直接蒸发式换热器和风机组成的室内机。VRV 中央空调系统如图1-17所示,一台室外机通过管路能够向若干个室内机输送制冷剂液体。通过控制压缩机的制冷剂循环量和进入室内各换热器的制冷剂流量,可以适时地满足室内冷、热负荷要求。由于制冷剂的热容量是水的 10 倍,空气的 20 倍,采用制冷剂作为冷量的输送介质可以极大地节省冷媒输送管

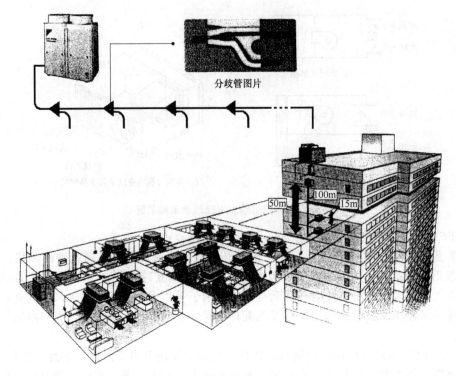

分歧管图片

50m 100m 15m

图 1-17 VRV 中央空调系统

材，节省管道及机房面积，压缩建筑层高，该系统再结合现代控制技术及变频技术，可以实现对 1000～10000m² 的空调区域温、湿度的精确控制。因此 VRV 中央空调系统已成为现代中央空调系统中不可缺少的形式之一。

VRV 中央空调系统是在电力空调系统中，通过控制压缩机的制冷剂循环量和进入室内换热器的制冷剂流量，适时地满足室内冷热负荷要求的高效率冷剂空调系统。VRV 中央空调系统需采用变频压缩机、多极压缩机、卸载压缩机或多台压缩机组合来实现压缩机容量控制；在制冷系统中需设置电子膨胀阀或其他辅助回路，以调节进入室内机的制冷剂流量；通过控制室内外换热器的风扇转速，调节换热器的能力。在变频调速和电子膨胀阀技术逐渐成熟之后，VRV 中央空调系统普遍采用变频压缩机和电子膨胀阀。

空调系统在环境温度、室内负荷不断变化的条件下工作，而且系统各部件之间、系统与环境之间相互影响，因此 VRV 中央空调系统的状态不断变化，需通过其控制系统适时地调节空调系统的容量，消除其影响，是一种柔性调节系统。其工作原理是：由控制系统采集室内舒适性参数、室外环境参数和表征制冷系统运行状况的状态参数，根据系统运行优化准则和人体舒适性准则，通过变频等手段调节压缩机输气量，并控制空调系统的风扇、电子膨胀阀等一切可控部件，保证室内环境的舒适性，并使空调系统稳定工作在最佳工作状态。

VRV 中央空调系统具有明显的节能、舒适效果，该系统依据室内负荷，在不同转速下连续运行，减少了因压缩机频繁启停造成的能量损失；采用压缩机低频启动，降低了启动电流，电气设备能耗将大大降低，同时避免了对其他用电设备和电网的冲击；具有能调节容量的特性，改善了室内的舒适性。

VRV 中央空调系统还具有设计安装方便、布置灵活多变、建筑空间小、使用方便、可靠性高、运行费用低、不需机房、无水系统等优点。但该系统控制复杂，对管材材质、制造工艺、现场焊接等方面要求非常高，且其初期投资比较高。

（5）其他类型的中央空调系统

① 双风道中央空调系统　双风道中央空调系统属于全空气系统。与普通集中式空调系统不同，双风道中央空调系统的新回风混合后，由送风机分送到两个风道。一个风道与加热器连通，称为热风道，另一个风道与冷却器连通，称为冷风道。在空调房间内设置混合箱，从空调机房引出的热风和冷风在混合箱内按适当比例混合，达到所需的送风状态后，进入房间。一般采用一次回风方式，回风管道设置风机，以便稳定室内压力而利于混合箱的混风调节。如图 1-18 所示为常规的双风道系统设备布置情况。

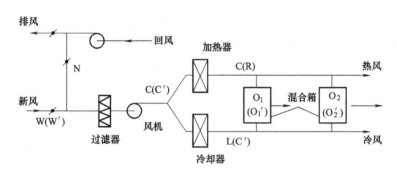

图 1-18　常规的双风道系统设备布置情况

为了减少两个风道所占的空间，通常采用高速，一般风速为 13～25m/s。由于高速会引起噪声，因此混合箱的设计要考虑消声和降压的附加作用，以削减出口气流的噪声，并使出口气流恢复常速。

双风道中央空调系统热湿调节灵活，特别适用于显热负荷变化大而各房间（或区域）的温度又需要控制的地方，如办公楼、医院、公寓、旅馆或大型实验室等。但是用冷、热两个风道调温的方法，必然存在混合损失，其制冷负荷与单风道比大约增加 10%，故其运行费用较大；加之系统复杂、初期投资高，双风道中央空调系统在我国基本上没有得到发展。

② 冷热辐射板加热新风系统　辐射板加新风系统如图 1-19 所示。在夏季，将经过减湿冷却后的一次新风送入室内，以期在降低室内湿度的同时进行新风换气。送入顶棚内管道的冷水温度为 20～30℃，以辐射形式向室内供冷。冬季则向室内送入热风，同时使顶棚面加热到 25℃左右，进行辐射采暖。

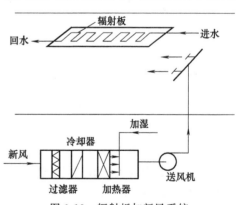

图 1-19　辐射板加新风系统

采用这种方式，大约一半的显热负荷由辐射板承担，另一半显热负荷和室内潜热负荷由一次新风承担。一次新风量约为全空气方式的一半。

采用辐射板系统可以创造一个十分舒适的室内气候条件。由于不设像风机盘管那样的末端设备，可以充分利用室内空间，但盘管置于顶棚或地板面的结构板内，所以对土建有一定要求，费用有所增加。设计该系统时要注意，为了防止夏季室内壁面结露，需设有露点控制装置。在日本的一些高级办公楼中，多采用了此种方式。在我国，辐射板多用于冬季采暖，用辐射板供冷不多见。

1.2 制冷机组

在中央空调中常用冷（热）水作为调节和处理空气设备的冷（热）源，制冷机组则是产生冷（热）水的制冷装置。制冷系统机组化是现代制冷装置的发展方向。制冷机组就是将制冷系统中的全部或部分设备在工厂组装成一个整体，配上电气控制系统和能量调节装置，为用户提供所需要的制冷（热）量和冷（热）介质的独立单元。制冷机组具有结构紧凑、占地面积小、安装简便、质量可靠、操作简单和管理方便等优点。

中央空调中使用的制冷机组有冷水机组和冷热水机组两大类，按其驱动动力的不同，又可分为电力驱动的蒸汽压缩式机组和热力驱动的溴化锂吸收式机组。蒸汽压缩式机组根据压缩机形式的不同可分为活塞式、螺杆式、离心式、涡旋式机组，溴化锂吸收式机组按其所用的热源不同分为热水型、蒸汽型、直燃型机组。

冷水机组可向中央空调系统中的空调箱（机）、风机盘管和非独立式新风机提供处理空气所需的低温水（通常称为冷媒水、冷水或冷冻水）。蒸汽压缩式冷水机组将压缩机、冷凝器、蒸发器、节流机构及控制系统等集中安装在一个公共机座上。冷水机组按冷凝器冷却方式的不同，可分为水冷冷水机组和风冷冷水机组。热泵型冷热水机组不但可以为中央空调系统提供冷水，还可以在供暖季节提供空调用热水。中央空调系统所用溴化锂吸收式机组可以提供冷水、供暖用温水和生活热水，具有节电和无污染等优点。

不同形式冷水机组的制冷量范围、使用工质及性能指标如表 1-1 所示。

表 1-1 不同形式冷水机组的制冷量范围、使用工质及性能指标

种类		制冷剂	单机制冷量/kW	性能系数
蒸汽压缩式水冷冷水组	活塞式	R22,R134a	52～700	3.57～4.16
	螺杆式	R22,R134a	112～3870	4.50～5.56
	离心式	R123	250～10500	5.00～6.00
		R134a	250～28500	4.76～5.90
		R22	1060～35200	—
	涡旋式	R22	<335	4.00～4.35
溴化锂吸收式冷水机组	热水型	H_2O/LiBr(单效)	175～23260	>0.6
	蒸汽型	H_2O/LiBr(双效)	175～23260	1.00～1.23
	直燃型	H_2O/LiBr(双效)	175～23260	1.00～1.33

1.2.1 活塞式冷水机组

(1) 活塞式冷水机组的构成与特点

以活塞式制冷压缩机为主机的冷水机组称为活塞式冷水机组。活塞式冷水机组由活塞式制冷压缩机与冷凝器、蒸发器、热力膨胀阀及其他附件（干燥过滤器、储液器、电磁阀、自动能量调节和自动保护装置等）等构成，并安装于同一个机座上。大多数厂家将电控柜安装在机组上，部分厂家则将电控柜安装在机组以外。活塞式冷水机组的特点如下。

① 机组设有高低压保护、油压保护、电动机过载保护、冷媒水冻结保护和断水保护，确保机组运行安全可靠。

② 机组可配置多台压缩机，通过启动一台或几台来调节制冷量，适应外界负荷的波动。

③ 随着机电一体化程度的提高，机组可实现压力、温度、制冷量、功耗及负荷匹配等参数全部微计算机智能型控制。

④ 用户只需在现场对机组进行电气线路和水管（包括冷却水系统和冷媒水系统）的连

接与隔热施工，即可投入试运行。

（2）活塞式单机头冷水机组

活塞式单机头冷水机组大多采用 70、100、125 系列制冷压缩机组装。其中，70 系列为半封闭活塞式制冷压缩机，100 和 125 系列为开启活塞式制冷压缩机。如图 1-20 所示为开启活塞式单机头冷水机组的外形结构，如图 1-21 所示为半封闭活塞式单机头冷水机组的外形结构。

活塞式单机头冷水机组在结构上的主要特点是冷凝器和蒸发器均为壳管式换热器，它们或上下叠置或左右并置。由于活塞式制冷压缩机运转时的往复运动会产生较大的往复惯性力，从而限制了压缩机的转速不能太高。故其单位制冷量的质量指标和体积指标较大，因此，单机制冷量不能过大，否则机器显得笨重，振动也大。活塞式单机头冷水机组的制冷量一般在 700kW 以下。

① 制冷系统流程　以如图 1-22 所示的 FJZ-40A 型活塞式冷水机组为例，分析活塞式单机头冷水机组工作流程。FJZ-40A 型活塞式冷水机组主机为 812.5F100 型开启活塞式制冷压缩机，以 R22 为工质，采用了滚轧螺纹管制成的壳管式冷凝器和内肋管干式蒸发器，大大提高了传热效率，使体积和重量有了显著的减小，设备充注的制冷剂 R22 也只有一般满液式机组的 1/3，并且没有蒸发器冻裂的危险。机组上装有自动能量调节装置，当蒸发器水温因外界负荷变化而有升降时，制冷机的制冷量也可相应地自动调节，此外，机组上还备有自动保护装置可以防止设备因意外原因而引起的事故。

由图 1-22 可知，制冷剂在干式蒸发器内蒸发后，由吸气管进入压缩机吸气腔，经压缩

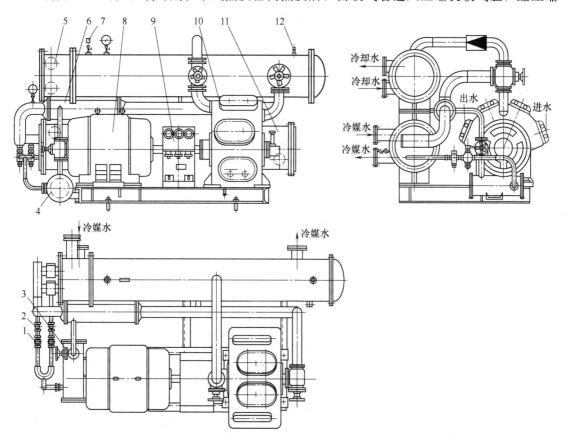

图 1-20　开启活塞式单机头冷水机组的外形结构

1—电磁阀；2—热力膨胀阀；3—截止阀；4—干燥过滤器；5—冷凝器；6—热交换器；7—安全阀；
8—电动机；9—控制台；10—开启活塞式制冷压缩机；11—蒸发器；12—放空阀

机压缩后进入冷凝器，高温、高压蒸气经冷凝后进入热交换器管程，被经过热交换器壳程回到压缩机的蒸气进一步冷却，冷却后的液体流经干燥过滤器及电磁阀，并在热力膨胀阀内节流降压到蒸发压力而进入蒸发器，蒸发吸收热量，冷却冷媒水，蒸发后的蒸气又重新进入压缩机，如此循环。

图 1-22 中的压力表 1 指示冷凝器的冷凝压力，压力表 2 指示蒸气出口处的蒸发压力，冷凝器上的 $DN15mm$ 安全阀是为保证安全设置的，当发生断水故障而冷凝压力过高时，排放冷凝器内的气体使压力降低到规定值以下，保证机器的安全运转。在热交换器到干燥过滤的供液管路上，装置有一个 $DN40mm$ 直通阀，它可人为切断对蒸发器的供液。干燥过滤器的 $DN6mm$ 阀门是供系统充灌制冷剂液体用的。

蒸发器供液量的调节是通过热力膨胀阀的工作来实现的。该阀的感温包置于蒸发器回气管上，它根据回气管内蒸气的过热度高低来改变膨胀阀的开度，从而起到调节流量的作用。蒸发器的出口安装了一个温度范围 0～50℃、精度 1/10 刻度的温度计，以方便观察回气管内蒸气的过热度。

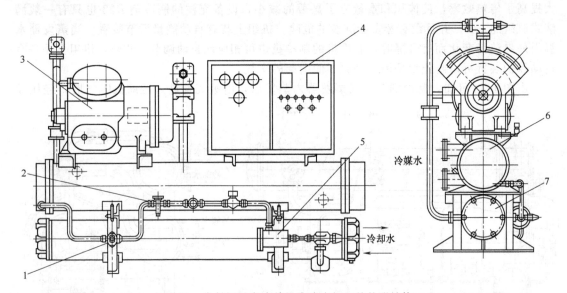

冷媒水

冷却水

图 1-21　半封闭活塞式单机头冷水机组的外形结构

1—截止阀；2—热力膨胀阀；3—半封闭活塞式制冷压缩机；4—控制箱；5—干燥过滤器；6—蒸发器；7—冷凝器

② 制冷系统的主要部件

a. 活塞式制冷压缩机

（a）活塞式制冷压缩机的分类与基本参数　活塞式制冷压缩机的形式和种类较多，而且有多种不同的分类方法，目前常见的分类方法有以下几种。

ⓐ 按密封结构形式分类　为了防止制冷工质向外泄漏或外界空气渗入制冷系统内，制冷压缩机有着相应的密封结构。从采用的密封结构方式来看，制冷压缩机可分为开启式和封闭式两大类。而封闭式又可分为半封闭式和全封闭式。这三种压缩机的结构如图 1-23 所示。

开启式压缩机的曲轴功率输入端伸出机体之外，通过传动装置（联轴器或皮带轮）与原动机相连接。压缩机曲轴外伸端设置轴封装置，以防泄漏。

封闭式压缩机采用封闭式的结构，把电动机和压缩机连成一整体，装在同一机壳内共用一根主轴，因而可以取消开启式压缩机中的轴封装置，避免了由此产生或多或少泄漏的可能性。半封闭式与全封闭式的区别是前者的机壳是用可拆式法兰连接，以便维修时拆卸；后者的机壳分为两部分，压缩机与电动机装入后，壳体两部分用焊接法焊死。

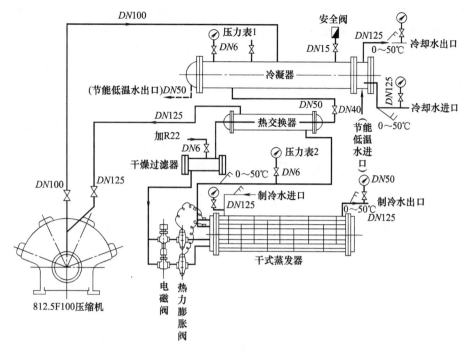

图 1-22　FJZ-40A 型活塞式冷水机组的制冷系统流程

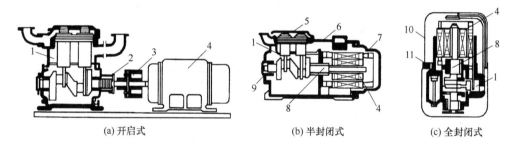

(a) 开启式　　　　　(b) 半封闭式　　　　　(c) 全封闭式

图 1-23　制冷压缩机的密封形式

1—压缩机；2—轴封；3—联轴器；4—电动机；5,7,9—可拆卸的密封盖板；
6—机体；8—曲轴；10—焊封的罩壳；11—弹性支撑

ⓑ 按压缩级数分类　分为单级和单机双级压缩机。单级压缩机是指制冷剂蒸气由低压至高压状态只经过一次压缩；单机双级压缩机是指制冷剂蒸气在一台压缩机的不同汽缸内由低压至高压状态经过两次压缩。

ⓒ 按压缩机转速分类　分为高、中、低速三种。转速高于 1000r/min 为高速，低于 300r/min 为低速，在两者之间为中速。现代中小型多缸压缩机多属于高速范围，它能以较小的外形尺寸获得较大的制冷量，而且便于和电动机直联。但是，随着转速的提高，对压缩机在减振、结构、材料及制造精度等各方面则提出了更高的要求。

ⓓ 按气缸布置方式分类　活塞式制冷压缩机按汽缸布置方式通常分为卧式、直立式和角度式三种类型，如图 1-24 所示。卧式压缩机的汽缸轴线呈水平布置，其管道布置和内部结构的拆装维修比较方便，多属大型低速压缩机。直立式压缩机的汽缸轴线与水平面垂直，用符号 Z 表示。这类压缩机占地面积小，活塞重力不作用在汽缸壁面上，因而汽缸和活塞的磨损较小；机体主要承受垂直的拉压载荷，受力情况较好，因而形状可以简单些，基础尺

寸也可以小些。但大型直立式压缩机的高度大，必须设置操作平台，安装、拆卸和维护管理均不方便，因而极少采用此种布置方式；即使是中小型压缩机，除单、双缸外，也很少采用直立式的。角度式压缩机的汽缸轴线，在垂直于曲轴轴线的平面内具有一定的夹角。其排列形式有 V 形、W 形、Y 形、S 形（扇形）、X 形等。角度式压缩机具有结构紧凑、重量轻、动力平衡性好、便于拆装和维修等优点，因而在现代中、小型高速多缸压缩机中得到广泛应用。

我国国家标准 GB/T 10079—2001《活塞式单级制冷压缩机》规定的活塞式压缩机汽缸布置形式见表 1-2，基本参数见表 1-3，名义工况见表 1-4 和表 1-5，使用范围见表 1-6 和表 1-7。名义工况是用来标明制冷机工作能力的温度条件，即铭牌制冷量和轴功率的工况。

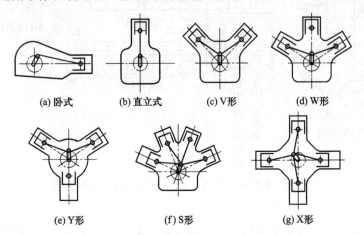

(a) 卧式 (b) 直立式 (c) V形 (d) W形

(e) Y形 (f) S形 (g) X形

图 1-24 活塞式制冷压缩机汽缸布置形式

表 1-2 活塞式压缩机汽缸布置形式

压缩机类型		缸数/个				
		2	3	4	6	8
全封闭		V 形角度式或 B 形并列式	Y 形角度式	X 或 V 形角度式		
汽缸直径小于 70mm 的单级半封闭式压缩机		Z 形直立式	Z 形直立式或 W 形角度式	V 形角度式		
70mm 汽缸直径的单级半封闭式压缩机		V 形角度式或直立式	W 形角度式	扇形或 V 形角度式	W 形角度式	S 扇形角度式
开启式	100mm 汽缸直径	V 形角度式或直立式		扇形或 V 形角度式	W 形角度式	S 扇形角度式
	125mm 汽缸直径			V 形角度式		
	170mm 汽缸直径					
	250mm 汽缸直径					

表 1-3 压缩机基本参数

类别	缸径/mm	行程/mm	转速范围/(r/min)	缸数/个	容积排量(8缸)			
					最高转速/(r/min)	排量/(m³/h)	最低转速/(r/min)	排量/(m³/h)
半封闭式	48、55、62		1440	2				
	30、40、50、60			2、3、4				
	70	70	1000～1800	2、3、4、6、8	1800	232.6	1000	129.2
		55				182.6		101.5
开启式	100	100	750～1500	2、4、6、8	1500	565.2	750	282.6
		70				395.6		197.8

类别	缸径/mm	行程/mm	转速范围/(r/min)	缸数/个	容积排量(8 缸)			
					最高转速/(r/min)	排量/(m³/h)	最低转速/(r/min)	排量/(m³/h)
开启式	125	110	600～1200	4、6、8	1200	777.2	600	388.6
		100				706.5		353.3
	170	140	500～1000		1000	1524.5	500	762.3
	250	200	500～600	8	600	2826	500	2355

表 1-4　有机制冷剂压缩机名义工况　　　　　　　　单位：℃

类型	吸入压力饱和温度	排出压力饱和温度	吸入温度	环境温度
高温	7.2	54.4①	18.3	35
	7.2	48.9②	18.3	35
中温	−6.7	48.9	18.3	35
低温	−31.7	40.6	18.3	35

① 高冷凝压力工况。

② 低冷凝压力工况。

注：表中工况制冷剂液体的过冷度为 0℃。

表 1-5　无机制冷剂压缩机名义工况　　　　　　　　单位：℃

类型	吸入压力饱和温度	排出压力饱和温度	吸入温度	制冷剂液体温度	环境温度
中低温	−15	30	−10	25	32

表 1-6　有机制冷剂压缩机使用范围

类型	吸入压力饱和温度/℃	排出压力饱和温度/℃		压力比
		高冷凝压力	低冷凝压力	
高温	−15～12.5	25～60	25～50	≤6
中温	−25～0	25～55	25～50	≤16
低温	−40～−12.5	25～50	25～45	≤18

表 1-7　无机制冷剂压缩机使用范围

类型	吸入压力饱和温度/℃	排出压力饱和温度/℃	压力比
中低温	−30～5	25～45	≤8

（b）活塞式制冷压缩机的总体结构

ⓐ 开启活塞式制冷压缩机　开启活塞式制冷压缩机的曲轴功率输入端伸出机体，通过联轴器或带轮和电动机连接。它的特点是容易拆卸、维修，但密封性较差，工质易泄漏，因此曲轴外伸端有轴封装置。开启活塞式制冷压缩机在我国有着广泛的应用。我国自行设计、制造的系列产品，如 125 系列和 100 系列等，它们有特点如下。

•普遍采用多汽缸的角度式布置方式，配合以逆流式结构，缩短活塞的高度，采用铝合金活塞。

•普遍采用把汽缸体和曲轴箱连成一体的汽缸体曲轴箱机体结构形式，从而可提高机体的刚度和气密性，减少机加工量。在机体的曲轴箱两侧，开有装拆连杆大头盖的操作窗口，平时用侧盖予以密封。

•普遍采用可更换缸套，便于采用顶开吸气阀片输气量调节方法。而吸气腔位于缸套周围，汽缸冷却效果好，减少湿冲程的可能性。

•普遍利用汽缸套上部法兰安设吸气阀通道，配置组合式的环片阀结构，使其有充分的空间安装吸、排气阀，并尽量减少汽缸的余隙容积，整个吸、排气阀的组合件由一个圆柱形螺旋弹簧紧压在汽缸套上，这不仅便于装拆，而且由此而形成安全盖机构，减轻发生湿冲程时的机械冲击。

· 四缸以上压缩机设置能量调节装置，可根据制冷系统负荷变化改变工作缸数及空载启动，既节省能耗，又保护原动机。

· 普遍采用压力润滑的方式，以保证各高速摩擦表面获得可靠的润滑和轴封具有良好的密封性能，并向输气量调节机构提供液压动力。

如图1-25所示为812.5F100型开启活塞式制冷压缩机的总体结构。该机以R22为制冷剂，结构形式为8缸，扇形，单作用，逆流式。相邻汽缸中心线夹角为45°，汽缸直径为125mm，活塞行程为100mm。812.5F100型压缩机结构紧凑，外形体积小，动力平衡性能良好，振动小，运转平稳。

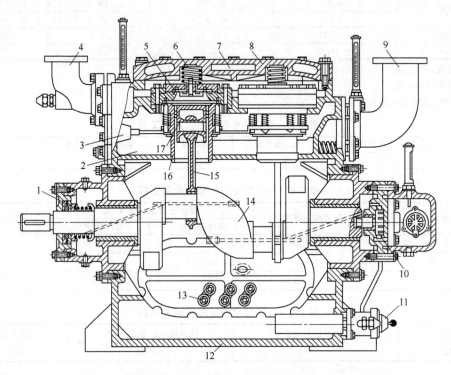

图1-25　812.5F100型开启活塞式制冷压缩机的总体结构

1—轴封；2—吸气腔；3—油压缸拉杆机构；4—排气管；5—气阀组件；6—安全弹簧；
7—水套；8—汽缸盖；9—吸气管；10—油泵；11—油三通阀；12—曲轴箱；
13—油冷却器；14—曲轴；15—连杆；16—汽缸套；17—活塞

压缩机的机体为整体铸造结构，上部为汽缸体，下部为曲轴箱。汽缸体上有8个安装汽缸套的座孔，各放置一个汽缸套。排气腔顶部端面用汽缸盖封闭，汽缸盖上设有冷却水套，用冷却水冷却。机体的两端安装有吸、排气管。曲轴箱两侧的窗孔用侧盖封闭，侧盖上装有油面指示器和油冷却器，分别用来检测油量及冷却润滑油。

压缩机采用两个曲拐错角为180°、用球墨铸铁铸造的曲轴，由两个主轴承（滑动轴承）支承。平衡块与曲柄铸成一体，每个曲柄销上装配四个工字形连杆。各个连杆小头部位通过活塞销带动一个铜硅铝合金的筒形活塞，使其在汽缸内做往复运动。活塞上装有两道气环和一道刮油环，其顶部呈凹陷形，与排气阀的形状相适应，以减少余隙容积。汽缸套上部凸缘作为吸气阀阀座。吸、排气阀为组合式，均采用单片环状阀。内阀座与阀盖用气阀螺栓连接，阀盖与外阀座用螺栓连接，使整个排气阀连成一体。阀盖上部设有安全弹簧，排气阀座兼作安全盖用，以防止液击时损坏机器。低压蒸气从吸气管9经过滤网进入吸气腔2，再从汽缸上部凸缘处的吸气阀进入汽缸，经压缩的气体通过排气阀进入排气腔再经排气管4排出。吸、排气腔之间设有安全阀，排气压力过高时，高压气体顶开安全阀后回流至吸气腔，保护机器零件不致损坏。汽缸套的中部周围设有顶开吸气阀阀片的顶杆和转动环，转动环由油缸拉杆机构控制，用以调节压缩机的排气量和启动卸载之用。

轴封采用摩擦环式机械密封装置，设置在前轴承座里，运转时轴封室内充满润滑油，用以润滑摩擦面并起油封和带走热量的作用。

压缩机采用压力润滑，由曲轴自由端带动转子式内啮合齿轮油泵10供油，润滑油从曲轴箱底部经金属网式粗滤器进入油泵，然后经过金属片式细滤器清除杂质后，从曲轴两端进入润滑油道，润滑两端主轴承、轴封、各连杆大头轴承和活塞销等。控制能量调节机构的动力油也由油泵供给。汽缸壁以连杆大头飞溅起的润滑油润滑。曲轴下部装有充放润滑油用的三通阀。曲轴箱内装有润滑油冷却器，润滑油冷却器浸入曲轴箱底部的润滑油中，冷却器中通入冷却水时，可使曲轴箱内的润滑油得到冷却。

压缩机采用直接传动方式，用联轴器由电动机直接驱动。

ⓑ 半封闭活塞式制冷压缩机　半封闭活塞式制冷压缩机的电动机和压缩机装在同一机体内并共用同一根主轴，因而不需要轴封装置，避免了轴封处的制冷剂泄漏。半封闭活塞式制冷压缩机的机体在维修时仍可拆卸，其密封面以法兰连接，用垫片或垫圈密封，这些密封面虽属静密封面，但难免会产生泄漏。

半封闭活塞式制冷压缩均采用高速多缸机型，其特点如下。

• 电动机和压缩机共用一根主轴，取消了轴封装置和联轴器，结构紧凑、重量轻、密封性能好、噪声小。

• 机体多采用整体式结构，其电动机外壳往往是机体的延伸部分，以减少连接面积并保证了压缩机和电动机的同轴度。曲轴箱和电动机室有孔相通，保证了压力平衡以利于润滑油的回流。

• 压缩机的汽缸与开启式压缩机一样仍暴露在外，便于冷却，容易拆卸和维修。

• 主轴可采用曲拐轴或偏心轴的结构形式，它横卧在一对滑动或滚动主轴承上。主轴的一端总是悬臂支承着电动机转子，后者同时也起着飞轮的匀速作用。

• 内置电动机的冷却方式有空气冷却、水冷和低压制冷剂冷却。空气冷却绝大多数用于风冷式冷凝机组中，这时，电动机外壳周围设有足够的散热片，靠冷凝风机吹过的风冷却电动机定子；当采用水冷式冷凝器时，可向电动机外壳的水套中引入冷却水对电动机定子进行冷却；用低压制冷剂冷却的方式是用从蒸发器来的低温制冷剂蒸气冷却电动机定子，可使内置电动机具有较大的过载能力，普遍用于功率大于1.5kW以上的半封闭制冷压缩机。

• 对于功率小于5kW的半封闭活塞式制冷压缩机，其润滑系统往往采用飞溅润滑方式，但对功率较大的压缩机就显得供油不充分，应采用压力供油方式。所用的液压泵应是可以逆转工作的，因为半封闭式压缩机不能从外观判断转向。

如图1-26所示为B47F55型半封闭塞式制冷压缩机的总体结构。压缩机的四个汽缸为扇形布置，相邻汽缸中心线夹角为45°，汽缸直径为70mm，活塞行程为55mm。机体为整体铸造结构，电动机外壳是机体的延伸部分，压缩机主轴悬伸段就是电动机转子轴。电动机借助吸入的制冷剂蒸气冷却，当采用R22作制冷剂时，配有冷却水套的汽缸盖使排气得到冷却，以避免排气温度过高。曲轴箱和电动机室有孔相通，以保证压力的平衡。机体上设有回油阀，从油分离器分离出来的润滑油通过浮球阀自动流回曲轴箱。单拐曲轴由球墨铸铁制造，曲柄销上安装有4个工字形截面的连杆，连杆大头为垂直剖分式，大头

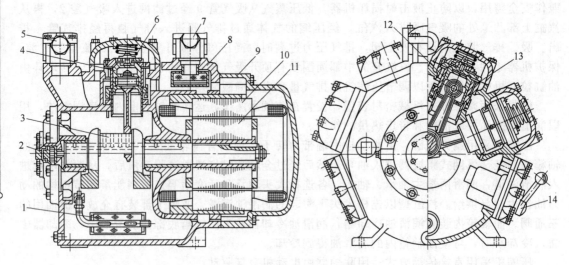

图 1-26　B47F55 型半封闭塞式制冷压缩机的总体结构

1—油过滤器；2—油泵；3—曲轴；4—活塞；5—排气管；6—安全弹簧；7—吸气管；8—压缩机壳体；
9—电动机壳体；10—电动机定子；11—电动机转子；12—汽缸套；13—卸载顶杆；14—卸载转换阀

轴瓦为薄壁轴瓦，小头衬套用铁基粉末冶金制成。铝合金制造的筒形活塞顶部呈凹形，有两道气环，一道油环。吸、排气阀结构与 812.5F100 型压缩机基本相同。汽缸套外壁安装有顶开吸气阀片的能量调节装置，依靠油压传动顶开吸气阀片。润滑油泵采用月牙形内啮合齿轮油泵，正、反转均能正常供油。曲轴箱底部装有油过滤网。电动机用高强度漆包线绕制，为 E 级或 F 级绝缘。

（c）活塞式制冷压缩机的主要零部件

ⓐ 曲柄连杆驱动机构　曲轴、连杆和活塞组构成了曲柄-连杆机构，其作用是通过连杆将曲轴的旋转运动转变成活塞的往复运动，实现压缩机的工作循环。活塞式制冷压缩机的曲柄连杆机构如图 1-27 所示。

• 曲轴　曲轴是制冷压缩机的重要运动部件之一，压缩机的全部功率都通过曲轴输入。曲轴受力情况复杂，要求有足够的强度、刚度和耐磨性。活塞式制冷压缩机曲轴的基本结构形式有曲柄轴、偏心轴和曲拐轴三种，在活塞式冷水机组中使用较多的为曲拐轴。

活塞式制冷压缩机的曲柄连杆机构如图 1-28 所示。曲拐轴简称曲轴，其由一个或几个以一定错角排列的曲拐所组成，每个曲拐由主轴颈、曲柄和曲柄销三部分组成，简称曲轴。这类曲轴的连杆大头必须是剖分式，每个曲柄销上可并列安装 1~4 个连杆。活塞行程较大时常用这类轴。曲轴的一端（轴颈较长端）称为功率输入端，通过

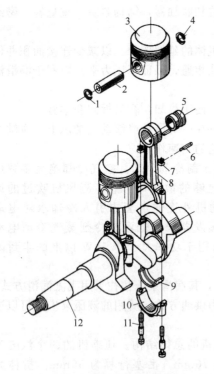

图 1-27　活塞式制冷压缩机的曲柄连杆机构

1，4—弹簧挡圈；2—活塞销；3—活塞；
5—连杆小头衬套；6—开口销；7—连杆螺母；
8—连杆；9—连杆大头轴瓦；10—连杆大头盖；
11—连杆螺栓；12—曲轴

联轴器或带轮与电动机连接；另一端称为自由端，用来带动油泵。曲轴除传递动力作用外，通常还起输送润滑油的作用。如图1-28所示，曲轴内部钻有油道，从油泵出来的润滑油，经油道5输送到主轴颈和连杆轴颈等部位，润滑各摩擦表面。为了消除或减轻压缩机的振动，在曲柄上装（铸）有平衡块，起到全部或部分平衡旋转重量、往复重量惯性力及其力矩的作用。

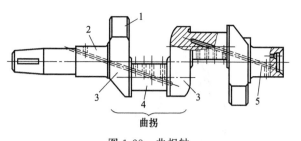

图1-28 曲拐轴

1—平衡块；2—主轴颈；3—曲柄；4—曲柄销；5—油道

• 连杆组件 连杆组件包括连杆小头衬套、连杆体、连杆大头轴瓦及连杆螺栓等。连杆的作用是将活塞和曲轴连接起来，传递活塞和曲轴之间的作用力，将曲轴的旋转运动转变为活塞的往复运动。如图1-29所示为典型的与曲拐轴相配的剖分式连杆组件结构。

连杆可分为连杆小头、连杆大头和连杆体三部分。连杆小头及衬套通过活塞销与活塞连接，工作时做往复运动。连杆大头及大头轴瓦与曲柄销连接，工作时做旋转运动。而连杆大小头之间的杆身（连杆体），工作时做垂直于活塞销平面的往复与摆动的复合运动。

连杆小头一般均做成整体式。现代高速压缩机中，连杆小头广泛采用简单的薄壁圆筒形结构。小头与活塞销相配合的支承表面，除了小型压缩机的铝合金连杆外，通常都压有衬套。衬套材料采用耐磨合金，通常为铜合金。

剖分式连杆的大头可剖分开，便于和曲拐轴连接时装拆。剖分式连杆大头又分为直剖式和斜剖式两种。直剖式如图1-27和图1-29所示，其剖分面垂直于连杆中心线，连杆大头刚性好，易于加工，且连杆螺栓不受剪切力的作用，但是它的大头横向尺寸大，为了能使活塞连杆通过汽缸装卸，这种结构形式限制了曲柄销直径的增大。斜剖式连杆大头如图1-30所示，在拆除大头盖后连杆大头横向尺寸将大大减小，有可能增大曲轴的曲柄销直径，以提高曲轴的刚度，既方便装拆，又便于活塞连杆组件直接从汽缸中取出。但由于斜剖式连杆大头加工复杂，故不如直剖式应用广泛。剖分式连杆大头内孔与大头盖是单配加工的，不具备互换性，靠固定搭配由定位装置方向记号来确保大头内圆的正确形状。

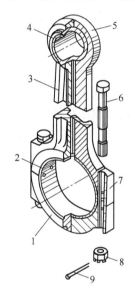

图1-29 典型的与曲拐轴相配的剖分式连杆组件结构

1—连杆大头盖；2—连杆大头轴瓦；
3—连杆体；4—连杆小头衬套；
5—连杆小头；6—连杆螺栓；
7—连杆大头；8—螺母；9—开口销

为改善连杆大头与曲柄销之间的摩擦性能，大头孔内装有耐磨轴套或轴瓦。整体式连杆大头搪孔中要压入轴套，只有连杆材料为铝合金时可以用本身材料作为轴承材料。现代高速活塞式制冷压缩机的剖分式连杆大头中一般均镶有薄壁轴瓦。

• 活塞组 活塞组由活塞体、活塞环及活塞销组成。典型的活塞组如图1-31所示。

活塞体简称活塞，我国系列压缩机的活塞一般采用筒形活塞。筒形活塞通常由顶部、环部和裙部三部分组成。活塞上面封闭圆筒部分称为顶部，顶部与汽缸及气阀构成可变的工作容积。设置活塞环的圆柱部分称为环部。环部下面为裙部，裙部上有销座孔供安装活塞销

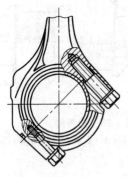

图 1-30　斜剖式连杆大头

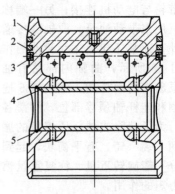

图 1-31　典型的活塞组
1—活塞；2—气环；3—油环；
4—活塞销；5—弹簧挡圈

用。活塞的材料一般采用灰铸铁和铝合金，目前高速多缸制冷压缩机均采用铝合金活塞。

活塞环可分为气环和油环两种。气环的作用是保持汽缸与活塞之间的密封性，防止在压缩时，高压气体向低压部分泄漏；油环的作用是刮去附着于汽缸壁上多余的润滑油，并使壁面上的油膜分布均匀。为使活塞环本身具有弹性，环中必须开有切口，在安装同一活塞上的几个活塞环时，应使切口相互错开，以减少漏气量。

活塞销用来连接活塞和连杆小头，一般制成中空的圆柱结构（图 1-31 中 4），以减少惯性力。现代制冷压缩机中，普遍采用浮式活塞销的连接方法，也即活塞销相对销座和连杆小头衬套都能自由转动，这样可以减小摩擦面间的相对滑动速度，使磨损减小且均匀。为防止活塞销产生轴向窜动而伸出活塞擦伤汽缸，通常在销座两端的环槽内装上弹簧挡圈（图 1-31 中 5）。

ⓑ 机体及汽缸套　机体是支承压缩机全部重量并保持各部件之间有准确的相对位置的部件。机体包括汽缸体和曲轴箱两个部分。机体的外形主要取决于压缩机的汽缸数和汽缸的布置形式。根据汽缸体上是否装有汽缸套，机体可分为无汽缸套和有汽缸套两种。在汽缸尺寸较大（内径 $D \geq 70mm$）的高速多缸压缩机系列中常采用汽缸体和汽缸套分开的结构形式，这样可以简化机体的结构，便于铸造，汽缸镜面磨损时，只更换汽缸套即可。

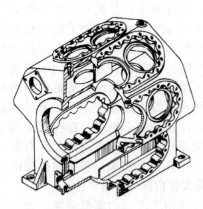

图 1-32　采用汽缸套的 8 缸角度式压缩机机体

如图 1-32 所示为采用汽缸套的 8 缸角度式压缩机机体。机体上部为汽缸体，下部为曲轴箱。汽缸体上有 8 个安装汽缸套的座孔，分成两列，呈扇形配置。吸气腔设在汽缸套座孔的外侧，流过的制冷剂可对汽缸壁进行冷却。吸气腔与曲轴箱之间由隔板隔开，以防润滑油溅入吸气腔。隔板最低处钻有均压回油孔，以便由制冷剂从系统中带来的润滑油流回曲轴箱，并使曲轴箱内的气体压力与吸气腔压力保持一致。排气腔在汽缸体上部，吸、排气腔之间由隔板隔开。曲轴箱主要用于安装曲轴、储存润滑油以及安放油冷却器、油过滤器和润滑油三通阀。曲轴箱的前、后端有安装主轴承的座孔，两侧有检修用的窗孔。曲轴箱内壁设有多个加强肋，用以提高强度和刚度。这种机体外形平整，结构紧凑。汽缸冷却主要靠水冷却，冷却效果较好。国内外高速多缸的活塞式制冷压缩机的机体多采用这种形式。

汽缸套呈圆筒形，如图1-33所示的汽缸套在我国高速多缸制冷压缩机系列中被广泛采用。汽缸套采用优质耐磨铸铁铸造，也可对工作表面进行多孔性镀铬和离子氮化处理，以提高使用寿命。

ⓒ 气阀　气阀是活塞式制冷压缩机中的重要部件之一，它的作用是控制气体及时地吸入与排出汽缸。气阀性能的好坏，直接影响到压缩机的制冷量和功率消耗。阀片的寿命更是关系到压缩机连续运转期限的重要因素。

气阀的结构形式多种多样，我国缸径在70mm以上的中、小型活塞式制冷压缩机系列均采用刚性环片阀。刚性环片阀采用顶开吸气阀阀片调节输气量，并利用排气阀盖兼作安全盖。如图1-34所示为汽缸套和吸、排气阀组合件。吸气阀座与汽缸套25顶部的法兰是

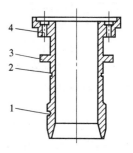

图1-33　汽缸套
1—密封圈环槽；2—挡环槽；
3—凸缘；4—吸气圆孔

一个整体，法兰端面上加工出两圈凸起的阀座密封线。环状吸气阀片17在吸气阀关闭时贴合在这两圈阀线上。两圈阀线之间有一个环状凹槽，槽中开设若干均匀分布的与吸气腔相通的吸气孔1。吸气阀的阀盖（升程限制器）与排气阀的外阀座13做成一体，底部开若干沉孔，设置若干个吸气阀弹簧16。吸气阀布置在汽缸套外围，不仅有较大的气体流通面积，而且便于设置顶开吸气阀片式的输气量调节装置。排气阀的阀座由内阀座14和外阀座13两部分组成。环状排气阀片4与内、外阀座上两圈密封线相贴合，形成密封。阀盖5底部开若干沉孔，设置若干个排气阀弹簧12。内、外阀座之间的通道形状与活塞顶部形状吻合，当活塞运动到上止点位置时，内阀座刚好嵌入活塞顶部凹坑内，因而使压缩机的余隙容积减小。外阀座安装在汽缸套的法兰面上，内阀座与阀盖（升程限制器）5用中心螺栓11连接，

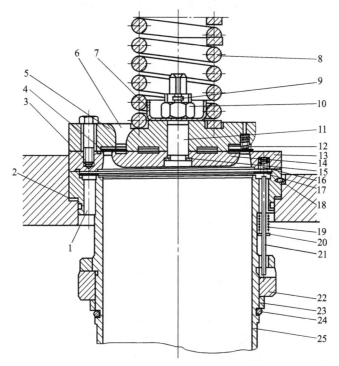

图1-34　汽缸套和吸、排气阀组合件
1—吸气孔；2—调整垫片；3—螺栓；4—排气阀片；5—阀盖；6—排气孔；7—钢碗；8—安全弹簧；
9—开口销；10—螺母；11—中心螺栓；12—排气阀弹簧；13—外阀座；14—内阀座；
15—垫片；16—吸气阀弹簧；17—吸气阀片；18—圆柱销；19—顶杆弹簧；
20—开口销；21—顶杆；22—转动环；23—垫圈；24—弹性圈；25—汽缸套

阀盖又通过四根螺栓3与外阀座连成一体，这个阀组也被称为安全盖（又称假盖）。安全盖的阀盖5上装有安全弹簧8（又称假盖弹簧），弹簧上部再用汽缸盖压紧。安全弹簧装上后产生预紧力。当汽缸内进入过量液体，在汽缸内受到压缩而产生高压时，安全盖在缸内高压的作用下，克服安全弹簧力而升起，使液体从阀座打开的周围通道迅速泄入排气腔，使汽缸内的压力迅速下降，从而保护了压缩机。当活塞到达止点位置后往回运动时，安全盖在安全弹簧力作用下，回复原位而正常工作。

ⓓ 轴封　对于开启式制冷压缩机，曲轴均需伸出机体（曲轴箱）与原动机连接。由于曲轴箱内充满了制冷剂蒸气，因此在曲轴伸出机体的部位应安装轴封。它的作用是防止曲轴箱内的制冷剂蒸气经曲轴外伸端间隙漏出，或者因曲轴箱内气体压力过低而使外界空气漏入。对轴封要求结构简单，密封可靠，使用寿命长，维修方便。目前使用较多的轴封形式为摩擦环式。

摩擦环式轴封又称端面摩擦式轴封。如图1-35所示是一种较为常用的摩擦环式轴封，其结构简单，维修方便，使用寿命长。它有三个密封面：A为径向动摩擦密封面，它由转动摩擦环2和静止环3的两个相互压紧磨合面组成，压紧力是由弹簧7和曲轴箱内气体压力所产生；B为径向静密封面，它由转动摩擦环2与密封橡胶圈5之间的径向接触面所组成，靠弹簧压紧，并与轴一起转动；C为轴向密封面，它由密封橡胶圈的内表面与曲轴的外表面所组成，因密封橡胶圈的自身弹性力使其与曲轴间有一个适当的径向密封弹力。当曲轴有轴向窜动时，密封橡胶圈与轴间可以有相对滑动。

径向动摩擦密封端面A是轴封装置的主端面，主轴旋转时，该端面会产生大量摩擦热和磨损，为此必须考虑密封端面A的润滑和冷却，使其在摩擦面上形成油膜，

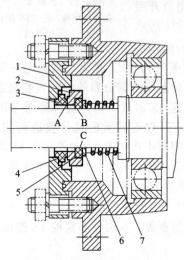

图1-35　摩擦环式轴封结构
1—端盖；2—转动摩擦环；3—静止环；
4—垫片；5—密封橡胶圈；
6—弹簧座圈；7—弹簧

减少摩擦和磨损，增强密封效果。因而安装轴封的空间要有润滑油的循环并设置进出油道，以保证端面润滑和冷却。通常，为延长这种端面摩擦式轴封的使用寿命，允许端面A有少量的油滴泄漏，但需要设置回收油滴的装置。

ⓔ 全顶开吸气阀片的能量调节机构　全顶开吸气阀片是指采用专门的调节机构将压缩机的吸气阀阀片强制顶离阀座，使吸气阀在压缩机工作全过程中始终处于开启状态。在多缸压缩机运行中，如果通过一些顶开机构，使其中某几个汽缸的吸气阀一直处于开启状态，那么，这几个汽缸在进行压缩时，由于吸气阀不能关闭，汽缸中压力建立不起来，排气阀始打不开，被吸入的气体没有得到压缩就经过开启着的吸气阀，又重新排回到吸气腔中去。这样，压缩机尽管依然运转着，但是，吸气阀被打开了的汽缸不再向外排气，真正在有效地进行工作的汽缸数目减少了，以达到改变压缩机制冷量的目的。

这种调节方法是在压缩机不停车的情况下进行能量调节的，通过它可以灵活地实现上载或卸载，使压缩机的制冷量增加或减少。另外，全顶开吸气阀片的调节机构还能使压缩机在卸载状态下启动，这样对压缩机是非常有利的。它在我国四缸以上的、缸径70mm以上的系列产品中已被广泛采用。

全顶开吸气阀片调节法，通过控制被顶吸气阀的缸数，能实现从无负荷到全负荷之间的分段调节。如对8缸压缩机，可实现0、25%、50%、75%和100%五种负荷。对六缸压缩机，可实现0、1/3、2/3和全负荷四种负荷。

全顶开吸气阀片的能量调节机构主要有以下两种。

• **液压缸-拉杆顶开机构** 用液压油控制拉杆的移动来实现能量调节，如图 1-36 所示。液压缸拉杆机构由液压缸 1、液压活塞 2、拉杆 5、弹簧 3、油管 4 等组成。该机构动作可以使汽缸外的转动环 7 旋转，将吸气阀阀片 9 顶起或关闭。其工作原理是：液压泵不向油管 4 供油时，因弹簧的作用，液压活塞及拉杆处于右端位置，吸气阀片被顶杆 8 顶起，汽缸处于卸载状态。若液压泵向液压缸 1 供油，在油压力的作用下，液压活塞 2 和拉杆 5 被推向左方，同时拉杆上凸缘 6 使转动环 7 转动，顶杆相应落至转动环上的斜槽底，吸气阀阀片关闭，汽缸处于正常工作状态。由此可见，该机构既能起调节能量的目的，也具有卸载启动的作用。因为停车时液压泵不供油，吸气阀阀片被顶开，压缩机就空载启动，压缩机启动后，液压泵正常工作，油压逐渐上升，当油压力超过弹簧 3 的弹簧力时，液压活塞动作，使吸气阀阀片下落，压缩机进入正常运行状态。

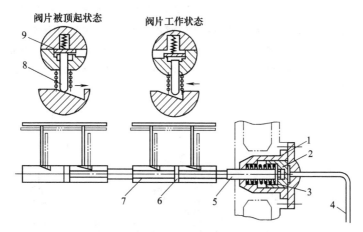

图 1-36 液压缸拉杆顶开机构工作原理
1—液压缸；2—液压活塞；3—弹簧；4—油管；5—拉杆；6—凸缘；
7—转动环；8—顶杆；9—吸气阀阀片

在这种液压缸拉杆能量调节机构中，液压油的供给和切断一般由油分配阀或电磁阀来控制。

• **油压直接顶开吸气阀片调节机构** 这种调节机构由卸载机构和能量控制阀两部分组成，两者之间用油管连接。卸载机构是一套液压传动机构，它接受能量控制阀的操纵，及时地顶开或落下吸气阀片，达到能量调节的目的。

如图 1-37 所示为油压直接顶开吸气阀片的调节机构。它是利用移动环 6 的上下滑动，推动顶杆 3，以控制吸气阀片 1 的位置。当润滑系统的高压油进入移动环 6 与上固定环 4 之间的环形槽 9 时，由于油压力大于卸载弹簧 7 的弹力，使移动环向下移动，顶杆和吸气阀片也随之下落，气阀进入正常工作状态。当高压油路被切断，环形槽内的油压消失时，移动环在卸载弹簧的作用下向上移动，通过顶杆将吸气阀片顶离阀座，使汽缸处于卸载状态。这种机构

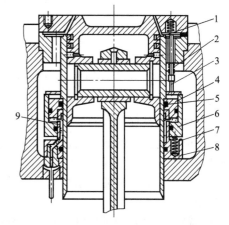

图 1-37 油压直接顶开吸气阀片的调节机构
1—吸气阀片；2—顶杆弹簧；3—顶杆；
4—上固定环；5—O 形密封圈；
6—移动环；7—卸载弹簧；
8—下固定环；9—环形槽

同样具有卸载启动的特点，结构比较简单，由于环形液压缸安装在气缸套外壁上，加工精度要求较高，所有的 O 形密封圈长期与制冷剂和润滑油直接接触，容易老化或变形，以致造成漏油而使调节失灵。

ⓕ 压力润滑系统　压力润滑是利用油泵产生的油压，将润滑油通过输油管道输送到需要润滑的各摩擦表面，润滑油压力和流量可按照给定要求实现，因而油压稳定，油量充足，还能对润滑油进行过滤和冷却处理，故润滑效果良好，大大提高了压缩机的使用寿命、可靠性和安全性。在我国的中、小型制冷压缩机系列中和一些非标准的大型制冷压缩机中均广泛采用压力润滑方式。

对于大、中型制冷压缩机，因其载荷大，需要充分的润滑油润滑各摩擦副并带走热量，故常用齿轮油泵式压力润滑系统，如图 1-38 所示。曲轴箱中的润滑油通过粗过滤器 1 被齿轮油泵 2 吸入，提高压力后经细过滤器 3 滤去杂质后分成三路：第一路进入曲轴自由端轴颈里的油道，润滑主轴承和相邻的连杆轴承，并通过连杆体中的油道输送到连杆小头轴衬和活塞销；第二路进入轴封 10，润滑和冷却轴封摩擦面，然后从曲轴功率输入端主轴颈上的油孔流入曲轴内的油道，润滑主轴承和相邻的连杆轴承，并经过连杆体中的油道去润滑连杆小头轴衬和活塞销；第三路进入能量调节机构的油分配阀 7 和卸载液压缸 8 以及油压差控制器 5，作为能量调节控制的液压动力。

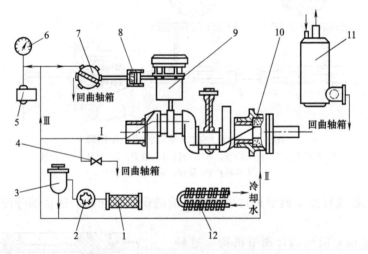

图 1-38　典型的齿轮油泵压力润滑系统简图
1—粗过滤器；2—齿轮油泵；3—细过滤器；4—油压调节阀；5—油压差控制器；
6—压力表；7—油分配阀；8—卸载液压缸；9—活塞、连杆及汽缸套；
10—轴封；11—油分离器；12—油冷却器

汽缸壁面和活塞间的润滑，是利用曲拐和从连杆轴承甩上来的润滑油。活塞上虽然装有刮油环，但仍有少量的润滑油进入汽缸，被压缩机的排出气体带往排气管道。排出气体进入油分离器 11，分离出的润滑油由下部经过自动回油阀或手动回油阀定期放回压缩机的曲轴箱内。为了防止润滑油的油温过高，在曲轴箱还装有油冷却器 12，依靠冷却水将润滑油的热量带走。

曲轴箱（或全封闭压缩机壳）内的润滑油，在低的环境温度下溶入较多的制冷剂，压缩机启动时将发生液击，为此有的压缩机在曲轴箱内还装有油加热器，在压缩机启动前先加热一定的时间，减少溶在润滑油中的制冷剂。

b. 蒸发器　在制冷系统中，蒸发器的作用是依靠节流后的低温低压制冷剂液体在蒸发器内的沸腾（习惯上称蒸发），吸收被冷却介质的热量，达到制冷降温的目的。中央空调冷水机组中的蒸发器有卧式壳管式蒸发器和干式蒸发器两种形式。

（a）卧式壳管式蒸发器　卧式壳管式蒸发器的典型结构如图 1-39 所示。它由筒体外壳、管板、换热管束和端盖等组成。其外壳是用钢板焊成的圆筒，在圆筒的两端焊有多孔管板，换热管束用焊接法或胀管法固定在管板上，两端的端盖上设计有分水隔板。制冷剂在换热管外气化，载冷剂在管内流动，一般为 4～8 管程。载冷剂的进、出口设在同一个端盖上，载冷剂从端盖的下方进入，从端盖的上方流出。

经过节流后的低温低压液态制冷剂，从蒸发器的下部进入，制冷剂占据蒸发器壳体内的大部分空间，通常液面高度稳定在壳体直径的 70%～80%。因此，又称为满液式蒸发器。在工作运行时液面上只露 1～3 排载冷剂管道，以

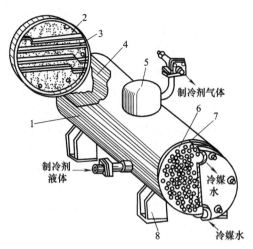

图 1-39　卧式壳管式蒸发器的典型结构
1—筒体；2—端盖；3—分水隔板；4—换热管；
5—集气室；6—管板；7—橡胶垫圈；8—支座

便使液态制冷剂气化形成的蒸气不断上升至液面，经过顶部的集气室（又称气液分离器），分离出蒸气中可能挟带的液滴，成为干蒸气状态的制冷剂蒸气被压缩机吸回。

卧式壳管式蒸发器使用氟里昂为制冷剂时，多采用阴极铜管作为换热管，其平均传热温差为 4～8℃，传热系数为 465～523W/(m² · ℃)。载冷剂在换热管内流速一般为 1～2.5m/s。

（b）干式蒸发器　干式蒸发器的外形和结构与卧式壳管式蒸发器基本相同。主要不同点在于：干式蒸发器中制冷剂在换热管内气化吸热，制冷剂液体的充灌量很少，大约为管组内容积的 35%～40%，而且制冷剂在气化过程中，不存在自由液面，所以称为"干式蒸发器"。在干式蒸发器中，液体载冷剂在管外流动，为了提高载冷剂的流速，在筒体内横跨管束装有多块折流板。

干式蒸发器按照换热管组的排列方式不同分为直管式和 U 形管式两种，如图 1-40 所示。

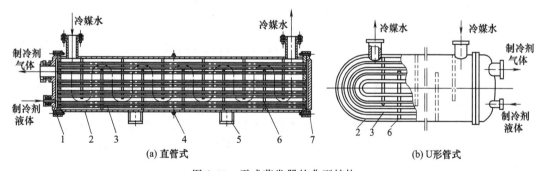

(a) 直管式　　　　　　　　　　　(b) U形管式

图 1-40　干式蒸发器的典型结构
1,7—端盖；2—筒体；3—换热管；4—螺塞；5—支座；6—折流板

氟里昂直管式干式蒸发器的换热管一般用铜管制造，可以用光管，也可以用内肋管。由于载冷剂侧表面传热系数较高，所以管外不设肋片。内肋铜管的传热系数较大，流程数可减少。但光管比内肋管加工制造容易，价格便宜，特别是近年来多采用小管径（例如 φ12mm×1mm）光管密排的方法，使光管的传热系数接近内肋管的传热系数。根据国外资料介绍，

当采用一般的铜光管时，传热系数为 $523\sim580\mathrm{W}/(\mathrm{m}^2\cdot\text{℃})$；如果采用小口径光管密排时，其传热系数 K 可达 $1000\sim1160\mathrm{W}/(\mathrm{m}^2\cdot\text{℃})$。

U 形管干式蒸发器的换热管为 U 形，从而构成制冷剂为两流程的壳管式结构。换热管安装在同一块管板上。换热管可先行安装后再装入壳体。U 形管式结构可以消除由于管材热胀冷缩而引起的内应力，且可以抽出来清除管外的污垢。另外，制冷剂始终在一根管子内流动和气化，不会出现多流程时气液分层现象，因而传热效果好，但不宜使用内肋管。由于每根换热管的弯曲半径不同，制造时需采用不同的加工模具。

c. 冷凝器　在制冷系统中，冷凝器是一个使制冷剂向外放热的换热器。冷凝器的作用是将经制冷机压缩升压后的制冷剂过热蒸气向周围常温介质（水或空气）传热，从而冷凝还原为液态制冷剂，使制冷剂能循环使用。

冷凝器按其冷却介质和冷却方式，可分为水冷冷凝器、风冷冷凝器、水和空气联合冷却式冷凝器三种类型。用于活塞式单机头冷水机组的冷凝器主要为水冷冷凝器中的卧式壳管式冷凝器。

卧式壳管式冷凝器是指换热管和壳体水平放置，在压力作用下冷却水在冷凝器换热管内多程往返流动的冷凝器。卧式壳管式冷凝器的典型结构如图 1-41 所示。它的结构与卧式壳管式蒸发器类似，也是由筒体、管板、换热管等组成。在筒体两端设有带分水槽的铸铁端盖，端盖与筒体端面间夹有橡胶密封圈，用螺栓连接固定。在一端的端盖上有冷却水的进出水管接头，在另一端的端盖顶部装有放空气旋塞，用于供水时排出存积在其中的空气。下部有放水旋塞，当冷凝器在冬季停止使用时，可放出其中的积水，以防止换热管冻裂或被腐蚀。

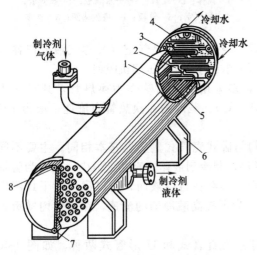

图 1-41　卧式壳管式冷凝器的典型结构
1—筒体；2—管板；3—橡胶密封圈；4—端盖；
5—换热管；6—支座；7—放水旋塞；
8—放空气旋塞

为提高冷凝器的换热能力，在管箱内和管板外的空间内，设有隔板，可以隔出几个改变水流方向的回程，冷却水从冷凝器管箱的下部进入，按照已隔成的管束回程顺序在换热管内流动，吸收制冷剂放出的热量使制冷剂冷凝，冷却水最后从管箱的上部排出；高压制冷剂蒸气则从筒体的上部进入筒体，在筒体和换热管外壁之间的壳程流动，向各换热管内的冷却水放热被冷凝为液态后汇集于筒体下部，从筒体下部的出液口排出。

卧式壳管式冷凝器的工作参数为：用氟里昂制冷剂时，冷却水流速为 $1.8\sim3.0\mathrm{m/s}$。冷却水温升一般为 $4\sim6\text{℃}$，平均传热温差为 7℃，传热系数为 $930\sim1593\mathrm{W}/(\mathrm{m}^2\cdot\text{℃})$。

d. 热力膨胀阀　热力膨胀阀普遍适用于氟里昂制冷系统中，是温度调节式节流阀，又称热力调节阀。随蒸发器出口处制冷剂的温度变化，通过感温机构的作用，自动调节阀的开启度来控制制冷剂流量。热力膨胀阀主要由阀体、感温包和毛细管组成，适用于没有自由液面的干式蒸发器。

热力膨胀阀根据膜片下部的气体压力不同可分为内平衡式热力膨胀阀和外平衡式热力膨胀阀。若膜片下部的气体压力为膨胀阀节流后的制冷剂压力，则称为内平衡式热力膨胀阀；若膜片下部的气体压力为蒸发器出口的制冷剂压力，则称为外平衡式热力膨胀阀。当制冷剂流经蒸发器的阻力较小时，最好采用内平衡式热力膨胀阀；反之，当蒸发器阻力较大时，一般为超过 0.03MPa 时，应采用外平衡式热力膨胀阀。

　　(a) 内平衡式热力膨胀阀　内平衡式热力膨胀阀由阀体、阀座、传动杆、阀芯、弹簧、调节杆、感温包、连接管、膜片等部件组成，如图 1-42 所示。在感温包、连接管和膜片之间组成了一个密闭空间，称为感应机构。感应机构内充注有制冷剂液体或其他感温剂。通常情况下，感应机构内充注的工质与制冷系统中的制冷剂相同。

　　如图 1-43 所示为内平衡式热力膨胀阀的安装位置与工作原理，膨胀阀安装在蒸发器的进液管上，感温包敷设在蒸发器出口管道的外壁上，用以感应蒸发器出口的过热温度，自动调节膨胀阀的开度。连接管的作用是将感温包内的压力传递到膜片上部空间。膜片是一块厚约 0.1～0.2mm 的铍青铜合金片，其截面通常冲压成波浪形。膜片在上部压力作用下产生弹性变形，把感温信号传递给传动杆，以调节阀门的开启度。

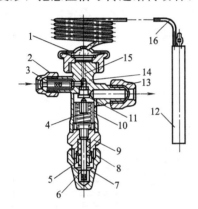

图 1-42　内平衡式热力膨胀阀

1—膜片；2,13—螺母；3—过滤网；4—弹簧；
5—填料压盖；6—调节杆；7—阀帽；8—密封填料；
9—调节杆座；10—阀芯；11—阀座；12—感温包；
14—阀体；15—传动杆；16—连接管

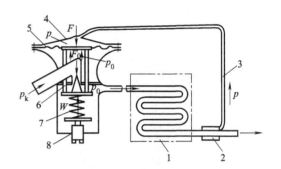

图 1-43　内平衡式热力膨胀阀的安装位置与工作原理

1—蒸发器；2—感温包；3—毛细管；4—膨胀阀；
5—波纹膜片；6—传动杆；7—弹簧；8—调节杆

　　热力膨胀阀的工作原理是建立在力平衡基础上的。压力 p 是感温包感受到的蒸发器出口温度对应的饱和压力，它作用在波纹膜片上，使波纹膜片产生一个向下的推力 F，而在波纹膜片下面受到蒸发压力 p_0 产生的力 F_0 和通过阀座、传动杆传递过来的弹簧力 W 的作用。由于阀针的面积相对很小，冷凝压力 p_k 作用在阀针上的力极小，可忽略。当室内温度处在某一工况下，膨胀阀处于某一开度时，F、F_0 和 W 处于平衡状态，即 $F = F_0 + W$。如果室内温度升高，蒸发器出口处过热度增大，则感应温度上升，相应的感应压力 p 增大，推力 F 也增大，这时 $F > F_0 + W$，波纹膜片向下移动，推动传动杆使膨胀阀的阀孔开度增大，制冷剂流量增加，制冷量随之增大，蒸发器出口过热度相应地降低；反之亦然。膨胀阀进行上述自动调节，适应了外界热负荷的变化，满足了所需的室内温度条件。

　　内平衡式热力膨胀阀中蒸发压力是通过传递蒸发压力的通道作用到膜片下方的，对照结构图和实物不难找到此通道，应该注意到传动杆与阀体之间有间隙，此间隙正好沟通了阀的出口端与膜片下腔，把蒸发压力传递到膜片下方。

　　(b) 外平衡式热力膨胀阀　外平衡式热力膨胀阀如图 1-44 所示，其构造与内平衡式热力膨胀阀基本相似，但是其膜片下方不与供入的液体接触，而是与阀的进、出口处用一隔板隔开，在膜片与隔板之间引出一根平衡管连接到蒸发器的管路上。另外，调节杆的形式也有所不同。

　　如图 1-45 所示为外平衡式热力膨胀阀的安装位置与工作原理。压力 p 是感温包感受到的蒸发器出口温度对应的饱和压力，它作用在膜片上产生向下的推力 F；p' 为蒸发器出口蒸发压力，它作用在膜片下产生向上的推力 F'；W 为弹簧的作用力。当室内温度处在某一工况时，膨胀阀处在一定开度，F、F' 和 W 应处在平衡状态，即 $F=F'+W$。如果室内温度升高，蒸发器出口过热度增大，则感应温度上升，相应的感应压力 p 增大，推力 F 也增大，这时 $F>F'+W$，膜片向下移，推动阀杆使膨胀阀孔开度增大，制冷剂流量增加，制冷量也增大，蒸发器出口过热度相应地降低，反之亦然。膨胀阀进行上述自动调节，满足了蒸发器热负荷变化的需要。由于在蒸发器出口处和膨胀阀膜片下方引有一根外部平衡管，所以称此膨胀阀为外平衡式热力膨胀阀。

外平衡式热力膨胀阀的调节特性，基本上不受蒸发器中压力损失的影响，可以改善蒸发器的工作条件，但结构比较复杂，安装与调试也比较复杂，因此一般只有当膨胀阀出口至蒸发器出口的制冷剂压降相应的蒸发温度降超过 $2\sim3℃$ 时，才应用外平衡式热力膨胀阀。目前国内一般中、小型的氟里昂制冷系统，除了使用分液器的蒸发器外，蒸发器的压力损失都比较小，所以采用内平衡式热力膨胀阀较多。使用液体分离器的蒸发器压力损失较大，故宜采用外平衡式热力膨胀阀。

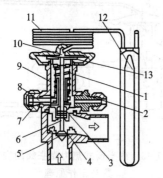

图 1-44　外平衡式热力膨胀阀

1—弹簧；2—外平衡管接头；3—密封组合体；4—阀孔；
5—阀芯；6—阀杆；7—螺母；8—调节杆；9—阀体；
10—压力腔；11—毛细管；12—感温包；13—膜片

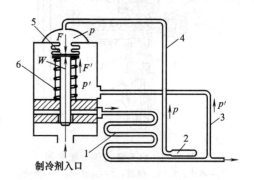

图 1-45　外平衡式热力膨胀阀的安装位置与工作原理

1—蒸发器；2—感温包；3—外部平衡管；
4—毛细管；5—膜片；6—弹簧

(3) 活塞式多机头冷水机组

活塞式多机头冷水机组由 2 台以上半封闭或全封闭活塞式制冷压缩机为主机组成，目前，活塞式多机头冷水机组最多可配 8 台压缩机。配置多台压缩机的冷水机组具有明显的节能效果，因为这样的机组在部分负荷时仍有较高的效率。而且，机组启动时，可以实现顺序启动各台压缩机，每台压缩机的功率小，对电网的冲击小，能量损失小。此外，可以任意改变各台压缩机的启动顺序，使各台压缩机的磨损均衡，延长使用寿命。配置多台压缩机的机组的另一个特点是整个机组分设两个独立的制冷剂回路，这两个独立回路可以同时运行，也可单独运行，这样可以起到互为备用的作用，提高了机组运行的可靠性。

国内应用最多的活塞式多机头冷水机组是上海合众-开利空调设备有限公司生产的30HK、30HR 系列活塞式冷水机组。它采用半封闭压缩机，由多台压缩机组合，逐台启动，在部分负荷运行时节能效果显著。压缩机底部有减振弹簧，防振性能好。机组多采用双制冷回路，当一个回路保护装置跳脱或发生故障时，另一个回路可继续运行，这样就提高了机组运行的可靠性。由于机组设有手动转换开关，可以改变机组的启停顺序，用以均衡压缩机的磨损，并延长机组使用寿命。30HK、30HR 系列活塞式冷水机组的典型接线和管路布置如图 1-46 所示，机组采用卧式壳管式冷凝器、干式蒸发器、外平衡式热力膨胀阀，制冷量范围为 $112\sim680$kW，主要技术数据见表 1-8。

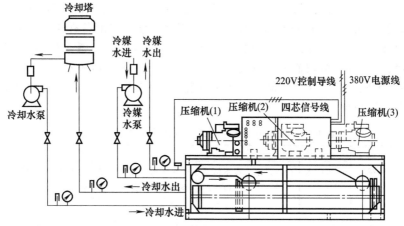

图 1-46　30HK、30HR 系列活塞式冷水机组的典型接线和管路布置

表 1-8　30HK、30HR 系列活塞式冷水机组主要技术数据

项　　目		机组型号					
		30HK-036	30HK-065	30HK-115	30HR-161	30HR-195	30HR-225
制冷量/kW		116	232	348	464	580	698
制冷剂		R22					
压缩机台数及型号[①]	第一回路	1 台 06E7	1 台 06E6	1 台 06EF 2 台 06E6	1 台 06E6 1 台 06EF	2 台 06EF	3 台 06EF
	第二回路	—	1 台 06E6	—	1 台 06E6 1 台 06EF	3 台 06EF	3 台 06EF
冷量调节范围/%		33/66/100	33/50/83/100	22/33/66/100	16/25/41/50/67/75/91/100	20/40/60/80/100	16/33/50/67/83/100
压缩机总加油量/L		9	18	27	36	45	54
电源		3 相、380V、50Hz					
运行控制方式		全自动					
安全保护装置		高低压、冷水断水、冷水低温、油加热及排温控制					
额定工况下机组输入功率/kW		30	59.5	88.6	118	146.5	178.4
电机冷却方式		氟里昂气体冷却					
质量	R22 加入量/kg	23	37	63	78	110	126
	机组质量/kg	940	1400	1920	2770	3710	3930
	机组运行质量/kg	1000	1530	2154	3120	4175	4440
冷媒水	进水温度/℃	12					
	出水温度/℃	7					
	流量/(m³/h)	20	40	60	80	100	120
	压头损失/kPa	44	44	21	30	36	51
	污垢系数/(m²·℃/kW)	0.086					
	进出口径	ZG2in 管牙(内)	DN80mm 法兰	DN125mm 法兰	DN150mm 法兰	DN175mm 法兰	DN175mm 法兰
冷却水	进水温度/℃	32					
	出水温度/℃	37					
	流量/(m³/h)	25	50	75	100	124	148
	压头损失/kPa	26	26[②]	93	38[②]	93[②]	93[②]
	污垢系数/(m²·℃/kW)	0.086					
	进出口径	ZG2in 管牙(内)		DN70mm 法兰			
外形尺寸	长度/mm	2580	2470	3200	3125	4255	4255
	宽度/mm	910	885	1020	940	912	912
	高度/mm	1205	1470	1630	1929	1956	1956

① 压缩机型号的最后一个字母 6 表示有一个卸载；7 表示有两个卸载；F 表示无卸载。
② 均有两个冷凝器，压头损失为单只冷凝器。
注：1in＝2.54cm。

以 30HR-161 型机组为例,介绍该系列活塞式冷水机组。30HR-161 型活塞式多机头冷水机组性能数据见表 1-9,其外形结构如图 1-47 所示,该机组配备有四台半封闭活塞式制冷压缩机、两台冷凝器和一台具有两个并列制冷回路的蒸发器。每个制冷回路中各有一台06E6 系列压缩机(有一组汽缸可以卸载)和一台 06EF 系列压缩机(三组汽缸均不能卸载)。冷凝器位于机架最下端,中间为 4 台横向排列的制冷压缩机,上部为蒸发器,电器控制箱位于蒸发器的前面。

表 1-9 30HR-161 型活塞式多机头冷水机组性能数据

机组制冷量/kW	电机输入功率/kW	蒸发器		冷凝器					
		冷水出水温度/℃	冷水进水温度/℃	冷水流量/(t/h)	冷水压力降/kPa	冷却水出水温度/℃	冷却水进水温度/℃	冷却水流量/(t/h)	冷却水压力降/kPa
438.1	107.0			75.35	27.6	26	31	94.00	33.0
427.7	110.5	5	10	73.56	26.5	28	33	92.00	32.0
419.7	113.4			72.19	26.0	30	35	90.23	30.0
410.8	116.2			70.65	24.0	32	37	88.31	29.5
450.6	108.6			77.50	30.0	26	31	96.88	36.0
441.8	111.8	6	11	75.00	29.0	28	33	95.00	34.0
433.3	114.9			74.52	27.0	30	35	93.16	32.0
424.8	117.6			73.00	26.0	32	37	91.32	31.0
464.3	109.7			79.86	31.0	26	31	99.82	37.0
456.7	112.8	7	12	78.55	30.5	28	33	98.19	35.0
447.7	116.0			77.00	30.0	30	35	96.25	34.5
438.9	118.0			75.49	29.0	32	37	94.36	33.0
480.3	110.5			82.60	35.0	26	31	103.26	40.0
471.6	113.9	8	13	81.11	32.0	28	33	101.39	39.0
462.8	117.0			79.60	30.0	30	35	99.50	37.0
453.7	120.2			78.02	29.5	32	37	97.53	36.0
496.0	111.5			85.31	36.0	26	31	106.64	42.0
486.8	115.0	9	14	83.73	35.5	28	33	104.66	41.0
478.0	118.0			82.20	34.0	30	35	102.75	40.0
467.9	121.4			80.47	31.0	32	37	100.59	39.0
511.0	113.0			87.89	38.0	26	31	109.86	45.0
501.8	116.6	10	15	86.31	37.0	28	33	107.89	43.0
492.0	119.4			84.62	35.5	30	35	105.78	41.0
482.0	123.0			82.90	35.0	32	37	103.60	40.5

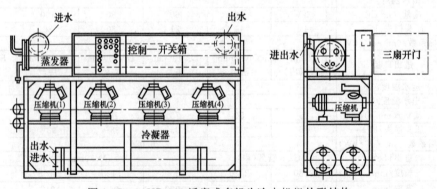

图 1-47 30HR-161 活塞式多机头冷水机组外形结构

① 30HR-161 型机组制冷系统流程 30HR-161 型机组的制冷系统流程如图 1-48 所示。R22 制冷剂气化后产生的蒸气经制冷压缩机排入冷凝器,向流经冷凝器的冷却水放出热量同

时冷凝为液体，然后流出冷凝器，经干燥过滤器过滤后再通过电磁阀进入热力膨胀阀，节流降压至与蒸发温度相对应的饱和压力并进入蒸发器，吸收流经蒸发器的冷媒水的热量而气化成为低压、低温的制冷剂蒸气，再被吸入压缩机压缩。如此循环往复，产生制冷效应。

每台冷凝器上都装有一个开启压力设定为3MPa的安全阀，蒸发器每条环路上也装有一个安全阀，开启压力设定为1.8MPa。

额定工况下冷凝器出口处制冷剂液体的过冷度为3～5℃，压缩机吸气过热度为4.4～5.6℃。

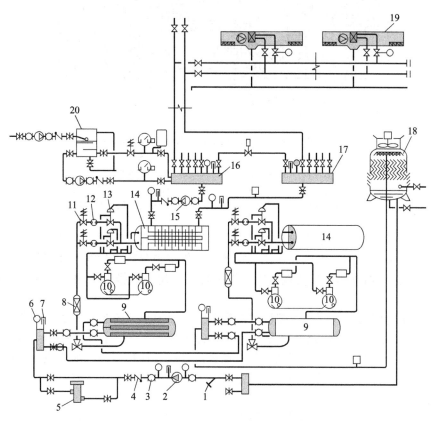

图1-48　30HR-161型机组的制冷系统流程

1—过滤器；2—冷却水泵；3—软接头；4—单向阀；5—电水处理器；6—压力表；7—温度计；
8—干燥过滤器；9—卧式壳管式冷凝器；10—半封闭活塞式制冷压缩机；11—供液电液阀；
12—视液镜；13—外平衡式热力膨胀阀；14—干式蒸发器；15—冷媒水泵；16—回水总站；
17—供水总站；18—冷却塔；19—空调末端装置；20—膨胀水箱

② 30HR-161型机组制冷系统的主要部件

a. 制冷压缩机　如图1-49所示为06E系列半封闭活塞式制冷压缩机的基本结构。从吸气截止阀15进入压缩机的低温制冷剂蒸气，经吸气过滤器14过滤后，先流经电动机16，对电动机绕组进行降温，然后再流入吸气腔。通过吸气阀被吸入到汽缸中去。电动机转子与制冷压缩机曲轴为同一根轴，转子的转动通过曲轴6上的活塞连杆组件7转化为活塞在汽缸内的往复运动，从而实现吸气、压缩、排气和膨胀的四个过程。压缩后的高压、高温气体经排气截止阀8送入冷凝器。

06E系列半封闭活塞式制冷压缩机的油泵5通过滤油器1、吸油管2将曲轴箱10中的冷冻机油吸入，加压后通过曲轴上的油路通道，分别送往端轴承3、主轴承12和曲柄销，润滑曲轴前后轴承和连杆大头。连杆小头和汽缸与活塞之间的润滑则依靠曲轴高速旋转中飞溅

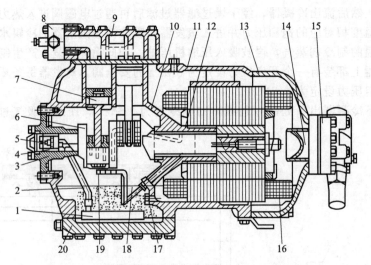

图 1-49　06E 系列半封闭活塞式制冷压缩机的基本结构

1—滤油器；2—吸油管；3—端轴承；4—油泵轴承；5—油泵；6—曲轴；
7—活塞连杆组件；8—排气截止阀；9—气缸盖；10—曲轴箱；11—电机室；
12—主轴承；13—电机室端盖；14—吸气过滤器；15—吸气截止阀；
16—内置电动机；17—油孔；18—油位；19—油压调节阀；20—底盖

出的润滑油。压缩机排气中不可避免地夹带有润滑油的雾滴和蒸气，在冷凝器中与液态制冷剂溶解在一起，最后流回压缩机，在压缩机的电动机室内分离出的润滑油聚集在电动机室下部，经油孔 17 流回曲轴箱。油压调节阀的作用是设定油泵的排油压力，以保证足够的润滑油量。

06E 系列半封闭活塞式制冷压缩机的能量调节采用的是关闭吸气通道的调节方法。如图 1-50 所示为 06E 系列半封闭式制冷压缩机汽缸卸载时的状态。此时卸载电磁阀线圈得电，其阀芯抬起，闭合端打开，卸载器活塞组在腔内的高压气体排至吸气通道侧。在卸载阀弹簧的作用下，卸载阀体向右移动，截断吸气通道，制冷剂蒸气不能进入汽缸，活塞不能起到压缩排气的作用。

如图 1-51 所示为 06E 系列半封闭活塞式制冷压缩机汽缸加载时的状态。此时由于卸载电磁阀线圈失电，其阀芯压下，使闭合端闭合，卸载器活塞组左腔不再与吸气通道相通。排气通道的高压气体经透气孔进入卸载器活塞组左腔。在高压气体的作用下，卸载器活塞组克

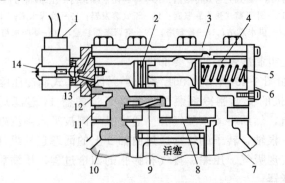

图 1-50　06E 系列半封闭活塞式制冷压缩机气缸卸载时的状态

1—线圈；2—卸载器活塞组；3—卸载器盖；4—卸载阀体；5—卸载阀弹簧；6—盖板；
7—吸气通道；8—吸气阀；9—排气阀；10—排气通道；11—阀板；
12—滤网；13—透气孔；14—卸载电磁阀组

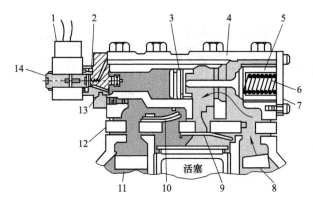

图 1-51　06E 系列半封闭活塞式制冷压缩机气缸加载时的状态

1—线圈；2—闭合端；3—卸载器活塞组；4—卸载器盖；5—卸载阀体；6—卸载阀弹簧；

7—盖板；8—吸气通道；9—吸气阀；10—排气阀；11—排气通道；

12—阀板；13—透气孔；14—卸载电磁阀组

服卸载阀弹簧的作用力，推动卸载阀体右移，打开吸气通道，使活塞正常工作。

06E6 系列半封闭活塞式制冷压缩机中间汽缸盖上装有一个热敏开关，当排气温度达到 120℃时，热敏开关断开。

b. 冷凝器与蒸发器　30HR-161 型机组的冷凝器为卧式壳管式冷凝器，型号为 09RQ070。筒体外径为 325mm，总长度为 1772mm，采用内外翅片高效换热管 94 根。一侧端盖上装有直径为 70mm 的进出水法兰接口，冷却水下进上出，水程为 2，每个冷凝器的水流量为 50m³/h，压头损失为 38kPa。冷却水设计温升为 5℃，另一侧的端盖上装有 3/8in（1in≈2.54cm）的排气旋塞。工作时高温、高压的制冷剂蒸气由壳体的顶部进气管进入管束间的空隙，将热量传给管内流动的冷却水，冷凝成液体后由壳体下部出液管引出。壳体上装有 3/8in 的排气旋塞和排放制冷剂旋塞。

30HR-161 型机组采用的是如图 1-52 所示的双制冷回路的干式蒸发器。蒸发器一侧的端盖上装有左右并列的两路制冷剂进出口接管，另一侧端盖与管板之间有分隔板，形成隔离室。蒸发器型号为 10HA160，筒体外径为 410mm，共有 258 根长度为 2784mm 的内肋管。冷媒水进出口都位于壳体侧面上方，接口为 DN150mm 的法兰。壳体内的折流板数量为 9 块。冷媒水额定流量为 80m³/h，压头损失为 30kPa，进出口温差为 5℃，壳体上的排水旋塞口径为 3/4in 的锥管螺纹。

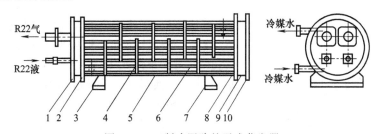

图 1-52　双制冷回路的干式蒸发器

1—前端盖；2,8—管板；3,7—底脚；4—折流板；5—壳体；6—换热管；9—隔离室；10—后端盖

(4) 活塞式风冷热泵型冷热水机组

采用风冷式的活塞式冷热水机组，是以冷凝器的冷却风机取代水冷式活塞冷水机组中的冷却水系统的设备（冷却水泵、冷却塔、水处理装置、水过滤器和冷却水系统管路等），使庞大的冷水机组变得简单且紧凑。风冷机组可以安装于室外空地，也可安装在屋顶，无需建

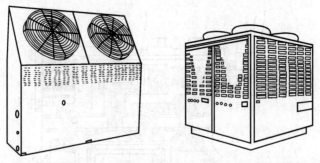

图 1-53　典型的活塞式风冷热泵型冷热水机组的外形结构

造机房。

　　典型的活塞式风冷热泵型冷热水机组的外形结构如图 1-53 所示，其制冷系统流程如图 1-54 所示，其水管接管图如图 1-55 所示。

　　热泵型机组与单冷型机组相比，增加了一个四通换向阀，从而使制冷剂的流向可以进行冬夏转换，达到夏季制冷和冬季制热的功能。制冷剂冬夏季流程（图 1-54）如下。

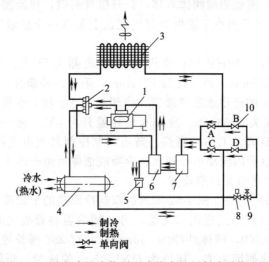

图 1-54　活塞式风冷热泵型冷热水机组制冷系统流程

1—活塞式制冷压缩机；2—四通换向阀；3—风冷冷凝器（制热时蒸发器）；4—蒸发器（制热时冷凝器）；
5—干燥过滤器；6—气液热交换器；7—高压储液器；8—电磁阀；9—膨胀阀；10—单向阀（A～D）

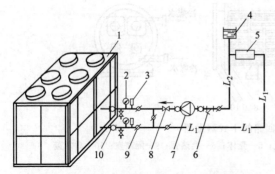

图 1-55　活塞式风冷热泵型冷热水机组水管接管

1—活塞式风冷热泵机组；2—压力表；3—温度计；
4—膨胀水箱；5—空调末端装置；6—水过滤器；
7—循环水泵；8—单向阀；9—蝶阀；10—橡胶软接头

　　夏季运行时，制冷剂流程为：活塞式制冷压缩机 1→四通换向阀 2→风冷冷凝器 3→单向阀 10（A）→高压储液器 7→气液热交换器 6→干燥过滤器 5→电磁阀 8→热力膨胀阀 9→单向阀 10（D）→蒸发器 4→四通换向阀 2→气液热交换器 6→活塞式制冷压缩机 1。

　　冬季运行时，制冷剂流程为：活塞式制冷压缩机 1→四通换向阀 2→冷凝器 4→单向阀 10（C）→高压储液器 7→气液热交换器 6→干燥过滤器 5→电磁阀 8→膨胀阀 9→单向阀 10（B）→风冷式蒸发器 3→四通换向阀 2→气液热交换器 6→活塞式制冷压缩机 1。

风冷热泵型冷热水机组的冷凝器（制热时蒸发器）为风冷冷凝器；蒸发器（制热时冷凝器）一般采用干式蒸发器，小容量常用板式换热器。

用于中央空调冷热水机组的风冷冷凝器主要用于制冷量小于 60kW 的中小型氟里昂机组，这种冷凝器的典型结构如图 1-56 所示。

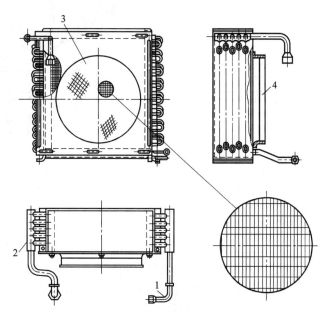

图 1-56　风冷冷凝器的典型结构
1—液体集管；2—蒸气分配集管；3—翅片管组；4—风机扩散器

风冷冷凝器一般用直径 $\phi 10mm$（厚 0.7mm）～$\phi 16mm$（厚 1.0mm）的阴极铜管弯制成蛇形盘管，在盘管上用钢球胀接或液压胀接上铝质翅片，采用集管并联的方式将盘管的进出口并连起来，使制冷剂蒸气从冷凝器上部的蒸气分配集管进入每根蛇形管，冷凝成液体后沿蛇形盘管流下，经液体集管排出。

风冷冷凝器的迎面风速控制在 2～3m/s 的范围，冷凝温度与进口空气温度之间的温差约为 15℃ 左右，空气进出冷凝器温差为 8～10℃；当迎面速度为 2～3m/s 时，风冷冷凝器的传热系数（以外表面积为准）为 25～40W/(m² · ℃)。

风冷冷凝器最大优点是不用冷却水，因此特别适用于供水困难的地区。目前，风冷冷凝器已广泛应用于中、小型氟里昂空调机组中，而且大型冷、热水机组也已采用。

风冷热泵型冷热水机组的供冷和供热量与环境温度有着密切的关系。当室外环境温度越低时，主机能率比 EER 值下降，供热量也越小，而此时空调房间所需的热负荷反而加大，这时机组就无法满足要求。室外环境过低，也会导致主机开机困难，降低主机的使用寿命。为了克服这个缺点，不少生产厂家配备了辅助电加热器设备，即将电加热器串接于水路系统中，如图 1-57 所示，从而使机组在高效率下运行，延长了主机使用寿命。对于用于冬季室外环境温度低于 0℃ 地区的机组，均应配置辅助电加热器。电加热器容量应依室外空调计算温度下建筑物需要的热负荷和此温度下机组的制热量的差值来计算，这是最大值。为了便于调节，一般把电加热器分成几挡，以适应室外温度变化所需不同的加热负荷。

（5）活塞式模块化冷水机组

模块化冷水机组由多台小型冷水机组单元并联组合而成，如图 1-58 所示。每个冷水机组单元叫做一个模块，每个模块包括一个或几个完全独立的制冷系统。该机组可提供 5～

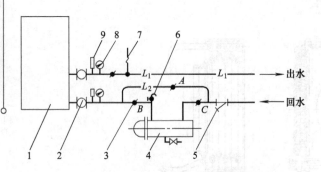

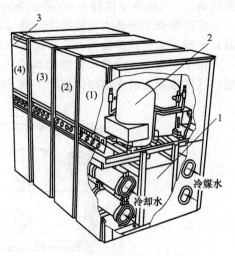

图 1-57 风冷机组串接辅助电加热器水路系统
1—风冷热泵型冷热水机组；2—橡胶软接头；3—蝶阀；
4—辅助电加热器；5—Y形水过滤器；6—放空气阀；
7—感温元件（控制辅助电加热器）；
8—压力表；9—温度计

图 1-58 RC130 模块化冷水机组
1—换热器；2—活塞式制冷压缩机；3—控制器

8℃建筑物空调或工业用的低温水。模块化冷水机组的特点如下。

① 由计算机控制，自动化和智能化程度高。机组内的计算机检测和控制系统按外界负荷量大小，适时启停机组各模块，全面协调和控制整个冷水机组的动态运行，并能记录机组的运行情况，因此不必设专人值守机组的运行。

② 可以使冷水机组制冷量与外界负荷同步增减和最佳匹配，机组运行效率高、节约能源。

③ 模块化机组在运行中，如果外界负荷发生突变或某一制冷系统出现故障，通过计算机控制可自动地使各个制冷系统按步进方式顺序运行，启用后备的制冷系统，提高整个机组的可靠性。

④ 机组中各模块单元体积小，结构紧凑，可以灵活组装，有效地利用空间，节省占地面积和安装费用。

⑤ 该机组采用组合模块单元化设计，用不等量的模块单元可以组成制冷量不同的机组，可选择的制冷量范围宽。

⑥ 模块化冷水机组设计简单，维修不需要经过专门的技术训练，可以减少最初维修费用投资。另外，用微处理机发挥其智能特长，使各个单元轮换运行的时间差不多相等，从而延长了机组寿命，降低运行维护费用。

当前我国生产的活塞式模块化冷水机组主要有以下的型号：RC130 水冷模块化冷水机组、RCA115C 和 RCA280C 风冷模块化冷水机组、RCA115H 和 RCA280H 风冷热泵冷（热）水机组、MH/MV 水源热泵空调机以及精密恒温恒湿机。RC130 型模块化冷水机组的每个模单元由两台压缩机及相应的两个独立制冷系统、计算机控制器、V 形管接头、仪表盘、单元外壳构成。各单元之间的连接只有冷冻水管与冷却水管。将多个单元相连时，只要连接四根管道，接上电源，插上控制件即可。制冷剂选用 R22。制冷系统中选用 H2NG244DRE 高转速全封闭活塞式制冷压缩机，蒸发器和冷凝器均采用结构紧凑、传热效率高、用不锈钢材料制造、耐腐蚀的板式热交换器。每个单元模块的制冷量为 110kW，在一组多模块的冷水机组中，可使 13 个单元模块连接在一起，总制冷量为 1690kW。

1.2.2 螺杆式冷水机组

以各种形式的螺杆式制冷压缩机为主机的冷水机组，称为螺杆式冷水机组。它具有结构紧凑、运转平稳、操作简便、能量无级调节、体积小、重量轻及占地面积小等优点。

螺杆式冷水机组有多种形式。根据制冷压缩机类型不同分为双螺杆式机组和单螺杆式机组，根据冷凝器结构不同可分为水冷式机组与风冷式机组，根据采用压缩机台数不同可分为单头机组与多头机组。

(1) 水冷螺杆式冷水机组

① 基本组成与特点

a. 单机头机组　单机头螺杆式冷水机组是传统形式，其制冷量范围一般为120～1300kW。

如图1-59所示为单机头水冷螺杆式冷水机组的基本结构。它由螺杆式制冷压缩机、蒸发器、冷凝器、干燥过滤器、节流元件、油分离器、油冷却器、油泵、电气控制箱等主要部件组成。

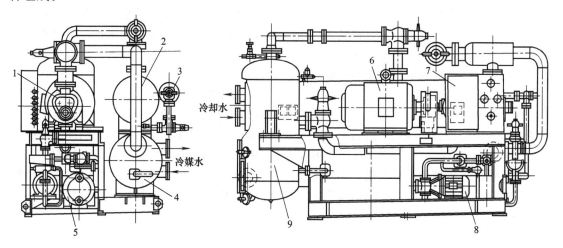

图1-59　单机头水冷螺杆式冷水机组的基本结构

1—螺杆式制冷压缩机；2—冷凝器；3—干燥过滤器；4—蒸发器；5—油冷却器；
6—电动机；7—电气控制箱；8—油泵；9—油分离器

单机头螺杆式冷水机组的典型工作流程如图1-60所示，它由制冷系统和润滑油系统两

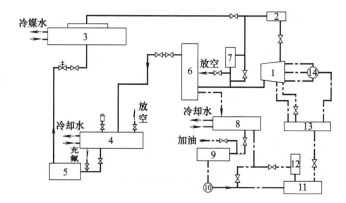

图1-60　单机头螺杆式冷水机组的典型工作流程

1—螺杆式制冷压缩机；2—吸气过滤器；3—蒸发器；4—冷凝器；5—干燥过滤器；
6—油分离器；7—安全旁通阀；8—油冷却器；9—粗过滤器；10—油泵；
11—精过滤器；12—油压调节阀；13—油分配器；14—四通阀

部分组成。制冷系统的工作流程为：制冷剂在蒸发器中气化，所产生的蒸气经过吸气过滤器进入压缩机。制冷剂在压缩机中被压缩为高压气体，同时润滑油喷入压缩机中与制冷剂一起被压缩，压缩后润滑油和制冷剂进入油分离器，其中无油的制冷剂进入冷凝器，在冷凝器中成为饱和液体后进入过冷器过冷，成为过冷液体，然后流向节流阀，经过节流降压、降温后进入蒸发器。润滑油系统由油分离器、油冷却器、油过滤器、油泵、油压调节阀、油分配器和四通阀组成，其工作流程为：从油分离器分离出来的润滑油，为避免油温过高降低润滑性，先经过油冷却器进行冷却，然后在油泵作用下经过粗过滤器、精过滤器进入油分配器，接着分成两路进入压缩机。一路去润滑轴承并起冷却作用；另一路去压缩机喷射。

单机头机组的主要优点是满负荷运行效率高，在相同容量下，效率与离心式制冷机组相同，机组结构简单，工作可靠，维修保养方便。单机头机组的主要缺点是虽然各制造商推出的产品绝大部分均能实现制冷量在 $10\%\sim100\%$ 无级调节，但在低负荷下，由于压缩机摩擦功引起的损失加大、电动机效率的下降等因素，机组效率有所下降，特别是目前绝大部分空调用螺杆式压缩机，均采用压差式供油，在负载小的情况下，压缩机供油困难，不得不借助于热气旁通装置，降低了机组效率。故单机头机组主要应用在负载较为稳定、机组常年运行的场合或大、中型项目中，与离心式制冷机组配合使用。

b. 多机头机组　随着外界负荷大幅度的变化，虽然螺杆式压缩机可以采用滑阀来调节其输气量，调节中气体的压缩功几乎是随输气量的减少而成比例地减少，但作为整台压缩机来说，运转中的机械损耗几乎仍然不变。因此，在同一系统中采用多台螺杆式制冷压缩机并联来代替单台机运行，在调节工况时，可以节省功率，特别是在较大输气量的系统中尤为有利。随着螺杆式压缩机半封闭化、小型化及控制系统的发展，近十几年来多台主机并联运转系统取得很大发展，其适用制冷量范围为 $240\sim1500kW$。多机头水冷螺杆式冷水机组主要特点如下。

ⓐ 可以根据负载需要调节运行压缩机台数，能大大提高冷水机组在部分负荷下运行的效率。由于绝大多数空调用冷水机组在不同季节、每天不同时间段负载变化很大，故对于使用冷水机组台数不多的中、小项目，多机头机组可大大节省运行费用。

ⓑ 可以用较少的机型来满足不同输气量的需要，便于制造厂生产，降低成本。

ⓒ 使用时可以逐台启动主机，对电网冲击小，启动装置的要求低，如电动机功率在 $30kW$ 以下机型可以直接启动。

ⓓ 运转效率可以提高，当其中某一台主机出现故障时，可以单独维修而系统仍可以维持运转。

ⓔ 多机头机组主要缺点是与单机头机组相比，由于使用的压缩机容量小，故机组满负荷效率相对较低。尽管如此，由于其出色的部分负荷效率，多机头机组仍为用户乐于选用的机型。

② 螺杆式制冷压缩机的结构　螺杆式制冷压缩机是指用带有螺旋槽的一个或两个转子（螺杆）在汽缸内旋转使气体压缩的制冷压缩机。螺杆式制冷压缩机属于工作容积做回转运动的容积型压缩机，按照螺杆转子数量的不同，螺杆式制冷压缩机有双螺杆与单螺杆两种。双螺杆式制冷压缩机简称螺杆式压缩机，由两个转子组成，而单螺杆式制冷压缩机由一个转子和两个星形轮组成。

a. 螺杆式制冷压缩机的基本结构　螺杆式制冷压缩机的基本结构如图 1-61 所示，主要由转子、机壳（包括中部的汽缸体和两端的吸、排气端座等）、轴承、轴封、平衡活塞及能量调节装置组成。两个按一定传动比反向旋转又相互啮合的转子平行地配置在呈"∞"字形的汽缸中。转子具有特殊的螺旋齿形,凸齿形的称为阳转子,凹齿形的称为阴转子。一般阳转子为主动转子,阴转子为从动转子。汽缸的左、右有吸气端座和排气端座,一对转子就支承在左、右端座的轴承上。转子之间及转子和汽缸、端座间留有很小的间隙。吸气端座和汽缸上部设有轴向和径向吸气孔口,排气端座和滑阀上分别设有轴向和径向排气孔口。压缩机的吸、排气孔口是按其工作过程的需要精心设计的,可以根据需要准确地使工作容积和吸、排气腔连通或隔断。

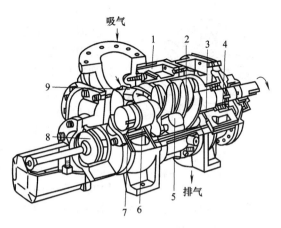

图 1-61 螺杆式制冷压缩机的基本结构
1—机壳;2—阳转子;3—滑动轴承;4—滚动轴承;
5—调节滑阀;6—轴封;7—平衡活塞;
8—调节滑阀控制活塞;9—阴转子

螺杆式压缩机的工作是依靠啮合运动着的一个阳转子与一个阴转子,并借助于包围这一对转子四周的机壳内壁的空间完成的。当转子转动时,转子的齿、齿槽与机壳内壁所构成的呈"V"字形的一对齿间容积称为基元容积,其容积大小会发生周期性的变化,同时它还会随着转子的旋转由吸气口侧向排气口侧移动,将制冷剂蒸气吸入并压缩至一定的压力后排出。

b. 螺杆式制冷压缩机主要零部件的结构 螺杆式制冷压缩机的主要零部件包括机壳、转子、轴承、轴封、能量调节装置及润滑系统等。

(a) 机壳 螺杆式制冷压缩机的机壳一般为剖分式。它由机体(汽缸体)、吸气端座、排气端座及两端端盖组成,如图 1-62 所示。机壳的材料一般采用灰铸铁,如 HT200 等。

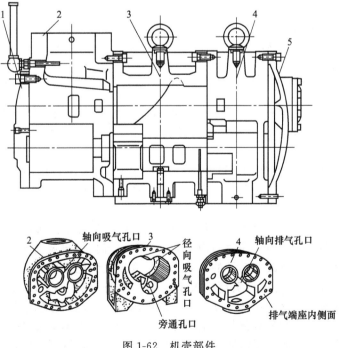

图 1-62 机壳部件
1—吸气端盖;2—吸气端座;3—机体;4—排气端座;5—排气端盖

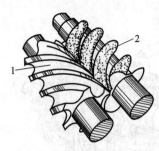

图 1-63　转子结构
1—阴螺杆；2—阳螺杆

（b）转子　转子是螺杆式制冷压缩机的主要部件。如图 1-63所示，常采用整体式结构，将螺杆与轴做成一体。转子的毛坯常为锻件，一般多采用中碳钢，如 35 钢、45 钢等。有特殊要求时也有用 40Cr 等合金钢或铝合金。目前，不少转子采用球墨铸铁，既便于加工，又降低了成本。常用的球墨铸铁牌号为 QT600-3 等。转子精加工后，应进行动平衡校验。

（c）轴封。制冷系统的密封至关重要，因此在开启螺杆式制冷压缩机的转子外伸轴处，通常采用密封性能较好的接触式机械密封，它主要有如图 1-64 所示的弹簧式和如图 1-65 所示的波纹管式两种。并且需向此轴封处供以高于压缩机内部压力的润滑油，以保证在密封面上形成稳定的油膜。必须注意的是，轴封中有关零部件的材料要能耐制冷剂的腐蚀。

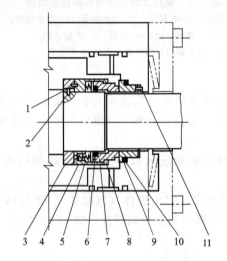

图 1-64　弹簧式机械密封
1,2—传动销；3—传动套；4—弹簧座；5—弹簧；
6—动环辅助密封圈；7—动环；8—卡环；9—静环；
10—静环辅助密封圈；11—防转销

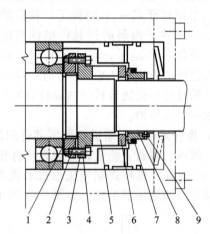

图 1-65　波纹管式机械密封
1—密封垫片；2—锁紧螺母；3—螺栓；4—传动套；
5—波纹管；6—动环；7—静环辅助密封圈；
8—静环；9—防转销

（d）能量调节装置。螺杆式制冷压缩机能量调节的方法主要有吸入节流调节、转停调节、滑阀调节、柱塞调节、变频调节等。目前使用较多的为滑阀调节、塞柱调节和变频调节。

ⓐ滑阀调节　如图 1-66 所示，这种调节方法是在螺杆式制冷压缩机的机体上，装一个调节滑阀，成为压缩机机体的一部分。它位于机体高压侧两内圆的交点处，且能在与汽缸轴线平行的方向上来回滑动。

滑阀调节的基本原理是通过滑阀的移动使压缩机阴、阳转子的齿间基元容积在齿面接触线从吸气端向排气端移动的前一段时间内，通过滑阀回流孔仍与吸气孔口相通，并使部分气体回流到吸气孔口，即通过改变转子的有效工作长度来达到能量调节的目的。

如图 1-67 所示为滑阀位置与负荷的关系。其中如图 1-67（a）所示为全负荷的滑阀位置，此时滑阀的背面与滑阀固定部分紧贴，压缩机运行时，基元容积中的气体全部被压缩后排出。而在调节工况时滑阀的背部与固定部分脱离，形成回流孔，如图 1-67（c）所示，基元容积在吸气过程结束后的一段时间内，虽然已经与吸气孔口脱开，但仍和回流孔连通，随着基元容积的缩小，一部分进气被转子从回流孔中排回吸气腔，压缩并未开始，直到该基元

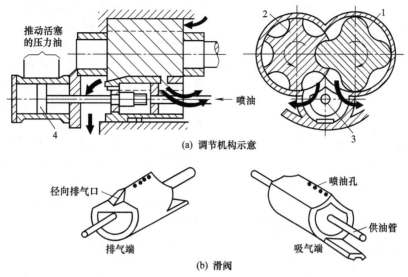

(a) 调节机构示意

径向排气口

排气端

喷油孔

供油管

吸气端

(b) 滑阀

图 1-66　滑阀调节机构

1—阳转子；2—阴转子；3—滑阀；4—油压活塞

容积的齿面密封线移过回流孔之后，所余的进气（体积为 V_p）才受到压缩，因而压缩机的输气量将下降。滑阀的位置离固定端越远，回流孔长度越大，输气量就越小，当滑阀的背部接近排气孔口时，转子的有效长度接近于零，便能起到卸载启动的目的。

　　滑阀的调节可用手动控制，也可实现自动控制，但控制的基本原理都是采用油压驱动调节。能量调节滑阀的控制系统如图 1-68 所示，它包括卸载机构、外部油管路和油路控制阀三部分。卸载机构中有滑阀、液压缸、液压活塞和能量指示器。油路控制阀为手动四通换向阀或者是电磁换向阀组，分别用于手动控制或自动控制。

　　手动四通换向阀有增载、减载和停止三个手柄位置，其工作情况如下。如图 1-68 所示为手柄置于增载位置，此时四通阀的接口 a 和 b 连通，c 和 d 连通。液压油由接口 a、b 进入液压活塞的右侧，使液压活塞左移，从而带动能量调节滑阀也向左移动，压缩机增载。而液压活塞左侧的存油被压回四通阀，经接口 c、d 回流至低压侧，进入压缩机，然后返回油箱。当压缩机运转负荷增至某一预定值时，将四通阀手柄旋至停止位置，此时接口 a、b、c、d 之间断路，供油和回油管路都被切断，液压活塞定位，压缩机即在该负荷下运行。反之，压缩机减载时，可将四通阀手柄旋至减载位置，此时接口 a 和 d 连通，b 和 c 连通。供油和回油的情况与增载时相反，压缩机即可在某一预定值下减载运行。

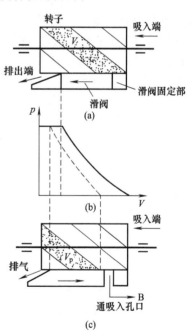

图 1-67　滑阀位置与负荷的关系

　　电磁换向阀组由两组电磁阀构成，电磁阀 A_1 和 A_2 为一组，电磁阀 B_1 和 B_2 为另一组。每组的两个电磁阀通电时同时开启，断电时同时关闭。电磁换向阀组控制能量调节滑阀的工作情况如下。如图 1-68 所示位置为增载，电磁阀 A_1 和 A_2 开启，电磁阀 B_1 和 B_2 关闭。高压油通过电磁阀 A_1 进入液压缸右侧，使活塞左移，液压活塞左侧的油通过电磁阀 A_2 流回

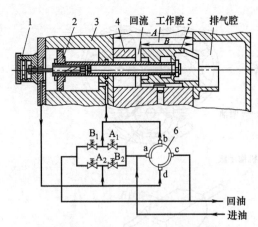

图 1-68　能量调节滑阀的控制系统
1—能量指示器；2—液压活塞；3—液压缸；
4—滑阀固定端；5—滑阀；6—手动四通换向阀
A_1，B_1，A_2，B_2—电磁阀

压缩机的吸气部位。当压缩机运转负载增至某一预定值时，电磁阀 A_1 和 A_2 关闭，供油和回油管路都被切断，液压活塞定位，压缩机即在该负载下运行。反之，电磁阀 B_1 和 B_2 开启，电磁阀 A_1 和 A_2 关闭，即可实现压缩机减载。这种情况下，滑阀的上下载是在油压差的作用下完成的。

如图 1-69 所示为另一种滑阀调节方法。它使用两个电磁阀，当压缩机卸载时，卸载电磁阀开启，加载电磁阀关闭，高压油进入液压缸，推动液压活塞，使滑阀移向开启位置，滑阀开口使压缩机气体回到吸气端，从而减少压缩机输气量。压缩机加载时，卸载电磁阀关闭，加载电磁阀开启，使油从液压缸排向机体内吸气侧，滑阀在制冷剂高低压压差的作用下，移向全负荷位置，此时，滑阀在加载时移动速度比卸载时快。与图 1-68 相比，这种方法结构简单，调节方便。

电磁阀组也可以用一个三位四通电磁阀代替，起同样的控制作用。约克 YS 系列螺杆式冷水机组采用如图 1-70 所示的一个双作用三位四通电控液压换向阀控制滑阀的移动。所谓双作用是指换向阀有两个电磁铁驱动阀芯移动换位。阀有 4 个接口，其中 P 口接高压油，T 口通往压缩机的低压区。A 口和 B 口通过油管连接到液压缸的卸载接口 SC-1 和加载接口 SC-2。SVa 电磁铁得电时高压油经阀内部的通路由 P 口至 A 口再送至 SC-1 口推动活塞移动卸载，活塞另一侧液压缸里的油则经阀的 B 口至 T 口再进入压缩机的低压区。反之，SVb 电磁铁得电时，阀的 P 口与 B 口相通，A 口与 T 口相通，实现加载。当两个电磁铁都不得电时，4 个口均不相通，滑阀位置保持不动。

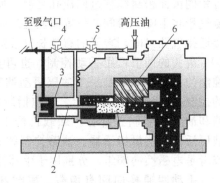

图 1-69　两个电磁阀的滑阀控制
1—滑阀；2—拉杆；3—液压活塞；
4—加载电磁阀；5—卸载电磁阀；6—转子

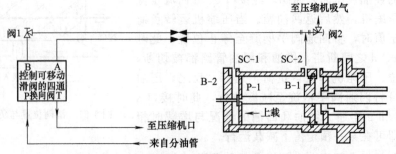

图 1-70　双作用液压缸及其连接油管的工作原理
SC-1—滑阀卸载口；SC-2—滑阀口；P-1—滑阀活塞；B-1 和 B-2—固定缸封头

　　ⓑ 柱塞调节　柱塞调节克服了滑阀调节机构增大螺杆式压缩轴向尺寸的缺点，适用于压缩机外形尺寸受到限制的应用场合。由于其调节范围受到柱塞数量的限制，在结合多机并

联调节方面有其独特的优势。

柱塞调节机构与滑阀调节机构相似，也属于一种吸气回流调节。其区别在于柱塞是沿螺杆的径向方向移动。如图 1-71 所示为柱塞调节机构的工作原理。在螺杆式制冷压缩机的外壳上沿转子螺杆部分轴向位置开设旁通通道，柱塞在通道内沿螺杆径向做往复运动，柱塞的前端为汽缸的一部分。在原始位置（满负荷时），柱塞前端面与外壳一起构成一个完整的汽缸内表面，与螺杆紧密配合，防止气体从此处泄漏。如图 1-71 所示有三个柱塞，当需要减少输气量时，将柱塞 1 打开，基元容积内一部分制冷剂蒸气就通过回流通道回流到吸气口。当需要输气量继续减少时，则再将柱塞 2、柱塞 3 依次打开。柱塞调节输气量只能实现有级调节，柱塞的启闭是通过电磁阀控制油泵中油的进出来实现的。

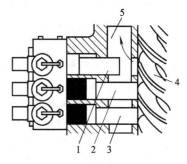

图 1-71 柱塞调节机构的工作原理
1,2,3—柱塞；
4—转子；5—回流通道

ⓒ 变频调节 装有变频驱动装置（variable speed drives，VSD）的螺杆冷水机组采用独特的自适应冷量控制逻辑，根据工况变化同步调节电动机转速、滑阀开度和滑块位置，使滑阀位置、转速和内容积比保持最佳匹配，从而保证机组始终在最佳工况下运行。螺杆冷水机组 VSD 的工作原理如图 1-72 所示。

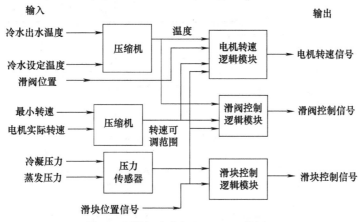

图 1-72 螺杆冷水机组 VSD 工作原理

VSD 控制的基本参数是冷媒水出水温度的实际值与设定值的偏差。当机组满负荷运转时，滑阀全关，电动机转速逻辑模块完全由温度偏差控制。随负荷的减小，通过变频驱动装置调节输入电流频率，直到电动机转速达到最低为止。如果负荷继续减小，则滑阀打开，并根据温度偏差控制滑阀开度。控制系统根据压缩机的压力调节滑块位置，使压缩机内压比等于或接近外压比。同时机组的压比限制着电动机转速变化及滑阀的增、减载，使外压比不超过滑块调节范围。

（e）润滑系统 螺杆式制冷压缩机大多采用喷油结构。如图 1-66（b）所示，与转子相贴合的滑阀上部，开有喷油小孔，其开口方向与气体泄漏方向相反，液压油从喷油管进入滑阀内部，经滑阀上部喷油孔，以射流形式不断地向一对转子的啮合处喷射大量冷却润滑油。喷油量（以体积计）以输气量的 $0.8\% \sim 1\%$ 为宜。喷入的油除了起密封工作容积和冷却压缩气体与运动部件的作用外，还要润滑轴承、增速齿轮、阴阳转子等运动部件。油路系统是确保螺杆压缩机安全、可靠运行的关键因素。根据油路系统是否配有油泵，将其分为三种类型：带油泵油循环系统、不带油泵油循环系统及混合油循环系统。

ⓐ 带油泵油循环系统　带油泵循环系统是螺杆式制冷压缩机组常用的油循环系统，特别是压缩机采用滑动轴承（主轴承）或转速较高以及带有增速齿轮等情况下，压缩机组上需设置预润滑油泵。每次开机前，首先启动预润滑油泵，建立一定的油压，然后压缩机才能正常启动。当机组工作稳定后，系统油压可以由油泵一直供给，或由冷凝器中的制冷剂压力提供。此时预润滑油泵可以关闭。

如图 1-73 所示为典型的带油泵油循环系统。储存在一次油分离器 5 内的较高温度的冷冻机油，经过截止阀和粗过滤器 8，被油泵 9 吸入排至油冷却器 11。在油冷却器中，油被水冷却后进入精过滤器 12，随后进入油分配总管 13，将油分别送至滑阀喷油孔、前后主轴承、平衡活塞、四通换向电磁阀 A_1、A_2、B_1、B_2 和能量调节装置的液压缸 14 等处。

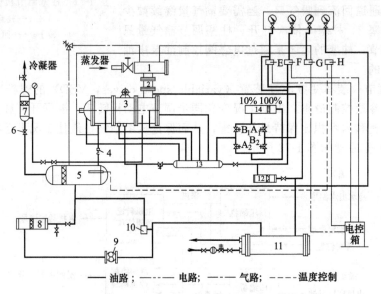

图 1-73　典型的带油泵循环系统

1—吸气过滤器；2—吸气单向阀；3—螺杆式制冷压缩机；4—排气单向阀；

5——次油分离器；6—截止阀；7—二次油分离器；8—粗过滤器；9—油泵；

10—油压调节阀；11—油冷却器；12—精过滤器；13—油分配总管；14—液压缸

送入前后主轴承、四通换向电磁阀的油，经机体内的油孔返回到低压侧。部分油与蒸气混合后，由压缩机排至油分离器。一次油分离器内的油经循环再次使用，二次油分离器内的低压油，一般定期放回压缩机低压侧。在一次油分离器与油冷却器之间，通常设置油压调节阀 10，目的是保持供油压力较排气压力高 0.15～0.3MPa，多余的油返回一次油分离器出油管。

压差控制器 G 控制系统高低压力，温度控制器 H 控制排气温度，压差控制器 E 控制过滤器压差，压力控制器 F 控制油压。

ⓑ 不带油泵油循环系统　当压缩机采用对润滑条件不敏感的滚动轴承，以及压缩机转速较低时，机组常趋向于采用不带油泵油循环系统。在机组运行时依靠机组建立的排气压力来完成油的循环。

ⓒ 混合油循环系统　不少机组联合使用上述两种系统。机组运行在低压工况下，由油泵供给足够的油，而在高压运行时，靠压力差供给。

c. 螺杆式制冷压缩机总体结构

（a）开启螺杆式制冷压缩机　如图 1-74 所示为一种国产开启螺杆式制冷压缩机。该压缩机的结构特点是：ⓐ转子采用新型单边不对称齿形，齿形光滑，无尖点、棱角，啮合特性优越，气流扰动损失小，接触线缩短，泄漏损失小；ⓑ全部采用高质量滚动轴承，转子精确定位，轴颈无磨损，期望寿命为40000h；ⓒ能量调节滑阀及内容积比调节机构均由PLC微处理器自动控制，保证压缩机在高、中、低温各种工况下均运行在效率最高点；ⓓ吸气过滤器布置在机体内，机体采用双层壁结构，隔音效果好，吸排气截止阀和吸排气单向阀合二为一；ⓔ润滑系统在机器运转时，利用吸排气压差供油，开机前通过一个小油泵预先提供润滑油，油泵故障率极低；ⓕ采用喷制冷剂的方式对压缩过程进行冷却，进一步减少了润滑油的循环量。还采用中间补气的"经济器"循环，使压缩机的性能得到了进一步的改善。

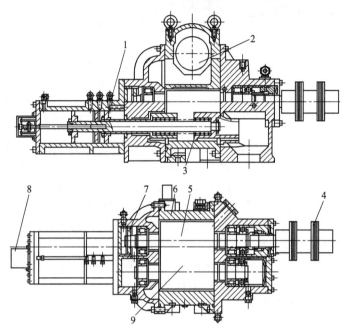

图 1-74 一种国产开启螺杆式制冷压缩机
1—液压活塞；2—吸气过滤网；3—滑阀；4—联轴器；5—阳转子；
6—汽缸；7—平衡活塞；8—能量测量装置；9—阴转子

(b) 半封闭螺杆式制冷压缩机 由于螺杆式制冷压缩机在中小冷量时具有良好的热力性能，并且能适应苛刻的工况变化，在冷凝压力和排气温度很高的工况下也能安全可靠地运行。随着空调领域冷水机组及风冷热泵机组需求的急剧增加，很快向半封闭甚至全封闭的结构发展。半封闭螺杆式制冷压缩机的额定功率一般在 $10\sim100kW$。

半封闭式结构根据油分离是否内置又可分为两种。将油分离器内置的半封闭式压缩机，通常是三段式结构，即电动机部分、压缩机部分、油分离器部分，三部分之间通过带法兰的铸铁机体连接，其机体密封面通过O形圈进行密封。如图1-75所示即为带内置油分离器的半封闭螺杆式制冷压缩机。

图1-75中，低压制冷剂蒸气进入过滤器，通过电动机再到压缩机吸气孔口，因此，内置电动机靠制冷剂蒸气冷却，电动机效率大大提高。

(c) 全封闭螺杆式制冷压缩机 如图1-76所示为美国顿汉-布什（Dunham-Bush）公司生产的全封闭螺杆式制冷压缩机，其转子为立式布置。为了提高转速，电动机主轴与阴转子直联，整个压缩机全部采用滚动轴承，以保证阴、阳转子间的啮合间隙。轴承采用了特殊材料和工艺，以承受较大载荷与保证足够的寿命，运转可靠。润滑系统采用吸排气压差供油，省去了润滑油泵。并且用温度传感器采集压缩机排气温度，当排气温度较高时，用液态制冷

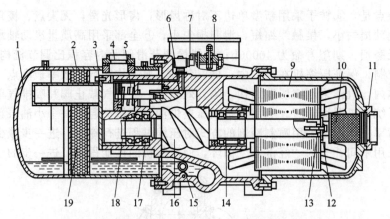

图1-75　带内置油分离器的半封闭螺杆式制冷压缩机

1—油分离器；2—排气管；3—排气端盖；4—排气连接法兰；5—能量调节活塞组件；6—能量调节滑块组件；
7—能量调节电磁阀；8—接线盒；9—电动机；10—进气过滤器；11—进气连接法兰；12—电动机转子固定挡块；
13—阳转子电动机端间隙环；14—吸气端轴承；15—加热器；16—阳转子；17—排气端轴承；18—轴承螺母；19—滤网

剂和少量油组成的混合液喷入压缩腔。能量调节由微机控制滑阀移动来实现。压缩机内置电动机布置在排气侧，通过排气冷却电动机，电动机采用了 H 级耐高温绝缘技术，允许压缩机排气温度达 100℃，提高了电动机的可靠性。油分离器与电动机布置在同侧，冷却过电动机的油气混合物通过内置油分离器分离，制冷剂蒸气从顶部排气口排出，油通过重力流到下部的油槽内。此类立式全封闭压缩机的单机制冷量可达 140～920kW。

③ 典型水冷螺杆式冷水机组

a. 约克 YS 系列螺杆式冷水机组　约克 YS 系列螺杆式冷水机组以 R22 为制冷剂，制冷量从 440～2374kW 有多种规格。YS 系列螺杆式冷水机组的外形结构如图 1-77 所示，其制冷系统和润滑油系统的工作流程如图 1-78 所示。

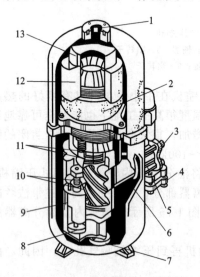

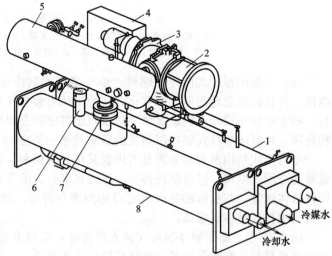

图1-76　立式全封闭螺杆式制冷压缩机

1—排气口；2—内置电动机；3—吸气截止阀；
4—吸气口；5—吸气单向阀；6—吸气过滤网；
7—油过滤器；8—能量调节液压活塞；
9—调节滑阀；10—阴、阳转子；11—主轴承；
12—油分离器；13—挡油板

图1-77　YS 系列螺杆式冷水机组的外形结构

1—蒸发器；2—电动机；3—压缩机；4—控制面板；
5—油分离器；6—油过滤器；7—隔离阀；8—冷凝器

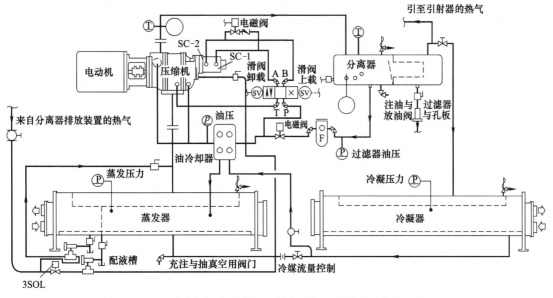

图 1-78　YS 系列螺杆式冷水机组制冷系统和润滑油系统的工作流程

YS 系列螺杆式冷水机组主要设备的特点如下。

ⓐ 机组所用制冷压缩机为开启双螺杆式制冷压缩机，电动机与压缩机传动轴之间采用柔性金属圆盘式联轴器连接。采用开启式压缩机的优点是，一旦电动机烧毁，也不会污染制冷循环系统中的润滑油，从而减小维修的工作量。电动机采用开式防滴漏型鼠笼异步式电机。电机直接带动阳转子，阴转子依靠阳转子来传动。

ⓑ 蒸发器是卧式壳管式蒸发器。分配盘能使制冷剂沿整个壳体长度方向均匀分布，与流经蒸发器铜管内的冷媒水进行热交换。蒸发器顶部焊接有挡板，它可以积聚从压缩机上掉下的油，可以防止油和制冷剂混合，还可以防止压缩机里制冷剂液击现象发生。

ⓒ 冷凝器采用卧式壳管式冷凝器，排气挡板防止气体直接高速冲击管束，并合理分配制冷剂蒸气的流量，提高换热效率。冷凝器底部设有过冷器，有效过冷液体，改善循环效率。

ⓓ 设置了卧式高效多级油分离器，如图 1-79 所示。筛网垫将排气中的油组分减少到 $50 \times 10^{-6}\,\mathrm{kg/kg}$ 吸入气体左右，这对大多数场合已经适用。在只允许更少油损失的场合，可进一步安装组合过滤器，以减少含油量，此时可将油含量减少至 $5 \times 10^{-6}\,\mathrm{kg/kg}$ 吸入气体左右。由于安装了专用的排油阀，过滤器能够自动回油。分离下来的油聚集在分离器的底部，通过玻璃视镜可以观察到油位。油位传感器用于防止失油。内装式电加热器在停机时会自动加热以防止制冷剂冷凝。

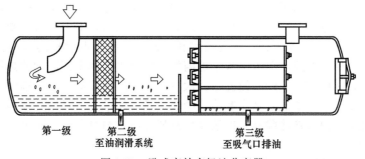

图 1-79　卧式高效多级油分离器

卧式高效多级油分离器工作原理如下：在第一级，由于混合物的方向和速度发生快速变化，引起大的油液滴分离；在第二级，混合物通过编织成的金属筛网垫时，绝大多数油雾聚集成油滴，然后滴入分离器底部的储油器；在第三级，是最彻底分离混合气体的一步，通过组合过滤器几乎可以分离出所有的润滑油。

ⓔ 能量调节装置采用滑阀调节机构，滑阀的移动通过一个双作用三位四通电控液压换向阀进行控制。

b. 特灵 RTHB 系列螺杆式冷水机组　特灵 RTHB 系列螺杆式冷水机组的额定制冷量为 380～1370kW，使用制冷剂为 R22。RTHB 系列螺杆式冷水机组的基本结构如图 1-80 所示，其制冷剂循环系统简图如图 1-81 所示。

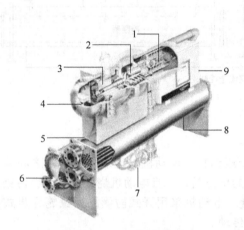

图 1-80　RTHB 系列螺杆式
冷水机组的基本结构
1—油分离器；2—压缩机；3—内置式电动机；
4—经济器；5—启动柜；6—蒸发器；
7—电子膨胀阀；8—冷凝器；9—控制面板

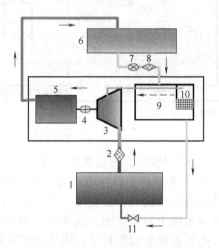

图 1-81　RTHB 系列螺杆式冷水机组的
制冷剂循环系统简图
1—蒸发器；2—挡液滤网；3—压缩机；4—单向阀；
5—油分离器；6—冷凝器；7—电子膨胀阀；
8—制冷剂过滤器；9—内置式电动机；
10—经济器；11—复合固定节流孔板

RTHB 系列螺杆式冷水机组主要设备的特点如下。

ⓐ 机组所用制冷压缩机为半封闭双螺杆式制冷压缩机，它由电动机、转子和油分离器等三部分组成。压缩机由二极笼形感应电动机直接驱动，液态制冷剂通过电动机冷却管进入电动机机壳顶部，对电动机进行冷却，以提高其效率并延长使用寿命。阳转子与电动机相连并由电动机驱动，阴转子则由阳转子带动，阳、阴转子的齿数比为 5：7。油分离器水平放置，其形状是一个圆周为螺线形通路的多孔圆筒，相当于一个油分离筛网。

ⓑ 机组带有经济器。如图 1-82 所示为带经济器的两级节流系统。从冷凝器流出的液态制冷剂经电子膨胀阀进行一次节流降压，流过制冷剂过滤器，沿电动机冷却管道从经济器角阀进入压缩机电动机/经济器壳体，低温液态制冷剂起到冷却电动机的作用。经济器中的压力介于蒸发器和冷凝器之间，节流过程中的闪发蒸气吸收了其余制冷剂的热量，使液态制冷剂的过冷度增加，从而减小了经节流孔板二次节流后进入蒸发器的制冷剂的蒸气含量，即减小了制冷剂的干度，提高了蒸发器中制冷剂的吸热量，使单位质量制冷量增大。经济器中的制冷剂蒸气通过泡沫消除器滤除夹带的液滴后从压缩机汽缸压缩中间点的补气口进入汽缸，并与来自蒸发器的被压缩的气体混合。

ⓒ 采用电子膨胀阀作为一次节流元件。电子膨胀阀能够在接近零过热度条件下平稳工

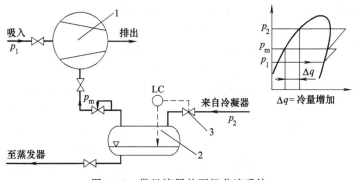

图 1-82　带经济器的两级节流系统
1—压缩机；2—经济器；3—节流阀
LC—液位控制器

作，不会产生振荡，从而可以充分发挥蒸发器的传热效用。

ⓓ 能量调节装置采用滑阀调节机构，滑阀的移动通过 2 个两位两通电磁阀进行控制。

(2) 风冷螺杆式冷水机组

① 基本组成与特点　风冷螺杆式冷水机组由螺杆式制冷压缩机、蒸发器、风冷冷凝器、油分离器、电气控制箱等主要部件组成。目前市场上常见的风冷螺杆式冷水机组，绝大部分为多机头机组。风冷式冷水机组工作流程与水冷机组大致相同，所不同的是水冷式机组的冷凝器采用壳管式换热器，而风冷式机组的冷凝器采用翅片式换热器。风冷螺杆式冷水机组的主要特点如下。

a. 冷水机组效率与冷凝温度有关，水冷式机组冷凝温度取决于室外湿球温度，对于湿球温度变化不大且较低的地区较适用。风冷式机组冷凝温度取决于室外干球温度，在室外干球温度下降时，可大幅度降低耗电量，故风冷式冷水机组在南方地区应用较广。

b. 风冷式冷水机组不需配水泵、冷却塔，不需冷却塔补水，水系统清洁，使用方便。在缺水地区、超高层建筑和环境要求较高场合，也具有优势。

c. 在满负荷状态下，风冷式冷水机组耗电量大于水冷机组，但由于风冷式冷水机组在室外干球温度下降时，耗电量可大大降低。从一些研究来看，风冷式冷水机组全年耗电量与水冷式冷水机组基本相同，水冷式冷水机组在设备保养方面的费用较风冷式冷水机组高，因此风冷式冷水机组总费用略低于水冷式冷水机组。

② 开利风冷螺杆式机组　开利风冷螺杆式冷水机组有 30GX 等型号，风冷螺杆式热泵机组有 30SHA、30SHP、30SHB 等型号，它们的共同特点是采用两台或两台以上的半封闭螺杆式制冷压缩机并列运行。

a. 开利风冷螺杆式机组工作流程　现以 30SHA 型风冷热泵式冷热水机组为例进行介绍。如图 1-83 所示为 30SHA 型风冷热泵式冷热水机组工作流程。

当压缩机在制冷工况下工作时，压缩机 1 排出的高温、高压制冷剂蒸气进入油分离器 3，在油分离器中，油被分离出来，经过单向阀 2 回到压缩机 1。油泵 4 为预润滑油泵，在机组启动前向压缩机供油；在压缩机

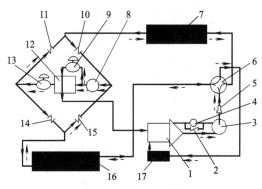

图 1-83　30SHA 型风冷热泵式冷热水机组工作流程
1—压缩机；2,10,11,14,15—单向阀；
3—油分离器；4—油泵；5—背压阀；6—四通换向阀；
7—换热盘管；8—储液器；9,13—电子膨胀阀；
12—经济器；16—壳管式换热器；17—气液分离器

运转后，机组利用高低压压差将油经单向阀 2 向压缩机供油。

从油分离器出来的制冷剂蒸气，经背压阀 5 到四通换向阀 6，在盘管 7 中，制冷剂蒸气与空气进行热交换，变为液体，制冷剂液体经单向阀 10 到储液器 8。储液器 8 出来的制冷剂液体，绝大多数进入经济器 12，小部分通过电子膨胀阀 9，节流后进入经济器。节流后的制冷剂，在经济器中与制冷剂液体进行热交换，制冷剂气化后进入压缩机。在气化过程中，进入经济器 12 的制冷剂液体吸收热量进一步冷却，这一部分制冷剂液体通过电子膨胀阀 13 后节流降压，再经过单向阀 14 进入壳管式换热器 16，制冷剂吸收热量而气化，通过四通换向阀 6 进入气液分离器 17，制冷剂蒸气被吸入压缩机中，完成制冷循环。

制热工况见图 1-83 中的虚线箭头。制热运行时，翅片管式换热器的作用是蒸发器，而壳管式换热器 16 的作用是冷凝器。四通换向阀通过切换使制冷剂沿虚线箭头运行。压缩机排出的高温、高压制冷剂蒸气通过四通换向阀首先进入壳管式换热器 16 放出热量，使流经换热器的水温升高，冷凝后的液体制冷剂经单向阀 15 进入储液器 8，然后分成两股通过经济器 12，经济器的作用就是使制冷剂过冷，过冷后的制冷剂液体经电子膨胀阀 13 节流后再经单向阀 11 进入换热盘管 7 并在其中气化，气化时吸收的热量来自于室外环境中的空气，气化后低温、低压制冷剂蒸气经四通换向阀再回到压缩机吸气口完成制热循环。

b. 开利 06N 型半封闭螺杆式制冷压缩机　如图 1-84 所示为开利 06N 型半封闭式螺杆式压缩机结构简图。该机采用 R134a 制冷剂。其最大特点是采用增速齿轮，压缩机与电动机并列布置，通过齿轮增速，结构紧凑，体积小巧。由于转子尺寸的减小，减小了压缩机内高低压侧的泄漏，提高了效率。另外，通过改变增速比，可以获得不同排气量规格的压缩机，便于组织生产和零配件供应。

该压缩机采用柱塞式卸载方式进行能量调节，具有结构紧凑、无内部损失的特点，与采用滑阀式调节机构的压缩机相比，轴向尺寸缩小，有利于减小机组尺寸，使结构更紧凑。如图 1-85 所示为开利 06N 型半封闭式螺杆式压缩机组柱塞式能量调节机构简图。该压缩机有两个柱塞，对应阴、阳转子各有一个柱塞，每个柱塞对应于一级卸载，两级卸载分别为40%、70%。

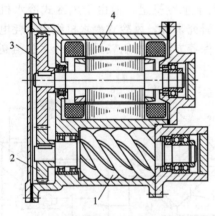

图 1-84　开利 06N 型半封闭式
螺杆式压缩机结构简图
1—转子；2—增速小齿轮；
3—增速大齿轮；4—电动机

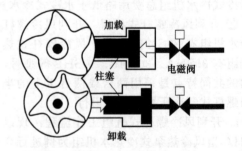

图 1-85　开利 06N 型半封闭式螺杆式
压缩机组柱塞式能量调节机构简图

1.2.3　离心式冷水机组

以离心式制冷压缩机为主机的冷水机组，称为离心式冷水机组。离心式冷水机组适用于大、中型建筑物，如宾馆、剧院、医院、办公楼等舒适性空调制冷，以及纺织、化工、仪表、电子等工业所需的生产性空调制冷，也可为某些工业生产提供工艺用冷水。

(1) 离心式冷水机组的基本构成

离心式冷水机组主要由离心式制冷压缩机、冷凝器、蒸发器、节流装置、润滑系统、进口低于大气压时用的抽气回收装置、进口高于大气压时用的泵出系统、能量调节机构及安全保护装置等组成。一般空调用离心式制冷机组制取 4～9℃冷媒水时，采用单级、双级或三级离心式制冷压缩机，而蒸发器和冷凝器往往做成单筒式或双筒式置于压缩机下面，作为压缩机的基础。节流装置常用浮球阀、节流孔板（或称节流孔口）、线性浮阀及提升阀等。抽气回收装置用于随时排除机组内不凝性气体和水分，防止冷凝器内压力过高而引起制冷效果下降。泵出系统用于机组维修时对制冷剂的充灌和排出处理。如图 1-86 所示为常见水冷离心式冷水机组的外形图。除水冷机组外，也有风冷离心式冷水机组，但用量较少。

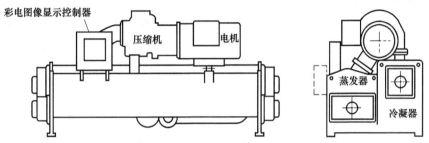

图 1-86　常见水冷离心式冷水机组的外形

由于离心压缩机的结构及工作特性，它的输气量一般希望不小于 2500m³/h。因此决定了离心式冷水机组适用于较大的制冷量，单级容量通常在 580kW 以上，目前世界上最大的离心式冷水机组的制冷量可达 35000kW。此外，离心式冷水机组的工况范围比较狭窄。在单级离心式制冷机中，冷凝压力不宜过高，蒸发压力不宜过低。其冷凝温度一般控制在 40℃左右，冷凝器进水温度一般在 32℃以下；蒸发温度大致在 0～10℃之间，用得最多的是 0～5℃，蒸发器出口冷媒水温度一般为 5～7℃。

(2) 离心式冷水机组制冷系统

如图 1-87 所示为单级半封闭离心式冷水机组的制冷循环。压缩机 4 从蒸发器 6 中吸入制冷剂蒸气，经压缩后的高压气体进入冷凝器 5 内进行冷凝。冷凝后的制冷剂液体经除污

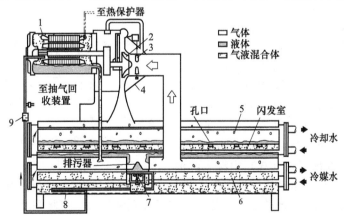

图 1-87　单级半封闭离心式冷水机组的制冷循环

1—电动机；2—叶轮；3—进口导流叶片；4—压缩机；

5—冷凝器；6—蒸发器；7—节流阀；8—过冷盘管；9—过滤器

后，通过节流阀 7 节流后进入蒸发器，在蒸发器内吸收列管中的冷媒水的热量，成为气态而被压缩机再次吸入进行循环工作。冷媒水被冷却降温后，由循环水泵送到需要降温的场所进行降温。另外，在通过节流阀节流前，用管路引出一部分液体制冷剂，进入蒸发器中的过冷盘管，使其过冷，然后经过滤器 9 进入电动机转子端部的喷嘴，喷入电动机，使电动机得到冷却，再流回冷凝器再次冷却。

如图 1-88 所示为三级全封闭离心式冷水机组的制冷循环。蒸发器中液态制冷剂吸收冷媒水热量而气化，气化的制冷剂蒸气被吸入到第一级压缩机，提高其温度和压力。从第一级压缩机出来的制冷剂蒸气和来自二级节能器（也称增效器）低压级一侧的较冷的制冷剂蒸气混合，使其熔值降低后进入第二级压缩机，进一步提高其温度和压力。从第二级压缩机出来的制冷剂蒸气和来自一级节能器高压级一侧的较冷的制冷剂蒸气混合，使其熔值降低后进入第三级压缩机，再次提高其温度和压力，然后排入冷凝器。制冷剂蒸气进入冷凝器，在冷凝器中将热量传给冷凝器的循环冷却水，冷凝成冷凝液体。离开冷凝器的液态制冷剂流经第一个孔板，并进入节能器的高压级一侧，该孔板和节能器的作用是使少量的制冷剂在中间压力（介于蒸发器和冷凝之间的压力）下闪蒸，从而使其他的液态制冷剂得到冷却。从一级节能器出来的制冷剂经第二个孔板，并进入二级节能器，一些制冷剂在更低一些的中间压力下闪蒸，使其他的液态制冷剂进一步得到过冷。从二级节能器出来的过冷液体制冷剂经第三孔板节流降压，进入蒸发器。

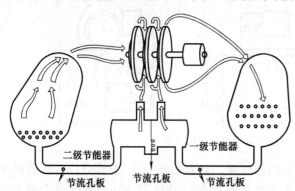

图 1-88　三级全封闭离心式冷水机组的制冷循环

(3) 冷却液的过冷方式

在空调用离心式冷水机组中，采用制冷剂作为冷却液的主要有两个部位：一个是制冷剂喷射冷却主电动机；另一个是抽气回收装置中回收冷凝器内冷却盘管的供液。制冷剂冷却液由浮球阀室内节流阀前的储液槽中抽出，如图 1-89 所示。总引管穿过蒸发器底部，过冷后由蒸发器筒体的左下方引出，由波纹管阀控制供液量的大小。制冷剂液体经过滤器过滤后，被分成两路：一路去抽气回收装置的回收冷凝器；另一路去主电动机喷液嘴。两股冷却液的回路各自回到蒸发器内。

制冷剂冷却液过冷的目的是提高主电动机和回收冷凝器的冷却效果。由于两股冷却液最终要回到蒸发器中参加制冷机组的制冷剂循环流程，这部分吸热量已被考虑在机组的总制冷量之中。对冷却液采取过冷措施的目的在于提高冷却效果，减少制冷剂冷却液的供液量。

在主电动机的回液（气）管中装有挡油板，其作用在于阻止制冷剂回液（气）中混入的油

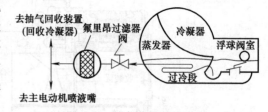

图 1-89　冷却液的过冷示意

成分进入蒸发器，并使主电动机回液尾部空间保持足够高的压力值，以免对机壳油槽上部空间的油雾起抽吸作用。挡油板上游的管底部开设有回油孔和接头，可将积油引回油槽内。

(4) 润滑系统

离心式制冷压缩机一般是在高转速下运行的，其叶轮与机壳无直接接触摩擦，无需润滑。但其他运动摩擦部位则不然，即使短暂缺油，也将导致烧坏，因此离心式冷水机组必须

带有润滑系统。开启式润滑系统为独立的装置，半封闭式润滑系统则放在压缩机机组内。如图 1-90 所示为半封闭离心式冷水机组的润滑系统。润滑油通过油冷却器 2 冷却后，经油过滤器 5 吸入油泵 1。油泵加压后，经油压调节阀 3 调整到规定压力（一般比蒸发压力高 0.15～0.2MPa），进入磁力塞 6，油中的金属微粒被磁力吸附，使润滑油进一步净化。然后一部分油送往电动机 9 末端轴承，另一部分送往径向轴承 15、推力轴承 16 及增速器齿轮和轴承，然后流回储油箱供循环使用。

由于制冷剂中含油，在运转中则应不断把油回收到油箱。一般情况下经压缩后的含油制冷剂，其油滴会落到蜗壳底部，可通过喷油嘴回收入油箱。进入油箱的制冷剂闪发成气体再次被压缩机吸入。

油箱中设有带恒温装置的油加热器，在压缩机启动前或停机期间通电工作，以加热润滑油。其作用是使润滑油黏度降低，以利于高速轴承的润滑，另外在较高的温度下易使溶解在润滑油中的制冷剂蒸发，以保持润滑油原有的性能。

为了保证压缩机润滑良好，油泵在压缩机启动前 30s 先启动，在压缩机停机后 40s 内仍连续运转。当油压差小于 69kPa 时，低油压保护开关使压缩机停机。

空调用离心式制冷压缩机由于使用不同的制冷剂，对润滑油的要求也不同。R22 机组的专用油要求为烷基苯基合成的冷冻机油。用于 R134a 机组中润滑齿轮传动时，一般采用多元醇基质合成冷冻机油。

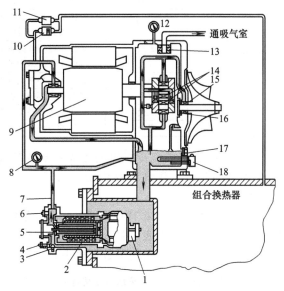

图 1-90 半封闭离心式冷水机组的润滑系统
1—油泵；2—油冷却器；3—油压调节阀；4—注油阀；
5—油过滤器；6—磁力塞；7—供油管；8—油压表；
9—电动机；10—低油压断路器；11—关闭导叶的油开关；
12—油箱压力表；13—除雾器；14—小齿轮轴承；
15—径向轴承；16—推力轴承；17—喷油嘴视镜；
18—油加热器的恒温控制器与指示灯

1.2.4 溴化锂吸收式制冷机组

溴化锂吸收式制冷机组的分类、形式与构造如下。

① 溴化锂吸收式制冷机组的分类 溴化锂吸收式制冷机组的分类及特点见表 1-10。

表 1-10 溴化锂吸收式制冷机组的分类及特点

分类方式	种类	特点
按驱动热源	热水型	以热水的显热为驱动热源
	蒸汽型	以蒸汽的潜热为驱动热源
	直燃型	以燃料的燃烧热为驱动热源
	余热型	以工业余热为驱动热源
	复合热源型	驱动热源为多种热源的复合，如热水与直燃型复合
按驱动热源的利用方式	单效	驱动热源在机组内被直接利用一次
	双效	驱动热源在机组内被直接和间接地利用两次
	多效	驱动热源在机组内被直接和间接地利用多次
	多级发生	驱动热源在多个压力不同的发生器内依次被直接利用
按低温热源	冷水机组	向低温热源吸热，提供冷水
	第一类热泵	向低温热源吸热，提供温度低于驱动热源的热水
	第二类热泵	向驱动热源吸热，提供温度高于驱动热源的热水或蒸汽

分类方式	种　类	特　点
按用途	冷水机组	提供冷水
	冷热水机组	能同时或交替提供冷水和热水
	热泵机组	向低温热源吸热,提供热水或蒸汽
按溶液循环流程	串联	溶液先进入高压发生器,再进入低压发生器,然后流回吸收器
	倒串联	溶液先进入低压发生器,再进入高压发生器,然后流回吸收器
	并联	溶液同时进入高压发生器和低压发生器,然后流回吸收器
	串并联	溶液同时进入高压发生器和低压发生器,流出高压发生器的溶液再进入低压发生器,然后流回吸收器
按机组布置	卧式	机组主要筒体的轴线按水平布置
	立式	机组主要筒体的轴线按垂直布置
按机组结构	单筒	机组的主要热交换器布置在一个筒体内
	双筒	机组的主要热交换器布置在两个筒体内
	三筒	机组的主要热交换器布置在三个筒体内
	多筒	机组的主要热交换器布置在多个筒体内

② 溴化锂吸收式制冷机组的形式和基本参数　溴化锂吸收式制冷机组的形式可分为蒸汽单效机组（XZ）、蒸汽双效机组（SXZ）、热水机组（RXZ）、燃油型（ZXY）、燃气型（ZXQ）。

我国国家标准 GB/T 18431—2001《蒸汽和热水型溴化锂吸收式冷水机组》规定的机组名义工况和性能参数见表 1-11；GB/T 18362—2008《直燃型溴化锂吸收式冷（温）水机组》规定的机组名义工况和性能参数见表 1-12。

表 1-11　《蒸汽和热水型溴化锂吸收式冷水机组》规定的机组名义工况和性能参数

形式	名义工况						性能参数
	加热源		冷水出口温度/℃	冷水进、出口温差/℃	冷却水进口温度/℃	冷却水出口温度/℃	单位制冷量加热源耗量/[kg/(h·kW)]
	蒸汽压力（表压）/MPa	热水温度/℃					
蒸汽单效型	0.10		7			35(40)	2.35
蒸汽双效型	0.25	—	13	5	30(32)	35(38)	1.40
	0.40		7				
			10				1.31
	0.60		7				
			10				1.28
	0.80		7				
热水型	—	[th1(进口)/th2(出口)]	—				

注：1. 蒸汽压力是指发生器或高压发生器蒸汽进口管箱处的压力。
2. 热水进出口温度由制造厂和用户协商确定。
3. 表中括号内的参数值为应用名义工况值。
4. 冷水、冷却水侧污垢系数为 0.086m²·℃/kW。
5. 电源为三相交流，额定电压为 380V，额定频率为 50Hz。

表 1-12　《直燃型溴化锂吸收式冷（温）水机组》规定的机组名义工况和性能参数

项目	冷（温）水[①]		冷却水[②]		性能系数 COP
	进口温度/℃	出口温度/℃	进口温度/℃	出口温度/℃	
制冷	12(14)	7	30(32)	35(37.5)	≥1.10
供热	—	60	—	—	≥0.90
电源	三相交流,380V,50Hz(单相交流,220V,50Hz);或用户所在国供电电源				
污垢系数	蒸发器水侧:0.018m²·℃/kW。冷凝器、吸收器水侧:0.044m²·℃/kW。新机组蒸发器和冷凝器的水侧应被认为是清洁的,测试时污垢系数应考虑为 0m²·℃/kW。				

[①] 表中括号内数值为可供选择的大温差送冷水的参考值。
[②] 表中括号内数值为可供选择的应用名义工况参考值。

③ 溴化锂吸收式制冷机组的构造

a. 蒸汽型溴化锂吸收式冷水机组的构造　蒸汽型溴化锂吸收式冷水机组有单效机与双效机两种。单效机由发生器、冷凝器、蒸发器、吸收器四大热交换器和 U 形管节能装置以及屏蔽泵、真空泵、真空阀等辅助设备组成。单效机有将四大热交换器均装设在一个筒体内的机组，即单筒单效机；也有将发生器与冷凝器装设在一个筒体中，而将蒸发器与吸收器装设在另一筒体中的机组，即双筒单效机。

蒸汽型溴化锂吸收式冷水机组用得最多的是双效机。双效机就是在只有一个发生器的单效机的基础上，又增加了一个高压发生器和一个高温热交换器，由于有两个发生器故称双效机。双效机有两筒和三筒之分。两筒构造的称为双筒双效机，如图 1-91 所示。该机组在下筒体中装设有四大热交换器，因而下筒体构造犹如单筒单效机；采用三筒结构的称为三筒双效机，如图 1-92 所示。

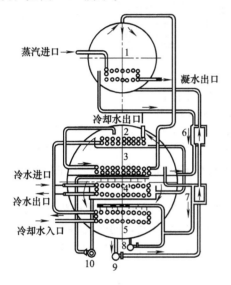

图 1-91　蒸汽型双筒双效溴化锂
吸收式冷水机组示意

1—高压发生器；2—冷凝器；3—低压发生器；
4—蒸发器；5—吸收器；6—高温热交换器；
7—低温热交换器；8—吸收器泵；
9—发生器泵；10—蒸发器泵

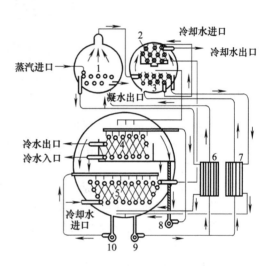

图 1-92　蒸汽型三筒双效溴化锂
吸收式冷水机组示意

1—高压发生器；2—冷凝器；3—低压发生器；
4—蒸发器；5—吸收器；6—高温热交换器；
7—低温热交换器；8—蒸发器泵；
9—发生器泵；10—吸收器泵

b. 热水型溴化锂吸收式冷水机组的构造　热水型溴化锂吸收式冷水机组的构造与蒸汽型相近。常用的多为热水型双筒单效机组，也有将工作热水供给低压发生器，而将蒸汽供给高压发生器，并将高压发生器产生的冷剂水蒸气也送入低压发生器，从而加速冷剂水蒸气产生的所谓"单双效组合式溴冷机"。此外，也有装设两个发生器的"双级热水型溴冷机"的结构。不过后两种机组应用较少。

c. 直燃型溴化锂吸收式冷（热）水机组的构造

（a）燃油、燃气的直燃型溴化锂吸收式冷（热）水机组的组成部件及作用　直燃型溴化锂冷（热）水机和蒸汽型溴冷机一样，也是由各种换热器组成的，现将各部分的结构及工作流程（图 1-93）分别加以介绍。

ⓐ 高压发生器　高压发生器是由内筒体、外筒体、前管板、螺纹烟管及前、后烟箱组成。燃烧机从前管板插入内筒体，喷出火焰（约 1400 ℃），使内筒体及烟管周围的溴化锂稀

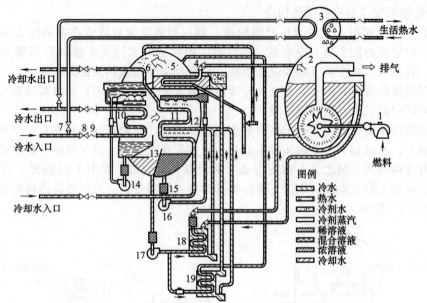

图 1-93　直燃型溴化锂吸收式冷（热）水机组示意图

1—燃烧机；2—高压发生器；3—热水器；4—真空角阀（开）；5—低压发生器；6—冷凝器；7—热水阀（关）；
8—冷水阀（开）；9—软接头；10—蒸发器；11—吸收器；12—预冷却装置；13—浓度调节器；
14—冷剂泵；15—过滤器；16—吸收器泵；17—发生器泵；18—高温热交换器；19—低温热交换器

溶液沸腾，产生水蒸气，同时使溶液浓缩，产生的水蒸气进入低压发生器；而浓溶液经高温热交换器进入吸收器。

ⓑ 低压发生器　低压发生器是由折流板及前后水室组成。高压发生器产生的水蒸气进入前水室，将铜管外侧的溴化锂稀溶液加热，使其沸腾产生水蒸气，同时使溶液浓缩。水蒸气进入冷凝器，而浓缩后的溶液经低温热交换器进入吸收器。同时铜管内的水蒸气被管外溶液冷凝后，经过内节流阀（针阀）流进冷凝器。

ⓒ 冷凝器　冷凝器由铜管及前、后水盖组成，冷却水从后水盖流进铜管内，使管外侧来自高压发生器的冷剂水冷却和来自低压发生器的冷剂水蒸气冷凝；而冷却水从铜管流经前水盖进入冷却塔。在这里，冷却水带走了高压发生器、低压发生器的热量（即燃烧热量）。冷凝器与低压发生器同在上筒体内，其压力相当。

ⓓ 蒸发器　蒸发器由铜管、前后水盖、喷淋盘和水盘组成。冷水从水盖进入铜管，而管外来自冷凝器的冷剂水由于淋滴于铜管上获得热量而蒸发，部分未蒸发的水落到水盘中，被冷剂泵吸取再次送入喷淋盘循环，使其蒸发。

ⓔ 吸收器　吸收器是由铜管、前后水盖及喷淋盘和溶液箱组成。由冷却塔来的冷却水从水盖进入铜管，使喷淋在管外的来自高压发生器和低压发生器的浓溶液冷却。溴化锂溶液在一定温度和浓度条件下，具有极强的吸水性能，这时，它大量吸收了由同一空间的蒸发器所产生的冷剂水蒸气，并把吸收来的气化热量传给冷却水带走。吸收了水蒸气的溴化锂溶液变为稀溶液，从而丧失了吸收能力。这时稀溶液又由发生器泵送入高压发生器和低压发生器，再次发生冷剂水蒸气并使稀溶液浓缩。

ⓕ 高、低温热交换器　高、低温热交换器由铜管、折流板及前、后液室组成，分为稀液侧和浓液侧。其作用是使稀溶液升温及浓溶液降温，以达到节省燃料及减少冷却水负荷、提高吸收效果的双重目的。

ⓖ 热水器　热水器实质上为壳管式气-水换热器，使高压发生器产生的水蒸气进入热水器进行热交换，以加热采暖热水或生活热水，而水蒸气自身冷凝成液态水又流回高压发生器。

(b) 太阳能"直热型"溴化锂吸收式冷（热）水机组的组成部件 采用可随太阳移动而聚焦的集热器，就可利用太阳能将集热管里的水加热为水蒸气，利用此蒸汽作为双效溴冷机的动力源进行制冷。太阳能溴冷机在国内外均有工程应用实例。

(c) 一体化直燃型溴化锂吸收式冷（热）水机组的构造 一体化直燃机是将燃气直燃机与水泵、冷却塔及定压装置总装在一起的机组，制冷量范围为 70～1163kW，是一种可提供冷水、采暖热水和卫生热水的三用机组。

1.3 空气调节机组

空气调节机组就是将多种空气调节设备组合在一起，可以对空气进行加热、冷却、加湿、除湿等多种处理过程，是在集中式和半集中式空调系统中普遍使用的空气处理设备。

目前，工程上集中式空调系统中常用的空气调节机组有两类：一类是组合式空调机组；另一类是整体式空调机组。半集中式空调系统中常用的空气调节机组为风机盘管机组。

1.3.1 组合式空调机组

组合式空调机组也称为装配式空调机，是集中式水冷空调系统中的主要设备，它由风机和其他必要设备组成不含冷、热源的预制单元箱体，并具有空气循环、净化、加热、冷却、加湿、除湿、消声、混合等多种功能的空气处理设备，这种机组可用于风管阻力等于大于100Pa 的空调系统。对空气具有特定的处理功能的单元箱体称为功能段，组合式空调机组由各种空气处理功能段组装而成，机组功能段可包括：空气混合、均流、过滤、冷却、一次和二次加热、去湿、加湿、送风机、回风机、喷水、消声、热回收等单元体。

当组合式空调机组带有高、中效或亚高效空气过滤功能段时，被称为净化机组；当组合式空调机组风机风量可以调节时，被称为变风量机组；当被处理的空气全部是室外空气（新风）时，被称为新风机组。

组合式空调机组结构紧凑，可以满足多种功能使用要求，现场直接安装、简便、省工，使用中调节灵活，广泛应用于空调系统中。

(1) 组合式空调机组的分类与基本参数

① 分类 组合式空调机组有多种形式，常用的分类方法如下。

a. 按结构形式，可分为卧式、立式、吊顶式及其他形式。功能段立式顺序排列的为立式机组，水平顺序排列的为卧式机组；采用吊顶安装的卧式机组为吊顶式机组。

b. 按用途特征，可分为通用机组、新风机组、净化机组和专用机组（如屋顶机组、烟草用机组、地铁用机组、计算机房专用机组等）。通用机组用于民用建筑中，是保障人体舒适要求的舒适性空调系统。净化机组用于电子技术、药品生产、医用动物饲养、手术室、食品无菌封装等，对空气的洁净度要求高的工艺性空调系统，一般带有中效和亚高效过滤器。

② 型号表示方法 我国国家标准 GB/T 14294—2008《组合式空调机组》规定的组合式空调机组的型号表示方法如下。

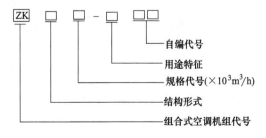

61

其中，结构形式和用途特征代号见表 1-13。

表 1-13　组合式空调机组标记代号

分类方式	分　类	代　号	分类方式	分　类	代　号
结构形式	立式	L	用途特征	通用机组	T
	卧式	W		新风机组	X
	吊顶式	D		净化机组	J
	其他	Q		专用机组	Z

型号标记示例如下。

示例 1：ZKL 5-X，表示立式新风机组，额定风量 5000m³/h。

示例 2：ZKW 10-T，表示卧式空调机组，额定风量 10000m³/h。

示例 3：ZKD 20-X，表示吊顶式新风机组，额定风量 20000 m³/h。

③ 基本参数　组合式空调机组的基本参数有额定风量、额定供冷量、额定供热量、机外静压、机组全静压等。

a. 额定风量　指在标准空气状态下，单位时间通过机组的空气体积流量，单位为 m³/h 或 m³/s。标准空气状态是指温度 20℃、相对湿度 65%、压力 101.3kPa、密度 1.2kg/m³ 时的空气状态。

b. 额定供冷量　指机组在规定试验工况下的总除热量，即显热和潜热除热量之和，单位为 kW 或 W。机组的规定试验工况可查阅国家标准 GB/T 14294—2008《组合式空调机组》。

c. 额定供热量　指机组在规定试验工况下供给的总显热量，单位为 kW 或 W。

d. 机外静压　指机组在额定风量时克服自身阻力后，机组进出风口静压差，单位为 Pa。

e. 机组全静压　指机组自身阻力和机外静压之和，单位为 Pa。

我国国家标准 GB/T 14294—2008《组合式空调机组》规定，组合式空调机组的基本规格用额定风量表示，按分段等差级数排列，见表 1-14。

表 1-14　组合式空调机组的基本规格

规格代号	2	3	4	5	6	7	8	10	15	20	25
额定风量/(m³/h)	2000	3000	4000	5000	6000	7000	8000	10000	15000	20000	25000
规格代号	30	40	50	60	80	100	120	140	160	200	
额定风量/(m³/h)	30000	40000	50000	60000	80000	100000	120000	140000	160000	200000	

(2) 常用组合式空调机组

① 使用表冷器处理空气的一次回风式单风机组合式空调机组　如图 1-94（a）所示为采用夏、冬季兼用的表冷加热段和喷蒸气加湿段处理空气的一次回风式单风机组合式空调机组。中间段内部不装任何空气调节设备，仅为某些功能段提供内部检修空间而设置。如果冬季采用离心式加湿器，则将喷蒸汽加湿段取消，在表冷加热段之前、新回风混合粗效过滤段之后，增加离心加湿段即可。在我国南方地区，如果冬季空气处理过程不需要加湿，则可取消加湿段。

当空调房间空气净化要求较高时，在送风机段之后应设中效过滤段（一般的净化要求时，可以不设）。为防止消声器在运行过程中产生尘埃，应将送风消声段设在中效空气过滤器之前。如果空调机房面积紧张，也可取消送风消声段，改在送风风道上安装消声器或消声弯头予以解决。

对于北方寒冷地区，甚至温和地区，特别是按全新风运行的直流式系统，不应采用冷却加热器，应将预热器和表冷器分开设置，如图1-94（b）所示，否则冬季空气冷却器极易被冻裂，导致系统无法运行。

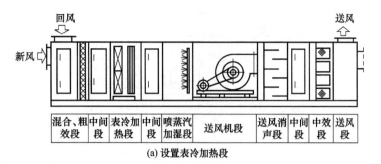

| 混合、粗效段 | 中间段 | 表冷加热段 | 中间段 | 喷蒸汽加湿段 | 送风机段 | 送风消声段 | 中间段 | 中效段 | 送风段 |

(a) 设置表冷加热段

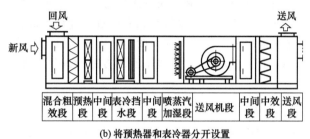

| 混合粗效段 | 预热段 | 中间段 | 表冷挡水段 | 中间段 | 喷蒸汽加湿段 | 送风机段 | 中间段 | 中效段 | 送风段 |

(b) 将预热器和表冷器分开设置

图1-94 一次回风式、单风机、表冷器处理空气的组合式空调机组

对于北方严寒地区，应将新风先预热5℃后，再与回风相混合，然后经由粗效空气过滤器过滤，进入后续的处理。因此，将预热段设在新风进入之后。

② 使用喷水室处理空气的一次回风式单风机组合式空调机组 如图1-95所示为具有预热段、喷水段和再热段的一次回风式单风机组合式空调机组。对于我国南方地区，预热段可以取消。若对空气净化无特殊要求，可不设中效过滤段，送风段也随之取消。送风机段上应有上送风（或上侧送风）出口。

| 混合粗效段 | 预热段 | 中间段 | 喷水段 | 中间段 | 再热段 | 送风机段 | 中间段 | 中效段 | 送风段 |

图1-95 具有预热段、喷水段和再热段的一次回风式单风机组合式空调机组

③ 具有表冷器、再热器、喷蒸汽加湿的一次回风式双风机组合式空调机组 如图1-96所示为具有表冷挡水段、再热段和喷蒸汽加湿段的重叠式组合式空调机组，它适用于空调机房面积紧张但机房高度较高的场合。采用双风机系统在过渡季节可以最大限度地按全新风运行，充分利用室外空气的冷量，同时有助于降低风机的噪声水平。

对于双风机系统，在进行各功能段组合时，一定要使排风口处于回风机的压出段，而新风入口处于送风机的吸入段。系统运行时，应使送风机、回风机的压力零点置于一次回风风阀处，才能完成排出部分回风、吸入新风的功能。回风机的压头不能过高，要通过风系统阻力计算后确定，否则新风吸不进来。

按全新风系统运行时，应关闭一次回风风阀，同时全部打开排风阀及新风风阀。

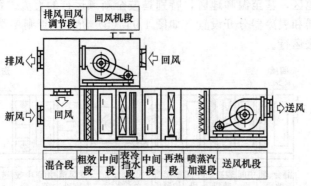

图 1-96　具有冷却挡水段、再热段和喷蒸汽加湿段的重叠式组合式空调机组

④ 使用预热器、表冷器、干蒸气加湿器和再热器处理空气的二次回风式单风机组合式空调机组　对于北方严寒地区，冬季如果将新风和回风直接混合，混合空气中有可能出现结露现象，这对粗效空气过滤器的工作极为不利。此时，应将新风用预热器预热后再与一次回风相混合。如图 1-97 所示，该空调机组主要适用于北方寒冷地区有恒温净化要求的工艺性空调。

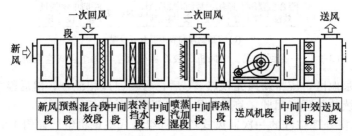

图 1-97　具有预热段、冷却挡水段、喷蒸汽加湿段和再热段的组合式空调机组

⑤ 使用喷水段和再热段的二次回风式双风机组合式空调机组　如图 1-98 所示为具有喷水段和再热段的组合式空调机组，该空调机组主要适用于南方地区的工艺性空调。

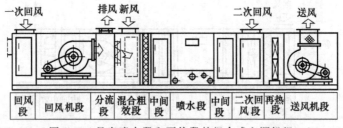

图 1-98　具有喷水段和再热段的组合式空调机组

以上介绍了几种工程上常见的、有代表性的组合式空调机组。由于我国幅员辽阔，各地的气候条件千差万别，加之空调的对象不同，空调机组的组合方式也不一样。对于集中式全空气空调系统，机组可以采用何种组合方式，主要由空调设计人员根据空调方案和夏、冬季空气的处理过程，并结合空调机房的具体条件来确定。

1.3.2　整体式空调机组

整体式空调机组也是集中式全空气空调系统的空气处理机，它将各种空气处理设备和风机组装在一个箱体内，只要从外部供应冷、热源和电源，就能够完成空气的混合、过滤、加热、冷却、加湿、减湿等处理过程。

(1)立式空调机组

立式空调机组为一次回风系统的空气处理机，按照使用对象不同，可分为普通机组和净化机组两类。每一种类型的机组可分为左式和右式两种，当操作者面向空调机组的正面（即有检修门的一面）时，机组内气流由左侧进风、右侧出风者为右式；反之为左式。

如图1-99所示为单风机普通型立式空调机组的结构。箱体内设有板式粗效空气过滤器、加热器、表冷器、干蒸汽加湿器、挡水器和送风机（双进风离心风机）等。加热器所用的热媒可以是热水，也可以是蒸汽。挡水器是为防止经表冷器处理后的空气夹带水滴而设置的。

若在图1-99中的送风机出口处加装板式中效空气过滤器，则可变为单风机净化机组。

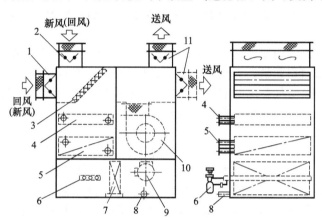

图1-99 单风机普通型立式空调机组的结构

1—新风阀（回风阀）；2—回风阀（新风阀）；3—板式粗效空气过滤器；4—加热器；5—表冷器；
6—干蒸气加湿器；7—挡水器；8—冷凝水排水管；9—送风机的电动机；10—送风机；11—送风阀

如图1-100所示为双风机净化型立式空调机组的结构。箱体内设有回风机（所配电动机为外置式，在箱体顶部）、板式粗效空气过滤器、加热器、表冷器、干蒸气加湿器、挡水器、送风机和板式中效空气过滤器等。来自空调房间的回风，由回风机吸入机组后，进入分流

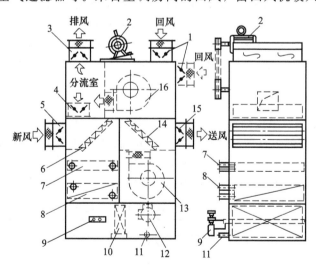

图1-100 双风机净化型立式空调机组的结构

1—回风阀；2—回风机的电动机；3—排风阀；4—新风回风调节阀；5—新风阀；6—板式粗效空气过滤器；
7—加热器；8—表冷器；9—干蒸气加湿器；10—挡水器；11—冷凝水排水管；
12—送风机的电动机；13—送风机；14—板式中效空气过滤器；15—送风阀；16—回风机

室，少部分经排风风阀排出，大部分经新风回风调节阀进入混合室，再与新风进行混合。该机组夏季、冬季的空气处理流程与单风机普通机组的基本相同。当关闭新风回风调节阀4，全开排风阀3时，即可将系统按直流式（全新风）运行。若将该机组的新风回风调节阀、新风阀和排风阀各装上电动（或气动）执行器，即可实现新风、回风和排风按比例自动控制。

立式空调机组的箱体，是由冷弯异形框架、双层保温壁板组装而成。框架采用冷轧钢板冷弯成形，其面板有镀锌钢板、静电粉末喷塑的冷轧钢板和玻璃钢彩色复合保温板三种。该机组形同组合家具，是由数个小箱体组合重叠而成的，便于运输和在施工现场搬运。在机房就位后再行组装。机组在机房内的布置，以方便安装、使用和维修为原则，其操作面一侧距墙面的距离应不小于机组宽度的1.2倍为宜，接水管一侧离墙面最小距离不小于700mm，最好取大于1000mm。

对于某些公用建筑，例如高层宾馆的公用部分中的大堂、购物中心、多功能厅、餐厅、宴会厅等，由于机房面积紧张，不便用组合式空调机组，而房间的层高又足够高时，也可采用立式空调机组作为全空气系统的空气处理机，但需处理好消声减振问题。对有净化要求而房间面积不大的工艺性空调，则可采用立式净化机组。

(2) 柜式空调机组

柜式空调机组是由一台或几台离心风机与空气过滤器、空气换热器等组装在一个箱体内构成的空气处理机。柜式空调机组本身不带冷、热源，它可以用冷水、热水或蒸汽作为载冷（热）剂在空气换热器内循环流动，室外空气或按一定比例混合的新、回风，由风机导流横掠空气换热器而被冷却或减湿或加热成所需的送风状态，再由风机送入室内。有时根据需要，在冷热交换器之后设有干蒸气加湿器或电极式加湿器，以满足冬季加湿空气的要求。当柜式空调机组全部处理室外空气时，称为新风机组；当柜式空调机组的风量可以调节时，称为变风量机组。

该机组的空气过滤器大多采用锦纶凹凸网或铝板叠网为滤料，以方便拆卸、更换和清洗，也有采用粗效无纺布的。空气换热器通常采用铜管串套铝片结构，多数厂家提供4排或6排的，也有提供8排的。夏季时该换热器用于表冷器，对空气进行冷却减湿处理，冬季时用于加热器，对空气进行等湿加热处理（此时，热媒的供水温度为60℃，回水温度为50℃）。集水盘设在换热器下方，由冷凝水排出管接至机外。所采用的风机多半是低噪声、定风量离心风机，也可外接调压、调速控制器，可实现无级调速，成为变风量风机。

该机组的箱体采用型钢或高强度铝合金框架，双层面板之间为高性能阻燃保温材料，框架与面板间采取密封措施。

① 形式与型号表示方法

a. 形式　柜式空调机组按结构可分为立式、卧式和吊顶式等；按安装方式可分为明装式、暗装式；按进水方向可分为左进水式、右进水式和后进水式；按送风方式有直吹式和接风管式。在柜式空调机组中，空气换热器可以是冷（热）水盘管、冷热水组合盘管或蒸汽与冷水组合盘管。柜式空调机组的形式代号见表1-15。

表 1-15　柜式空调机组的形式代号

形　式		代　号
结构形式	立式	—
	卧式	W
安装形式	明装	—
	暗装	A
送风形式	直吹式	—
	风管式	F

形　式		代　号
盘管组成形式	蒸汽与冷水结合盘管	Q
	冷（热）水盘管	—
	冷热水组合盘管	Z
进水（汽）方向①	左进水	—
	右进水	Y
	后进水	H
加湿形式	电加湿	D
	蒸汽加湿	—

① 进水（汽）方向的规定，以面对正面出风口为基准。

b. 型号表示方法　柜式空调机组型号由大写汉语拼音字母和阿拉伯数字组成，具体表示方法如下。

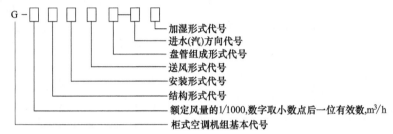

型号标记示例如下。

示例1：G-3.5-D，表示额定风量为 3500m³/h 的立式、明装、直吹式、冷（热）水盘管、左进水、电加湿型柜式空调机组。

示例2：G-18WAF-ZY，表示额定风量为 18000m³/h 的卧式、暗装、风管式、冷热水组合盘管、右进水、蒸汽加湿柜式空调机组。

② 常用柜式空调机组

a. 卧式柜式空调机组　卧式柜式空调机组落地安装在机房地面上，它有压出式和吸入式之分。就出风方向而言有水平出风和上部出风；就进风口位置不同有轴向进风、上进风和下进风。如图 1-101 所示为常见的卧式柜式空调机组系列简图。根据风量大小，机组内有设置 1 台风机、设置 2 台风机和设置 3 台风机（见图 1-102），最多的有设置 4 台风机的。

(a) 压出式水平出风、轴向进风

(b) 吸入式水平出风、轴向进风

(c) 吸入式上部出风、轴向进风

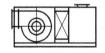
(d) 吸入式水平出风、上进风

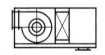
(e) 吸入式水平出风、下进风

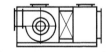
(f) 吸入式水平出风,带新、回风混合

图 1-101　常见的卧式柜式空调机组系列简图

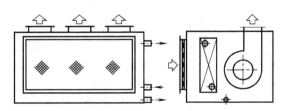

图 1-102　卧式柜式空调机组（设置 3 台风机，上出风）

b. **立式柜式空调机组** 立式柜式空调机组落地安装在机房地面上，它有水平出风和上部出风两种；有安装在空调机房和直接设在空调房间内（称为明装）的两类机型。如图1-103所示为常见的立式柜式空调机组系列简图。

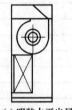

(a) 水平出风　(b) 上部出风　(c) 明装水平出风

图 1-103　常见的立式柜式
空调机组系列简图

在机组下部冷热交换器之后设有干蒸汽加湿器或电极式加湿器，冬季时用来加湿空气。与卧式柜式空调机组类似，根据风量大小，机组内有设置1台风机、设置2台风机和设置3台风机等机型，最多有设置4台风机的。若与两种不同出风位置相匹配，可以派生出更多的机型供用户选择。直接设在空调房间内的机组，机外余压很小。

c. **吊顶式柜式空调机组** 如图1-104所示，吊挂式柜式空调机组通常做成卧式、薄型的，整体吊挂在房间的顶板下面，不占用地面面积。为有效利用吊顶空间，风机出口位置为0°。风量小的设置一台风机［图1-104（a）］，风量大的设置两台风机并联使用［图1-104（b）］。

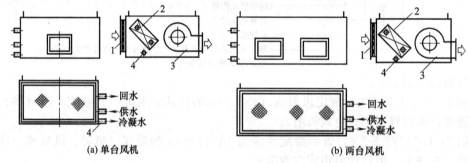

(a) 单台风机　　　　　　　　　　　　(b) 两台风机

图 1-104　吊顶式柜式空调机组
1—板式空气过滤器；2—冷热交换器；3—离心风机；4—冷凝水排水管

吊顶式柜式空调机组的可贵之处在于，它高度不高，通常在800mm以下，属于薄型或超薄型的，这样可以将机组吊挂在两根梁之间的顶板下面，占用吊顶空间较小。若机组高度超过1000mm，作为吊挂式的优点则显示不出来。

吊顶式空调机组可吊装在吊顶中，使用在餐厅、商场等对噪声要求不高的场所，可完全不考虑机房占用面积的问题，这一优势在本身造价很高的高层建筑中显得尤为明显。

d. **卧式增压型柜式空调机组** 普通型卧式柜式机组，它所能提供的机外余压一般为200～400Pa，若空调系统的阻力较大，采用普通型就难以满足需要。在此基础上，在空气换热器前后各设1组风机，就构成增压型，其机外余压一般为400～700Pa。但是随之而来的机组噪声也相应增大，选用时要慎重。如图1-105所示为卧式增压型柜式空调机组系列简图。根据风量的大小，机组配备的风机数量是各不相同的。有的在空气换热器前后各设置2台风机，也有的在空气换热器前后各设置3台风机。

(a) 水平出风,风机出口位置为0°　(b) 水平出风,风机出口位置为180°　(c) 上部出风,风机出口位置为90°

图 1-105　卧式增压型柜式空调机组系列简图

不论是吊顶式、卧式、立式柜式机组，还是卧式增压型机组，根据用户的需要，都可提供变风量的机型。当空调房间内冷（热）负荷发生变化时，就可手动或自动地调整电动机的转速，从而调节风机的风量，达到节能的目的。

柜式空调机组是我国当前生产的整体式空调机组中的一大门类，型号规格繁多。由于它结构紧凑、安装方便，处理空气的功能虽然不如组合式空调机组、立式空调机组那样全面，但在夏季以降温为主、对空气温湿度或洁净度无严格要求的工艺性空调及空调面积不太大的公用建筑的舒适性空调工程中仍获得广泛的应用。

柜式空调机组广泛应用于宾馆、商场、机场、医院、写字楼等大、中型公共建筑的舒适性空调和电子、纺织、化工、制药、食品等行业的工艺性空调。

此外，柜式空调机组常被作为风机盘管加新风系统的新风处理机，广泛应用于高层宾馆、饭店、办公楼和医院等公用建筑中。

1.3.3 风机盘管机组

风机盘管机组简称风机盘管，它是由风机、换热器及过滤器等组成一体的空气调节设备，是空气-水空调系统的末端装置。风机盘管加新风空调系统是目前我国多层或高层民用建筑中采用最为普遍的一种空调方式。它具有噪声较小、可以个别控制、系统分区进行调节控制容易、布置安装方便、占建筑空间小等优点，目前在国内外广泛应用于宾馆、公寓、医院、办公楼等高层建筑物中，而且其应用越来越广泛。

(1) 基本结构和工作原理

风机盘管机组由风机、风机电动机、盘管（换热器）、空气过滤器、凝水盘和箱体等组成，如图1-106所示。

① 风机　采用的风机一般有两种形式，即离心多叶风机和贯流式风机。风机的风量为250～2500m³/h。风机叶轮材料有镀锌钢板、铝板或者ABS工程塑料等。从防火或受热变形上考虑，目前使用金属叶轮的占大多数。叶轮直径一般在150mm以下，静压在100Pa以下。风机盘管机组的风机采用多叶离心风机占多数。

② 风机电动机　考虑噪声不应大，一般采用单向电容运转式电动机，运转时可以通过调节输入电压来改变风机电动机的转速，使风机具有高、中、低三挡风量，以达到风量调节的目的。国内FP系列机组采用含油轴承，在使用过程中不用加注润滑油，可连续运转一万小时以上。

③ 盘管　一般采用铜管串波纹或切口铝片制作而成，一般铜管外径为10mm，管壁厚为0.5mm，铝片厚为0.15～0.2mm，片距为2～2.3mm。在工艺上，均采用胀管工序，保证管与肋片之间紧密接触，提高导热性能。盘管的排数有2排、3排和4排等类型。

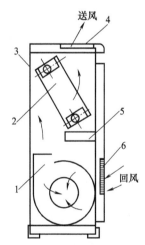

图1-106　风机盘管结构示意图
1—风机；2—盘管；3—箱体；
4—送风口；5—凝水盘；
6—空气过滤器

④ 空气过滤器　过滤器材料一般采用粗孔泡沫塑料、纤维织物或尼龙编织物制作。空气过滤器不仅改善房间的卫生条件，同时也可以保护盘管不被尘埃堵塞。应定期清洗或更换，在一年中，清洗1～2次。在机组结构上，应考虑更换方便。

⑤ 凝水盘　凝水盘与泄水接管置于盘管底下，作用是接纳盘管上不断凝结出来的水滴，由泄水管排出室外。

⑥ 送、回风口　起着改变室内气流组织的作用。送风口可做成上、下、左、右活动形

式，增强舒适感。

从风机盘管机组的构造可以看出，风机盘管机组可分为水路和气路。水路由集中冷（热）源设备（如制冷机）供给冷（热）媒水，在水泵作用下，输送到盘管管内循环流动。气路是空气由风机经回风口吸入，然后横掠过盘管，与盘管内的冷（热）媒水换热后，降温除湿，再由送风口送入室内。如此反复循环，使室内温、湿度得以调节。

风机盘管在调节方式上，一般采用风量调节或水量调节等方法。所谓水量调节方法是指在其进出水管上安装水量调节阀，并由室内温度控制器进行控制，使室内空气的温度和湿度控制在设定的范围内。而风量调节方式则是通过改变风机电动机的转速，来实现对室内温、湿度的控制。

（2）形式与基本参数

① 形式与型号表示方法　按照结构形式的不同，风机盘管机组可以分为立式（代号为L）、卧式（W）、壁挂式（B）、卡式（K）等类型，其中立式又含柱式（LZ）和低矮式（LD）。不同结构形式的风机盘管机组按照安装形式的不同，又可分为明装型（M）和暗装型（A）。

对任何一种形式的风机盘管机组来说，供、回水管的接管方向有"左式"和"右式"之分。人面对机组的出风口，接管在左侧的称为左式（Z），接管在右侧的称为右式（Y）。

另外，风机盘管机组按出口静压可分为低静压型（代号省略）和高静压型（代号为 G30 或 G50）。按特征可分为单盘管机组（代号省略）和双盘管机组（ZH），单盘管机组内 1 个盘管，冷、热兼用；双盘管机组内 2 个盘管，分别供冷和供热。

风机盘管机组的一般型号表示方法如下。

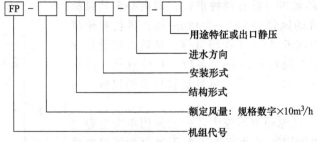

型号标记示例如下。

示例 1：FP-68LM-Z-ZH，表示额定风量为 680m³/h 的立式明装、左进水、低静压、双盘管机组。

示例 2：FP-51WA-Y-G30，表示额定风量为 510m³/h 的卧式暗装、右进水、高静压 30Pa、单盘管机组。

示例 3：FP-85K-Z，表示额定风量为 850m³/h 的卡式暗装、左进水、低静压、单盘管机组。

② 风机盘管机组的基本参数　风机盘管机组的基本参数在风机盘管标准（GB/T 19232—2003《风机盘管机组》）中有明确的规定，主要包括额定风量、额定供冷量、额定供热量、名义输入功率、水压力损失、噪声等。

a. 额定风量　在标准空气状态下和规定的试验工况下，单位时间进入机组的空气体积流量，单位为 m³/h 或 m³/s。

b. 额定供冷量　机组在规定的试验工况下的总除热量，即显热和潜热量之和，单位为 W 或 kW。

c. 额定供热量　机组在规定的试验工况下供给的总显热量，单位为 W 或 kW。

风机盘管机组的基本规格见表 1-16。

表 1-16　风机盘管机组的基本规格

规格	额定风量/(m³/h)	额定供冷量/W	额定供热量/W
FP-34	340	1800	2700
FP-51	510	2700	4050
FP-68	680	3600	5400
FP-85	850	4500	6750
FP-102	1020	5400	8100
FP-136	1360	7200	10800
FP-170	1700	9000	13500
FP-204	2040	10800	16200
FP-238	2380	12600	18900

(3) 常用风机盘管机组

① 立式机组　如图 1-107 所示为立式明装型上出风风机盘管机组。机组通常设置在室内地面上，靠外墙窗台下，采取上出风、前出风或斜上出风等方式。立式明装机组对外观质量要求较高，表面经过处理，机组面板用喷漆或塑料喷漆装饰，美观大方。立式明装机组安装方便、维护容易，可以直接拆下面板进行检修。

立式暗装型风机盘管机组在结构上与立式明装机组相似。安装于地面上，一般是靠墙安装，设在窗台下，外面做装修，机组被装饰材料所遮掩。立式暗装型机组美观要求低，维修工作量较明装机组大。装修设计时，应注意使气流通畅，减小阻力。

立式风机盘管机组的特点是可以省去吊顶，但需占用地面面积。明装的安装简单、维护方便，暗装的维护较麻烦。立式风机盘管机组主要应用于不设吊顶、要求地面安装或全玻璃结构的建筑物，一些公共场所及公共建筑的辅助房间。冬季以供暖为主的北方地区的中央空调，可用立式机组。对于旧建筑改造加装中央空调，并要求节省投资、施工周期短的场合，也可应用这种机组。

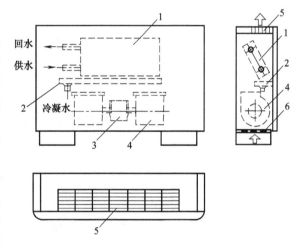

图 1-107　立式明装上出风风机盘管机组
1—盘管；2—凝水盘；3—风机电动机；
4—风机；5—出风格栅；6—空气过滤器

② 卧式机组　如图 1-108 所示所示为卧式明装型风机盘管机组。机组结构美观大方，一般安装于靠近管道竖井隔墙的楼板或吊顶下，安装方便，节省地面空间。卧式明装机组吊装在顶棚下，可作为建筑装饰品，机组的背面离墙要有一定的距离，以便接管和更换过滤器。卧式明装机组适用于楼层不高、不进行顶面修饰的办公楼或其他旧建筑改造而加装中央空调的工程。

如图 1-109 所示为卧式暗装风机盘管机组，机组中风机和盘管并列放置，凝水盘置于盘管正下方。回风从风机下方开口吸入，通过盘管之后由水平方向吹出。进、出水管安排在风机盘管的侧面，通常采用下进上出排列。机组有风机裸露的和带回风箱的两种机型。回风箱又有后回风箱（从后面回风）和下回风箱（从下面回风）之分。设置回风箱的好处是防止吊顶内的灰尘和脏物进入机组，在回风箱的回风进口处设空气过滤器，既过滤来自室内回风的

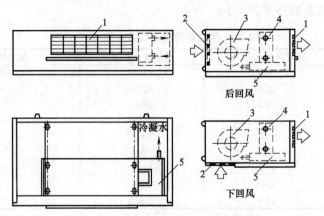

图 1-108　卧式明装型风机盘管机组
1—出风格栅；2—空气过滤器；3—风机；4—盘管；5—凝水盘

灰尘，又可防止吊顶内灰尘进入。

卧式暗装机组是目前应用最多的一种机型，按照机外静压的大小可分为标准型（机外静压为零）和高静压型两类。两者的主要差别在于机组所选配的风机不同，高静压型机组的噪声略大。

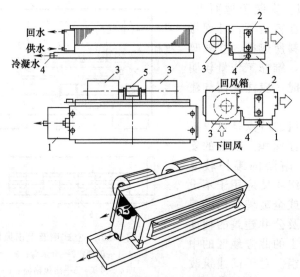

图 1-109　卧式暗装风机盘管机组
1—凝水盘；2—盘管；3—风机；4—冷凝水排出管；5—风机电动机

卧式暗装风机盘管机组吊顶安装，外面做装修，布置形式美观，节省地面空间。机组不占用房间有效面积，安装在吊顶内，通过送风管及风口把处理后的空气送入室内，目前广泛应用于宾馆客房、办公楼、餐饮娱乐行业的包间等场合。它的维修比其他机型麻烦。另外，冷凝水排放系统处理不好，容易造成吊顶滴水。

③ 立柱式机组　如图 1-110 所示为立柱式风机盘管机组。立柱式风机盘管机组也有明装和暗装两种机型，其高度在 1800～2100mm。明装机组在外观上与分体式立柜型空调器相似。暗装机组的面板装饰简单，由室内装饰工程公司统一装潢，但回风口与出风口位置及尺寸必须与机组相一致。

立柱式机组占地面积小，安装、维护、管理方便。在北方地区使用，冬季时可停开风机，将它当做对流式散热器使用，节省电能。进行立柱式机组布置时，机组背面离墙应留有足够的管道安装和检修的空间，暗装机组应设有检修门。目前该机组主要用于宾馆的客房（暗装机型）、医院和其他公用建筑面积不太大的空间。

④ 壁挂式机组　壁挂式风机盘管机组通常直接挂在房间的内墙上，按外观分有普通型和豪华型两种，只有明装，没有暗装。普通型壁挂式机组如图1-111所示。豪华型壁挂式机组在外观上与分体式房间空调器的室内机相似。

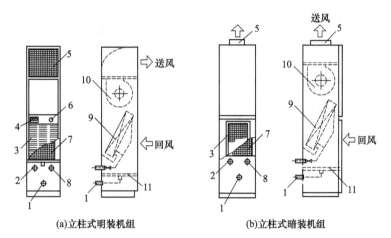

图 1-110　立柱式风机盘管机组

1—冷凝水排出管；2—进水管；3—回风口；4—调速开关；5—出风格栅；
6—指示灯；7—空气过滤器；8—出水管；9—盘管；10—风机；11—凝水盘

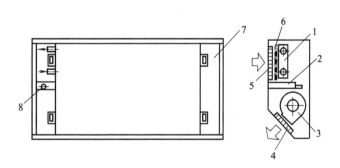

图 1-111　普通型壁挂式机组

1—盘管；2—凝水盘；3—风机；4—送风口；5—回风口；
6—空气过滤器；7—挂板；8—冷凝水排出管

壁挂式风机盘管外形小巧美观，一般使用遥控器进行控制，控制简单，功能齐全，安装方便，但是由于供、回水管需要从墙的背面穿出，使用条件受到限制。它广泛应用于宾馆、饭店、工厂、医院、展览馆、商场以及办公楼等多房间或大空间工业和民用建筑的空调场合。

壁挂式机组安装维护方便，不占用房间的有效面积，可适用于旧建筑加装中央空调工程或其他新建的办公、住宅楼。

⑤ 卡式机组　卡式机组吊挂在房间吊顶内，它的送风口和回风口均露在吊顶顶板上，又称为顶棚式机组。按照送风口和回风口的布置方式不同，主要有一侧送风、另一侧回风和四面送风、中间回风两种形式，分别如图1-112和图1-113所示。

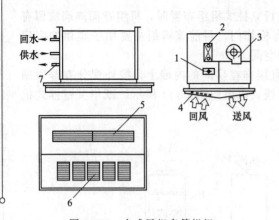

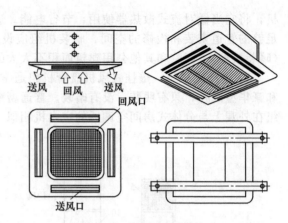

图 1-112　卡式风组盘管机组
（一侧送风、另一侧回风）

图 1-113　卡式风组盘管机组
（四面送风、中间回风）

1—凝水盘；2—盘管；3—风机；4—空气过滤器；
5—出风口；6—回风口；7—冷凝水排出管

该机组集主机和送、回风口于一体，施工安装容易，不占用房间的有效面积，可与室内建筑装饰相协调。但必须处理好冷凝水及时排放的问题，否则冷凝水会滴到吊顶上。同时，维护检修不如立式、立柱式方便。

1.4　冷媒水和冷却水系统

在中央空调系统中，需通过水作为载冷剂或冷却剂来实现热量的传递，因此水系统是中央空调系统的一个重要的组成部分。中央空调水系统包括冷媒水系统和冷却水系统。

1.4.1　冷媒水系统

（1）冷媒水系统的组成

在空调用制冷系统中，除直接蒸发式制冷装置外，常以水作为载冷剂传递和输送冷量，称为冷媒水，简称冷水。冷媒水在制冷机组的蒸发器中与制冷剂进行热交换，向制冷剂放出热量后，通过水泵和管道输送至各种空气调节处理装置中与被处理的空气进行热交换，释放出冷量后的冷媒水回水，又经泵和管道返回到制冷机组的蒸发器中，如此循环构成冷媒水系统。

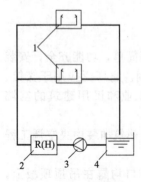

图 1-114　开式系统
1—喷水室；2—冷（热）源；
3—水泵；4—回水池

（2）冷媒水系统的分类

① 开式系统和闭式系统　冷媒水循环系统可根据管路系统中循环的水是否与空气直接接触分为开式系统和闭式系统。

a. 开式系统　开式系统即开放式管路水循环系统的简称，通常为用喷水室处理空气的空调系统或设置蓄冷水池的空调系统。如图1-114所示，该系统不是封闭的，有喷水室或蓄冷水池与空（大）气相通，水在系统中循环流动时，要与被处理的空气或大气接触，并会引起水量变化。

开式系统的主要优点是用喷水室处理空气时适应范围比较大，采用蓄冷水池是利用其蓄冷能力，以减少冷、热源设备的开启时间，削减负荷峰值，达到部分节能或减小设备装机容量的目的。其主要缺点是水易受污染，产生水垢，影响换热效果；与空气接触过的水含氧量高，管道和设备易腐蚀，使用寿命降低；换热的末端装置与制冷机房或锅炉房高差较大时，水泵需克服高度差造成的静水压力，使水泵扬程增大，耗电较多；当回水不能自流回到制冷机房或锅炉房时需增加回水泵。

b. 闭式系统　闭式系统即密闭式管路水循环系统的简称。如图 1-115 所示，该系统中的水是封闭在管路中循环流动的，不与大气接触，不论水泵是否运行，管道中都充满了水。为此，闭式系统通常在系统的最高点以上设有开式膨胀水箱，或在循环水泵入口接膨胀水罐定压，一方面能使整个系统中保持充满水的状态，并保持一定的系统压力；另一方面能使系统中的水在温度变化时有体积膨胀的余地。

闭式系统的主要优点是管路系统中不易产生污垢和腐蚀，水泵的扬程只需克服循环阻力，而不用考虑克服系统的静水压力，从而水泵扬程小，电动机功率配置小，耗电较少；不用储水池，回水不需另设水泵，因此系统简单，一次投资比较经济。其主要缺点是蓄能能力小，低负荷时，冷热源设备也需经常开动；膨胀水箱一定要装在系统的最高点，且补水有时需另加加压水泵；膨胀定压水罐的安装高度虽然不受限制，但必须配加压水泵。

空调系统采用风机盘管、诱导器和水冷式表冷器起冷却作用时，冷媒水系统宜采用闭式系统。高层建筑也宜采用闭式系统。

② 双管制、三管制和四管制系统　根据供、回管路的连接情况，中央空调冷媒水系统可分为三种制式：双管制、三管制和四管制。

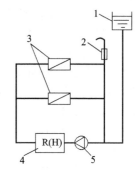

图 1-115　闭式系统
1—膨胀水箱；2—自动排气阀；3—空调设备；4—冷（热）源；5—水泵

a. 双管制系统　对任一空调末端装置——自身不带冷（热）源的非独立式空调器，只设一根供水管和一根回水管，夏季供冷水、冬季供热水，这样的冷（热）水系统，称为双管制系统，其管路连接如图 1-116（a）所示。双管制系统的优点是构造简单，初始投资少；而缺点是过渡季节同一系统朝向不同房间，有些需要供冷，有些需要供热，不容易全部得到满足。因此，双管制系统适用于仅要求夏季供冷、冬季供热的季节性空调系统，或仅要求按季

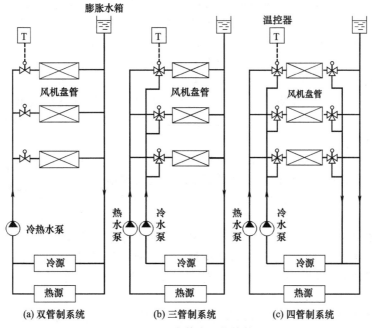

图 1-116　风机盘管水系统接管方式

节变化统一进行供冷或供热工况转换的全年使用的空调系统。

b. 三管制系统　三管制系统由一根供冷水管、一根供热水管和另一根公共回水管构成，如图 1-116（b）所示。三管制系统虽然能够同时满足过渡季节部分房间供冷而另一部分房间供热的要求，但由于使用同一根回水管而存在冷量和热量的互相抵消，造成能源的浪费，因而很少被采用。

c. 四管制系统。对任一空调末端装置，设有两根供水管和两根回水管，其中一组用于供冷水，另一组用于供热水，这样的冷（热）水系统，称为四管制系统，其管路连接如图 1-116（c）所示。采用四管制的空调机的换热器，一般有冷、热两组盘管。

四管制系统初投资高，但若采用利用建筑物内部热源的热泵提供热量时，运行很经济，并且容易满足不同房间的空调要求（如有些房间要求供冷，而有些房间要求供热等）。舒适性要求很高的建筑物可采用四管制系统，一般建筑物宜采用双管制系统。

③ 定水量系统和变水量系统　按为适应房间空调负荷变化采用的调节方式不同，冷媒水系统可分为定水量系统和变水量系统。

a. 定水量系统　定水量系统中的水量是不变的，它通过改变供、回水温差来适应房间负荷的变化。这种系统中各空调末端装置或各分区，采用设在空调房内感温器控制的电动三通阀调节，如图 1-117 所示。当室温没达到设计值时，三通阀旁通孔关闭，直通孔开启，冷（热）水全部流经换热器盘管；当室温达到或低（高）于设计值时，三通阀直通孔关闭，旁通孔开启，冷（热）水全部经旁通直接流回回水管。因此，对总的系统来说流量不变。但在负荷减少时，供、回水的温差会相应减小。

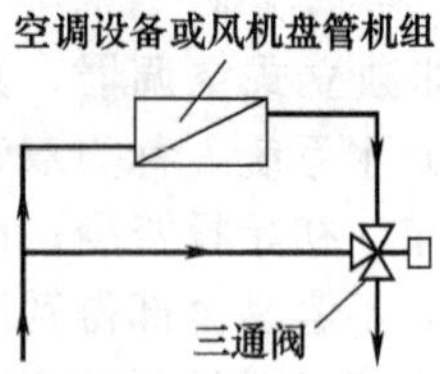

定水量系统的特点是：结构简单，操作方便，不需要复杂的自动控制装置，但是由于系统输水量是按照最大空调负荷来确定的，因此循环泵的输送能耗总是处于最大值，造成部分负荷时运行费用大。

定水量系统适用于只有一台冷水机组和一台循环水泵的大面积空调系统，或体育馆、影剧院、展览馆等间歇性使用的空调系统。

b. 变水量系统　变水量系统保持供、回水的温度不变，通过改变空调负荷侧的水流量来适应房间负荷的变化〔以中央机房的供、回水集管为界，靠近冷水机组或热水器侧为冷（热）源侧；靠近空气处理设备侧为负荷侧〕。如图 1-118 所示，变水量系统各空调末端装置由受设内感温器控制的电动二通阀调节。风机盘管一般采用双位调节（即通或断）的电动二通阀；新风机和冷暖风柜则采用比例调节（开启度变化）的电动二通阀。当室温没达到设计值时，二通阀开启（或开度增大），冷（热）水流经换热器盘管（或流量增加）；当室温达到或低（高）于设计值时，二通阀关闭（或开度减小），换热器盘管中无冷（热）水流动（或水流量减少）。目前采用变水量调节方式的较多。

变水量系统中，水泵的输水量随负荷变化而变化，其能耗在部分负荷运行时随负荷的减小而降低，降低了系统运行的成本。

变水量系统适用于设置两台或多台冷水机组和循环泵的空气调节系统，其必须设置相应的自控装置。

此外，无论是定水量系统还是变水量系统，空调末端装置除设自动控制的电动阀外，还应装手动调节截止阀。供、回水集管间压差电动二通阀两端都应设手动截止阀，这样才便于初次调整及维修。

④ 单式水泵供水系统和复式水泵供水系统　按空调冷（热）水系统水泵的设置情况，可分为单式水泵供水系统和复式水泵供水系统。

图 1-117　用电动三通阀调节

空调设备或风机盘管机组
三通阀

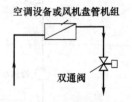

图 1-118　用两通阀调节

空调设备或风机盘管机组
双通阀

a. 单式水泵供水系统　如图1-119（a）所示，单式水泵供水系统中，空调负荷侧不设水泵，冷（热）源与负荷侧共用冷热泵。单式水泵供水系统方式，适用于中、小型建筑物和投资少的场合。

如果负荷侧的流量采用三通阀调节，则通过制冷机的流量是一定的。但是如果设置两通阀，那么，系统中的水流量将会减少。为了防止流过制冷机的水量过少，以致发生故障，应在供、回水干管间设置旁通管路，如图1-119（a）中点划线所示。在旁通管路上应装上两通调节阀，当负荷侧需要的流量小于冷源设备的流量时可以打开旁通管路上的阀门以取得流量的平衡。由于通过冷源设备中蒸发器的水流量对保证冷源设备的正常运行有着极重要的作用，因此旁通流量最好能自动调节。为此，可以在旁通管路上配用电动两通调节阀和压差控制器，由压差控制器对系统的供、回水压差进行检测，并根据检测结果对电动两通阀的开度进行调节控制，从而维持供、回水干管间的压差在允许的波动范围以内。如果供冷或供热用同一管路，那么管路中还应接入热源设备H（供热水时用），如图1-119（a）中虚线所示。

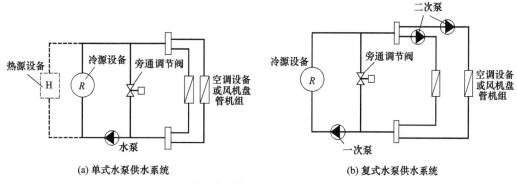

(a) 单式水泵供水系统　　　　　　　　　　(b) 复式水泵供水系统

图1-119　单式水泵供水系统和复式水泵供水系统

b. 复式水泵供水系统　如图1-119（b）所示，复式水泵供水系统中冷（热）源侧和负荷侧分别设置水泵。设在负荷侧的水泵，常称为二次泵。复式水泵供水系统方式，适用于大型建筑物，对于各空调分区负荷变化规律不同和供水作用半径相差悬殊的场合尤其适合，也有利于提高调节品质和减少输送能耗。

冷热源侧设置一次泵，一般选用定流量水泵以维持一次环路内水流量基本不变。对于冷热源设备自身具备能量调节功能的，一次泵以配用变流量泵为宜。如果一次泵并联多台，那么，只需要其中一台具有变流量调节功能即可。当然，在这种情况下就必须配备一套自控系统对各类水泵的启动顺序进行控制。作为复式水泵供水系统的另一部分，即在负荷侧设置二次泵构成二次环路，各二次环路互相并联，并独立于一次环路。二次环路的划分取决于空调的分区要求。

⑤ 同程式系统和异程式系统　风机盘管分设在各空调房间内。按其并联于供水干管和回水干管间的各机组的循环管路总长是否相等，可分为同程式系统和异程式系统两种，如图1-120所示。

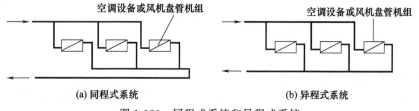

(a) 同程式系统　　　　　　　　　　　(b) 异程式系统

图1-120　同程式系统和异程式系统

a. 同程式系统　同程式系统中经过每一个环路的总长度相等。其特点是：各环路的阻力大致相等，水流量分配较为均衡，可减少初次调整的困难。但由于设置了回程管，增加了管道长度，增大了初始投资且需占用较大的建筑空间。

b. 异程式系统　异程式系统中经过每一个环路的管路总长不相等。其特点是：无需回程管，管道总长较短，初始投资较少。但是由于沿程阻力与管路长度成正比，各支管管路的长度可能相差很悬殊，因此各支路的阻力相差很大，容易造成水力失调，使短支路水循环量大，长支路水循环量小，为了获得均匀合理的水量分配，要通过风机盘管管路上的手动阀门和各层分支管上的水量调节阀进行调整。

在实际工程中，如果各个支管环路上末端设备的阻力很大，而主干管路上阻力相对较小，宜采用异程式；如果各支管路与末端设备的阻力较小且彼此比较接近，整个负荷侧主管路较长，其阻力占的比例较大且起主导作用时，可采用同程式布置；如果管路阻力难以平衡或为了简化系统的管路布置，决定安装平衡阀来进行环路的水力平衡，就可以采用异程式。

高层建筑的风机盘管空调系统多采用同程式冷（热）水系统或者每一分区内采用同程式水系统。有些多层建筑的供、回水总管作竖向布置，按楼层水平分区设置分支干管供、回水，每一水平分层采用同程式，而竖向总管因管径通常较大，阻力损失相对较小，也可采用异程式。这时，在每一水平分区都应设置流量调节阀，以便调整。通常回水支干管上也设置截止阀，以便维修。

总体来说，一般建筑物的普通舒适性中央空调，其冷（热）水系统宜采用单式水泵、变水量调节、双管制的闭式系统，并尽可能为同程式或分区同程式，如图 1-121 所示。

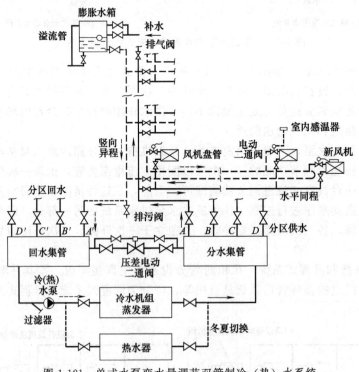

图 1-121　单式水泵变水量调节双管制冷（热）水系统

(3) 冷媒水系统的定压与补水

在闭式循环的空调冷媒水系统中，必须设置定压装置。定压装置有两种功能：第一，可以防止水系统的水"倒空"，也就是说，必须保证水系统无论在运行中，还是在停机时，系统管道和所有设备内都充满水，且管道中任何一点的压力都高于大气压力，以防吸入空气；第二，可以防止水系统中的水汽化，也就是说，水系统中压力最小、水温最高处的压力要高于该处水汽化的饱和压力，以防止冬季运行时，管道内的热水汽化。

一般来说，冷媒水系统的定压点选择在循环水泵吸入口处。因为这里往往是全系统压力最低的地方。水泵运行后，任何一点的压力都比该点高。

目前，空调冷媒水定压的方式有三种形式，即高位膨胀水箱定压、隔膜式气压罐定压和变频补水泵定压。

① 高位膨胀水箱定压　膨胀水箱通常设置在水系统的最高处，其标高至少高出水管系统最高处1m，其作用是对系统定压，容纳水体积增加量和向系统补水。

a. 膨胀水箱的工作原理　如图1-121所示，膨胀水箱位于水系统的最高点。整个系统可以看成是一个水的连通器，连通器中的静压由系统的几何高度决定，因此膨胀水箱液面到系统最低点的高度就是最大静压值的液体深度。由于循环泵一般位于系统的最底部，膨胀水箱的高度可以保证水泵吸入口处有足够的静压，起到了定压的作用；另外，大大减小了循环泵所需要的扬程，循环泵运转时只需克服管路阻力即可保证系统的循环。

中央空调系统运行中，水系统中的水温会随冷水机组和供热热源的开机停机而变化。水温升高时，系统中的体积量和水系统内的压力就会升高，影响正常运行，甚至胀破管道。利用开式膨胀水箱容纳系统中水的体积膨胀量，可减少因水温变化而造成的水压波动。

系统在运行过程中可能因泄漏或因水温降低造成亏水而影响循环。膨胀水箱通过膨胀管及时向系统补水，而当膨胀水箱内水位下降到一定程度时，浮球阀开启，及时从外界补水使膨胀水箱的液位始终处于正常的范围内。

高位膨胀水箱具有定压简单、可靠、稳定而且省电的优点，是目前空调工程中最常用的定压形式。

b. 膨胀水箱的配管　通常情况下，膨胀水箱有标准化产品可供选用。膨胀水箱有如图1-122所示的各种接管。

（a）溢水管　当系统内水体积的膨胀超过溢水管的管口时，水会自动溢出，该管可接至附近下水道或雨水道。

（b）排水管　清洗放空用，与溢水管接在一起。

（c）膨胀管　接至水系统的定压点并向水系统补水。最好接至循环泵入口处，为了便于管理也常将其连接到集水器上，因为集水器就处在循环泵的吸水侧。当膨胀水箱距水泵入口较远时可接至该建筑物内的回水总管上，但运行时，回水总管和水泵入口不应有关断的阀门。

（d）循环管　为防止水箱冬季结冰而设，将该管接至定压点前水平回水干管上，该点与定压点之间应保持2m左右的距离。仅为夏季供冷或不可能结冰的膨胀水箱可不设此管。

（e）信号管　用于检查膨胀水箱内是否有水，一般接至制冷机房或底层洗

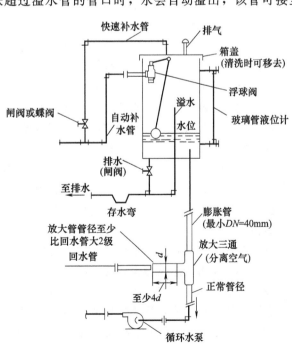

图1-122　开式膨胀水箱配管

水盆,信号管上设有阀门可随时检查水箱内是否有水。

(f)补水管 当有合适的水质,水压可直接向膨胀水箱补水时,需要设带浮球阀的自动补水管,浮球阀应保持最低水位。自动补水的水量可按系统循环水量的1%考虑。

对于系统内的水,当夏季和冬季作为冷、热水两用时,应采用软化水,当软化水压力不能直接供入水箱时,应另设水泵补水,补水泵宜按水箱水位自动控制,直接补入集水器。

② 隔膜式气压罐定压 气压罐定压也称为低位闭式膨胀水箱定压。定压装置通常设置在泵房热交换站或制冷机房。如图1-123所示为隔膜式气压罐定压的空调水系统。其主要由软化设备、补水泵、气压罐、阀门和控制仪表组成。气压罐不但能够解决系统中水体积的膨胀问题,而且还可以实现对系统的稳压、自动补水、自动泄水和过压保护等功能。

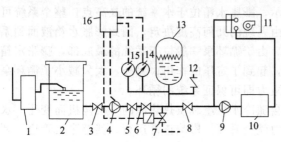

图1-123 隔膜式气压罐定压的空调水系统

1—软化设备;2—储水箱;3,6,8—截止阀;
4—补水泵;5—单向阀;7—电磁阀;9—循环泵;
10—冷热源;11—空调器;12—安全阀;13—气压罐;
14,15—下限、上限电接点压力计;16—电控箱

隔膜式气压罐具有钢质的罐体,罐体内部设有橡胶隔膜内胆。隔膜与罐之间充有一定压力的压缩空气或氮气。水从下部进入隔膜内胆,气室内的压缩空气受到再次压缩,储存了能量。水室内的水压为定压点(即循环泵前)水的静压力。由于水温变化或泄漏引起定压点压力下降时,气室内的气体膨胀,减缓了水系统的压力波动。

当定压点压力下降到低限电接点压力表的下限设定值 p_1 时,补水泵启动注水,水系统内的压力随之升高,当压力升高到低限电接点压力表的上限设定值 p_2 时,补水泵停止工作。

当系统内水压力因水温升高、体积膨胀而达到高限电接点压力表的上限压力设定值 p_4 时,电磁阀得电开启进行泄水,水压降到高限电接点压力表的下限压力设定值 p_3 时,电磁阀断电关闭,停止泄水。

安全阀的作用是,当定压系统因某种故障而使水系统压力升高到安全阀设定压力 p_5 时,安全阀起跳泄水,起到过压保护作用。

通过以上分析可知,水系统定压点的压力将在 p_1 与 p_4 之间波动,而且不会超过 p_5。由于隔膜式气压罐的存在,水系统压力波动变缓,减小了补水泵的启停频率。

隔膜式气压罐气室与水室相隔绝,金属内壁不会受到腐蚀,罐体外部不会结露。由于橡胶隔膜的胀缩寿命可达20万次以上,所以这种定压方式可以长期稳定工作。

③ 变频补水泵定压 变频调速恒压供水是高层建筑广泛采用的供水方式。变频器提供的电源频率与水泵的转速成正比,水泵的转速与供水量成正比。变频调速控制柜通过改变水泵电源的频率,控制水泵的转速,进而调整水泵的供水量,从而保证了供水压力稳定,实现了按需供水。

变频补水泵定压在中央空调冷媒水系统中的应用实例如图1-124所示。实例中的建筑高度约为38m,压力传感器测量定压点的压力,将压力信号反馈到控制柜,控制柜通过显示屏显示该压力值。当压力降低到0.35MPa时启动水泵,当压力升高到0.45MPa时停止水泵运转。在这一压力范围内,变频器依照一定的控制规律改变供电频率,调节水泵转速,减缓压力波动。电接点压力表的高限设定值为0.48MPa,以开启电磁阀泄水;低限设定值为0.45MPa,以关闭电磁阀停止泄水。

1.4.2 冷却水系统

中央空调冷却水系统通常采用循环水系统，冷却水流经水冷式冷凝器和吸收式机组的吸收器时将热量带走，通过冷却塔再释放到大气中去。该系统由冷却塔、冷却水箱、冷却水泵、冷水机组的冷凝器及连接管路、控制阀门和仪表组成。冷却塔的布水器到接水盘水面间为开式段，因此，冷却水系统属于开式循环水系统。中央空调冷却水系统主要有以下几种形式。

（1）共用供、回水干管的冷却水系统

如图1-125所示为某大酒店的中央空调共用供、回水干管的冷却水循环系统。冷却塔和冷水机组设置相同的台数，共用供、回水干管。该冷却水循环系统采用冷却水泵、冷却塔与冷水机组联锁并一一对应的系统，冷却水泵的开停受冷媒水系统一次泵开停控制，冷却塔供水电动蝶阀的开闭数量与冷却塔相同，但开启顺序可以与冷却水泵对应，也可不对应。如果用手动控制，冷却塔工作台数可任意选择。

为了平衡各冷却塔的吸水量，保证距离水泵最近的一个冷却塔水盘吸水口不进空气和距离水泵最远的一个冷却塔水盘不致溢流，在并列的5个冷却塔集水盘之间加装了一根$DN300mm$的平衡管。

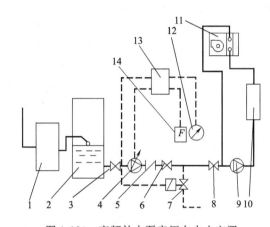

图1-124 变频补水泵定压在中央空调
冷媒水系统中的应用实例

1—软化设备；2—储水箱；3,6,8—截止阀；4—变频泵；
5—单向阀；7—电磁阀；9—循环泵；10—冷热源；11—空调器；
12—电接点压力计；13—控制器；14—压力传感器

（2）设置有冷却水箱的冷却水系统

设置冷却水箱的目的是增加系统的水容量，使冷却水循环泵能稳定地工作，以保证水泵吸入口不出现气蚀现象。

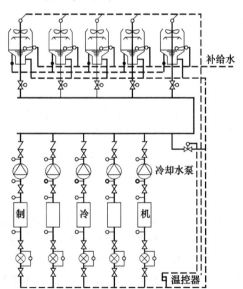

图1-125 某大酒店的中央空调共用供、
回水干管的冷却水循环系统

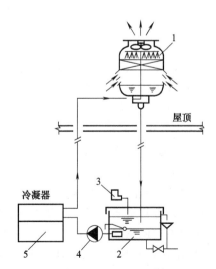

图1-126 下水箱（池）式冷却水系统
1—冷却塔；2—冷却水箱（池）；3—加药装置；
4—冷却水泵；5—冷水机组

按照水箱在冷却水系统中所处位置，可分为下水箱式冷却水系统和上水箱式冷却水系统两大类。

① 下水箱（池）式冷却水系统　下水箱（池）式冷却水系统的典型形式是制冷站为单层建筑，冷却塔设置在屋面上，当冷却水水量较大时，为便于补水，制冷机房内应设置冷却水箱（池）（图1-126）。这种系统也适用于制冷站设在地下室，而冷却塔设在室外地面上或室外绿化地带的场合。这种系统的优点是冷却水泵从冷却水箱（池）吸水后，将冷却水压入冷凝器，水泵总是充满水，可避免水泵吸入空气而产生气缚。

下水箱（池）式冷却水系统冷却水的循环流程为：来自冷却塔的冷却水→机房冷却水箱（加药装置向水箱加药）→除污器→冷却水泵→冷水机组的冷凝器→冷却回水返回冷却塔。冷却水泵的扬程，应是冷却水供、回水管道和部件（控制阀、过滤器等）的阻力、冷凝器的阻力、冷却水箱（池）最低水位至冷却塔布水器的高差，以及冷却塔布水器所需的喷射压头（大约为5m水柱，49kPa）之和，再乘以1.05～1.10的安全系数。

② 上水箱式冷却水系统　制冷站设在地下室，冷却塔设在高层建筑主楼裙房的屋面上（或者设在主楼的屋面上）。冷却水箱也设在屋面上冷却塔的近旁，如图1-127所示。此时，冷却水的循环流程为：来自冷却塔的冷却水→冷却水箱→除污器→冷却水泵→冷水机组的冷凝器→冷却水返回冷却塔。

冷却水泵的扬程，包括冷却水供、回水管道和部件（控制阀、过滤器等）的阻力、冷凝器的阻力、冷却塔集水盘水位至冷却塔布水器的高差以及冷却塔布水器所需的喷射压头之和，再乘以1.05～1.10的安全系数。显然，这种系统中冷却塔的供水自流入冷却水箱后，靠重力作用进入冷却水泵，然后将冷却水压入冷凝器，有效地利用了从水箱至水泵进口的位能，减小水泵扬程，节省了电能消耗，同时，保证了冷却水泵内始终充满水。

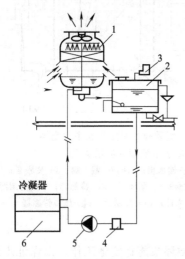

图1-127　上水箱式冷却水系统
1—冷却塔；2—冷却水箱；3—加药装置；
4—水过滤器；5—冷却水泵；6—冷水机组

(3) 冷却塔供冷的水系统

冷却塔供冷（又称为免费供冷）是一种节能降耗的中央空调供冷方式。在现代办公楼的内区和计算机房往往要求空调系统全年供冷。在过渡季节或冬季，当室外空气焓值低于室内空气设计焓值，又无法利用加大新风量免费供冷时，可利用冷却塔供冷系统。图1-128和图1-129表示了冷却塔直接供冷及间接供冷的两种供冷的冷却水循环系统形式。

1.4.3　水系统的主要设备和附件

(1) 离心式水泵

泵是将原动机的机械能转换成流体的压力能和动能的一种动力设备。冷媒水系统通过水泵进行循环，冷却水系统通过冷却水泵进行水的输送和循环。冷媒水泵和冷却水泵的耗电量约占整个中央空调系统耗电量的20%～30%。中央空调系统中使用的水泵主要是离心泵。

① 离心泵的基本结构与工作原理　离心泵的品种很多，按叶轮数目可分为单级泵和多级泵，按叶轮吸入方式可分为单吸泵和双吸泵。不同形式的离心泵结构各有差异，但其基本结构相似，主要由叶轮、泵壳（又称泵体）、泵盖、转轴、密封部件和轴承部件等构成，典型的单级单吸离心泵的结构如图1-130所示。

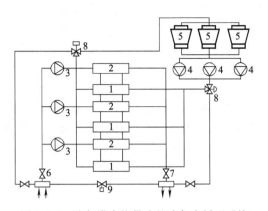

图 1-128　冷却塔直接供冷的冷却水循环系统
1—冷凝器；2—蒸发器；3—冷媒水水泵；
4—冷却水水泵；5—冷却塔；6—集水器；
7—分水器；8—电动三通阀；9—压差调节阀

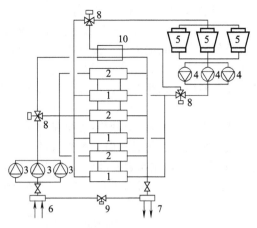

图 1-129　冷却塔间接供冷的冷却水循环系统
1—冷凝器；2—蒸发器；3—冷媒水水泵；4—冷却水水泵；
5—冷却塔；6—集水器；7—分水器；8—电动三通阀；
9—压差调节阀；10—板式换热器

　　为了使离心泵正常工作，离心泵必须配备一定的管路和管件，这种配备有一定管路系统的离心泵称为离心泵装置。如图 1-131 所示为离心泵的一般装置示意。主要有吸入管路、底阀、排出管路、排出阀等。离心泵在启动前，泵体和吸入管路内应灌满液体，此过程称为灌泵。启动电动机后，泵的主轴带动叶轮高速旋转，叶轮中的叶片驱使液体一起旋转，在离心力的作用下，叶轮中的液体沿叶片流道被甩向叶轮出口，并提高了压力。液体经压液室流至泵出口，再沿排出管路送到需要的地方。泵壳内的液体排出后，叶轮入口处形成局部真空，此时吸液池内的液体在大气压力作用下，经底阀沿吸入管路进入泵内。这样，叶轮在旋转过程中，一边不断地吸入液体，一边又不断地给予吸入的液体一定的能量，将液体排出。由此可见，离心泵能输送液体是依靠高速旋转的叶轮使液体受到离心力作用，故名离心泵。

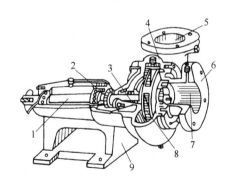

图 1-130　典型的单级单吸离心泵的结构
1—泵轴；2—轴承；3—轴封；4—泵壳；5—排出口；
6—泵盖；7—吸入口；8—叶轮；9—托架

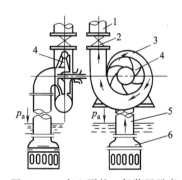

图 1-131　离心泵的一般装置示意
1—排出管路；2—排出阀；3—泵壳；
4—叶轮；5—吸入管路；6—底阀

　　离心泵吸入管路上的底阀是单向阀，泵在启动前此阀关闭，保证泵体及吸入管路内能灌满液体。启动后此阀开启，液体便可以连续流入泵内。底阀下部装有滤网，防止杂物进入泵内堵塞流道。

　　离心泵在运转过程中，必须注意防止空气漏入泵内造成"气缚"，使泵不能正常工作。因为空气比液体的密度小得多，在叶轮旋转时产生的离心作用很小，不能将空气抛到压液室中去，使吸液室不能形成足够的真空，离心泵便没有抽吸液体的能力。

② 中央空调水系统常用的离心式水泵

a. IS 型离心泵　IS 型离心泵是单级单吸悬臂式离心泵。适用于输送清水或物理及化学性质类似清水的其他液体，温度不高于 80℃。IS 型离心泵是根据国际标准 ISO 2858 所规定的性能和尺寸设计的。该系列泵共有 29 个品种。这种泵的特点是扬程高、流量小，结构简单，经久耐用、维修方便。IS 型离心泵的性能范围较大，流量范围为 6.3～400m³/h，扬程为 5～125m，转速为 1450r/min 和 2900r/min。

如图 1-132 所示，IS 型离心泵是由泵壳 1、叶轮 5、泵盖 6、托架 11、泵轴 12、轴封 9 等组成。泵壳内腔制成截面逐渐扩大的蜗壳形流道，吸水室与壳铸成一体；排出管与泵的轴线成 90°角。泵轴左端装有叶轮，右端通过联轴器与电动机相连。叶轮前后盖和泵壳之间采用平环式密封环 4，并开有平衡孔，以平衡轴向力。

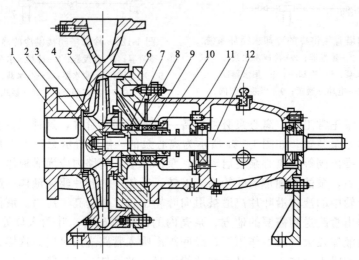

图 1-132　IS 型离心泵结构
1—泵壳；2—叶轮螺母；3—制动垫圈；4—密封环；5—叶轮；6—泵盖；
7—轴套；8—水封环；9—轴封；10—压盖；11—托架；12—泵轴

IS 型离心泵的泵壳和泵盖为后开门结构形式，其优点是检修方便，即不用拆卸泵壳、管路和电动机，只需拆下加长联轴器的中间连接件，就可退出转子部件进行检修。叶轮、轴和滚动轴承等为泵的转子，托架支承着泵的转子部件。滚动轴承承受泵的径向力和未平衡的轴向力。

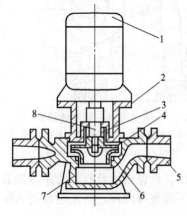

图 1-133　SG 型管道泵
1—电动机；2—连接座；3—机械密封；4—叶轮；5—进口接管；6—密封环；7—泵壳；8—泵轴

IS 型离心泵型号示例：IS80-65-160（A）。IS——单级单吸悬臂式离心清水泵；80——泵吸入口直径（mm）；65——泵排出口直径（mm）；160——叶轮名义直径（mm）；A——叶轮外径经第一次切割。

b. SG 型管道泵　SG 型管道泵是单级单吸立式离心泵。供输送低于 80℃ 的清水。这种泵的特点是结构简单、重量轻、尺寸小、价格低、能直接装在管路系统中。这种泵的流量为 1.5～140m³/h，扬程为 6～50m，适用于高层建筑管道加压送水，冷却塔、制冷设备、采暖系统、锅炉给水等。如图 1-133 所示，该泵是由泵壳 7、叶轮 4、机械密封 3 等零件组成。叶轮直接装在电动机 1 的主轴端。泵与电动机之间用机械密封以防止漏水，确保电动机安全。SG 型管道泵型号表示方法与 IS 型泵相同。

c. S 型离心泵　如图 1-134 所示的 S 型离心泵是典型的单级双吸式离心泵，适用于输送温度不超过 80℃的清水或类似于水的液体。这种泵的流量为 $140 \sim 12500 \mathrm{m}^3/\mathrm{h}$，扬程为 $10 \sim 140 \mathrm{m}$。它的特点是流量大、扬程高、结构简单、装拆方便。S 型离心泵的叶轮为双吸叶轮，水从叶轮的左、右两侧流入叶轮，经过叶轮后汇集到同一泵壳中。转轴为两端支承，泵壳为水平剖分的蜗壳形。泵吸入口和排出口均在泵壳的下部，水平地布置在两侧，并且与轴线成垂直方向的同一直线上。泵盖用双头螺栓及圆锥定位销固定在泵壳上，以便在不需要拆卸进水、出水管路的情况下就能打开泵盖，检查内部零件，给检修带来极大方便。泵壳与泵盖共同构成螺旋形吸水室和压出室。泵壳最低处有放水螺孔，泵壳两端有轴承支架。泵盖上安装有放气管的螺孔和供拆卸泵盖用的两个起吊钩。轴封装置多采用软填料密封，填料函由泵壳和泵盖共同拼合而成，由压盖压紧软填料起密封作用。因为双吸泵的轴封是在泵内液体的低压区（叶轮进口位置），所以在一般情况（即入口压力有真空度时）它的轴封作用不在于阻挡泵内液体外漏，而在于防止外界空气漏入，这与单级单吸型泵是不同的，不能误认为没有漏出而过分放松压盖，从而使空气大量吸入影响泵的性能。双吸泵轴向力自身平衡，不必设置轴向力平衡装置。在相同流量下双吸泵比单吸泵的抗气蚀性能要好。

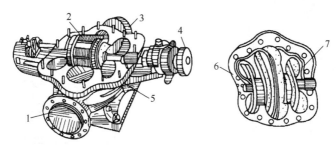

图 1-134　S 型离心泵

1—吸入口；2—叶轮；3—排出口；4—联轴器；5—泵壳；6—泵盖；7—水封槽

S 型泵型号示例：250S24。250——泵吸入口直径（mm）；S——单级双吸水平中开式离心清水泵；24——设计点扬程（m）。

(2) 冷却塔

冷却塔是水与空气直接接触进行热交换的一种设备，它主要由风机、电动机、填料、布水系统、塔身、水盘等组成，主要由在风机作用下温度比较低的空气与填料中的水进行热交换从而达到降低水温的目的。

目前，中央空调系统中常用的冷却塔有逆流式、横流式、喷射式和闭式。

① 逆流式冷却塔　所谓逆流式冷却塔，是指在塔内空气和水的流动方向是相逆的。空气从底部进入塔内，而热水从上而下淋洒，两者进行热交换。当处理水量在 100t/h（单台）以上时，宜采用逆流式。如图 1-135 所示是逆流式冷却塔的结构示意。为增大水与空气的接触面积，在冷却塔内装满淋水填料层。填料一般是压成一定形状（如波纹状）的塑料薄板。水通过布水器淋在填料层上，空气由下部进入冷却塔，在填料层中与水逆流流动。这种冷却塔的优点是结构紧凑、冷却效率高，而缺点是塔体较高、配水系统较复杂。逆流式冷却塔以多面

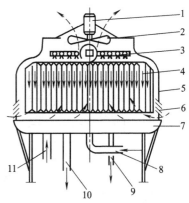

图 1-135　逆流式冷却塔结构示意

1—电动机；2—风机叶轮；3—布水器；
4—填料；5—塔体；6—送风百叶；
7—水槽；8—进水口；9—溢水管；
10—出水管；11—补水管

进风的形式使用的最为普遍。

目前国内工厂生产的定型的机械通风式冷却塔产品大多用玻璃钢做外壳，故又称为玻璃钢冷却塔。它具有重量轻、耐腐蚀、安装方便等一系列优点。如图 1-136 所示为一种玻璃钢冷却塔的结构图。它的淋水装置为薄膜式，通常是用 0.3～0.5mm 厚的硬质聚氯乙烯塑料板压制成双面凸凹的波纹形，分一层或数层放入塔体内。淋洒下的水沿塑料片表面自上而下呈薄膜流动。配水系统为一种旋转式的布水器。布水器各支管的侧面上开有许多小孔，水由水泵压入布水器的各支管中。当水从各支管的小孔中喷出时，所产生的反作用力使布水器旋转，从而达到均匀布水的目的。轴流式通风机布置在塔顶。空气由集水池上部四周的百叶窗吸入，经填料层后，从塔体顶端排出，与水逆向流动。冷却后的水落入集水池，从出水管排出后循环使用。

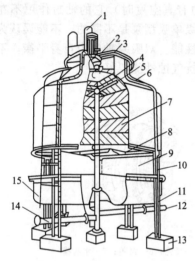

图 1-136 玻璃钢冷却塔的结构

1—扶梯；2—风机；3—风机支架；4—填料层及支架；
5—布水器；6—上壳体；7—淋水填料层；8—填料层支架；
9—挡风板；10—上立柱；11—下立柱；12—出水管；
13—基础；14—进水管；15—集水池（下壳体）

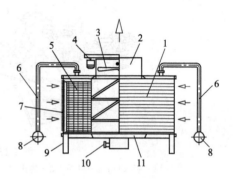

图 1-137 横流式冷却塔的结构

1—冷却塔塔体；2—出风筒；3—风机叶轮；4—电动机；
5—填料层；6—进水立管；7—进风百叶；8—进水主管；
9—立柱；10—出水管；11—集水盘

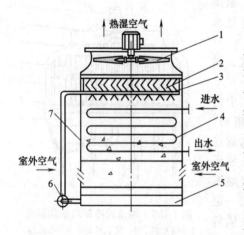

图 1-138 闭式冷却塔的工作原理

1—风机；2—收水器；3—喷淋水管；4—换热盘管；5—集水盘；6—循环泵；7—冷却塔塔体

② 横流式冷却塔 横流式冷却塔的结构如图 1-137 所示。所谓横流式冷却塔，是指空气通过填料层时是横向流动的。空气从横向进入塔内进行换热。其优点是体积小、高度低、结构和配水装置简单、空气进出口方向可任意选择，有利于布置。当处理水量在 100t/h（单台）以下时，采用横流式较为合适。缺点是这种冷却塔中空气和水热交换不如逆流式充分，其冷却效果较差。

③ 闭式冷却塔 闭式冷却塔又称为蒸发式冷却塔。如图 1-138 所示为闭式冷却塔的工作原理。中央空调系统的冷却水在冷却水泵的驱动作用下从闭式冷却塔的换热盘管内流过，其热量通过盘管传递给流过盘管外壁的喷淋水中。同时，冷却塔周围的空气在风机的抽吸作用下从冷却塔下方的进风格栅进入塔内，与喷淋水的流动方向相反，自下而上流

出塔体。喷淋水在与空气逆向流动的过程中进行热湿交换，一小部分水蒸发变成饱和温热蒸汽，带走热量，从而降低换热盘管内冷却水的温度。饱和温热蒸汽由风机向上排出，被空气带出去的水滴由收水器收集为水珠自上而下流动，热空气被风机排出机外，未蒸发而吸走热量的喷淋水直接落入塔底部的集水盘中，由循环泵再输送到喷淋水管中，喷淋到换热盘管上。

闭式冷却塔换热盘管内的冷却水封闭循环，不与大气相接触，不易被污染。在室外气温较低时，可利用制备好的冷却水作为冷媒水使用，直接送入中央空调系统中的末端设备，以减少冷水机组的运行时间，在低湿球温度地区的过渡季节里，可利用它制备的冷却水向中央空调系统供冷，达到节能效果。

（3）分水器和集水器

在中央空调水系统中，为了便于连接通向各个空调分区的供水管和回水管，设置分水器和集水器。它不仅有利于各空调分区的流量分配，而且便于调节和运行管理，同时在一定程度上也起到均压的作用。分水器用于冷（热）水的供水管路上，集水器用于回水管路上。

如图 1-139 所示为分水器和集水器的结构示意。分水器和集水器实际上是一段大管径的管

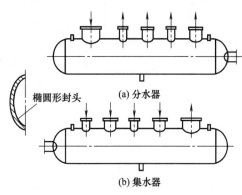

图 1-139 分水器和集水器的结构示意

子，在其上按设计要求焊接上若干不同管径的管接头。分水器和集水器为受压容器，应按压力容器进行加工制作，其两端应采用椭圆形的封头。各配管的间距、应考虑阀门的手轮或扳手之间便于操作来确定（其尺寸详见国标图集）。在分水器和集水器的底部应设有排污管接口，一般选用 DN40mm。

（4）膨胀水箱

当空调水系统为闭式系统时，为使系统中的水因温度变化而引起的体积膨胀留有余地，并有利于系统中空气的排除和稳定系统压力，在管路系统中应连接膨胀水箱。为保证膨胀水箱和水系统的正常工作，在机械循环系统中，膨胀水箱的膨胀管应该接在水泵的吸入管段上。一般情况下，箱底的标高至少高出水管系统最高点 1m。膨胀管上严禁安装阀门。

膨胀水箱的配管主要包括膨胀管、信号管、补给水管、溢流管、排污管等，如图 1-140 所示。箱体应保温并加盖板，盖板上连接的通气管一般可以选用公称直径为 100mm 的钢管制作。膨胀管接在水泵的吸入端，用于系统中水因温度升高引起体积增加转入膨胀水箱；溢流管用于排出水箱内超过规定水位的多余水量；信号管用于监督水箱内的水位；补给水管用于补充系统水量，有手动和自动两种方式；排污管用于排污。当膨胀水箱兼用于供冷和供暖

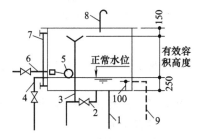

图 1-140 膨胀水箱的配管布置示意
1—膨胀管；2—排污管；3—溢流管；4—信号管；5—浮球阀；6—补水管；7—水位计；8—通气管；9—循环管

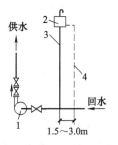

图 1-141 膨胀水箱与机械循环系统的连接
1—水泵；2—膨胀水箱；3—膨胀管；4—循环管

两种工况时，特别要重视膨胀水箱的安装位置，以防冬季供暖时水箱内的水结冰造成结构破坏，甚至酿成事故。工程上的另一种做法是在膨胀水箱上再接出一根循环管，如图 1-141 中虚线所示。循环管接在连接膨胀管的同一水平管路上，使膨胀水箱中的水在两连接管接点压差的作用下始终处于缓慢的流动状态，防止结冰现象出现。循环管和膨胀管的连接点间距可以由阻力计算确定，一般可以取 1.5～3.0m。要注意的是，这种连接循环管的做法，在夏季使用时会增加系统的无效冷量损失。

（5）冷却水箱（池）

如图 1-142 所示为冷却水箱（池）的结构示意。它主要包括冷却水进水管和出水管、溢水管、排污管及补水管。若冷却水箱采用浮球阀进行自动补水，则补水关闭的水位不应是系统的最高水位，而是应稍高于最低水位线。否则，将导致冷却水循环系统停止运行时有大量溢流而造成水资源的浪费。

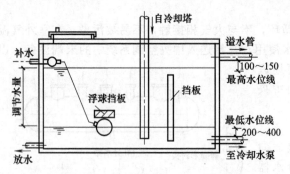

图 1-142　冷却水箱（池）的结构示意

对于一般逆流式斜波纹填料玻璃钢冷却塔，在短期内使填料层由干燥状态变为正常运转状态所需附着水量约为标称小时循环水量的 1.2%。因此，冷却水箱的容积应不小于冷却塔小时循环水量的 1.2%。

（6）放气装置

水系统中所有可能积聚空气的"气囊"顶点，都应设置自动放空气的放气装置。滞留在水系统中的空气不但会在管道内形成"气堵"影响正常水循环，在换热器内形成"气囊"，使换热量大为下降，还会使管道和设备加快腐蚀。

常用的放气装置有集气罐、自动排气阀或手动排气阀。

① 集气罐　集气罐是由直径为 $\phi 100～250mm$ 的钢管焊接而成，根据干管与顶棚的安装空间可分立式集气罐和卧式集气罐，它的接管示意如图 1-143 所示。

集气罐的工作原理是：当水在管道中流动时，水流动的速度一般大于气泡浮升速度，水中的空气可随着水一起流动。当水流至集气罐内时，因罐体直径突然增大（一般罐体直径是干管的 1.5～2 倍），水流速度减慢，此时气泡浮升速度大于水流速，气泡就从水中游离出来并聚集在罐体的顶部。

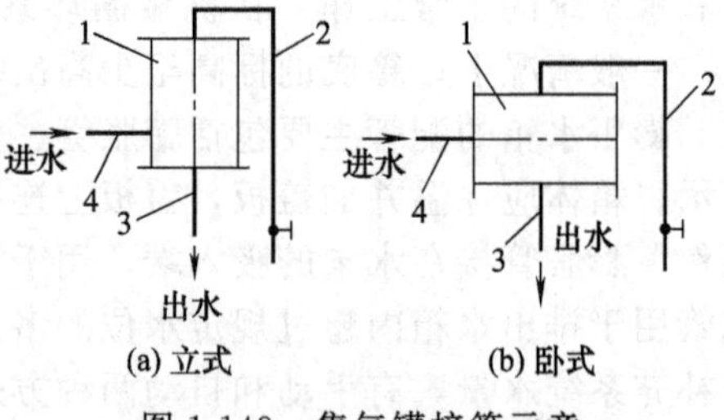

集气罐顶部安装放气管及放气阀，将空气排出直至流出水来为止。在排除干管空气的同时，回水管、立支管等设备内的空气也会通过各立管浮升至供水干管中一起排除。

集气罐应安装在系统的最高位置处，为方便操作，排气管引至有排水设施处，距地面不宜过高。

(a) 立式　(b) 卧式

图 1-143　集气罐接管示意

1—集气罐；2—放气管；3—出水管；4—进水管

集气罐的优点是：制作简单，安装方便，运行安全可靠等。缺点是：在系统初运行或间歇过长时，需人工操作排气，排气管阀门失灵易造成系统大量失水等。

② 自动排气阀　自动排气阀一般装设于泵的出水口处或送配水管线中，用于大量排除管中集结的空气，或者将管线较高处集结的微量空气排放至大气中。当管内一旦有负压产生时，阀迅速吸入外界空气，以防止管线因负压而被毁损。

自动排气阀常用产品有 ZPT-C 型（卧式）和 ZP88-1 型（立式）两种。

如图 1-144 所示为 ZPT-C 型排气阀的结构。自动排气阀大多采用浮球式的启闭方式，即当排气时浮球靠其自重下移，带动滑动杆打开排气口。当排气完毕水进入时，浮球被托起上移，带动滑动杆关闭排气口。自动排气阀可使系统内的空气随有随排，不需人工操作，被广泛用在空调水系统中。

③ 手动排气阀　手动排气阀可排除局部残存的空气，当需排气时，拧开盖帽，带动针形阀芯离开阀座，排气完毕拧紧阀芯即可。手动排气阀结构简单，使用安装方便。

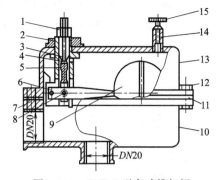

图 1-144　ZPT-C 型自动排气阀
1—排气口；2—六角锁紧螺母；3—阀芯；
4—橡胶封头；5—滑动杆；
6—浮球杆；7—铜锁钉；8—铆钉；
9—浮球；10—下半壳；11—垫片；
12—螺栓螺母；13—上半壳；
14—手动排气座；15—手拧顶针

(7) 水过滤器及水处理仪

在机房水系统中必须安装水过滤器及水处理仪，它的作用是过滤清除水系统中的杂质，防止主机的蒸发器和冷凝器堵塞、积垢而影响主机的效率，甚至损坏主机。也可以防止损坏水泵及其他空调设备。

① 水过滤器　在水泵入口、水系统各换热器及调节阀等入口处，均应安装水过滤设备，以防止杂物进入系统堵塞管道或污染设备。目前常用的水过滤器类型有金属网状过滤器、尼龙网状过滤器、Y 形过滤器、角通式和直通式除污器等。

工程上应用较多的是 Y 形过滤器，其结构如图 1-145 所示。Y 形过滤器是利用过滤网阻留杂物和污垢。过滤网为不锈钢金属网，过滤面积为进口管面积的 2～4 倍。Y 形过滤器通常安装在过滤器的清洁不是很频繁的场合，它与管道的连接有螺纹连接和法兰连接两种，小口径过滤器为螺纹连接。Y 形过滤器有多种规格（$DN15～450$mm）。

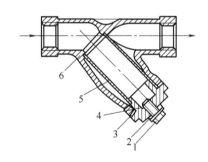

图 1-145　Y 形水过滤器
1—螺栓；2,3—垫片；4—封盖；5—滤网；6—阀体

Y 形过滤器具有外形尺寸小、重量轻、可在多种方位的管路上安装、阻力小等优点。缺点是如不安装旁通管和阀，就只能在水系统停止运行时才能拆下清洗。目前，有许多厂家生产了不停泵就能自动排污的过滤器，可供在设计中选用。

② 水处理仪　水处理仪是用于水系统中的一种除垢、防垢、杀菌、灭藻、除铁锈、防腐蚀的设备，目前常用的是电子水处理仪。它是采用集成电路，利用高频振荡原理产生上万赫兹的交变电磁场作用于水，改变了水原来的缔合链大分子结构，使水分子间的氢键断裂形成单个分子；水中溶解盐的正负离子被单个水分子包围，运动速度降低，有效碰撞减少，静电引力下降，从而使水中的钙、镁离子无法与碳酸根结合生成碳酸钙和碳酸镁，起到防垢的

效果。同时由于水体吸收大量被激活的电子，使水的偶极矩增大，使它与盐类离子的亲和力增加，从而使管壁上原有的水垢逐渐软化以致脱落，起到除垢的效果。另外，溶解在水中的氧分子被单个水分子所包围，切断了金属腐蚀和微生物生成所需要的氧气的来源，起到较好的阻锈、杀菌和灭藻的效果。

电子水处理仪由水处理器和电子电源两部分组成，其结构原理如图 1-146 所示。水处理器的壳体为阴极，由钢管制成，壳体中心装有一根金属阳极，被处理的水通过金属电极和壳体之间的环状空间；电子电源把 220V、50Hz 的电流转变成低电压的直流电，在水处理器中产生高频电磁场。

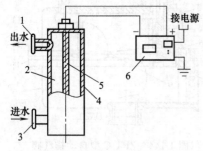

图 1-146　电子水处理仪结构原理示意
1—出水管；2—水；3—进水管；4—壳体；
5—金属电极；6—直流电源

电子水处理仪应安装在主干管及主要设备的进水管段上，安装时应设旁通阀。当几台用水设备并联时，可在供水干管设置一台水处理仪；当几台用水设备串联时，则要在每台用水设备的进入管上分别设置一台电子水处理仪。

第2章 | 活塞式中央空调

活塞式制冷机是一种最古老和最成熟的制冷机，其发展以有100多年的历史。目前，中央空调领域中使用的活塞式制冷机主要为R22、R134a工质制冷机。由于活塞式制冷机是靠活塞的往复运转来压缩气体的，所以冲击力大，机组运行噪声大，同时存在余隙容积，减小了输气系数，导致制冷系数低。但活塞式制冷机机组装置简单；使用普通金属材料，加工容易，造价低；在空调制冷范围内有较高的容积效率；采用多机头、高速多缸、短行程、大缸径后，容量有所增大，性能可得到改善，所以活塞式冷水机组在中、小型冷量范围内应用较广。同时，改良型的活塞模块式冷水机组（图2-1）采用了高效板式换热器，机组体积小、重量轻、噪声低、占地少；采用标准化生产的模块单元，可组合成多种容量，调节性能好，部分负荷运行性能系数不变，计算机控制，自动化程度高，安装简便。

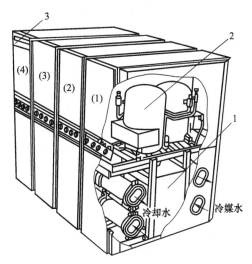

图 2-1 RC130 模块化冷水机组
1—换热器；2—压缩机；3—控制器

2.1 活塞式中央空调调试

制冷系统的设备及管道组装完毕后，需要对整个系统进行试运行，只有当试运行达到规定要求时，方可交付验收和使用。对于大修后的压缩机，在经过拆卸、清洗、检查测量、装配完毕之后，也必须进行试运行，以鉴定机器大修后的质量和运行性能。

制冷机和其他辅助设备安装就位，整个系统的管道焊接完毕后，首先要进行压缩机试运行，然后应按设计要求和管道安装试验技术条件的规定，对制冷系统进行吹污、气密性试验、抽真空、充灌制冷剂及制冷系统带负荷试运行。

压缩机的试运行包括无负荷试运行和空气负荷试运行。对于整台成套设备及分组成套设备，因出厂前已进行过试运行，只要在运输和安装过程中外观没有受到明显操作及破坏时，可直接进行空气负荷试运行。对于大、中型散装制冷设备，则应按照 GB/T 10079—2001《活塞式单级制冷压缩机》中的试验方法进行无负荷试运行和空气负荷试运行。

2.1.1 试车前的准备

(1) 技术资料的准备

在制冷压缩机试车前，应根据施工图对制冷压缩机的安装进行检查和验收，并认真研究使用说明书和随机的技术资料，依据制冷压缩机使用说明书提供的调试要求和各种技术参数对压缩机进行调试。准备好试车记录本，在试车过程中做好试车记录，作为技术档案保存。

(2) 电气准备

在试车时，机组应有独立的供电系统，电源应为 380V、50Hz 交流电，电压要求稳定。在电网电压变化较大时，应配备独立的电压调压器，使电压的偏差值不超过额定值的 ±10％。接入的试车电源，应配备电源总开关及熔断器，并配置三相电压表和电流表。试车用的电缆配线容量应按实际用电量的 3～4 倍考虑。设备要求接地可靠，接地应采用多股铜线，以确保人身安全。

(3) 材料的准备

制冷压缩机调试前要将制冷系统所需的材料准备就绪，以保证试车工作的正常进行。当制冷系统的冷凝器采用循环冷却水冷却时，应预先对循环水池注水，冷却水泵和冷却塔应可正常运转。准备好制冷压缩机使用说明书规定的润滑油和清洗用的煤油、汽油。准备好制冷压缩机进行负荷试运行时所需充注的制冷工质以及其他工具和物品。

(4) 压缩机的安全保护设定检查

试车前要对制冷压缩机的自控元器件和安全保护装置进行检查，要根据使用说明书上提供的调定参照值对元器件进行校验。制冷压缩机安全保护装置的调定值在出厂前已调好，不得随意调整。自控元器件的调定值如需更改，必须符合制冷工艺和安全生产的要求。

(5) 人员准备

制冷压缩机以及制冷系统的调试必须由专业技术人员主持进行。调试人员也需经有关技术单位或技术部门培训后方可参加调试工作。有条件的，在制冷压缩机调试时，请制冷压缩机生产厂家的专业技术人员参加调试。

2.1.2 试运行

开启式压缩机出厂试验记录中若没有无负荷试运行、空气负荷试运行和抽真空试验，均应在试运行时进行，且试运行前应符合下列要求。

① 汽缸盖、吸排气阀及曲轴箱盖等应拆下检查，其内部的清洁及固定情况应良好；汽缸内壁面应加少量冷冻机油，再装上汽缸盖等；盘动压缩机数转，各运动部件应转动灵活，无过紧及卡阻现象。

② 加入曲轴箱冷冻机油的规格及油面高度，应符合设备技术文件的规定。

③ 冷却水系统供水应畅通。

④ 安全阀应经校验、整定，其动作应灵敏可靠。

⑤ 压力、温度、压差等继电器的调定值应符合设备技术文件的规定。

⑥ 点动电动机的检查，其转向应正确，但半封闭压缩机可不检查此项。

(1) 无负荷试运行

① 无负荷试运行的目的　无负荷试运行是不带阀的试运行，即试运行时不装吸、排气

阀和汽缸盖。其目的是：

a. 观察润滑系统的供油情况，检查各运动部件的润滑是否正常；

b. 观察机器运转是否平稳，有无异常响声和剧烈振动；

c. 检查除吸、排气阀之外的各运动部件装配质量，如活塞环与汽缸套、连杆小头与活塞销、曲轴颈与主轴承、连杆大头与曲柄销等的装配间隙是否合理；

d. 检查主轴承、轴封等部位的温升情况；

e. 对各摩擦部件的接触面进行磨合。

② 无负荷试运行的步骤

a. 在无负荷试运行前，要将压缩机的汽缸盖拆除，取出假盖弹簧和排气阀组。在系列压缩机中有些产品（如12.5系列）的汽缸套和机体之间无连接螺栓，而是依靠假盖弹簧压紧的。为避免无负荷试运行时汽缸套被拉出机体造成事故，必须用专用夹具把汽缸套压紧。此专用夹具比较简单，安装时直接用汽缸盖上的螺栓紧固即可，如图2-2所示，但要注意不要碰坏汽缸套上的阀片密封线，也不要影响吸气阀片顶杆的升降（卸载机构）。

b. 向每个汽缸内的活塞顶部注入适量的冷冻机油，开启式压缩机可用手盘动联轴器或带轮数转，使冷冻机油在汽缸壁上分布均匀。用干净的白布包住汽缸口，以防试车时灰尘进入汽缸。

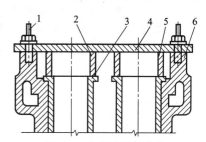

图 2-2　空车试运行夹具

1—汽缸盖螺栓；2,5—夹具；
3—汽缸套；4—压板；6—机体

c. 首次启动压缩机时，应采用点动，合闸后马上断开，如此进行2～3次，以观察压缩机运转情况，如旋转方向是否正确、有无异常声响、油压能否建立起来等。

d. 点动后如果情况正常，启动压缩机并应运转10min，停车后检查各部位的润滑和温升，应无异常。而后应再继续运转1h。

e. 做好试运行记录，整理存档。

③ 无负荷试运行应符合的要求

a. 电流表与油压表的读数应稳定。

b. 运转应平稳，无异常声响和剧烈振动。

c. 主轴承外侧面和轴封外侧面的温度应正常。

d. 油泵供油应正常。

e. 油封处不应有油的滴漏现象。

f. 停车后，检查汽缸内壁面应无异常的磨损。

在压缩机进行无负荷试运行时需注意：合闸时，操作人员不要站在汽缸套处，防止汽缸套或活塞销螺母飞出伤人；合闸时，操作人员不能离开电闸，当机器运转声音不正常、油压不能建立及发生意外故障时可及时停车，防止压缩机的损坏和事故的发生。试车过程中，如声音或油压不正常，应立即停车，检查原因，排除故障后，再重新启动。

(2) 空气负荷试运行

压缩机空气负荷试运行是带阀的试运行，在无负荷试运行合格后方可进行。

① 空气负荷试运行的目的

a. 进一步检查压缩机在带负荷运转时各运动部件的润滑和温升情况，以检查装配质量和密封性能。

b. 使压缩机在较低的负荷下继续磨合。

② 空气负荷试运行的步骤

a. 拆除汽缸套夹具，将清洗干净的排气阀组按原来位置装好，盖好汽缸盖，旋紧汽缸盖螺栓。吸、排气阀安装固定后，应调整活塞的止点间隙，并应符合设备技术文件的规定。

b. 松开压缩机吸气过滤器的法兰螺栓，留出缝隙，外面包上浸油的洁净纱布，对进入汽缸和曲轴箱内的空气进行过滤。拆下压缩机上的放空阀，以便空气向外排放。

c. 接好压缩机冷却水管并供水；检查压缩机曲轴箱油面应在规定范围内，不足时应补充加入；将油分配阀手柄扳至 0 位或最小负荷一挡。

d. 参照无负荷试运行的操作步骤，启动压缩机使其正常运转，经检查无异常现象时，扳动油分配阀手柄，使压缩机逐渐加载，直至全部汽缸投入工作。在试运行过程中，当吸气压力为大气压力时，其排气压力，对于有水冷却的应为 0.2MPa（表压），对于无水冷却的应为 0.1MPa（表压），并应连续运转且不得少于 1h。

e. 做好试运行记录，整理存档。

③ 空气负荷试运行应符合的要求

a. 油压调节阀的操作应灵活，调节的油压宜比吸气压力高 0.15～0.30MPa。

b. 能量调节装置的操作应灵活、正确。

c. 压缩机各部位的允许温升应符合表 2-1 的规定。

表 2-1　压缩机各部位的允许温升值

检查部位	有水冷却/℃	无水冷却/℃
主轴承外侧面	≤40	≤60
轴封外侧面		
润滑油	≤40	≤50

d. 汽缸套的冷却水进口水温不应大于 35℃，出口温度不应大于 45℃。

e. 运转应平稳，无异常声响和振动。

f. 吸、排气阀的阀片起落跳动声响应正常。

g. 各连接部位、轴封、填料、汽缸盖和阀件应无漏气、漏油、漏水现象。

h. 空气负荷试运行合格后，应拆洗空气滤清器和油过滤器，并更换冷冻机油。

压缩机试运行之后，再对制冷系统进行吹污、气密性试验、抽真空、充灌制冷剂及制冷系统带负荷试运行。

2.2 活塞式中央空调运行操作

中央空调系统中以活塞式压缩机为主机的称为活塞式制冷机组，属于蒸气压缩制冷机组中的一种。它是由活塞式压缩机、蒸发器、冷凝器、节流机构、电控柜等设备组装在一个机座上，其内部连接管已在制造厂完成装配，用户只需在现场连接电气线路和外接水管（水冷型）即可投入运行。

2.2.1　开机前的检查与准备

在我国，大多数舒适性中央空调系统的使用是间隙性的，运行时间从几个小时到十多个小时不等；季节性使用的机组更是如此。因开机前停机的时间长短不同和所处的状态不同而有日常开机和季节性开机之分，同时也决定了其日常开机和季节性开机前的检查与准备工作侧重点不同。

(1) 日常开机前的检查与准备

① 检查压缩机冷冻机油的油位和油温。油面线应在视油镜中间位置或偏上，准确地说，

飞溅式润滑的压缩机油面应在视油镜的 1/3 处，压力式润滑的压缩机油面应在视油镜的 1/2 处，检查油质是否清洁；油温在 40~50℃，手摸加热器需感觉发烫，若油温过低，应适当加热，以减少冷冻机油中溶有过多的制冷剂。防止在压缩机启动时，由于曲轴箱压力急剧下降，使油中的制冷剂迅速挥发，把冷冻机油带入汽缸中产生"液击"现象，同时造成曲轴箱内的油量减少。

② 接通电源并检查电源电压和电流。电源电压在 342~457V 范围内；最大线电压不平衡值小于 2%（大于 2%绝对不能开机）；相电流不平衡值小于 10%。

③ 检查储液器的制冷剂液位是否正常，一般液面在下视液镜 1/3 至上视液镜 2/3 处。

④ 对于自动化程度不高的大型老式设备，启动前应把压缩机吸气阀和储液器出液阀的阀杆旋入到底。使其处于关断位，打开系统中其他阀门使其处于正常工作状态。目的是启动压缩机时能够控制制冷剂的流量，以防"液击"的产生。

⑤ 具有卸载-能量调节机构的压缩机，应将能量调节阀的控制手柄放在能量最小位置；通过吸、排气旁通阀来进行卸载启动的老式压缩机，应先把旁通阀门打开。

⑥ 开启冷凝器的冷却水泵或冷凝风机，使冷却水或风冷系统提前工作。

⑦ 开启蒸发器的冷媒水泵或冷风机，使冷媒水或冷风系统提前工作。

(2) 季节性开机前的检查与准备

季节性开机是指机组停用很长一段时间后重新投入使用，例如机组在冬季和初春季节停止使用后，又准备投入运行。活塞式机组季节性开机前要做好以下检查与准备工作。

① 关闭所有的排水阀，重新安装蒸发器和冷凝器集水器中的放水塞。

② 根据各设备生产商提供的启动和维护说明对备用设备进行检修。

③ 排空冷却塔以及曾使用的冷凝器和配管中的空气，并重新注水。在这里系统（包括旁路）中的空气必须全部清除，然后关闭冷凝器水箱的放空阀。

④ 打开蒸发器冷冻水循环回路中所有的阀。

⑤ 如果蒸发器中的水已经排出，则排除蒸发器中的空气，并在蒸发器和冷冻水回路中注水。当系统（包括旁路）中的空气必须全部清除后，关闭蒸发器水箱的放空阀。

⑥ 检查各压力表阀是否处于开启位置。

⑦ 检查、调整高压控制器的保护动作值。该压力调定值的大小，应根据制冷剂种类、运转工况和冷却方式等因素而确定。参考值（表压）如下。

a. R22 的高压保护的断开值为 1.65~1.75MPa，闭合值比断开值低 0.1~0.3MPa。

b. R717 的高压保护的断开值为 1.50~1.60MPa，闭合值比断开值低 0.1~0.3MPa。

此外，对于设置安全阀的装置，安全阀的开启保护压力为 1.70MPa±0.05MPa，其高压控制器的保护动作值应比安全阀的开启保护压力低 0.1MPa。

⑧ 检查、调整低压控制器的保护动作值。低压保护断开值的大小应取比最低蒸发温度低 5℃的相应饱和压力值，但不低于 0.01MPa（表压）。

⑨ 检查、调整油压差控制器的保护动作值。有卸载、能量调节装置时，油压差可控制在 0.15~0.30MPa 范围内；无卸载、能量调节装置时，取 0.075~0.100MPa。

⑩ 检查制冷系统管路中是否有泄漏现象。

⑪ 闭合所有切断开关。

完成上述各项检合与准备工作后，再接着做日常开机前的检查与准备工作。当全部检查与准备工作完成后，合上所有的隔离开关即可进入机组及其水系统的启动操作阶段。

2.2.2 系统的启动

① 启动准备工作结束以后，向压缩机的电动机瞬时通、断电，点动压缩机运行 2~3 次，观察压缩机的电动机启动状态和转向，确认正常后，重新合闸正式启动压缩机。

② 压缩机正式启动后缓慢开启压缩机的吸气阀，注意防止出现"液击"的情况。

③ 同时缓慢打开储液器的出液阀，向系统供液，待压缩机启动过程完毕、运行正常后将出液阀开至最大。

④ 若压缩机设置能量调节装置，待压缩机运行稳定以后，应根据吸气压力调整能量调节装置，即每隔 15min 左右转换一个挡位，直到所要求的容量为止。

⑤ 在压缩机启动过程中应注意观察：压缩机运转时的振动情况是否正常；系统的高、低压及油压是否正常；电磁阀、能量调节阀、膨胀阀等工作是否正常。待这些项目都正常后，起动工作结束。

2.2.3 系统的运行调节

(1) 正常运行参数

不同机组其正常运行的参数也各有不同，与采用制冷剂的种类和冷凝器的冷却形式有关。以下给出开利 30HK/HR 型活塞式冷水机组正常运行的主要参数，见表 2-2。

表 2-2 开利 30HK/HR 型活塞式冷水机组的正常运行的主要参数 (R22)

运 行 参 数	正 常 范 围	运 行 参 数	正 常 范 围
蒸发压力/MPa	0.4～0.55	冷却水温度/℃	4～5
吸气温度	蒸发温度＋5～10℃过热度	油温	低于74℃
冷凝压力/MPa	1.7～1.8	油压差/MPa	0.05～0.08
排气温度/℃	110～135	电动机外壳温度	低于51℃
冷却水压差/MPa	0.05～0.10		

(2) 运行中的记录操作

运行记录是机组的重要的参考资料，通过它可以全面掌握机组正常运转状态。当操作人员准确地记录下表中的数据后，就可以用它来对冷水机组的运行特性及其发展趋势进行判断。例如，如果操作人员发现冷凝压力在一个月内有不断增加的趋势，则需对冷水机组进行系统地检查，找出可能引起这一情况的原因（比如冷凝器管上结垢、系统中有不凝性气体等），见附录二中表 2-1。

(3) 制冷量调节

活塞式制冷压缩机制冷量调节的方法主要有顶开吸气阀片、旁通调节、关闭吸气通道的调节、变速调节。对于多台压缩机并联运行时，可减少压缩机运行台数来达到制冷量的调节。

顶开吸气阀片调节是指采用专门的调节机构将压缩机的吸气阀阀片强制顶离阀座，使吸气阀在压缩机工作全过程中始终处于开启状态，可以灵活地实现上载或卸载，使压缩机的制冷量增加或减少，实现从无负荷到全负荷之间的分段调节。如对八缸压缩机，可实现 0、25%、50%、75%、100%五种负荷；对六缸压缩机，可实现 0、1/3、2/3 和全负荷四种负荷。

活塞式制冷压缩机组在实际工作过程中的制冷量的调节，是通过制冷量调节装置自动完成的。制冷量调节装置由冷冻水温度控制、分级控制器和一些由电磁阀控制的汽缸卸载机构组成，通过感受冷冻水的回水温度来控制压缩机的工作台数和一台特定压缩机若干个工作汽缸的上载或卸载，从而实现制冷量的梯级调节。

2.2.4 系统的停机

当制冷系统正常运转、监测温度达到调定值的下限时，温度控制器动作，压缩机自动停机，停机后一般不进行操作处理；当制冷系统出现故障时，制冷空调装置自动化控制和保护已非常完善，停机操作大多简单易行，即按"OFF"或"0"按钮停止机组运行→10min 的再停水泵→切断电源；若装置的自动化程度较差或因故需要手动停车时，一般可按下述方法进行。

（1）日常停机

机组在正常运行过程中，因为定期维修或其他非故障性的主动方式停机，称为机组的日常停机。有的空调制冷装置，如开启式制冷机组，停机之后轴封等处容易发生制冷剂的泄漏，应设法将制冷剂从低压区排入高压区，以减少泄漏量。其操作过程如下。

① 在停机前关闭储液器（或冷凝器）出液阀，使低压表压力接近0MPa（或稍高于大气压力）。原因是从出液阀到压缩机的这段低压区域容易发生泄漏，使低压区压力接近大气压，目的是减少停机时制冷剂的泄漏量。

② 停止压缩机运转，关闭压缩机的吸气阀和排气阀，目的是缩小制冷系统的泄漏范围。

③ 若有手动卸载装置，将油分配阀手柄转到"0"位。

④ 待10min后，关闭冷却水泵（或冷凝风机）和冷媒水泵（或冷风机），切断电源。

（2）季节性停机

空调制冷装置如需长期停用，则要对制冷系统和电气系统做好妥善处理。其操作过程如下。

① 提前开启冷凝水泵或冷凝风机，保证制冷剂能尽快冷凝，以防高压压力过高。

② 将低压控制器的控制线短接，使其失去作用，避免因吸气压力过低造成压缩机的中途停机。

③ 关闭储液器（或冷凝器）的出液阀，启动压缩机，让压缩机把低压区（主要是蒸发器）的制冷剂排入高压区（冷凝器和储液器）。

④ 当压缩机低压表指针接近0MPa时，使压缩机停机。

⑤ 若压缩机停机后，低压表指针迅速回升，则说明系统中还有较多的制冷剂，应再次启动压缩机，继续抽吸低压区的制冷剂。

⑥ 若停机后低压压力缓缓上升，可在低压表指针回升至0MPa（或稍高于大气压）时，立即关闭压缩机吸、排气阀。

⑦ 如果压缩机停机后，低压表指针在0MPa以下不回升，则可稍开分油器手动回油阀或打开出液阀，从高压区放回少许制冷剂，使低压区的压力保持在表压0.02MPa左右。

⑧关闭冷却水的水泵或风冷冷凝器的冷却风扇。

⑨ 装置长期停用或越冬时，应将所有循环水全部排空，避免冻裂。

⑩ 将阀杆的密封帽旋紧，将系统所有油污擦净，以便于重新启动时检查漏点。

⑪ 将制冷系统所有截止阀处于关断位，以缩小泄漏的范围。

⑫ 对于带传动的开启式压缩机，应将皮带拆下，避免压缩机长期单向受力而变形，引起轴封渗漏。

⑬ 将配电柜中的熔断器摘下，在醒目处挂禁动牌。

2.3 活塞式制冷压缩机的维护保养

活塞式制冷压缩机的维护保养：为使系统保持良好的运行状态，进行定期检查和保养使系统的可靠性增大；不需要做大的修理，即使需要修理，也只是小修；延长压缩机的寿命；压缩机的薄弱环节及引起故障的原因明确；对易损件、备用件可进行经济的管理；保持良好的运行效率；保养工作比较均衡。

为了进行维护保养，可参照制造厂家的使用说明书及有关技术资料，编制详细管理计划表，有计划、有目的地对压缩机进行维护保养。

2.3.1　日常运行时的维护保养

（1）日常运行时的维护保养

活塞式制冷压缩机的日常维护、保养应建立在日常的运行巡视检查基础上，只有这样，才能做到及时发现问题及故障隐患，以便及时采取措施进行必要的调整和处理，以避免设备事故和运行事故的发生而造成不必要的经济损失。

活塞式制冷压缩机在日常运行检查中应注意以下问题。

① 压缩机的油位、油压、油温是否正常。

② 压缩机各摩擦部位温度是否正常。

③ 压缩机运转声音是否正常。

④ 冷却系统水温、水量是否正常。

⑤ 能量调节机构的动作是否灵活。

⑥ 压缩机轴封或其他部位的泄漏情况。

（2）日常停机时的维护保养

① 设备外表面的擦洗。要求设备表面无锈蚀、无油污，漆见本色，铁见光。

② 检查底脚螺栓、紧固螺栓是否松动。

③ 检查联轴器是否牢靠，传动带是否完好，松紧度是否合适。对于采用联轴器连接传动的开启式制冷压缩机，停机后应通过对联轴器减振橡胶套磨损情况的检查，判断压缩机与电动机轴的同轴度是否超出规定，如超出规定，应卸下电动机紧固螺栓，以压缩机轴为基准，用百分表重新找正，然后将紧固螺栓拧紧。

④ 检查润滑系统，保持润滑油量适当，油路畅通，油标醒目。若油量不足应补充到位。加油前，应检查润滑油是否污染变质，若已污染变质，应进行彻底更换，并清洗油过滤器、油箱、油冷却器、输油管道等装置。

⑤ 制冷剂的补充。停机后应检查高压储液器的液位，偏低时应通过加液阀进行补充。中、小型活塞式制冷机一般不设高压储液器，可根据运行记录判断制冷剂的循环量，决定是否需要补充制冷剂。

⑥ 油加热器的管理。大、中型活塞式制冷压缩机曲轴箱底部装有油加热器，停机后不允许停止油加热器的工作，应继续对润滑油加热，保证油温不低于30℃。清洗油过滤器、输油管道及更换润滑油时，必须切断电源，可先停止油加热器的工作，待清洗工作结束后再恢复油加热器的工作，不允许先放油再停止油加热器工作，否则有烧坏油加热器的可能，清洗时应注意对油加热器的保护，防止碰坏。必要时可用万用表欧姆挡测量油加热器电热丝的电阻值，没有阻值或阻值无穷大时，说明电热丝已短路或断路，应进行更换。

⑦ 冷却水、冷媒水的管理。停机后应将冷却水全部放掉，清洗水过滤网，检修运行时漏水、渗水的阀门和水管接头。对于冷媒水，在确认水质符合要求后可不放掉，若水量不足，可补充新水并按比例添加缓蚀剂。停机时间安排在冬季时，必须将系统中所有积水全部放净，防止冻裂事故发生。油冷却器、氨压缩机汽缸水套另设供水回路时，应同时将积水放净。

⑧ 泄漏检查。停机期间，必须对机组所有密封部位进行泄漏检查，尤其是开启式压缩机的轴封，更应仔细进行检查。除采用洗涤剂（或肥皂液）、卤素灯进行检查外，还应对紧固螺栓、外套螺母进行防松检查。对于半封闭压缩机，电动机引线接线柱处的密封也需注意检查。

⑨ 卸载装置的检查。短期停机时，只对卸载装置的能量调节阀和电磁阀进行检查，发现连接电磁阀的铜管、外套螺母等处有油迹时应进行修补，同时对连接铜管进行吹污，并对

供油电磁阀进行"开启"和"关闭"的试验，确保其正常工作。检查电磁阀时，可根据电磁阀线圈的额定工作电压，用外接电源进行检查。

⑩ 阀片密封性能的检查。停机时应对吸、排气阀片进行密封检查，同时检查阀座密封线有无脏物或磨损，检查的同时应进行清洗。阀片变形、裂缝、积炭时应予以更换，新更换的阀片应与密封线进行对研，确保密封性能良好。

2.3.2　年度停机时的维护保养

压缩机的长期停机是指停机几个月或更长时间。制冷设备在长期停机期间，一般不处于待用状态，故可进行较多的保养工作。设备检修一般也安排在长期停机期间。活塞式制冷压缩机长期停机时的维护保养应做好以下几方面工作。

① 按操作程序关机，防止制冷剂泄漏。活塞式制冷机停机时间较长时，为防止制冷剂泄漏损失，在停机时应先关闭供液阀，把制冷剂收进储液器或冷凝器内，然后切断电源进行保养。低压阀门普遍关闭不严，停机后会有少量制冷剂从高压侧返回低压侧（压力平衡后返回停止），为防止泄漏，必要时可将吸、排气阀门与管路连接的法兰拆开，加装盲板使压缩机与系统脱开。

② 曲轴箱润滑油检查。经检查润滑油若没有污染变质时，可把润滑油放出，清洗曲轴箱、油过滤器，然后再把油加入曲轴箱内。若油量不足应补充到位。对于新运行的机组，应把润滑油全部换掉，换油后油加热器可不投入工作，待开机时根据规定提前对油加热。开启式压缩机停机期间可定期用手盘车，将油压入机组润滑部位，保证轴承的润滑和轴封的密封用油，并可防止因缺油引起的锈蚀。

③ 检查、清洗或更换进、排气阀片。压缩机气阀，尤其是排气阀片可能因疲劳而变形、裂缝，也可能因排气温度过高、润滑油积炭或其他脏物垫在阀片与阀座的密封线上，造成关闭不严。保养时应打开缸盖进行检查，发现有变形、裂缝时必须进行更换，并对阀组进行清洗和密封性能试验。采用阀板结构的气阀，应检查阀板上阀片定位销、固定螺栓、锁紧螺母是否松动，阀板高低压隔腔垫是否被冲破，并进行阀片的密封性能试验。

④ 检查压缩机连杆。检查连杆螺栓有无松动或裂纹，防松垫片或开口螺母上的定位销有无松动或折断。换下的定位销按规定不能重复使用，应更换新销子。

⑤ 检查清洗轴封组件。开启式压缩机多采用摩擦环式轴封，保养时应对轴封进行彻底清洗，不允许动环与静环密封面上有凹坑或划痕。同时检查密封橡胶圈的膨胀变形，更换时应采用耐氟、耐油的丁腈橡胶，不允许使用天然橡胶密封圈。轴封组件中的弹簧是关键零件，弹力过大、过小都是不合适的。保养时，将轴封套入轴上到位后，在弹力的作用下应能缓慢弹出才为合适，否则很难保证轴封不发生泄漏。

⑥ 检查清洗卸载机构。检查清洗卸载机构，特别是对顶开吸气阀片的顶杆进行长度测量。顶杆长短不齐会造成工作时阀片不能很好地顶开或落下，这一点往往被忽视，应引起注意。

⑦ 检查缸盖、端盖上的螺栓。检查所有固定缸盖、端盖的螺栓有无松动或损坏。在运行中受压的螺栓不允许加力紧固。所以保养时应进行全面检查。为使螺栓受力均匀，应采用测力扳手，禁止猛扳和加长力臂（在扳手上加套管）紧固螺栓。

⑧ 检查联轴器的同轴度。由于振动或紧固螺栓的松动，联轴器的轴线会发生偏移，造成振动、减振橡胶套的磨损加快、轴承温度上升、出现异常噪声，出现上述情况应进行检查和修复。

采用带传动的小型制冷压缩机，当用手下压传动带，下垂 1～2cm 时应视为松紧合适。传动带打滑、老化时，应更换所有的传动带，只换其中一根，会因传动带长短不一，工作时单根受力而很快拉长或断裂。

⑨ 安全保护装置的检查。机组上的油压差控制器，高、低压控制器，安全阀等保护装置都直接与机组连接，是非常重要的保护装置。在规定压力或温度下不动作时，应对其设定值进行重新调整。

⑩ 校验各指示仪表。

⑪ 全面检查冷却系统、清理水池、冲洗管道、清除冷凝器及压缩机水套中的污垢及杂物。

经过保养的制冷机运行前必须进行气密性试验，确保密封性能良好，运行安全。

2.4 活塞式中央空调故障分析与排除

中央空调系统性能的好坏、寿命的长短，不仅与制冷系统调试及运行操作有关，还与故障处理与检修密切相连。作为运行管理人员，除了要正确操作、认真维护保养外，能及时发现常见的一些问题，排除常见的一些故障，对保证中央空调系统不中断正常运行、减小因出现问题和故障造成的损失及所付出的代价有重要作用。

2.4.1 活塞式中央空调检修操作工艺

(1) 制冷系统吹污

制冷系统必须是一个洁净、干燥而又严密的封闭式循环系统。尽管系统中各制冷设备和管道在安装之前已进行了单体除锈吹污工作。但是，各设备在安装时，特别是有些管道在焊接过程中不可避免地会有焊渣、铁锈及氧化皮等杂质污物残留在其内部，如不清除干净，污物有可能会堵塞膨胀阀和过滤器，影响制冷剂的正常流动，进而影响制冷系统的制冷能力；有时，可能会被压缩机吸入到汽缸内，使汽缸或活塞表面产生划痕、拉毛，甚至造成敲缸等安全事故。

系统吹污时，要将所有与大气相通的阀门关紧，其余阀门应全部开启。吹污工作应按设备和管道分段或分系统进行，先吹高压系统，后吹低压系统，排污口应选择在各段的最低点。吹污操作时绝对不能使用氧气等可燃性气体，排污口不能面对操作人员，以确保安全。具体可按下面要求进行。

① 首先将排污口用木塞堵上，并用铁丝将木塞拴牢，以防系统加压时木塞飞出伤人。然后给排污系统充入氮气或干燥的压缩空气，氟里昂系统宜用氮气。当压力升至 0.6MPa 以后，停止充压，可用榔头轻轻敲打吹污管，同时迅速打开排污阀，以便使气体急剧地吹出积存在管子法兰、接头或转弯处的污物、焊渣和杂质。如此反复进行多次以上，直至系统内排出的气体干净为止。

② 检查方法是用一块干净白布，绑扎在一块木板上，放在距排污口约 200mm 处，5min 内白布上无明显污点即为合格。

吹污结束后，应将系统上的阀门进行清洗，然后再重新装配。吹污时系统上的安全阀应取下，孔口用盲板或堵塞封闭。

(2) 气密性试验

系统吹污合格后要对系统进行气密性试验，其目的是检查系统装配质量，检验系统在压力状态下的密封性能是否良好，防止系统中具有强烈渗透性的制冷剂泄漏损失。对于氟里昂系统，气密性尤为重要。因为氟里昂比氨具有更强的渗透性，且渗漏时不易发现，虽然无毒，但当其在空气中含量超过 30% （体积密度）时，会引起人窒息休克。同时，氟里昂不仅价格贵，而且泄漏后对大气臭氧层有破坏作用，因此必须细致、认真地对制冷系统进行气密性试验。气密性试验包括压力试漏、真空试漏和制冷剂试漏三种形式。

① 压力试漏

a. 试漏压力　制冷系统的试验压力应按照设备技术文件的规定执行，无规定时可参照表 2-3。

表 2-3　气密性试验压力

制冷剂种类	试验压力/MPa	
	高压侧	中、低压侧
R717		
R22	2.0	1.6
R502		

b. 试漏介质　在氟里昂系统中，因对残留水量有严格要求，故多采用工业氮气来进行试验，因为氮气不燃烧、不爆炸、无毒、无腐蚀性、价格也较便宜，干燥的氮气具有很好的稀释空气中水分的能力，所以利用氮气可以在进行气密性试验的同时，起到对制冷设备和系统进行干燥的作用。若无氮气，则应用干燥的压缩空气进行试验，严禁使用氧气等可燃性气体进行试验。

c. 操作步骤　如图 2-3 所示为对制冷系统充氮气操作示意。气密性试验的操作步骤如下。

ⓐ 充氮气前应在高、低压管路上接上压力表。由于氮气瓶满瓶时压力为15MPa，因此，氮气必须经减压阀再接到压缩机的排气多用通道上。

ⓑ 关闭所有与大气相通的阀门，打开手动膨胀阀和管路中其他所有阀门。由于压缩机出厂前做过气密性试验，所以可将其两端的截止阀关闭。

ⓒ 打开氮气瓶阀门，将氮气充入制冷系统。为节省氮气，可采用逐步加压的方式，先加压到 0.3～0.5MPa。如无大的泄漏则继续升压。待系统压力达到低压段的试验压力时，如无泄漏则关闭节流阀

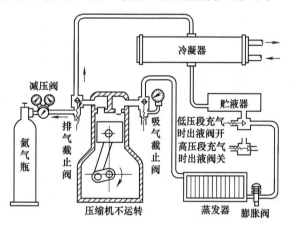

图 2-3　对制冷系统充氮气操作示意

前的截止阀及手动旁通阀，再继续加压到高压系统的试验压力值，关闭氮气瓶阀门，用肥皂液对整个系统进行仔细检漏。

ⓓ 充氮后，如无泄漏，稳压 24h。按规范规定，前 6h，由于系统内气体的冷却效应，允许压力下降 0.25MPa 左右，但不超过 2%。其余 18h 内，当室温恒定时，其压力应保持稳定，否则为不合格。如果室内温度有变化，试验终了时系统内压力应符合按式（2-1）所计算的压力值。

$$p_2 = p_1 \frac{273.15 + t_2}{273.15 + t_1} \tag{2-1}$$

式中　p_1——试验开始时的压力，MPa；

　　　p_2——试验终了时的压力，MPa；

　　　t_1——试验开始时的温度，℃；

　　　t_2——试验终了时的温度，℃。

如果最终试验压力小于上式的计算值时，说明系统不严密，应进行全面检查，找出漏点

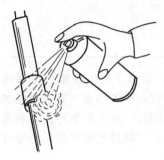

并及时修补，然后重新试压，直到合格为止。

d. 检漏　检漏工作必须认真细致，传统上常采用皂液法进行，检漏用的肥皂水应有一定浓度，在焊缝、接头、法兰等处涂上肥皂水，若发现有冒泡现象，说明该处有泄漏。同时，还可通过观察肥皂水泡形成的速度快慢及泡体大小来鉴别泄漏的严重程度。对于微漏，要经过一段时间才会出现微小气泡，切勿疏忽，要反复检查。系统较大而又难以判断泄漏点时，可采用分段查漏的方法，以逐步缩小检漏范围。

目前，常采用洗洁精来代替肥皂水，因为洗洁精具有携带方便，调制迅速，黏度适中，泡沫丰富等优点，检漏方法与皂液法相同。另外，还可采用喷雾器检漏，如图 2-4 所示，喷出的液体附着在检漏部位，当发现有气泡并渐渐膨胀变大时，就说明该处有泄漏。

凡查明的泄漏点都应做好记号，将系统中的压力排放后进行补漏工作，然后按上述步骤重新进行气密性试验，直到整个系统无泄漏为止。

e. 注意事项

ⓐ 试验过程中压力和温度应每小时记录一次，作为工程验收的依据。

图 2-4　用喷雾器检漏

ⓑ 在检漏过程中如发现压力有下降，但在系统中又一时无法找到渗漏处，这时应注意以下几种可能性：ⅰ. 冷凝器中制冷剂一侧向水一侧有泄漏，应打开水一侧两端封盖进行检查；ⅱ. 如果是对旧的系统进行检修，则应注意低压管路包在绝热材料里面的连接处是否有泄漏；ⅲ. 各种自动调节设备和元件上也有可能产生泄漏，如压力继电器的波纹管等。

ⓒ 若系统需要修理补焊时，必须将系统内压力释放，并与大气接通，绝不能带压焊接。

ⓓ 修补焊缝次数不能超过两次，否则应割掉换管重新焊接。

ⓔ 若氟里昂制冷系统的气密性试验用压缩空气进行时，则空气必须经过干燥过滤器处理。空气干燥过滤器的结构与氟里昂的相同，但体积要做得大，增加空气与干燥剂接触面积，提高干燥效果。在夏季，应尽量避免使用压缩空气来进行气密性试验。因为水蒸气在高压下极易成为液态水，而干燥过滤器的吸水量是有一定限度的，这些液态水一旦进入系统后则很难被真空泵抽出，极易造成"冰堵"故障。

ⓕ 若利用制冷压缩机本身向系统充压时，其排气温度不能超过 120℃。压缩机的吸排气压力差不应超过 1.2MPa，严禁用堵塞安全阀的办法提高压力差。试压过程应逐渐升压、间断进行，以便冷却。试验时可先将整个系统加压到低压系统试验压力，检查气密性合格后，关闭高低压系统之间的阀门，吸入低压系统的气体，输送到高压系统，使高压系统逐渐达到试验压力。

② 真空试漏　用真空泵进行抽真空，制冷系统内残留空气的绝对压力应低于 133Pa，保持 24h 内真空度没有明显降低即可。抽真空的目的有三个：一是抽出系统中残留的氮气；二是检查系统有无渗漏；三是使系统干燥。只有在系统抽真空后才能充灌制冷剂。

③ 制冷剂试漏

a. 向系统充制冷剂，使系统压力达到 0.2~0.3MPa（表压），为了避免水分进入系统，要求氟液的含水量按重量计不超过 0.025%，而且充氟时必须经过干燥过滤后进入系统。常用的干燥剂有硅胶、分子筛和无水氯化钙。如用无水氯化钙时，使用时间不应超过 24h，以免其溶解后带入系统内。之后用卤素检漏灯或卤素检漏仪进行检漏。

b. 先向系统充入少量制冷剂，然后再充入氮气，当系统压力达到 1MPa（表压）时，用上述同样方法进行检漏。

④ 气密性试验报告　进行气密性试验时，应有相应的文字记录，这就是气密性试验报告。气密性试验报告单应记录以下的内容。

　　a. 试验的时间和地点。

　　b. 工程名称及建设单位和施工单位。

　　c. 系统的名称。

　　d. 试验的气体和试验的压力。

　　e. 试验中发现的问题及处理结果。

　　f. 试验终了的合格数据。

　　g. 相关人员的签字。

气密性试验报告，应作为技术文件存档，为日后系统检修、设备更换和事故分析提供依据。

（3）制冷系统抽真空

制冷系统抽真空操作，一般在气密性试验合格且压力释放后进行。抽真空的目的是进一步检验系统在真空状态下的气密性，排除系统内残存的空气和水分，并为系统下一步充灌制冷剂做好准备。

抽真空时，最好另备有真空泵，真空泵是真空度较高的抽气机，它适用于各种型式的制冷装置，还可以用压缩机把大量空气抽走后，再用真空泵把剩余气体抽净，但要注意不可用全封闭式压缩机进行系统的抽真空，否则会造成压缩机的损坏。如果不具备条件，也可利用制冷压缩机来抽真空，但只适用于缸径在 70mm 以下，小型的开启式压缩机制冷系统。

① 用真空泵对制冷系统进行抽真空

　　a. 将真空压力计和真空泵用耐压橡胶管接到机组的制冷剂充灌阀上，必要时也可以利用抽气回收装置接头接入。如图 2-5 所示为用真空泵抽真空的示意。在接入真空压力计和真空泵以前，机组系统内不得有制冷剂。系统中的润滑油最好先加入油箱或曲轴箱中，系统中的阀门全部开启，而与大气相通的阀门应处于关闭状态，装好低压侧安全阀膜片。

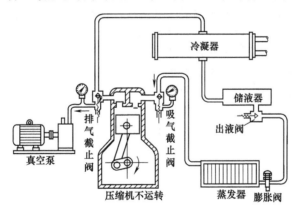

图 2-5　用真空泵抽真空的示意

　　b. 启动真空泵，分数次进行抽真空，以使系统内压力均匀下降。根据各种机组不同的抽真空试验要求，抽至规定的真空度。

　　c. 机组系统保持真空状态 1～2h，如果压力有所回升，再启动真空泵重抽，使真空度降到原已达到的真空水平。反复几次可以抽出残存在机组内的气体和水分。待真空度稳定后，可关闭真空泵和机组间接管上的截止阀，并记录其真空度数值。

　　d. 如果经过多次反复操作，压力仍然回升，可以判断机组系统某处存在泄漏或系统内有水分。检漏方法是把点燃的香烟放在各焊口及法兰接头处，如发现烟气被吸入即说明该处

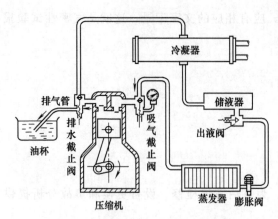

图 2-6　用制冷压缩机抽真空的示意

有漏点。若经反复查找发现不了漏点，可以考虑系统内有水分存在。在弄清是否水系统有水漏入制冷系统或是其他途径将水分带入系统的原因之后，及时切断水分来源并将泄漏点修复，重新进行气密性试验和抽真空。

②用制冷压缩机本身来抽真空　如图2-6所示为用制冷压缩机抽真空的示意。用制冷压缩机进行抽真空时应注意以下事项。

a. 在启动压缩机前，应关闭吸、排气截止阀，打开排气截止阀上的多用通道或排空阀。关闭系统中通向大气的阀门，打开系统中其他所有阀门。启动压缩机，待油压正常后慢慢打开吸气截止阀，但不能开大，尤其是大型制冷压缩机，否则排气口来不及排气，有打坏阀片的可能。

b. 由于压缩机油泵在真空条件下工作，油压应保持在 0.05MPa（表压）以上，压力过低时可暂时停机，待油压回升后再进行。抽真空时一般应间断进行，直至达到要求为止。

c. 采用压力润滑方式的压缩机，如果装有油压控制器，抽真空时应将控制器电路断开，以免触头动作造成停机。

d. 抽好真空后，先关闭排空孔道，然后停机，以防止停机后因阀片的不密合而出现空气倒流现象。

e. 为了检查是否已将系统内的水分、空气等抽尽，可在压缩机排气截止阀的多用通道上接一根临时管子（图2-6），待系统中的大量空气排出后，将管子的另一端放入一个盛有冷冻油的容器内。若系统内还有水分、空气等，油里就会出现气泡，一直要抽到在较长的一段时间里不出现气泡，说明系统内的水分、空气等已抽尽。如果在较长一段时间内仍有气泡连续不断地产生，则可先关闭压缩机的吸气截止阀，检查一下压缩机本身是否泄漏。若压缩机不漏，则盛油容器里就不出现气泡，同时也说明系统中有漏点，若压缩机有泄漏之处，气泡就会连续产生，这往往是轴封不密合所造成的。如果气泡的出现是开始大，逐渐变小，气泡出现的间隔时间也越来越长，这说明轴封从不密合到逐渐密合。若发现管端（插入面不深的情况下）有将润滑油反复吸进、吐出的现象，当将管端插到油内深处就看不出此现象，一般是气阀阀片不密合所致，经重负荷使用后会好转。

③抽真空结束后应填写报告单　制冷系统抽真空试验后应填写试验报告单，其内容如下。

a. 抽真空的时间和地点。

b. 工程名称及建设单位和施工单位。

c. 系统的名称。

d. 抽真空的具体数据。

e. 抽真空中发现的问题及处理结果。

f. 抽真空终了的合格数据。

g. 相关人员的签字。

(4) 干燥除湿处理

水是极难溶于氟里昂制冷剂的，随着制冷剂温度的下降，水的溶解度减小。在制冷剂温度降至0℃及0℃以下时，从制冷剂溶液中分离出来的水分容易在机内的小孔（如热力膨胀阀出口）内引起冰塞现象，从而影响制冷系统的正常运行；同时，制冷系统中含有的水分会加速金属材料的锈蚀。水在制冷剂氟里昂中的水解作用，会生成卤化氢〔盐酸（HCl）及氟氢酸（HF）〕而腐蚀材料，尤其对于内置电动机，会腐蚀电动机的绝缘材料。因此消除制冷剂中的水分是很重要的。在制冷系统中常用的干燥方式有下述几种方法。

① 使用干燥过滤器　干燥过滤器是由干燥剂和过滤网组成的一种装置，当制冷剂液体通过干燥过滤器时，制冷剂液体中的水分便被干燥剂所吸收，从而达到去除制冷剂中水分的作用，因此在制冷系统中，位于冷凝器或储液器与膨胀阀之间的管道上安装干燥过滤器。以达到对制冷剂的干燥处理，避免制冷系统中出现结冰现象。

② 真空干燥法　使用此种方法时，可关闭所有通向大气的阀门，系统内所有的其他阀门均可开启。在压缩机吸气阀门的接管上连接真空泵，此时，可开启真空泵将系统内的所有气体排出，使机组内形成一定的真空度。由于在真空条件下，水的沸点温度很低，积存于机组内的水分会蒸发而成为气体，则可使用真空泵将机组内的水蒸气排出机外，以达到机组内部干燥处理的目的。

（5）制冷剂的充灌与取出

① 制冷剂的充灌　制冷系统充灌制冷剂必须在制冷系统气密性试验和制冷设备及管道隔热工程完成并经检验合格后进行。

a. 系统制冷剂充灌量的估算　制冷剂的充灌量应根据制造厂使用说明书的规定量充注，在无说明书及其他资料可依据时，则应根据设备的内容积计算。计算时，只计系统中存有制冷剂液体的设备和管道的容积。氟里昂制冷系统中液体制冷剂在各部分中的充满度见表2-4，充灌的制冷剂质量按式（2-2）计算。

$$m = \sum V\rho \ (\text{kg}) \tag{2-2}$$

式中　m——需充灌的制冷剂质量，kg；

$\sum V$——系统总的液体制冷剂充灌容积（表2-4），m^3；

ρ——液体制冷剂密度，kg/m^3，对于R717、R12、R22，ρ值可分别取$650kg/m^3$、$1430kg/m^3$、$1300kg/m^3$。

表 2-4　氟里昂制冷系统中液体制冷剂在各部分中的充满度

设 备 名 称		制冷剂液体充满度	设 备 名 称	制冷剂液体充满度
蒸发盘管（热力膨胀阀供液）		盘管容积的25%	冷凝蒸发器	高温侧壳体容积的50%，低温侧盘管容积的25%
壳管式蒸发器	满液式	壳侧容积的80%	回热热交换器	盘管容积的100%
	干式	传热管子容积的25%	液 管	管道容积100%
壳管式冷凝器		壳侧容积的50%，盘管容积的100%	其他部件或设备	制冷剂侧总容积的10%～20%

b. 系统制冷剂的充灌　向系统充灌制冷剂，有以下几种方法。

（a）低压侧充灌氟里昂　低压侧充灌制冷剂多由压缩机吸气截止阀的多用通道处充入，如图2-7所示。这种方法适用于中、小制冷系统初次充灌，以及制冷剂的补充。为防止产生"液击"，只能充灌气体而不能充灌液体，必须通过启动压缩机来吸入制冷剂，从而保证制冷剂的充灌量。具体操作如下。

ⓐ 开启冷凝器的冷却水系统或启动风冷冷凝器的风机，使充入的制冷剂能及时冷凝。

ⓑ 将氟里昂钢瓶放置于磅秤上，钢瓶口向上，装上$\phi 6mm \times 1mm$充氟软管。

ⓒ 把吸气截止阀的阀杆旋出到底，使其处于打开位来关闭旁通孔。在旁通孔上接"T"形接头，"T"形接头一端接压力表，另一端接充氟管。安装压力表的目的，主要是为了补充制冷剂后的试机检查。

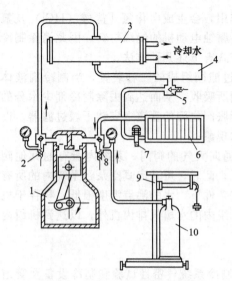

图 2-7 低压侧充灌制冷剂气体

1—压缩机；2—排气截止阀；3—冷凝器；
4—储液器；5—出液阀；6—蒸发器；7—膨胀阀；
8—吸气截止阀；9—磅秤；10—氟里昂钢瓶

ⓓ 稍微开启钢瓶阀门，把充氟管在"T"形接头一端的接扣旋松，利用制冷剂排除充氟管内空气，当出现雾状制冷剂时把接扣拧紧。

ⓔ 称出钢瓶的总重，减去制冷剂的充灌量，就是磅秤砝码的放置位置。

ⓕ 开启钢瓶阀门，并把压缩机吸气截止阀的阀杆旋入 2～3 圈，使其处于三通位置，制冷剂蒸气依靠钢瓶与系统的压力差自动注入系统。当系统内的压力升至 0.1～0.2MPa（表压）时，应进行全面检查，无异常情况后，再继续充制冷剂。

ⓖ 待系统内压力与钢瓶内压力平衡时，制冷剂不再进入系统。启动压缩机，利用压缩机来吸入制冷剂蒸气，也可关小出液阀或吸气截止阀来提高充注速度。

ⓗ 注意磅秤上的砝码，一旦下落，说明达到了充灌量，立即关闭钢瓶阀门，旋出吸气截止阀阀杆到底，使其处于打开位置来关闭旁通孔。拆下充氟管和旁通孔的"T"形接头，用密封螺塞堵上旁通孔，充注制冷剂的操作结束。

若一瓶氟里昂不够充灌量时，另换新钢，重复上述步骤。

（b）高压侧充灌氟里昂　多由排气截止阀多用通道处充入，操作方法与低压侧充灌基本相同。所不同之处在于高压侧充灌的是氟里昂液体，氟里昂钢瓶应倾斜放置在磅秤上，如图 2-8 所示。充灌时，钢瓶位置要高于冷凝器（或储液器），靠压差和位差将液体氟里昂充入系统。充灌过程中不允许启动压缩机。当系统内的压力升至 0.1～0.2MPa（表压）时，应进行全面检查，无异常情况后，再继续充制冷剂。当压力达到平衡时停止充灌。若充灌量不够，则可改由低压侧继续充灌。

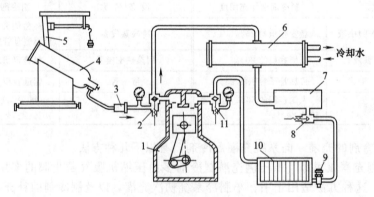

图 2-8 高压侧充灌制冷剂

1—压缩机；2—排气截止阀；3—干燥过滤器；4—氟里昂钢瓶；5—磅秤；
6—冷凝器；7—储液器；8—出液阀；9—膨胀阀；10—蒸发器；11—吸气截止阀

高压侧充灌氟里昂速度较快，适用于系统内真空状态下首次充灌氟里昂。

（c）从专用充注口充灌氟里昂　许多大型制冷系统，在干燥过滤器和储液器的出液阀之间的位置上，设置了专用的充注口，可从专用充注口充注制冷剂，如图 2-9 所示。这种方法适用于系统内是真空状态下的第一次充注制冷剂，充注的是液体；以及系统内有制冷剂但又

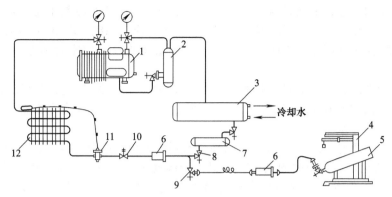

图 2-9　从专用充注口处充灌制冷剂

1—压缩机；2—油分离器；3—冷凝器；4—磅秤；5—氟里昂钢瓶；
6—干燥过滤器；7—储液器；8—出液阀；9—充注口阀门；
10—电磁阀；11—热力膨胀阀；12—蒸发器

不足的情况，属于制冷系统的"补氟"操作，可补充气体，也可补充液体，但需要启动压缩机。

从专用充注口进行真空后第一次充灌制冷剂的操作，具体步骤如下。

ⓐ 制冷系统所有阀门都打开。开启冷却水系统或启动冷凝风扇，预冷冷凝器。

ⓑ 关闭一下充注口的阀门，以确保阀门处于关闭状态。拆下充注口阀门的密封螺母，接上充氟管，充氟管接氟里昂钢瓶。

ⓒ 将氟里昂钢瓶倾斜放置在磅秤上，瓶口向下。

ⓓ 打开钢瓶阀门，把充氟管的接扣拧松，排出充氟管内的空气，当喷出雾状制冷剂后拧紧接扣。

ⓔ 称出钢瓶总重，减去制冷剂的充灌量，就是砝码的放置位置。

ⓕ 打开充注口阀门。此时，压缩机没有开起，电磁阀未打开，充注口与储液器相通，与蒸发器隔断，钢瓶内制冷剂直接进入储液器内。当系统内的压力升至 0.1～0.2MPa（表压）时，应进行全面检查，无异常情况后，再继续充制冷剂。

ⓖ 当制冷剂没有充够，而钢瓶和储液器的压力又逐渐平衡，造成制冷剂很难继续充入时，可关闭出液阀，启动压缩机，依靠压缩机的吸力来充灌制冷剂。

ⓗ 当磅秤的砝码开始下落时，表明制冷剂的充灌量达到了要求。关闭钢瓶阀门和充注口阀门，拆下充氟管，旋上充注口的密封螺母，充注制冷剂的操作结束。

从专用充注口"补充"制冷剂的操作，具体步骤如下。

ⓐ 将制冷系统所有阀门都打开。开启冷却水系统或启动冷凝风扇，预冷冷凝器。

ⓑ 关闭一下充注口的阀门，以确保阀门处于关闭状态。拆下充注口的密封螺母，接上充氟管，充氟管接氟里昂钢瓶。

ⓒ 打开钢瓶阀门，把充氟管的接扣拧松，排出充氟管内空气，当喷出雾状制冷剂后拧紧接扣。

ⓓ 把储液器出液阀的阀杆旋入到底，打开充注口阀门。此时，压缩机没有启动，电磁阀未打开，充注口与储液器和蒸发器都隔断。

ⓔ 启动压缩机，电磁阀自动打开，充注口与蒸发器相通。在压缩机的吸力作用下，钢瓶内制冷剂经过膨胀阀，进入蒸发器，又被压缩机排入冷凝器内液化，储存在储液器内。

ⓕ 由于制冷系统需要补充制冷剂的数量很难确定，因此应控制充注量，防止制冷剂充注过多。可关闭充注口阀门，停止充注。打开出液阀，让压缩机运转试车。试车时，依据制

冷系统正常运转的标志，来判断制冷剂的补充量是否合适。若制冷剂不足，可关闭出液阀，打开钢瓶阀门，继续补充制冷剂。若制冷剂充注过多，应从系统中取出多余的制冷剂。

ⓖ 关闭钢瓶阀门和充注口阀门，拆下充氟管，旋上充注口的密封螺母，充注制冷剂的操作结束。

（d）从出液阀的旁通孔充灌制冷剂　有的大、中型制冷系统，它的出液阀是三通型结构，可通过出液阀的旁通孔来充灌制冷剂。这种方法仅适用于系统内是真空状态下的充灌，充灌的是液体。具体操作如下。

ⓐ 将制冷系统所有阀门都打开。开启冷却水系统或启动冷凝风扇，预冷冷凝器。

ⓑ 按退出方向旋转出液阀的阀杆，确保出液阀处于打开位置来关闭旁通孔。拆下旁通孔的密封螺塞，在旁通孔上接一个直通型接头，直通型接头接充氟管，充氟管接氟里昂钢瓶。

ⓒ 将氟里昂钢瓶倾斜放置在磅秤上，瓶口向下。

ⓓ 打开钢瓶阀门，把直通型接头一端的充氟管的接扣拧松，排出充氟管内的空气，当喷出雾状制冷剂后拧紧接扣。

ⓔ 称出钢瓶总重，减去制冷剂的充灌量，就是砝码的放置位置。

ⓕ 把出液阀的阀杆旋入到底，使其处于断位，使旁通孔与储液器相通，与干燥过滤器隔断。此时，压缩机没有启动，电磁阀未打开，利用钢瓶与储液器之间的压力差来充灌液体制冷剂。当系统内的压力升至 $0.1\sim0.2$ MPa（表压）时，应进行全面检查，无异常情况后，再继续充制冷剂。

ⓖ 当磅秤的砝码开始下落时，表明制冷剂的充灌量达到了要求。关闭钢瓶阀门，把出液阀阀杆旋出到底，使其处于打开位来关闭旁通孔，拆下直通型接头，用密封螺塞堵上旁通孔，充灌制冷剂的操作结束。

对新系统第一次充灌制冷剂时，不要一次充足，应一面充灌一面调试，可避免万一系统产生故障而造成太大的损失。运行经验证明，第一次充灌以系统总充灌量的 $60\%\sim80\%$ 为宜。经过运转降温后，根据结霜和液位情况再决定是否需要添加制冷剂。系统正式运行制冷后，还要对系统内充注的制冷剂量进行检查，若充灌太多则吸、排气压力过高，易产生压缩机的湿冲程，这时应抽出多余的制冷剂。若充灌量不足，吸、排气压力偏低，制冷量小，冷间降温困难，这时应添加制冷剂。为保证氟里昂制冷剂的含水率，防止系统出现冰堵，充灌氟里昂制冷剂时加液管路上应串联干燥过滤器，对制冷剂进行干燥处理。

② 制冷剂的取出　在制冷系统的检修中，如果从压缩机排气截止阀至储液器出口阀这段系统的部件中有故障需拆修，为了减少环境污染和浪费，就应将制冷剂取出，储存在另外的容器中。装置的其他任何部件需拆修，则不必将制冷剂取出。另外，制冷装置若长期停用，为了防止泄漏，或者需要换制冷剂等原因，也需要取出制冷剂。从制冷系统中取出制冷剂的基本操作方法有两种：一种是将液态制冷剂直接灌入钢瓶，它抽取的部位选在储液器（或冷凝器）出液阀与节流阀之间的液体管道上；另一种方式是将制冷剂以过热蒸气的形式直接压入钢瓶，与此同时对钢瓶进行强制冷却，促使进入钢瓶的制冷剂过热蒸气变成液态而储存于钢瓶中，它抽取的部位选在制冷压缩机排气端。两种方法相比，前者抽取制冷剂速度快，但不能抽取干净；后者抽取制冷剂速度慢，但能把系统中制冷剂抽尽。前者用于大容量系统，后者用于小容量的制冷系统。无论采用哪种方法，其抽取原理都是靠压力差进行。从系统中取出制冷剂，有以下两种方法（图2-10）。

a. 从压缩机排气截止阀多用通道处取出制冷剂，即高压侧取出法。由于制冷剂以高压蒸气的形式进入钢瓶，因此取出速度较慢，适用于小型制冷系统。其具体操作如下。

ⓐ 准备好空钢瓶（已抽空），将空瓶竖放在磅秤上，放置要牢靠。

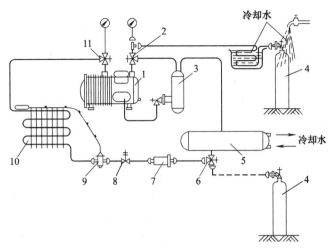

图 2-10　从制冷系统中取出制冷剂

1—压缩机；2—排气截止阀；3—油分离器；4—氟里昂钢瓶；

5—冷凝器；6—出液阀；7—干燥过滤器；8—电磁阀；

9—热力膨胀阀；10—蒸发器；11—吸气截止阀

ⓑ 将排气截止阀阀杆旋出到底，使其处于打开位置以关闭多用通道，卸下多用通道堵头，装上取软管（一般用 $\phi6mm\times1mm$ 紫铜管做成），管的另一端与空钢瓶连接。注意用系统中的制冷剂把取软管中的空气赶跑。

ⓒ 记下空瓶的重量。

ⓓ 打开钢瓶阀门，并向钢瓶外表淋浇冷却水。

ⓔ 启动压缩机，使系统正常运行。

ⓕ 缓慢关小排气截止阀，打开多用通道，一部分高压气体即从多用通道进入钢瓶，并在钢瓶内被冷却成液体（此时钢瓶起冷凝器的作用）。

ⓖ 观察吸气压力表，指针到零时停止压缩机，将排气截止阀阀杆旋出到底，关闭多用通道，关闭钢瓶阀门。若压力表指示值回升，应重新打开阀门，启动压缩机，继续抽取。如压力表不再回升，说明系统内制冷剂已抽完，再关闭钢瓶阀门，卸下取氟管即可。若一个钢瓶容纳不下总的抽取量时，可换瓶再抽。钢瓶不允许充满，一般充灌量不超过钢瓶本身容积的 80%。

b. 从高压储液器（或冷凝器）出液阀的多用通道处取出氟里昂。由于制冷剂是以高压液体的形态进入钢瓶，所以取出速度也快，一般用于大、中型系统放出氟里昂的场合。其具体操作可参照高压侧取出法。

当系统内制冷剂放出量较多或需全部放出时，要启动压缩机，但应使蒸发器的供液电磁阀处于关闭状态。

（6）润滑油的充灌与取出

① 润滑油的充灌　机组在维护保养或首次运行前，要向制冷压缩机内充灌一定量的润滑油。按机组结构的不同情况，其润滑油的充灌方式分为开式加油、闭式加油和用油泵加油三种。

a. 开式加油　首先连接多用压力表，短接低压控制器，开启机组，关闭吸入阀，将低压侧抽至 0.01MPa 左右，停止压缩机，关闭排气阀，制冷剂即已抽吸至系统管路内。然后稍微将制冷剂由吸入截止阀处放入，开启加油螺塞，用漏斗将润滑油倒入。观察油视镜，将油加至正常油位，如图 2-11 所示。

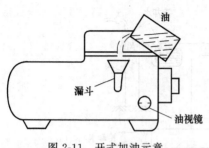

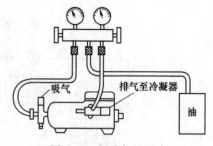

图 2-11　开式加油示意　　　　　　　图 2-12　闭式加油示意

b. 闭式加油　首先连接多用压力表，将中间软管放入润滑油容器内，排除软管内空气，关闭吸入阀，短接低压控制器，开启压缩机，将转子箱内制冷剂排入冷凝器，压力表显示有一定的真空度，停止压缩机运行。关闭排气阀，利用多用压力表，将润滑油吸入压缩机内，观察吸入油位，如图 2-12 所示。此时千万不能让软管离开油位，以免外界空气吸入机内。

c. 利用油泵加油　这是半封闭式螺杆式制冷压缩机常用的一种加油方式，其步骤如下。

ⓐ 将油泵连接到压缩机上的油充灌阀（关闭），连接得不要很紧。

ⓑ 开启油泵直到在油充灌阀接口处出现油涌出（泵内空气已排尽），然后将该接口旋紧。此接口处必须能完全隔绝外界空气，以免空气渗入油而进入机内。

ⓒ 打开油充灌阀并开动油泵，开始正式充油，直至达到设计所要求的润滑油量或是预先从机组抽出的油的总量回充入油罐。

ⓓ 在充油的全过程中，充油管道的吸口处必须浸放在润滑油中，以防空气渗入机内。当油管还浸入油中时就关闭机上油充灌阀，然后再拆除管子。

ⓔ 一旦所有适量的油充灌好后，合上控制箱的隔离开关以启动油槽内的电加热器。

② 润滑油的排出　一般是先排出制冷剂，再排出润滑油。在常温下，压缩机油的压力是一个恒定的正压。若要放油，可打开位于供油管路及油槽出油处的充油检修阀门，并将油放入一个合适的器皿。按照下列步骤放油。

a. 在充油阀处连接一根管子。

b. 打开阀门放出一定数量的油至器皿后关闭充油阀。

c. 计算（或量度）出自油罐内放出的油的准确数量。

d. 回收油的器皿应密闭，并置于室内温度较低、干燥及通风良好处。所回收的油必须经过采样分析，其黏度、成分等质量指标合格后才允许回用。

2.4.2　活塞式制冷机组常见故障分析

(1) 故障检查的一般方法

中央空调的故障判断，要经过查看、测量和分析的过程，维修人员通常是采取看、听、摸、分析来判断故障，下面以压缩式冷水机组为例来说明。

① 看　看冷水机组运行中高、低压力值的大小，油压的大小，冷却水和冷冻水进出口水压的高低等参数，这些参数值以满足设定运行工况要求的参数值为正常，偏离工况要求的参数值为异常，每一个异常的工况参数都可能包含着一定的故障因素。此外，还要注意看冷水机组的一些外观表象，例如出现压缩机吸气管结霜这样的现象，就表示冷水机组制冷量过大，蒸发温度过低，压缩机吸气过热度小，吸气压力低。

② 听　通过对运行中的冷水机组异常声响来分析判断故障发生的原因和位置。除了听冷水机组运行时总的声响是否符合正常工作的声响规律外，重点要听压缩机、水泵、系统的电磁阀、节流阀等设备有无异常声响。

③ 摸　在通过看、听之后，有了初步的判断，再进一步体验各部分的温度情况，用手

触摸冷水机组各部分及管道（包括气管、液管、水管、油管等），感觉压缩机工作温度及振动；冷凝器和蒸发器的进出口温度；管道接头处的油迹及分布情况等。正常情况下，压缩机运转平稳，吸、排气温差大，机体温升不高；蒸发温度低，冷冻水进、出口温差大；冷凝温度高，冷却水进、出口温差大；各管道接头处无制冷剂泄漏则无油污等。任何与上述情况相反的表现，都意味着相应的部位存在着故障因素。

用手触摸物体测温，虽然只是一种体验性的近似测温方法，但它对于掌握没有设置测温点的部件和管道的温度情况及其变化趋势，对于迅速准确地判断故障有着重要的实用价值。

④ 分析　应将从有关指示仪表和看、听、摸等方式得到的冷水机组运行的数据及材料进行综合分析，找出故障的基本原因，考虑应采取什么样的应急措施，如何省时、省料、省钱地将故障排除。

（2）故障处理的基本程序

对故障的处理必须严格遵循科学的程序办事，切忌在情况不清、故障不明、心中无数时就盲目行动，随意拆卸。这样做的后果往往会使已有的故障扩大化，或引起新的故障，甚至对机组造成严重损害。

故障处理的基本程序如图 2-13 所示。

① 调查了解故障产生的经过

a. 认真进行现场考察，了解故障发生时冷水机组各部分的工作状况、发生故障的部位、危害的严重程度。

b. 认真听取现场操作人员介绍故障发生的经过及所采取的紧急措施。必要时应对虽有故障但还可以在短时间内运转，不会使故障进一步恶化的冷水机组或辅助装置亲自启动操作，为正确分析故障原因掌握准确的感性认识依据。

c. 检查冷水机组运行记录表，特别要重视记录表中

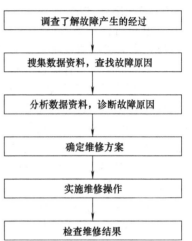

图 2-13　故障处理的基本程序

不同常态的运行数据和发生过的问题，以及更换和修理过的零件的运转时间及可靠性；了解因任何原因引起的安全保护停机等情况。与故障发生直接有关的情况，尤其不能忽视。

d. 向有关人员提出询问，寻求其对故障的认识和看法。演示自己的操作方法。

② 搜集数据资料，查找故障原因

a. 详细阅读冷水机组的《使用操作手册》是了解冷水机组各种数据的一个重要来源。《使用操作手册》能提供冷水机组的各种参数（例如机组制冷能力，压缩机型式，电机功率、转速、电压与电流大小，制冷剂种类与充注量，润滑油量与油位，制造日期与机号等）。列出各种故障的可能原因。将《使用操作手册》提供的参数与冷水机组运行记录表的数据综合对比，能为正确诊断故障提供重要依据。

b. 对机组进行故障检查应按照电系统（包括动力和控制系统）、水系统（包括冷却水和冷冻水系统）、油系统、制冷系统（包括压缩机、冷凝器、节流阀、蒸发器及管道）四大部分依次进行，要注意查找引起故障的复合因素，保证稳、准、快地排除故障。

③ 分析数据资料，诊断故障原因

a. 结合制冷循环基本理论，对所收集的数据和资料进行分析，把制冷循环正常状况的各种参数作为对所采集的数据进行比较分析的重要依据。例如，根据制冷原理分析冷水机组的压缩机吸气压力过高，引起制冷剂循环量增大，导致主电动机超载。而压缩机吸气压力过高的原因与制冷剂充注量过多、热力膨胀阀开度过大、冷凝压力过高、蒸发器负荷过大等因

素有关。若收集到的资料发现制冷系统中吸气压力高于理论循环规定的吸气压力值或电动机过载，则可以从制冷剂充注量、蒸发器负荷、冷凝器传热效果、冷却水温度等方面去检查造成上述故障的原因。

b. 运用实际工作经验进行数据和资料的分析。在掌握了冷水机组正常运转的各方面表现后，一旦实际发生的情况与所积累的经验之间产生差异，便马上可以从这一差异中找到故障的原因。可见将实际经验与理论分析结合起来，剖析所收集到的数据和资料，有利于透过一切现象，抓住故障发生的本质原因，并能准确、迅速地予以排除。

c. 根据冷水机组技术故障的逻辑关系进行数据和资料分析。冷水机组技术故障的逻辑关系及检查方法是用于分析和检验各种故障现象原因的有效措施。把各种实际采集到的数据与这一逻辑关系联系起来，可以大大提高判断故障原因的准确性和维修工作进展的速度。通常把冷水机组运转中出现的故障分为机组不启动、机组运转但制冷效果不佳和机组频繁开停三类。各类故障的逻辑关系如图 2-14 所示。

④ 确定维修方案

a. 从可行性角度考虑维修方案　首要的是如何以最省的经费（包括材料、备件、人工、停机等）来完成维修任务，经费应控制在计划的维修经费数额以内。当总修理费用接近或超过新购整机费用时，在时间允许的条件下，应把旧机做报废处理。

b. 从可靠性角度考虑维修方案　通常冷水机组故障的处理和维修方案不是单一的。从冷水机组维修后所起的作用来看，可分为临时性的、过渡性的和长期的三种情况，各种维修方案在经费的投入、人员的投入、维修工艺的要求、维修时间的长短、使用备件的多少与质量的优劣等方面，均有明显的差别，应根据具体情况确定合适的方案。

c. 选用对周围环境干扰和影响最小的维修方案　维修过程会对建筑物结构及居民产生安全及噪声伤害和环境污染的方案，都应极力避免采用。

d. 在认真分析各方面的条件后找出适合现场实际情况的维修方案　一般这些维修方案适用于进行调整、修改、修理或更换失效组件等内容中的各项综合行动。

⑤ 实施维修操作

a. 根据所定维修方案的要求，准备必要的配件、工具、材料等，做到质量好、数量足、供应及时。

b. 进行排除故障的维修时，应按与检查程序相反的步骤，即制冷剂→油→水→电四个系统的先后顺序进行故障排除，以避免因故障交叉而发生维修返工现象，节省维修时间，保证维修质量。

c. 正确运用制冷和机械维修等方面的知识进行操作。例如压缩机的分解与装配，制冷系统的清洗与维护，控制系统设备及元器件的调试与维修，钎焊、电焊、机组试压、检漏、抽真空、除湿、制冷剂和润滑油的充注和排出等操作。

d. 分解的零件必须排列整齐，做好标记，以便识别、防止丢失。

e. 重新装配或更换零部件时，应对零部件逐一进行性能检查，防止不合格的零件装入机组，造成返工损失。

⑥ 检查维修结果

a. 检查维修结果的目的在于考察维修后的冷水机组是否已经恢复到故障发生前的技术性能。采取在不同工况条件下运转机组的方法，全面考核是否因经过修理给机组带来了新的问题。发现问题应立即予以纠正。

b. 对冷水机组进行必要的验收试验，应按照先气密性试验、后真空试验，先分项试验、后整机试验的原则进行。不允许用冷水机组本身的压缩机代替真空泵进行真空试验，以免损坏压缩机。

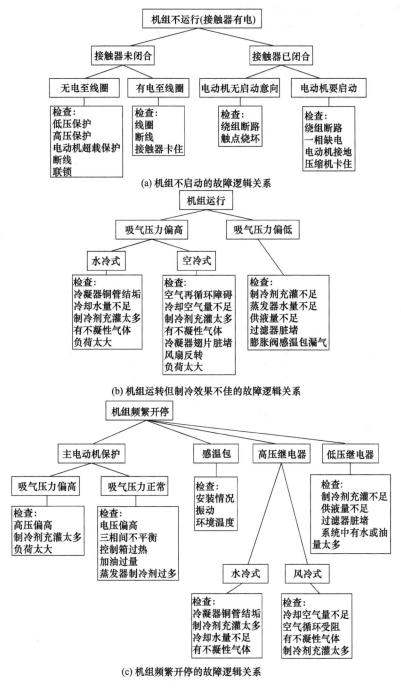

图 2-14 冷水机组故障的逻辑关系

c. 除检查冷水机组的技术性能外，还要注意保护好机组整洁的外观和工作现场的清洁卫生。工作现场要打扫干净，擦掉溅出的油污，清除换下的零件和垃圾，最后清理工具和配件，不能将工具或配件遗忘在冷水机组内或工作现场。

d. 由于操作人员失误造成故障的冷水机组，维修人员应与操作人员一起进行故障排除或修复。事后一起进行机组试运行检查，一起讨论适合该机组特点的操作方法，改变不良操作习惯，避免同类故障再度发生。

(3) 活塞式机组常见故障分析与排除

下面列出了压缩机、冷凝器、蒸发器和热力膨胀阀常见故障分析与排除方法，见表2-5～表2-8。

表2-5　活塞式制冷压缩机常见故障分析与排除方法

故障现象	原因分析	排除方法
压缩机不运转	1)电气线路故障、熔丝熔断、热继电器动作 2)电动机绕组烧毁或匝间短路 3)活塞卡住或抱轴 4)压力继电器动作	1)找出断电原因，换熔丝或揿复位按钮 2)测量各相电阻及绝缘电阻、修理电动机 3)打开机盖、检查修理 4)检查油压、温度、压力继电器、找出故障，修复后揿复位钮
压缩机不能正常启动	1)线路电压过低或接触不良 2)排气阀片漏气，造成曲轴箱内压力过高 3)温度控制器失灵 4)压力控制器失灵	1)检查线路电压过低的原因及其电动机连接的启动元件 2)修理研磨阀片与阀座的密封线 3)检验、调整温度控制器 4)检验、调整压力控制器
压缩机启动、停机频繁	1)吸气压力过低或低压继电器切断值调得过高 2)排气压力过高，高压继电器切断值调得过低	1)调整膨胀阀的开度，重新调整低压继电器的切断值 2)加大冷风机转速或重新调整一下高压继电器切断值
压缩机不停机	1)制冷剂不足或泄漏 2)温控器、压力继电器或电磁阀失灵 3)节流装置开启度过小	1)检漏、修复、补充制冷剂 2)检查后修复或更换 3)加大开启度
压缩机启动后没有油压	1)供油管路或油过滤器堵塞 2)油压调节阀开启过大或阀芯损坏 3)传动机构故障(定位销脱落、传动块脱位等)	1)疏通清洗油管和油过滤器 2)调整油压调节阀，使油压调至需要数值，或修复阀芯 3)检查、修复
油压过高	1)油压调节阀未开或开启过小 2)油压调节阀阀芯卡住	1)调整油压达到要求值 2)修理油压调节阀
油压不稳	1)油泵吸入带有泡沫的油 2)油路不畅通 3)曲轴箱内润滑油过少	1)排除油起泡沫的原因 2)检查疏通油路 3)添加润滑油
油温过高	1)曲轴箱油冷却器缺水 2)主轴承装配间隙太小 3)油封摩擦环装配过紧或摩擦环拉毛 4)润滑油不清洁、变质	1)检查水阀及供水管路 2)调整装配间隙，使符合技术要求 3)检查修理轴封 4)清洗油过滤器，换上新油
油泵不上油	1)油泵严重磨损，间隙过大 2)油泵装配不当 3)油管堵塞	1)检修更换零件 2)拆卸检查，重新装配 3)清洗过滤器和油管
曲轴箱中润滑油起泡沫	1)油中混有大量氨液，压力降低时由于液氨蒸发引起泡沫 2)曲轴箱中油太多，连杆大头搅动油引起泡沫	1)将曲轴箱中的液氨抽空，换上新油 2)从曲轴箱中放油，降到规定的油面
压缩机耗油量过多	1)油环严重磨损，装配间隙过大 2)油环装反，环的锁口在一条垂线上 3)活塞与汽缸间隙过大 4)油分离器自动回油阀失灵 5)制冷剂液体进入压缩机曲轴箱内	1)更换油环 2)重新装配 3)调整活塞环，必要时更换活塞或缸套 4)检修自动回油阀，使油及时返回曲轴箱 5)开机前先加热曲轴箱中润滑油，再根据油镜指示添加润滑油

114

故障现象	原 因 分 析	排 除 方 法
曲轴箱压力升高	1)活塞环密封不严,高低压串气 2)吸气阀片关闭不严 3)汽缸套与机座密封不好 4)液态制冷剂进入曲轴箱蒸发,使外壁结霜	1)检查修理 2)检修阀片密封线 3)清洗或更换垫片,并注意调整间隙 4)抽空曲轴箱液态制冷剂
能量调节机构失灵	1)油压过低 2)油管堵塞 3)油活塞卡住 4)拉杆与转动环卡住 5)油分配阀安装不合适 6)能量调节电磁阀故障	1)调整油压 2)清洗油管 3)检查原因,重新装配 4)检修拉杆与转动环,重新装配 5)用通气法检查各工作位置是否适当 6)检修或更换
排气温度过高	1)冷凝温度太高 2)吸气温度太低 3)回气温度过热 4)汽缸余隙容积过大 5)汽缸盖冷却水量不足 6)系统中有空气	1)加大冷风量 2)调整供液量或向系统加氨 3)按吸气温度过热处理 4)按设备技术要求调整余隙容积 5)加大汽缸盖冷却水量 6)放空气
回气过热度过高	1)蒸发器中供液太少或系统缺氨 2)吸气阀片漏气或破损 3)吸气管道隔热失效	1)调整供液量 2)检查研磨阀片或更换阀片 3)检查、更换隔热材料
排气温度过低	1)压缩机结霜严重 2)中间冷却器供液过多	1)关小节流阀 2)关小中间冷却器供液阀
压缩机排气压力比冷凝压力高	1)排气管道中的阀门未全开 2)排气管道内局部堵塞 3)排气管道管径大小	1)开大排气管道中的阀门 2)检查去污,清理堵塞物 3)通过验算,更换管径
吸气压力比正常蒸发压力低	1)供液太多,使压缩机吸入未蒸发的液体,造成吸气温度过低 2)制冷量大于蒸发器的热负荷。进入蒸发器的液态制冷剂未来得及蒸发吸热即被压缩机吸入 3)蒸发器内部积油太多,造成制冷剂未能全部蒸发而被压缩机吸入	1)适当减少供液量 2)调节压缩机,使制冷量与蒸发器的热负荷相一致 3)进行除霜和放油
压缩机结霜	1)在正常蒸发压力下,压缩机吸气温度过低,氨液被吸入汽缸 2)低压循环储液器氨液面超高 3)中间冷却器液面超高 4)热氨冲霜后恢复正常降温时吸气阀开启太快	1)关小供液阀,减少供液量,关小压缩机吸气阀,将卸载装置拨至最小容量,待结霜消除后恢复吸气阀和卸载装置 2)关小供液阀或对循环储液器进行排液 3)关小中冷器供液阀或对中冷器进行排液 4)应缓慢开启吸气阀,并注意压缩机吸气温度,运转正常后再逐渐完全开启
压力表指针跳动剧烈	1)系统内有空气 2)压力表失灵	1)进行放空气 2)检修或更换压力表

故障现象	原 因 分 析	排 除 方 法
汽缸中有敲击声	1)汽缸中余隙容积过小 2)活塞销与连杆小头孔间隙过大 3)吸排气阀固定螺栓松动 4)安全弹簧变形,丧失弹性 5)活塞与汽缸间隙过大 6)阀片破碎,碎片落入汽缸内 7)润滑油中残渣过多 8)活塞连杆上螺母松动 9)制冷剂液体或润滑油大量进入汽缸产生液击	1)按要求重新调整余隙容积 2)更换磨损严重的零件 3)拆下压缩机汽缸盖,紧固螺栓 4)更换弹簧 5)检修或更换活塞环与缸套 6)停机检查更换阀片 7)清洗换油 8)拆开压缩机的曲轴箱侧盖,将连杆大头上的螺母拧紧 9)调整进入蒸发器的供液量
曲轴箱有敲击声	1)连杆大头瓦与曲拐轴颈的间隙过大 2)主轴承与主轴颈间隙过大 3)开口销断裂,连杆螺母松动 4)联轴器中心不正或联轴器键槽松动 5)主轴滚动轴承的轴承架断裂或钢珠磨损	1)调整或换上新瓦 2)修理或换上新瓦 3)更换开口销,紧固螺母 4)调整联轴器或检修键槽 5)更换轴承
汽缸拉毛	1)活塞与汽缸间隙过小,活塞环锁口尺寸不正确 2)排气温度过高,引起油的黏度降低 3)吸气中含有杂质 4)润滑油黏度太低,含有杂质 5)连杆中心与曲轴颈不垂直,活塞走偏	1)按要求间隙重新装配 2)调整操作,降低排气温度 3)检查吸气过滤器,清洗或换新 4)更换润滑油 5)检修校正
阀片变形或断裂	1)压缩机液击 2)阀片装配不正确 3)阀片质量差	1)调整操作,避免压缩机严重出霜 2)细心、正确地装配阀片 3)换上合格阀片
轴封严重漏油	1)装配不良 2)动环与静环摩擦面拉毛 3)橡胶密封圈变形 4)轴封弹簧变形、弹性减弱 5)曲轴箱压力过高 6)轴封摩擦面缺油	1)重新装配 2)检查校验密封面 3)更换密封圈 4)更换弹簧 5)检修排气阀泄漏,停机前使曲轴箱降压 6)检查进出油孔
轴封油温过高	1)动环与静环摩擦面比压过大 2)主轴承装配间隙过小 3)填料压盖过紧 4)润滑油含杂质多或油量不足	1)调整弹簧强度 2)调整间隙达到配合要求 3)适当紧固压盖螺母 4)检查油质,更换油或清理油路、油泵
压缩机主轴承温度过高	1)润滑油不足或缺油 2)主轴承径向间隙或轴向间隙过小 3)主轴瓦拉毛 4)油冷却器冷却水不畅 5)轴承偏斜或曲轴翘曲	1)检查油泵、油路,补充新油 2)重新调整间隙 3)检修或换新瓦 4)检修油冷却器管路,保证供水畅通 5)进行检查修理

故障现象	原 因 分 析	排 除 方 法
连杆大头瓦熔化	1)大头瓦缺油,形成干摩擦 2)大头瓦装配间隙过小 3)曲轴油孔堵塞 4)润滑油含杂质太多,造成轴瓦拉毛发热熔化	1)检查油路是否通畅,油压是否足够 2)按间隙要求重新装配 3)检查清洗曲轴油孔 4)换上新油和新轴瓦
活塞在汽缸中卡住	1)汽缸缺油 2)活塞环搭口间隙太小 3)汽缸温度变化剧烈 4)油含杂质多,质量差	1)疏通油路,检修油泵 2)按要求调整装配间隙 3)调整操作,避免汽缸温度剧烈变化 4)换上合理的润滑油

表 2-6 冷凝器常见故障分析与排除方法

故障现象	原 因 分 析	排 除 方 法
排气压力过高	1)风冷冷凝器冷却风量不足,原因如下。 ①风机不通电或风机有故障不能运转 ②风机压力控制器失灵,触头不能闭合 ③风机电动机烧毁、短路 ④三相风机反转或缺相 ⑤风机周围有障碍物,通风不好	①检查、开启风机 ②调整或更换压力控制器使其正常工作 ③修理或更换电动机 ④检查调整接线情况 ⑤清理周围障碍物,使通风良好
	2)风冷冷凝器表面过脏	清洗、吹除风冷冷凝器表面灰尘污垢
	3)水冷冷凝器冷却水量不足,原因如下 ①冷却水进水阀开度大小 ②水压太低(一般应在0.12MPa以上) ③进水管路堵塞 ④水量调节阀失灵	①开大进水阀 ②提高水压 ③清除堵塞物 ④调整修理水量调节阀
	4)水冷冷凝器水垢过厚	对冷凝器进行清洗
泄漏	盘管破裂或端盖不严	找出泄漏部位,补漏或更换部件

表 2-7 蒸发器常见故障分析与排除方法

故障现象	原 因 分 析	排 除 方 法
制冷效果差	蒸发器内积油过多	给蒸发器注入溶油剂,清除积油
吸入压力过高	蒸发器热负荷过大	调整热负荷
排气压力过低	蒸发器过滤网过脏	清洗过滤网
吸入压力过低	1)蒸发器进液量太少 2)蒸发器污垢太厚 3)蒸发器冷风机未开启或风机反转	1)调大膨胀阀开度 2)清洗污垢 3)启动风机、检查相序
制冷剂泄漏	蒸发器铜管泄漏	检修或更换铜管

表 2-8 热力膨胀阀的常见故障分析与排除方法

故障现象	原 因 分 析	排 除 方 法
制冷机运转,但无冷气	1)感温包内充注的感温剂泄漏 2)过滤器和阀孔被堵塞	1)修理或更换膨胀阀 2)清洗过滤器或阀件

故障现象	原因分析	排除方法
制冷压缩机启动后,阀很快被堵塞(吸入压力降低),阀外加热后,阀又立即开启工作	系统内有水分,水分在阀孔处冻结,造成冰塞	加强系统干燥(在系统的液管上加装干燥器或更换干燥剂)
膨胀阀进口管上结霜	膨胀阀前的过滤器堵塞	清洗过滤器
膨胀阀发出"丝丝"的响声	1)系统内制冷剂不足 2)液体无过冷度,液管阻力损失过大,在阀前液管中产生"闪气"	1)补充制冷剂 2)保证液体冷剂有足够大的过冷度
热力膨胀阀不稳定,流量忽大忽小	1)选用了过大的膨胀阀 2)开启过热度调得过小 3)感温包位置或外平衡管位置不当	1)改用容量适当的膨胀阀 2)调整开启过热度 3)选择合理的定装位置
膨胀阀关不小	1)膨胀阀损坏 2)感温包位置不正确 3)膨胀阀内传动杆太长	1)更换或修理膨胀阀 2)选择合理的定装位置 3)把传动杆稍微锉短一些
吸入压力过高	1)膨胀阀感温包松落,隔热层破损 2)膨胀阀开度过大	1)放正感温包,包扎好隔热层 2)适当调小膨胀阀开度

2.4.3 活塞式制冷机组的检修

(1) 活塞式制冷压缩机的拆卸与装配

制冷压缩机是制冷系统的心脏,对制冷压缩机进行拆卸检修,是保证制冷系统正常运行的重要一环。压缩机的拆卸,一般分为局部拆卸和全部拆卸两种。局部拆卸检修即小修,一般是在运行中发生故障,经短时间的停机,分析判断产生故障的原因后,只进行局部的拆卸和修复;全部拆卸即大修,定期地将压缩机可拆卸的零部件都进行拆卸清洗,检查、测量各相对运动部位的磨损及间隙,更换已损坏或已超过使用期限的零部件等。

① 拆卸与装配工具

a. 各类扳手:活扳手、管子扳手、梅花扳手、呆扳手及六角扳手等。

b. 大、小规格的旋具。

c. 各种锉刀:圆锉、方锉、扁锉及整形锉等。

d. 各类钳子:电工钳、钢丝钳、鲤鱼钳及尖嘴钳等。

e. 各类测量用具及仪表。

ⓐ 测量用具:玻璃棒、温度计和压力表温度计。

ⓑ 高、低压力表。

ⓒ 测量电表:万用表、兆欧表。

ⓓ 机械测量工具。

下面这些测量工具是用来测量各零部件的配合间隙,各零件原有的垂直度、水平度、同心度、扭转度、圆度和圆锥度,检查磨损情况,找出缺陷以确定修复方法。

常用的机械测量工具如下。

方水平尺:要求精度为 0.02~0.03mm,用来测量外轴颈、汽缸等部件的水平度。

内径千分表(又称量缸表):根据实际需要选用适当规格的内径千分表,测量汽缸的磨损度。

千分尺：根据实际需要选用适当规格的千分尺，配合汽缸挂中心线，测量汽缸的垂直度，测量活塞、主轴颈、曲柄销和活塞销等零件的磨损度，测量余隙压块的尺寸。

千分表：配用各种支架以代替专用量具。

塞尺：是用来测量各机械零件间隙较为方便的量具，为了测量的需要，要求最薄片为 0.02～0.03mm。

平板：是供测量机械零件尺寸的基准平面。

ⓔ 其他用具：喷灯、电烙铁、试电笔、锤子、錾子、尖冲、各尺寸钻头、剪刀、三角刮刀、钢锯、手电筒、油壶及磅秤等。

② 拆卸压缩机前的准备工作　在拆卸之前，压缩机应进行抽空，切断电源（电闸拉掉），关闭机器与高低压系统连通的有关阀门，拆除安全防护罩等。具体方法如下。

a. 若机器内的压力在 0.49×10^5 Pa（表压）以下时，可以从放气阀接管将微量的制冷剂直接排放到室外。

b. 若机器内的压力较高，应查明原因并进行排除。一般是由排气阀泄漏造成的。这时应启动压缩机将制冷剂排入系统内，使曲轴箱接近真空状态，然后停机，同时关闭机器的排气阀和排气总阀。待 10min 后观察曲轴箱压力，如压力微升，则可以放气（其方法同上）。关闭与水系统连通的阀门，将汽缸盖和曲轴箱冷却水管内的积水放掉。将曲轴箱侧盖的堵塞旋掉，待压力升至与外界压力相等时，利用油三通阀将润滑油放出，准备拆卸机器。

③ 活塞式制冷压缩机的拆卸　各类活塞式制冷压缩机的拆卸工艺虽然基本相似，但由于结构不同，所以拆卸的步骤和要求也略有不同，应根据各类压缩机的特点制定不同的拆卸方法，下面以 812.5AG 氨制冷压缩机为例来介绍这种类型的制冷压缩部件的拆卸步骤和方法。

a. 拆卸汽缸盖　先将水管拆下，再把汽缸盖上的螺母拆掉。在卸掉螺母时，两边长螺栓的螺母最后松开。松开时两边同时进行，使汽缸盖随弹力平衡升起 2～4mm 时，观察纸垫粘到机体部分多，还是粘到汽缸盖部分多。用一字旋具将纸垫铲到一边，防止损坏。若发现汽缸盖弹不起时，注意螺母松得不要过多，用一字旋具从贴合处轻轻撬开，防止汽缸盖突然弹出造成事故，然后将螺母均匀地卸下。

b. 拆卸排气阀组　取出假盖弹簧，接着取出排气阀组和吸气阀片。要注意编号，连同假盖弹簧放在一起，便于检查和重装。

c. 拆卸曲轴箱侧盖　拆下螺母可将前后侧盖取下，同时要注意油冷却器，以免损伤。若侧盖和纸垫粘牢，可在黏合面中间位置用薄錾子剔开，应注意不要损坏纸垫。取下侧盖时，要注意人的脸不应对着侧盖的缝隙，以免余氨跑出冲到脸上，然后检查曲轴箱内有无脏物或金属屑等。

d. 拆卸活塞连杆部件　首先将曲轴转到适当的位置，用钳子取出连杆大头开口销或铅丝，拆掉连杆大头盖螺栓，如图 2-15 所示。取出大头盖和下轴瓦，然后将活塞升至上止点位置，把工具螺栓拧进活塞顶部的螺孔内，利用工具螺栓可将活塞连杆部件轻轻地拉出，防止擦伤汽缸表面。

e. 拆卸卸载装置　先拆卸油管的连接头。在拆卸机体的卸载法兰时，螺母应对称拆掉，再将留下的两个螺母均匀地拧出。因里面有弹簧，要用手推住法兰，将螺母拆下即可取出法兰和液压缸活塞。若油缸取不出时，可以在机器的吸入腔内用木棒敲击液压缸，将液压缸、弹簧和拉杆等零件取出。

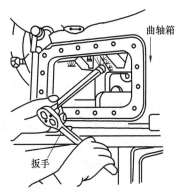

曲轴箱

扳手

图 2-15　拆卸连杆大头盖的螺栓

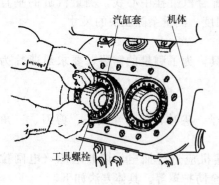

汽缸套　机体

工具螺栓

图 2-16　拆卸汽缸套

f. 拆卸汽缸套　先将两个工具螺栓旋进入汽缸套顶部的螺孔内，借助工具螺栓拉出汽缸套，如图 2-16 所示。拉出时，要注意汽缸套台阶底部的调整纸垫，防止损坏。

g. 拆卸油三通阀与粗滤油器　先拆卸油三通阀与油泵体的连接头和油管，再拆下油三通阀（注意六孔盖不能掉下，以免损伤，还要注意其中的纸垫层数），取出粗滤油器（网状式）。

h. 拆卸油泵与精滤油器　先拆下滤油器与油泵的连接螺母，取下滤油器（梳状式）、油泵和传动块。

i. 拆卸吸气过滤器　先将法兰螺母拧下，再将留下的两个螺母对称均匀地拧出。拆卸时要用手推住法兰，以免压紧弹簧弹出。取下法兰、弹簧和过滤器。

j. 拆卸联轴器　先将压板和塞销螺母拆下，移开电动机及电动机侧半联轴器，从电动机轴上拉出关联轴器，取下平键。拆下压缩机半联轴器挡圈和塞销，从曲轴上拉出半联轴器并取下半圆键。

k. 拆卸轴封　首先均匀地松开轴封端盖螺栓，留两个对称螺母暂不拆下，其余的螺母均匀拧下。用手推住端盖，慢慢地拆下对称螺母，同时应将端盖推牢，防止弹簧弹出。取出端盖、外弹性圈、固定环、活动环、内弹性圈、压圈及轴封弹簧，应注意不要碰伤固定环与活动环的密封面。

l. 拆卸后轴承座　首先将曲柄销用布包好，防止碰伤，再用方木在曲轴箱内把曲轴垫好。将前后轴承座连接的油管拆掉，然后拧下后轴承座周围的螺母，用两个专用螺栓拧进后轴承座的螺孔内，把轴承座均匀地顶开，慢慢地将轴承座取出，防止用力过猛，导致卡住而把曲轴带出，放置时防止损坏轴承座的密封平面。

m. 拆卸曲轴　曲轴从后轴承座孔抽出。抽曲轴时，后轴颈端用布条缠好防止擦伤。曲轴前端面有两个螺孔，用两个长螺栓拧进，再套上适当长度的圆管，以便抬曲轴用。曲轴抽出来放平，注意曲拐部分不要碰伤后轴承座孔。

n. 拆卸活塞上的气环和油环　拆卸有三种方法。

ⓐ 用两块布条套在环的锁口上，两手拿住布条轻轻地向外扩张把环取出，应注意不能用力过猛，以免损坏气环和油环。

ⓑ 用三四根 0.75～1mm 厚、10mm 宽的铁片或锯条（磨去锯齿），垫在环与槽中间，便于环均匀地滑动取出。

ⓒ 用专用工具拆卸气环和油环。

o. 拆卸活塞销　先用尖嘴钳把活塞销座孔的钢丝挡圈拆下，垫上软金属后，用木锤或铜棒轻击，将活塞销取出。如上述方法困难时，可将活塞和连杆小杆小头一同浸在 80～100℃的油中加热几分钟后，使活塞膨胀，然后用木棒从座孔内将活塞销很容易地推出，活塞销和连杆即被拆开。

p. 拆卸主轴承　将主轴承座装在固定位置，用螺旋式工具拉出，或用压床压出，应注意轴承座孔不能碰伤。取下定位圆销并放好，以备重装。

q. 拆卸安全阀　将螺母拆掉取下安全阀，同时注意纸垫不要损坏。

r. 拆卸压力表　拧下时应注意不要用力过猛，如果突然撞击部件，会造成失灵或损坏表面。

s. 拆卸吸气和排气截止阀 将阀盖周围的螺母拆下，并做好阀盖与阀体的记号，以免方向装错。

④ 部件的清洗

a. 一般要求 应彻底清洗所有零件的油污、积炭、水垢、锈斑并好防锈工作；橡胶类密封件应使用酒精清洗，严禁用汽油、柴油等清洗，以免变质失效。

b. 油污的清洗 清洗油污通常有冷洗法和热洗法。冷洗法即将零件用汽油、柴油或煤油浸泡 30min，用刷子进行清洗，洗净后用压缩空气吹干，清洗时应注意防火；热洗法就是配制碱性清洗溶液，对于钢铁零件用苛性钠 100g、液态肥皂 2g、水 1kg 配制，对于铝合金件用碳酸钠 10g、重铬酸钾 0.5g、水 1kg 配制，加热溶液至 70～90℃，浸煮零件 15min 后用清水冲洗，洗净后用压缩空气吹干。

c. 积炭的清除 可用金属刷或刮刀手工清除积炭，也可配制清洗液清除。对于钢铁零件用苛性钠 100g、重铬酸钾 5g、水 1kg 配制，对于铝合金件用碳酸钠 18.5g、硅酸钠（水玻璃）8.5g、肥皂 10g、水 1kg 配制，加热溶液至 80～90℃，浸泡零件 2h，用刷子和布擦洗干净，再用清水冲洗、吹干。

d. 水垢的清除 应根据水垢的性质采取不同的清除方法。对碳酸盐类水垢，需采用苛性钠溶液或盐酸溶液清洗；对碳酸钙类水垢，需先用碳酸钠溶液处理，再用盐酸溶液清洗；对硅酸盐类水垢，一般用质量分数为 2％～3％苛性钠溶液清洗。用酸溶液清除水垢效率高，但对金属的腐蚀性大，因此通常要在酸液中添加缓蚀剂六亚甲基四铵，添加量为盐酸质量分数的 0.5％～3％。

⑤ 零件的检查与测量 零件清洗后应进行质量检验，进而区分出可用件、待修件和报废件。通常用量具和仪器对零部件进行检验与测量。

a. 检查汽缸的余隙 将适当直径的熔丝放置在活塞顶部，前、后、左、右共放四处（点），装好排气阀组，安全压板弹簧，盖好汽缸盖，慢慢转动飞轮 1～2 圈，使活塞上行至上止点，软铅丝受活塞顶平面和排气阀座下平面挤压成扁平形。然后取出熔丝，用千分尺测量其厚度，取其四点的平均值，即为活塞止点间隙。

b. 活塞与汽缸套壁间隙的测量 测量活塞与汽缸套的配合面时，用塞尺在活塞的环部及活塞的裙部（活塞径向前、后、左、右四个点）进行测量（两侧放入塞尺），如间隙略大，可采用四个点一起进行复测核对，量出实际磨损数值，并分析原因。

c. 检查活塞环

ⓐ 活塞环的弹力的检查 用弹性仪测量活塞环的弹性，一般活塞环直径在 40～100mm 时，弹力为 $(1.08～1.37)×10^5 Pa$；直径在 100～300mm 时，弹力为 $(0.49～1.08)×10^5 Pa$。如果弹力降低到原有值的 25％时，应更换。

ⓑ 活塞环轴向间隙的检查 用塞尺测量活塞环与环槽高度之间的正常间隙，一般为 0.05～0.095mm，如超过其间隙 1 倍以上，应更换新的。若活塞环高度磨损（轴向）达 0.1mm 时，也应更换新的。

若新活塞环放置环槽中，轴向间隙仍超过上述要求，说明环槽的高度已磨损，则不做修理，必须更换新活塞。

ⓒ 活塞环厚度的检查 用游标卡尺或千分尺测量活塞环厚度，若活塞环厚度为 4.5mm，其外圆面的磨损量达 0.5mm 时，应更换新的。

活塞环径向厚度与环槽的深度，其间隙不应小于 0.3mm，否则应更换新的。

d. 检查主轴承和连杆大头轴瓦

ⓐ 检查主轴承两侧的径向间隙。用塞尺测量，一般上瓦测量上、左、右三个点；下瓦测量下、左、右三个点。将主轴转动 180°再复测一次，主轴承下部 120°角内不应有间隙。

ⓑ 检查主轴承的轴向间隙。用塞尺测量主轴承的端面与曲轴端面之间的间隙。

ⓒ 检查连杆大头轴瓦的径向间隙。通常是在下轴瓦两侧放置两根细熔丝（熔丝的直径应比轴瓦的正常间隙大 2～3 倍，朝曲轴箱前后方向），然后装上上轴瓦，拧紧连杆螺栓，再把轴瓦拆掉，轻轻地取下被压扁的熔丝，用外径千分尺测量其厚度，即可得出连杆大头轴瓦的径向间隙。上瓦与曲柄销接触的弧度在 100°内不应有间隙。

轴承的径向间隙过大，则不能保持所需要的润滑油量，造成曲轴销的磨损，甚至在运转中发生振动和出现敲击声，使曲轴出现疲劳损伤；间隙过小，轴瓦得不到充分的润滑，造成干摩擦，使轴承发热、拉毛以致熔化。因此，轴承必须保持正确的配合间隙。

ⓓ 用塞尺测量连杆大头轴瓦的轴向间隙。

ⓔ 检查主轴承和连杆大头轴瓦的合金层，如有裂纹或脱落现象，应予修理或更换新的。

e. 检查连杆大小头轴瓦　检测时，若连杆出现裂纹、弯曲、扭曲或折断等现象，必须予以更换。

ⓐ 测量活塞销与曲柄销中心线的平行度。将装有连杆的曲轴放在专用校正的装置上进行，用千分表测量活塞销的倾斜度。如果倾斜度过大，说明连杆弯曲。平行度在 100mm 长度上不大于 0.03mm。

ⓑ 测量连杆小头孔中心线与大头端面的垂直度。每 100mm 的长度上不大于 0.05mm，否则需要检修。

ⓒ 连杆螺栓孔的平行度在 100mm 长度上不大于 0.02mm。

ⓓ 连杆大头轴瓦与曲柄销的间隙测量，一般用压铅法进行。对于小型制冷机，其间隙过小，可用千分表直接测量大头轴瓦的内径与曲柄销的外径，以此确定间隙的大小。

ⓔ 连杆大、小头孔的轴线的共面差，在 100mm 长度上不大于 0.05mm。

f. 检查曲轴

ⓐ 测量曲柄销中心线与主轴颈轴线的平行度　将曲轴架在标准的检验装置上，将两主轴颈校平，误差要小于 0.01mm。然后以主轴颈为基准，用带支架的千分表沿着轴向移动，检查主轴颈和曲柄销的平行度。在 100mm 长度上不大于 0.02mm，否则应检修。

ⓑ 测量主轴颈、曲柄销的椭圆度和圆锥度　测量主轴颈可用千分表，测量曲柄销可用千分尺。如果主轴颈有椭圆度，在运转中会使轴的中心线位置变动，而产生轴的径向振摆。这不仅破坏了压缩机工作的稳定性，同时也会使主轴承加快磨损。如果主轴颈有圆锥度，曲轴将产生轴向位移，使主轴承受很大的轴应力，同样加速轴承的磨损。主轴颈的椭圆度达到直径的 1/1500 时，最好进行修正；达到 1/1250 时，必须修理。曲柄销的椭圆度达到 1/1250 时，最好进行修理；达到 1/1000 时，必须进行修理。总磨损量超过 5/1000 时，必须更换曲轴。

一般情况下，曲柄销和主轴颈的椭圆度及圆锥度应不大于二级精度直径公差的 1/2，主轴颈的跳动量不应大于 0.03mm，曲柄销的磨损量不得超过标准尺寸 0.30mm。

g. 检查活塞销　用千分尺检查活塞销的直径磨损量、椭圆度及圆锥度。活塞销的直径比标准尺寸小 0.15mm 时，应更换活塞销；圆度超过活塞销直径的 1/1200，或圆度达到 0.1mm 时，应更换活塞销。

h. 检查气阀　气阀的检查主要是测量吸、排气阀片的开启度及关闭的严密性。阀片开启度可用深度尺或塞尺测量，阀片的密封性用煤油作渗漏试验进行。

当阀片有轻微磨损或划伤，应重新研磨和检修。当阀片磨损使其厚度比原标准尺寸小 0.15mm 时应更换。

i. 检查轴封

ⓐ 检查轴封的固定环和活动环的密封面有无斑点、拉毛、掉块等现象，检查弹性圈的

老化程度，通过对比新、旧弹簧的自由高度来检查弹簧的弹性，发现问题应更换。

ⓑ 轴封的两个密封面的表面粗糙度 R_a 为 $0.2\mu m$，端面的平面度为 $0.4\mu m$，平行度为 $0.015\sim0.02mm$，磨损过度应更换。

ⓒ 轴封漏油每小时超过 10 滴时，应拆卸检修或更换。

j. 检查卸载机构

ⓐ 检查顶杆的磨损情况。出现磨损严重或高低不平时应更换顶杆。

ⓑ 检查油缸-拉杆式的油缸和油活塞的间隙及磨损情况。

ⓒ 检查油缸-拉杆式的转动环拉杆的凸圆与转动环凹槽的磨损情况，转动环拉杆凸圆比原尺寸少 0.5mm 时应更换。

ⓓ 检查油缸-拉杆式的转动环锯齿形斜面，如果有轻微磨损，可用锉刀修正；若磨损成凹坑应更换。

ⓔ 检查卸载弹簧（移动套式）、油活塞弹簧（油缸-拉杆式）和顶杆弹簧的弹性、自由高度及变形情况。更换不合格的弹簧。

k. 检查润滑装置　用千分尺测量齿轮油泵的径向间隙，再用压铅法检查油泵齿轮端面间隙。油泵齿轮与泵体及泵盖之间侧向和径向间隙，大于说明书规定值时应检修。齿轮的齿廓工作面剥蚀变形啮合不好时，需检修或更换。

l. 检查安全弹簧　将整台压缩机各汽缸上的假盖弹簧及其他弹簧放在平板上比较，或与新弹簧比较。如果自由高度缩短太多（5mm 以上），说明弹簧失效，需要更换新弹簧；弹簧有裂纹必须更换。

⑥ 活塞式制冷压缩机的装配　压缩机零部件经过清洗修理（或更换）后，即可进行装配。按装配工艺要求，首先将零件组装成部件，然后再把组装部件和整体构件进行总装，装配成整机。

a. 制冷压缩机装配过程中的注意事项

ⓐ 确保组装件洁净、干燥，不能用毛纺织物擦洗零配件。

ⓑ 在装配过程中，首先应按照程序进行，不要忘装垫圈、挡销、垫片、填料等零件。其次，应防止装配错误，不要将机件装反、偶合件弄错。轴瓦、连杆、螺栓与螺母都是偶合件，装配时要记上记号。还应防止小零件或工具掉入机件内，如不及时发现取出，会造成机械事故。

ⓒ 在装配时，对有相对运动的机件，接触面等处要滴入适量的冷冻机油，既可以防锈，又可以帮助润滑。

ⓓ 在装配制冷系统及油气管路时，要注意防漏，尤其是管接头一定要拧紧。必要时按不同的要求加填料（如橡胶垫、耐油橡胶石棉板及各种垫圈等），防止设备运转时出现渗漏现象。

ⓔ 在总装时除要求各部件的相对位置、前后关系正确无误外，还要检查经修复后的零件和备件的表面有无损伤和锈蚀，如有，应及时修理，并用煤油或汽油清洗干净后再装。

ⓕ 在装配时，紧固各部件的螺栓、螺母是一项重要的工作，紧固时用力要合适，不可太大或太小。特别是连杆螺栓和螺母的紧固，用力过小螺母易松动，用力过大易损坏螺栓。紧固螺母时，要对称地紧固，以防偏紧。待全部拧紧后，察看各部位拧得是否均匀。注意凡用螺栓连接的接触面都应加耐油石棉橡胶纸垫片，以保证密封性。特别是汽缸体与汽缸盖之间、机体上与前后主轴承配合的两主轴承座孔端面与端盖间的垫片厚度，都应按照制造厂要求的厚度严格选用，不允许随意改变。

b. 制冷压缩机部件的组装

(a) 汽缸套装配　将顶杆和弹簧装入汽缸套的外孔内，开口销锁牢，再将转动环（分左右）和垫环以及弹性圈装好，最后检查转动环的移动是否灵活。

（b）活塞、连杆的装配

ⓐ 连杆小头与衬套的装配应注意配合尺寸的检查，可用台虎钳或压床将衬套压入连杆小头孔中，油槽方向不能弄错，再将活塞销放入衬套孔内，检查其灵活。

ⓑ 检查活塞销的长短，要保证钢丝挡圈能放入活塞销孔的槽中。

ⓒ 装活塞销时，应检查连杆与活塞的号码，防止装错。装配时先将活塞放在80~100℃的热油中加热，然后将活塞销一端插入活塞销孔和连杆小头衬套孔内。装时尽量不要用锤子敲击，若需要敲击时，可用木榔头轻轻地敲打，最后把钢丝挡圈装入活塞销座孔槽内。若环境温度较低，活塞销也需要略微加热，否则，活塞与活塞销因金属材料不同，其膨胀系数也不相同，若销太凉，插入孔内局部传热快，没等活塞销装好，活塞销座急剧收缩，装不进去。

ⓓ 将气环和油环装入活塞环槽内。装配时，要检查活塞的表面状态，环槽口边缘凡有毛刺的应仔细刮除掉。活塞环应能方便地卡进环槽中，并在槽中灵活自如地转动。如果发现卡咬现象，应对环槽进行修刮。活塞环两端平面与环槽之间的间隙应在0.05~0.08mm之间，活塞环搭口间隙取决于缸径，一般缸径大，间隙可略大，反之则小。

ⓔ 对于连杆小头是滚针轴承的，在装配前，首先将夹圈和滚针装入轴外壳内，然后把引套插入。装配时加热小头，用尖嘴钳将弹性挡圈装入小头孔的凹槽内。将轴承挡圈和滚针轴承装入小头孔内，再放入轴承挡圈，然后装另一个孔，也用弹性挡圈。

（c）油泵的装配

（d）排气阀组的装配

ⓐ 装配时，阀盖应没有毛刺，气阀弹簧不能装偏。气阀弹簧要挑选长短一致的，用手旋转装入阀盖座孔内，绝不能用劲硬往里塞，以防气阀弹簧变形。

ⓑ 装配前要把阀座的密封面洗擦干净，阀片要装平，阀弹簧要装正。阀盖与外阀座装配时，将外阀座密封面与阀片密封面贴合，使外阀座凸台进入阀盖凹槽内，然后用两个螺钉对称拧紧。检查阀片是否灵活，然后装上其余螺钉。

ⓒ 阀盖和外阀座与内阀座装配时，应使内阀座密封面贴合，再将气阀螺栓装入内阀座和阀盖的中央，用盖形螺母拧紧。同时注意拧入的螺栓底平面，不能高出内阀座下平面，以防撞击活塞。

ⓓ 排气阀组装好后，测量后阀片的开启度。如不符合要求，应进行调整，然后用煤油试漏，5min内不允许有连续的滴油渗漏现象。

（e）油三通阀的装配

（f）安全阀的装配

（g）截止阀的装配

c. 制冷压缩机的总装配　总装配是将各个组装好的部件逐一装入机体。一台制冷压缩机是由许多零部件组装而成的，整机的性能好坏与每一零件的材质、加工质量以及技术要求等都有很大关系。仅有合格零部件而没有合格的装配技术，也会影响制冷压缩机的性能。装配压缩机按照一定的装配程序进行，就能保证零部件装得既快又正确。在进行总装配时，对每个部件都要仔细检查相对位置和相互关系是否正确，同时还要检查有无碰伤，如有碰伤要及时修理。各个零部件都应用煤油或汽油清洗干净。在装配过程中，凡有相对运动的零件表面均要涂上润滑油，既防腐蚀又便于装配；凡与外部接触的部件结合面都应加耐油石棉橡胶纸垫，以保证密封性；凡与机体装配有间隙的结合面（如前、后主轴承座与机体座孔的结合面等），其纸垫厚度应按要求选用，不得任意改变；凡是要拧紧的螺母都要用力均匀。总装配的程序及注意事项如下。

（a）装曲轴　安装时，将曲轴从后轴承座孔装入机体内，移动时要水平，慢慢移至正常位置，并注意安全，不能碰伤部件。将曲轴支承好，装配前、后轴承座，然后把保护主轴颈的布条去掉。

（b）装前轴承座　装配前应检查耐油石棉橡胶纸垫有无损伤，若已损坏或折断，需按原来的厚度重新制作。安装纸垫时，应涂上润滑油脂，使纸垫贴牢，以便以后拆卸时不易损坏。装配时，将前轴承孔对准曲轴端推入座孔内，最后将螺栓对称拧紧。

（c）装后轴承座　检查耐油石棉橡胶纸垫的要求与前轴承座一样。安装时，防止碰伤主轴承。装好后，应转动曲轴是否灵活，测量装配后的轴向间隙，如不符合技术要求时，可用石棉纸垫的厚薄调整。

（d）装轴封　先将外弹圈套在固定环上，装入轴封盖，密封面要平整。然后将弹簧、压圈、内弹性圈套及活动环装入，再将轴封盖慢慢推进，使静环与动环的密封面对正，以松手后能自动而缓慢地弹出为宜。若推进去后松手根本不动，则过紧；若很快弹出，则证明太松。过松或过紧原因主要是：橡皮圈和上面垫圈松紧度不适宜，可用纸垫进行适当的调整，也可更换橡皮圈或紧圈直到正常为止，再均匀地拧紧螺栓，否则会导致轴封泄漏。弹簧式轴封装配如图 2-17 所示。

（e）装联轴器和带轮　将曲轴键槽位置转向上，在轴上涂一些润滑脂，半圆键装入键槽，键的两个侧面应与键槽贴合，装配压缩机联轴器时顺曲轴锥形端推进，装上挡圈，用螺钉拧紧。将电动机轴键槽位置朝上，在轴上涂一些润滑脂，平键装入键槽，将电动机联轴器内孔上键槽与键对准，轻敲使联轴器装到电动机轴上。对准两联轴器柱销孔，插入柱销，锁紧螺母。在安装弹性联油器时，应注意两轴同轴，一般允许径向偏差在 ±0.3mm 范围内，角度偏差 ≤1°。

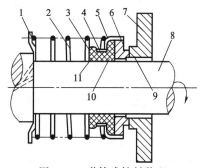

图 2-17　弹簧式轴封装配

1—弹簧托板；2—轴封弹簧；3—密封橡胶环；
4—紧圈；5—钢壳；6—石墨摩擦环；7—压板；
8—曲轴；9—第一密封面；10—第二密
封面；11—第三密封面

（f）组装汽缸套（汽缸体）　装汽缸套时，要检查汽缸套的编号，转动环有左、右之分，不能弄错。把纸垫装在汽缸套的外平面上，注意转动凹槽对准拉杆凸缘和定位销的位置。

对小型制冷压缩机汽缸体的组装，首先放好汽缸体和曲轴箱连接处的密封垫片，机体的端面清洗刮净，汽缸内孔壁面用干布擦净，涂上冷冻机油。使活塞慢慢下落，注意活塞环中的油环与汽缸的开口要相互交错 90°，当两个环进入汽缸后才能下落。装配时要配合好，不能用力过猛，以免损坏活塞环或汽缸表面。

（g）装卸载机构　按拆卸时的编号安装，装好液压缸外面纸垫，将拉杆套入油缸中央，装上弹簧和挡圈等，再一同装入机体孔内。装上油活塞，将纸垫装在油缸顶端，然后装上卸载法兰，将螺栓对称拧紧。法兰装好后，可用旋具插入法兰中心孔内，推动油活塞，活动灵活即可。

（h）装活塞连杆　先将曲柄销上的布条拆除，把曲柄销转到上止点位置，再将导套放入汽缸套上，用吊栓将与汽缸套对号的活塞连杆部件吊起，从大头轴瓦油孔中向活塞销加油，并向活塞外表面与汽缸套内表面及曲柄销上加油，注意活塞环和油环的锁口应错位 120°。将活塞经导套装入汽缸套内，连杆大头轴瓦装到曲柄销上，将大头轴瓦盖装上，随即将连杆螺栓拧紧。这时，应检查连杆大头瓦与所配曲轴的曲柄销均匀接触面是否达到 75%；连杆螺栓的端平面与连杆大头盖的端平面是否密切贴合，均匀接触，并用铜垫片调整好间隙，拧紧、锁牢螺母，不应有松动现象；连杆是否能在重力的作用下使曲轴灵活转动，检查完后装上开口销固紧。

在装活塞连杆部件时，若连杆大头轴瓦为斜刮式，应按上述方法进行装配；若连杆大头轴瓦为平刮式，可将活塞连杆部件和汽缸套一同装入机体内。

（i）装油泵与精滤油器　先将过滤器芯装入壳体内，再检查过滤器壳体与油泵之间石棉纸垫的油孔与油路孔是否对准，然后将螺栓均匀拧紧。

油泵装好后应转动曲轴，要求油泵转动灵活。

（j）装油三通阀与粗过滤器　先将石棉纸垫装入机体座孔内，再把粗过滤器装入曲轴箱内。装配时，要注意过滤器与曲轴箱之间的石棉纸垫要贴牢，弹性圈应装入六孔盖的凹槽内，再一同装进阀体上。将石棉纸垫装入过滤器顶端，同时将油三通阀装好，然后用螺栓对称拧紧。连接油管时，两端的垫圈要装好，并分别与油泵的进油孔和油三通阀的出油孔对好，拧紧螺母。

（k）装排气阀组与安全弹簧　装排气阀组前，先将卸载装置用专用螺钉顶起，使顶杆落下，处于工作状态，避免吸气阀片压死顶杆或放不正，以及滑到汽缸套顶面上。装上后再将排气阀组活动一下，检查有无卡住现象，然后装上安全弹簧，安全弹簧必须与钢碗垂直。

（l）装汽缸盖　首先检查耐油石棉纸垫是否完好，再将汽缸盖装上，同时注意弹簧座孔要与安全弹簧对准，还要注意汽缸盖冷却水管的进、出水方向，防止冷却水短路。

装上汽缸盖后，先均匀地拧紧两根较长螺栓上的螺母，然后将汽缸盖的螺母全部均匀地拧紧。

汽缸盖装好后，应转动曲轴，如发现有轻重不均和有碰击的感觉（如活塞顶碰击内阀座），则说明余隙太小，应适当调整石棉垫的厚度。

（m）装其他零部件　装配曲轴箱侧盖（包括油冷却器）、气体过滤器、回油阀过滤器（如油分离器携带的）、安全阀、控制台（如压力表、高低压控制器以及油压差控制器）、油管、放气阀及水管等，均按原来的位置装好，应注意垫圈或纸垫不能漏装。

机器装配完毕后，要以曲轴为基准校正，拧紧地脚螺栓，将曲轴箱侧盖上的加油孔帽盖拧下，向曲轴箱内加入规定牌号和油量的润滑油，将帽盖放上，准备试车。

d. 压缩机拆装的参考数据　活塞式制冷压缩机主要部件配合间隙见表 2-9 和表 2-10，压缩机主要部位尺寸及偏差的测量方法见表 2-11。

表 2-9　系列制冷压缩机主要部件配合间隙　　　　　　　　　　单位：mm

序号	配合部件		间隙（+）或过盈（−）			
			70 系列	100 系列	125 系列	170 系列
1	汽缸套与活塞	环部	+0.12～0.20	+0.33～0.43	+0.35～0.47	+0.37～0.49
		裙部		+0.15～+0.21	+0.20～+0.29	+0.28～+0.36
2	活塞上止点间隙（直线余隙）		+0.6～+1.2	+0.7～+1.3	+0.9～+1.3	+1.00～+1.6
3	吸气阀片开启度		1.2	1.2	2.4～2.6	2.5
4	排气阀片开启度		1	1.1	1.4～1.6	1.5
5	活塞环锁口间隙		+0.28～+0.48	+0.3～+0.5	+0.5～+0.65	+0.7～+1.1
6	活塞环与环槽轴向间隙		+0.02～+0.06	+0.038～+0.055	+0.05～+0.095	+0.05～+0.09
7	连杆小头衬套与活塞销配合		+0.02～+0.035	+0.03～+0.062	+0.035～+0.061	+0.043～+0.073
8	活塞销与销座孔		−0.015～+0.017	−0.015～+0.017	−0.015～+0.016	−0.018～+0.018
9	连杆大头轴瓦与曲柄销配合		+0.04～+0.06	+0.03～+0.12	+0.08～+0.175	+0.05～+0.15

序号	配合部件	间隙（＋）或过盈（－）			
		70 系列	100 系列	125 系列	170 系列
10	连杆大头端面与曲柄销轴向间隙	6 缸 ＋0.3～＋0.6 8 缸 ＋0.4～＋0.7	6 缸 ＋0.3～＋0.6 8 缸 ＋0.42～＋0.79	4 缸 ＋0.3～＋0.6 6 缸 ＋0.6～＋0.86	6 缸 ＋0.6～＋0.88 8 缸 ＋0.8～＋1.12
				8 缸 ＋0.8～＋1	—
11	主轴颈与主轴承径向间隙	＋0.03～＋0.10	＋0.06～＋0.11	＋0.08～＋0.148	＋0.10～＋0.162
12	曲轴与主轴承轴向间隙	＋0.6～＋0.9	＋0.6～＋1.00	＋0.8～＋2.00	＋1.0～＋2.5
13	油泵间隙	—	—	径向 ＋0.04～＋0.12 端面 ＋0.04～＋0.12	径向 ＋0.02～＋0.12 端面 ＋0.08～＋0.12
14	卸载装置油活塞环锁口间隙	—	—	＋0.2～＋0.3	—

注：1. "＋"表示间隙；"－"表示为过盈。

2. 各尺寸最好选用中间数值。

表 2-10　氟里昂制冷压缩机主要部件配合间隙表　　　　单位：mm

序号	配合部位	间隙（＋）或过盈（－）			
		26.5F76	35F40	47F55	410F70
1	汽缸与活塞	＋0.03～＋0.09	＋0.13～＋0.17	＋0.14～＋0.20	＋0.16～＋0.20
2	活塞上止点间隙（直线余隙）	＋0.6～＋1.0	＋0.8～＋1.0	＋0.5～＋0.75	＋0.5～＋0.75
3	吸气阀片开启度	$2.6^{+0.2}_{-0.1}$	$2.2^{+0.5}_{-0.5}$	1.10～1.28	$1.2^{+0.1}_{-0.1}$
4	排气阀片开启度	$2.5^{+0.2}_{-0.1}$	$1.5^{+0.5}_{-0.5}$	1.10～1.28	$1.5^{+0.5}_{-0.5}$
5	活塞环开口间隙	＋0.1～＋0.25	＋0.2～＋0.3	＋0.28～＋0.48	＋0.4～＋0.6
6	活塞环与环槽轴向间隙	＋0.02～＋0.045	＋0.038～＋0.065	＋0.018～＋0.048	＋0.038～＋0.065
7	连杆小头衬套与活塞锁配合	＋0.015～＋0.035	＋0.01～＋0.025	＋0.015～＋0.03	＋0.01～＋0.03
8	活塞销与销座孔	－0.015～＋0.005	－0.017～＋0.005	－0.02～＋0.03	－0.01～＋0.019
9	连杆大头轴瓦与曲柄销	＋0.035～＋0.065	＋0.05～＋0.08	＋0.052～＋0.12	＋0.05～＋0.08
10	主轴颈与轴承径向间隙	＋0.035～＋0.065	＋0.04～＋0.065	＋0.06～＋0.12	＋0.05～＋0.08
11	曲轴与电动机转子	—	0.01～0.054	0.04～0.06	—
12	电动机定子与机体	—	0.04 用螺钉一个	0～0.03	—
13	电动机定子与电动机转子	—	0.50	0.5～0.75	—

表 2-11　压缩机主要部位尺寸及偏差的测量方法

项目	技术要求	测量方法	附注
活塞与汽缸之间的间隙	正常间隙为汽缸直径 1/1000～2/1000，铝活塞的高转速压缩机采用较大间隙	用塞尺测量活塞与汽缸直径的间隙，从汽缸面上、中、下三各部位测量	间隙太小将引起干摩擦，间隙太大则漏气量增加、制冷效率降低，并使机械在运动时产生撞击

项目	技术要求	测量方法	附注
汽缸磨损	汽缸磨损达汽缸直径的 1/200 时，最好进行修理，磨损至 1/150 时，必须进行修理，汽缸壁厚度磨损 1/10 时最好更换，1/8 时必须更换	用内径千分表（量缸表）测量汽缸内壁的磨损情况	如进行镗缸，则镗缸后剩下缸壁厚度应用强度检验
汽缸垂直度	顺轴中心线允许倾斜度，每 1m 长度不得超过 0.15mm，其倾斜方向应与轴的倾斜方向一致。汽缸与活塞中心线倾斜度，不得大于汽缸与活塞之间间隙的一半	用测锤和内径千分尺，先找准汽缸顶中心点，再在汽缸中部与下部，每隔 90°平面测量汽缸壁，即可得出汽缸的垂直度	汽缸倾斜过度时，活塞与汽缸干摩擦，容易引起汽缸拉毛
活塞销中心线、曲轴销中心线与曲轴中心线之间的平行度允差	活塞销中心线与曲柄销中心线的平行度，每 1m 销的长度误差不得超过 0.3mm。曲柄销中心线与曲轴中心线的平行度，每 1m 长度的误差不得超过 0.2mm		
曲轴水平度	每 1m 长度的倾斜度不得超过 0.2mm	用方水平仪放在外轴径或密封器轴颈处测量，或在轴侧挂铅垂线，并用千分尺测量	
曲轴颈与曲柄销的椭圆度	曲轴颈的椭圆度为 1/1500 时，最好进行修理，在 1/1250 时必须修理 曲轴销的椭圆度为 1/1250 时，最好进行修理，在 1/1000 时必须修理 圆锥度不得超过椭圆度的 0.5 倍 轴颈经多次车削、研磨后，其直径允许减小 3%，超过此数者应予更换	用外径千分尺测量轴径的磨损情况	轴颈如有椭圆度，则轴在转动中由于轴的中心线位置变动而产生轴的径向振摆，不仅破坏了机器工作的稳定性，而且使主轴承加速磨损
主轴承和连杆轴衬的径向间隙与轴向间隙	主轴承的下部与轴颈 120°包角内，应接触均匀，没有间隙。连杆轴承的上部与轴颈 100°包角内也无间隙	主轴承的径向间隙及各轴承的轴向间隙，用塞尺测量	轴承间隙过大，油压不容易形成，运转时机器有振动和不正常声响
活塞椭圆度	新活塞的椭圆度不得超过其直径的 1/500，工作后的活塞，最大允许磨损椭圆度为 1/1000～1.5/1000	将外径千分尺或千分表装在专用支架上，测量活塞磨损情况	
活塞销和连杆小头衬套的径向间隙	衬套直径/mm 径向间/mm 60 → 0.05～0.07 60～110 → 0.07～0.09 110～150 → 0.09～0.12	用塞尺测量径向间隙	
活塞销的椭圆度	活塞销的椭圆应在销子直径的 1/1200 以内	用外径千分尺测量活塞销磨损情况	活塞销在衬套内接触均匀，接触面角度为 60°～70°

项目	技术要求	测量方法	附注
活塞环的间隙	活塞环的间隙与环槽高度之间的正常间隙为 0.05～0.08mm，如超过 0.15～0.2mm 时应更换，环槽的正常深度比环的宽度大 0.3～0.5mm。活塞环的搭口约为环直径的 5/1000，搭口的极限间隙不得超过活塞环直径的 15/1000 新活塞环与汽缸的接触，不得小于活塞环圆的 2/3，在整个圆周内，径向间隙不多于两处，并距离搭口大于 30°，每处径向间隙的弧长不大于 45°，间隙不大于 0.03mm	用塞尺测量各部位的间隙 用灯光漏光的情况测定环与汽缸的接触情况，用塞尺测量环与缸壁的间隙	
主轴承和连杆轴衬的径向间隙与轴向间隙	主轴承的上瓦与轴颈之间，以及连杆轴衬下瓦与曲柄销之间的径向间隙，一般等于轴颈的 1/1000 表格如下： 轴径直径/mm：80；间隙最大 0.11；最小 0.09 80～180：0.11～0.15；0.09～0.13 180～200：0.15～0.20；0.13～0.17	连杆轴承的径向间隙，用分别测量连杆轴承内径及曲柄销外径尺寸的方法求得	轴向间隙过大，则转动时曲轴容易产生轴向移动，轴承端面磨损较大，轴封的密封性也易受到影响
活塞顶与汽缸安全块之间的余隙	一般的余隙为 1～1.5mm，活塞顶端制成凹形时为 0.5～1.3mm	用电流保险软铅丝放在活塞顶部，装好安全块，转动飞轮，使活塞升至上止点，将铅丝压扁，用外径千分尺测量取出的软铅丝厚度，即得余隙数值	测量倾斜的汽缸时，注意将软铅丝放妥并固定好，以免落入汽缸与活塞之间的间隙内
吸、排气阀门的开启度及关闭的严密性	压缩机转速在 500r/min 以下，阀片的开启度为 2～2.5mm；转速在 500r/min 以上，阀片的开启度为 1.5～2mm 当阀片有轻微磨损或划伤时，应重新研磨和检修。当阀片磨损使其厚度比原标准尺寸小 0.15mm 时，应更换	阀片开启度的测量用深度尺或塞尺均可阀片严密性的检查，可用煤油做渗漏试验	开启度过大，则阀片运动速度大，阀片容易击碎；开启度过小，则制冷剂蒸气通过阀片的阻力增大，影响吸、排气效率
压缩机安全阀	安全阀调整在 1618.1kPa 表压时开启	用压缩空气进行校验	
飞轮振摆度	飞轮转动时，其振摆度不应超过 1mm	用千分表及支承架，放在飞轮外侧测量	
压缩机轴封	轴封装置良好时，不需拆卸。因轴封零件每拆一次就变动一次位置，加上轴封橡胶圈被润滑油浸泡发胀，拆后不再恢复原尺寸 轴封换油，可拆卸轴封室上、下接头，直接灌油清洗 轴封装置内两摩擦面平行度偏差超 0.015～0.02mm 时，应检修或更换 轴封漏油每小时超过 10 滴时，应拆卸检查，并仔细研磨密封面，对于橡胶圈因老化、干缩变形、丧失弹性和密封能力时，应更换		

项目	技术要求	测量方法	附注
卸载机构	在拆卸汽缸套时,必须检查汽缸套转动环的顶杆是否能灵活上、下滑动。转动环锯齿形斜面是否磨成凹坑,有轻微磨损用锯刀修正,伤痕太大应更换 推杆凸圆磨损比原尺寸少 0.5mm 时,应更换		

(2) 典型故障维修

① 液击 当液态制冷剂或润滑油进入压缩机汽缸时会造成敲缸,从而损坏吸气阀片,在制冷工程中,俗称湿冲程、敲缸、冲缸等,它是制冷系统运行中,危害最大的一种常见故障,轻则压缩机阀片被击碎,重则将连杆、活塞、曲轴撞击扭曲变形甚至击裂汽缸盖,学术上称为液击现象产生。液击的主要原因是液态物质进入汽缸,避免液体进入汽缸就可以防止液击的发生。

a. 液击的判断方法 判别液击时,必须要了解压缩机的正常工作状态。压缩机正常工作时,电机运转会发出轻微的"嗡嗡"的电流振动声,吸排气阀片发出清晰、均匀的起落声,而汽缸、曲轴箱、轴承等部分不应有敲击声和异常杂音;油压应保持在规定值范围内(无卸载装置的压缩机的油压应比吸气压力高 0.05~0.15MPa,带有卸载装置的压缩,压缩机的油压应比吸气压力高 0.15~0.3MPa);又因为制冷压缩机的吸气温度常低于环境温度,所以制冷压缩机上部表面有时会有"结露"产生。实践中,通过观察压缩机的运转状态和系统的各项技术参数,可判断是否产生液击。

(a) 听 可使用长柄螺丝刀等工具监听压缩机内部的声音。若在机器运行中,发现运转声沉闷,阀片起落声音不正常及有轻微的敲击汽缸的声音,说明压缩机已经出现液击的苗头,如出现"当当当"声,是压缩机液击声,即有大量制冷剂湿蒸气或冷冻机油进入汽缸。此时除异常冲击(敲击或撞击)声外,会伴随着强烈摇摆振动,说明液击正在进行中。

(b) 看 在运行过程中,通过观测若发现以下现象,则意味着系统中带湿制冷剂气体已经进入压缩机,很有可能造成压缩机的液击。

ⓐ 吸气、排气温度下降较快。

ⓑ 润滑油的油位过高。

ⓒ 蒸发器结霜严重或结冰,低压压力过低。

ⓓ 压缩机工作时发出异常的声音并伴随着振动。

ⓔ 压缩机的曲轴箱和汽缸外壁结霜,气液分离器的霜一直不融化,而且低压管部分也结霜。

液击是压缩机运行过程的常见故障,发生液击表明制冷系统在设计、施工和日常维护中一定存在问题,需要加以改正。认真观察、分析系统,找到引起液击的原因。在液击发生后,不能简单地只维修故障压缩机或更换一台新压缩机,如不从根源上防止液击,会使液击再次发生。

b. 液击原因分析

(a) 回液 回液是系统运行时蒸发器中的液态制冷剂通过吸气管路回到压缩机造成的液击故障。对于使用毛细管的小制冷系统,制冷剂加液量过大会引起回液;对于使用膨胀阀的系统若选型过大、感温包安装方法不正确等都可能造成回液;蒸发器结霜严重或风扇发生故障时,未蒸发的液体也会引起回液。

(b) 长时间停用后再开机 在使用氟里昂的制冷系统中,氟里昂可部分溶解于润滑油。

压缩机停用一段时间后，冷车启动，当压缩机吸气时，吸气侧压力突然下降，由于没有排出缸内的积液，溶解在油中的工质突然挥发出来，使油起泡，油会随着工质一起吸入压缩机中而引起液击。

(c) 汽缸润滑油过量　汽缸如果注油太多，油位太高，高速旋转的曲轴和连杆大头导致润滑油大量飞溅。飞溅的润滑油窜入进气道，进入汽缸，就可能引起液击。在大型制冷系统安装调试时，尤其要解决回油不好的问题，注意化霜后润滑油突然大量返回压缩机可能造成的液击现象，在维护机器时不要盲目地补充润滑油。

(d) 设计和操作不当引起的液击　设计的蒸发器蒸发面积过小，与压缩机的制冷量不匹配或表面霜层过厚，传热量减少，是引起液击的原因之一。另外在机组刚启动运行时，压缩机的吸入阀开得过快，节流阀开启过大，也会产生湿压缩。

c. 液击预防与处理　液击是制冷压缩机最严重的故障之一，必须防止发生。压缩机在运行时操作人员要经常观察吸气温度和曲轴箱温度，如发现异常应及时调整。为了防止压缩机产生液击，一般采取下列措施。

ⓐ 改进压缩机的回油路径，在电机腔与曲轴箱之间增设回油泵，停机后即切断通路，使制冷剂无法进入曲轴腔。

ⓑ 在回气管路上安装气液分离器，保证进入压缩机的是气态制冷剂。在设计时选用合理的过热度，让制冷剂在蒸发器内蒸发完全。

ⓒ 安装曲轴箱加热器，采用抽空停机控制。长时间停机不用，启动前用油加热器对润滑油加热，降低溶于润滑油中的制冷剂含量，可大大减少启动时产生的泡沫。对于大型制冷系统，停机前使用压缩机抽干蒸发器中的液态制冷剂（称为抽空停机），是避免液击的有效措施。

若由于操作不当或其他原因，压缩机发生严重液击，应立即停机，处理完进入汽缸内的液体后才能重新开机运行。如压缩机发生的液击不太严重，可进行以下调节：ⓐ迅速关小（或关闭）压缩机的吸气阀，同时关小（或关闭）供液阀；ⓑ卸载，将能量调节装置手柄打到最小位置，只留一组汽缸工作；ⓒ调整油压和油温，保持油压，避免油温过低，待压缩机运转声音正常，霜层融化后，逐渐开大吸气阀，并逐渐加载，恢复正常工作。

② 连杆大头轴瓦的损坏　在活塞式制冷压缩机上，为改善连杆大头与曲柄销之间的磨损，大头销上一般均装有连杆大头轴瓦。轴瓦内表面的减摩材料是锡锑铜合金，其中Sb7.5%～8.5%、Cu2.5%～3.5%，其余为 Sn，合金硬度为 22～30HBW。连杆大头轴瓦作为一个主要易损件，在制冷压缩机大、中修时经常因其非正常磨损而报废。为保证制冷压缩机的良好运行，延长设备的使用寿命，避免事故发生，要求连杆大头轴瓦在使用期间内可靠、低损耗运行，必须了解连杆大头轴瓦损坏的原因与规律性，从而确定防止或缓和轴瓦损坏的方法和改进措施。

a. 轴瓦的损坏原因分析　按其损坏形式看，主要有异常磨损、擦伤、划伤、黏着、咬死、杂质入侵、过热、减摩层变形、疲劳、腐蚀、汽蚀以及微动磨损的机械故障等。

ⓐ 轴瓦材质差将会造成轴瓦异常磨损，加速轴瓦疲劳损坏，或者造成轴瓦腐蚀损坏。

ⓑ 轴瓦尺寸合适与否将影响轴瓦的使用寿命。轴瓦的擦伤、黏着、咬死以及汽蚀等损坏都与轴瓦尺寸不合适有关。

ⓒ 轴瓦座与轴对轴瓦损坏影响不大，在实际应用中，只与轴瓦的微动磨损有关。

ⓓ 轴瓦的装配好坏是影响轴瓦损坏的重要因素。除划伤与汽蚀外，都有可能造成其他形式的轴瓦损坏。

ⓔ 轴瓦的维护保养相当重要。保养维护做得好，可减少轴瓦的异常磨损、擦伤、划伤、黏着、咬死以及腐蚀等损坏发生。

ⓕ 设备润滑的好坏也影响轴瓦的使用寿命。

ⓖ 轴瓦的温度、润滑油的温度、冷却装置效果对轴瓦擦伤、黏着、咬死、过热、减摩层变形和疲劳有很大影响。

ⓗ 设备超负荷运转对轴瓦的损伤很大。大多数轴瓦损伤都与设备超负荷运转有关。

ⓘ 润滑系统清洁度对轴瓦的损伤影响很大。

b. 轴瓦的损坏预防与处理 作为制冷压缩机的使用者，应当提高装配质量，加强对设备的维护保养（压缩机每运转 3000h 进行中修；每运转 8000h，进行大修），严格控制压缩机的运转工艺指标，防止设备超负荷运转，对润滑油的质量严格把关。这样，轴瓦的使用周期可延长，避免事故发生。

③ 曲轴磨损 曲轴轴颈因不规则磨损，形成椭圆形和圆锥形。当曲轴的轴颈在轴承中旋转时，为使轴承的受力均匀分布和得到完善的润滑，要求轴颈有正确的圆柱形。如存在较大的圆柱度误差，不但会破坏油膜使轴承发热，而且也会使轴受到很大的冲击载荷。轴承合金迅速形成裂纹或脱落，因此当轴颈的圆柱度和圆度超过表 2-12 的范围时应及时修理。

表 2-12 轴颈的圆柱度和圆度需检修范围

轴颈直径/mm	曲轴轴颈的圆度和圆柱度误差	
	曲轴轴颈/mm	曲拐轴颈/mm
100 以下	0.10	0.12
100～200	0.125	0.22
200～300	0.20	0.30
300～400	0.30	0.35
400～500	0.35	0.40

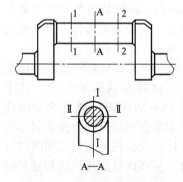

图 2-18 曲轴轴颈、曲拐轴颈圆度和圆柱度的测量

a. 曲轴轴颈、曲拐轴颈圆度和圆柱度的检查 曲轴轴颈、曲拐轴颈的圆度和圆柱度常用普通千分尺测量，如图 2-18 所示。确定圆度的公差，可在Ⅰ—Ⅰ和Ⅱ—Ⅱ两个互相垂直的平面上，根据一个断面，将轴颈分两次测量，测得数值的差即为轴颈圆度误；确定圆柱度误差，应在轴瓦 8～10mm 的 1—1 及 2—2 两线上，就一个平面分两次进行测量，两次测得数值的差数即为轴颈的圆柱度误差值。

b. 曲轴磨损检修 修理时可根据具体情况使用手锉、曲轴磨床、车床专用机床或移动机床等专用设备、工具。通常对磨损较轻的曲轴，其圆度和圆柱度误差不大于 0.05mm 时，可用手锉或抛光用木夹具中间夹细砂布进行研磨修正；若圆度、圆柱度误差较大时，则在车床上车削或磨床上光磨。

车削或光磨时，应先从主轴颈开始，同时为了使车削或光磨后轴颈的尺寸相同，最好从磨损较大的轴颈开始。轴颈经车削或光磨后，表面必须光滑无刀痕，可在木夹具内衬 00 号砂布或涂以细研磨膏把轴颈进一步抛光，用 5～10 倍放大镜检查，无缺陷即为合格。由于设备条件限制也可用手工修正。

手工修正：首先测出曲轴轴颈椭圆形的锥形突出的两边并划好记号，然后将曲轴架在支架上固定好，可先用细锉刀手工修理，边修理边量其尺寸，直到轴颈的圆度和圆柱度偏差小于允许值。在宽度与轴颈长度相等的布带上面敷上 00 号砂布，绕住轴颈需研磨的一边，用手拉住布带的两端进行往复研磨，磨完一边再磨另一边，最后用砂布绕在整个轴颈上，用麻绳绕在砂布上几圈，在曲轴左、右两侧各站一人拉绳，直到曲轴符合要求为止。

无论用什么方法修理曲轴，都应注意将轴颈径向油孔用螺塞或木塞堵住，防止污物进入。修理后，用压缩空气将油孔道吹净。

④ 汽缸磨损　汽缸的常见故障为汽缸镜面（或缸套）的磨损。汽缸的磨损是一种常见现象。磨损形状随着形式的不同，其引起的原因是不一样的。如活塞上止点位置比下止点位置磨损量明显加大，使汽缸成为"锥形"。对于上部没有锥角过度的汽缸来说，由于在缸壁上部不与活塞环接触的部位，几乎没有磨损，故形成一个明显的台阶，即"缸肩"。这些磨损属于正常磨损。但汽缸磨损形成类似"腰鼓形"，则是由于机油中未被滤清的金属和杂质随机油溅到汽缸表面产生磨料磨损而形成的。此时，则要考虑润滑油的清洁问题。但无论是哪一种磨损，在有油润滑压缩机的系统里，保持良好的润滑是十分重要的。汽缸的磨损量通常用量缸表测量。在普通百分表的下面装一套联动杆就可作成量缸表。不同尺寸的汽缸极限尺寸是不一样的。对于轻微"缸肩"，可用刮刀刮去；对于"失圆"和"锥体"的汽缸，如超出极限尺寸，可用镗缸等办法处理，再压进一个薄壁缸套。对于带有缸套的汽缸，一旦缸壁磨损，只要换一个新缸套即可。

⑤ 活塞磨损　活塞在工作中磨损最大的部位一般是活塞环槽。高压气体通过活塞环作用槽的单位压力很大、温度很高，同时活塞在高速运动中活塞环环槽的冲击也很大。同一环槽磨损以下平面最多，上平面较少。这是因为活塞环在工作中作用环槽下平面的单位压力大，而作用时间长。另外，活塞裙部面会产生有规律的丝缕状磨损，一般来说，在中修时，这两种损不做处理，只在大修时或特要求时，测量活塞裙部直径、塞环槽深等参数后，超出极限寸，用更换活塞或活塞环的办来处理。

⑥ 活塞环磨损　活塞环的主要损伤是磨损，另外还有断裂损坏。活塞环作为易损件，在检修时更换处理。但新活塞环在装配前，需测量开口间隙。测量时，将环放入缸内外口，用厚薄规塞入开口。开口间隙超出规定，则不能用此环。若间隙过小，可用锉刀锉修环口至平整，达到间隙要求。除开口间隙需要测量外，有时还应测量背隙、侧隙。

⑦ 气阀破裂与磨损　阀片的损坏形式有破裂与磨损。破裂主要是由于交变应力所造成的疲劳破坏。气阀中较易损坏的元件是阀片、弹簧。检修时弹簧做更换处理，阀片可研磨或更换，视磨损程度而定。在研磨时，应把握好密封线的研磨质量。

第3章 | 螺杆式中央空调

螺杆式中央空调制冷机组有多种型式。根据冷凝器结构不同，可分为水冷式机组和风冷式机组。目前大、中型中央空调系统大多数都采用水冷式冷水机组。它采用水作为冷却介质，带走冷凝器中制冷剂的热量；同时也采用水作为冷媒，将蒸发器中的冷量送到各个用户。螺杆制冷压缩机结构简单、体积小、无气阀等易损件，因而运行可靠性高，维护管理简单。螺杆制冷压缩机有滑阀调节装置，可以进行空载启动，以及无级能量调节。螺杆机的气体压缩和排出是连续的，所以运转噪声相对较小，又没有运行冲击，因而在大中、型制冷和空调领域得到了迅速推广，大有取代活塞式压缩机的趋势。

3.1 螺杆式中央空调调试

制冷系统的正确调试是保证制冷装置正常运行、节省能耗、延长使用寿命的重要环节。在调试前应认真阅读厂方提供的产品操作说明书，按操作要求逐步进行。操作人员必须经过厂方的专门培训，获得机组的操作证书才能上岗操作，以免错误操作给机组带来致命的损坏。

3.1.1 试车前的准备

① 由于螺杆式制冷机组属于中、大型制冷机，所以在调试中需要设计、安装、使用三方面密切配合。为了保证调试工作顺利进行，有必要由有关方面的人员组成临时的试运行小组，全面指挥调试工作的进行。

② 负责调试的人员应全面熟悉机组设备的构造和性能，熟悉制冷机安全技术，明确调试的方法、步骤和应达到的技术要求，制订出详细、具体的调试计划，并使各岗位的调试人员明确自己的任务和要求。

③ 检查机组的安装是否符合技术要求，机组的地基是否符合要求，连接管路的尺寸、规格、材质是合符合设计要求。

④ 机组的供电系统全部安装完毕并通过调试。

⑤ 单独对冷媒水和冷却水系统进行通水试验，冲洗水路系统的污物，水泵应正常工作，循环水量符合工况的要求。为防止水管系统（冷却水或冷媒水）中的焊渣、杂物在冲洗时进入机组的水-制冷剂换热器内（管程或壳程），可在水泵进出口处加装水力反冲管（图3-1中水力反冲管截止阀5连接的两段短管）。冲洗时，可开启水泵，关闭水力反冲管阀截止阀5，让水按正常流向流动冲洗。然后再注入清水，将水力反冲管阀门打开，进出口截止阀4关闭，让水路系统进、出口反向流动，让换热器水流道内的焊渣、杂物反向冲出，再将过滤器拆卸清洗，即可清除干净管内的焊渣、杂物，以保证水路畅通。

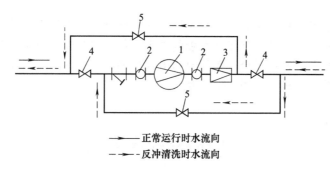

图 3-1 水力反冲管系统安装示意

1—水泵；2—软接头；3—单向阀；4—进出口截止阀；5—反冲管截止阀

⑥ 清理调试的环境场地，达到清洁、明亮、畅通。

⑦ 准备好调试所需的各种通用工具和专用工具。

⑧ 准备好调试所需的各种压力、温度、流量、质量、时间等测量仪器仪表。

⑨ 准备好调试运行时必需的安全保护设备。

调试前的准备工作流程如图 3-2 所示。

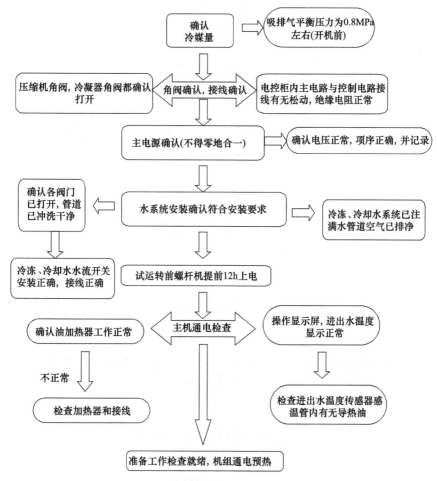

图 3-2 调试前的准备工作流程

3.1.2 试运行

做完调试前的准备工作之后，再进行系统的试运行操作。空调系统试运行特别是要求较高的恒温系统的试验调整，是一项综合性强的技术工作，要与建设单位有关部门（如生产工艺、动力部）加强联系，密切配合，而且要与电气试调人员、钳工、通风工、管工等有关工种协同工作。具体的操作过程如图 3-3 所示。

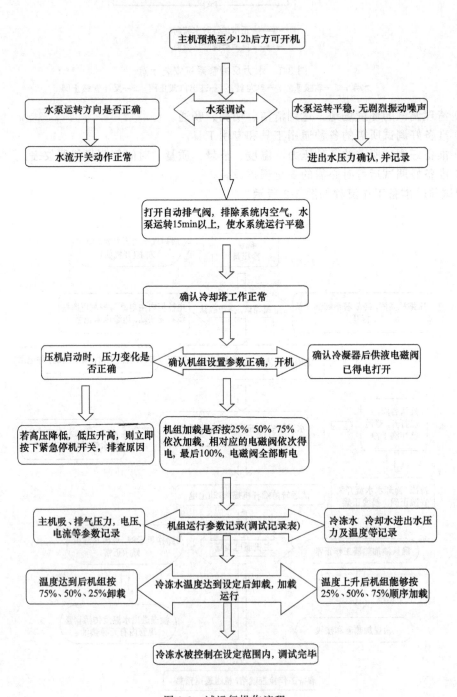

图 3-3　试运行操作流程

3.2 螺杆式中央空调运行操作

3.2.1 开机前的检查与准备

(1) 日常开机前的检查与准备

① 启动冷冻水泵。

② 把冷水机组的三位开关拨到"等待/复位"的位置，此时，如果冷冻水通过蒸发器的流量符合要求，则冷冻水流量的状态指示灯亮。

③ 确认滑阀控制开关是设在"自动"的位置上。

④ 检查冷冻水供水温度的设定值，如有需要可改变此设定值。

⑤ 检查主电动机电流极限设定值，如有需要可改变此设定值。

(2) 季节性开机前的检查与准备

① 在螺杆式机组运转前必须给油加热器先通电 12h，对润滑油进行加热。

② 在启动前先要完成两个水系统的启动，即冷冻水系统和冷却水系统，其启动顺序一般为：空气处理装置→冷冻水泵→冷却塔→冷却水泵。两个水系统启动完成，水循环建立以后经再次检查，设备与管道等无异常情况后即可进入冷水机组（或称主机）的启动阶段，以此来保证冷水机组启动时，其部件不会因缺水或少水而损坏。

3.2.2 系统的启动

在做好了前述启动前的各项检查与准备工作后，接着将机组的三位开关从"等待/复位"调节到"自动/遥控"或"自动/就地"的位置，机组的微处理器便会依次自动进行以下两项检查，并决定机组是否启动。

(1) 检查压缩机电动机的绕组温度

如果绕组温度小于 74℃，则延时 2min；如果绕组温度大于或等于 74℃，则延时 5min，进行下一项检查。

(2) 检查蒸发器的出水温度

将此温度与冷冻水供水温度的设定值进行比较，如果两值的差小于设定的启动值差，说明不需要制冷，即机组不需要启动；如果大于启动值差，则机组进入预备启动状态，制冷需求指示灯亮。

当机组处于启动状态后，微处理器马上发出一个信号启动冷却水泵，在 3min 内如果证实冷却水循环已经建立，微处理器又会发出一个信号至启动器屏去启动压缩机电动机，并断开主电磁阀，使润滑油流至加载电磁阀，卸载电磁阀以及轴承润滑油系统。在 15～45s 内，润滑油流量建立，则压缩机电动机开始启动。压缩机电动机的 Y-Δ 启动转换必须在 2.5s 之内完成，否则机组启动失败。如果压缩机电动机成功启动并加载，运转状态指示灯会亮起来。

机组运行后确认压缩机无异常振动或噪声，如有任何异常请立即停机检查。机组正常运行后用钳形表检测各项运行电流是否符合机组额定要求。

3.2.3 系统的运行调节

(1) 正常运行参数

特灵 RTHA 型和开利 30HXC 型双螺杆冷水机组正常运行的主要参数见表 3-1 与表

3-2

表 3-1　特灵 RTHA 型双螺杆冷水机组正常运行的主要参数（R22）

运 行 参 数	正 常 范 围
蒸发压力/MPa	0.45～0.52
冷凝压力/MPa	0.90～1.40
油温/℃	低于 54.4

表 3-2　开利 30HXC 型双螺杆冷水机组正常运行的主要参数（R134a）

运 行 参 数	正 常 范 围
蒸发压力/MPa	0.38～0.52
冷凝压力/MPa	0.90～1.45
油温/℃	低于 54

（2）运行中的记录操作

运行参数要作为原始数据记录在案，以便与正常运行参数进行比较，借以判断机组的工作状态。当运行参数不在正常范围内时，就要及时进行调整，找出异常的原因予以解决。其记录表形式见附录二中表 2-2。

（3）制冷量调节

螺杆式制冷压缩机制冷量调节的方法主要有吸入、滑阀调节、塞柱阀调节、变频调节、节流调节、转停调节等。目前使用较多的为滑阀调节、塞柱阀调节和变频调节。

滑阀调节方法是在螺杆式制冷压缩机的机体上，装一个调节滑阀，成为压缩机机体的一部分。它位于机体高压侧两内圆的交点处，且能在与汽缸轴线平行的方向上来回滑动，如图 3-4 所示。

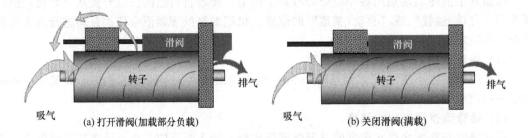

图 3-4　滑阀调节示意

随着滑阀向排气端移动，输气量继续降低。当滑阀向排气端移动至理论极限位置时，即当基元容积的齿面接触线刚刚通过回流孔，将要进行压缩，该基元容积的压缩腔已与排气孔口连通，使压缩机不能进行内压缩，此时压缩机处于全卸载状态。如果滑阀越过这一理论极限位置，则排气端座上的轴向排气孔口与基元容积连通，使排气腔中的高压气体倒流。为了防止这种现象发生，实际上常把这一极限位置设置在输气量 10% 的位置上。因此，螺杆式制冷压缩机的制冷量调节范围一般为 10%～100% 内的无级调节。调节过程中，功率与输气量在 50% 以上负荷运行时几乎是成正比例关系，但在 50% 以下时，性能系数则相应会大幅度下降，显得经济性较差。

滑阀在压缩机内左右移动或定于某一位置都由加载电磁阀和卸载电磁阀控制油流进或流出油缸来实现，而电磁阀的动作信号则由机组微处理器根据冷冻水的出水温度情况发出，从而达到自动调节机组制冷量的目的。

3.2.4　系统的停机

（1）日常停机

① 按"OFF"或"O"按钮停止机组运行。机组将首先进行卸载，卸载后停转压缩机，

紧接着让油加热器通电。停机时，压缩机以 25％的能量运行 30s 后停机，延时 1min 停冷却水泵，再延时 2min 停冷冻水泵。如果按下紧急停机键，机组将立即停转压缩机而不顾当前的负荷状态，平时不要轻易使用。

② 如果冷冻水泵和冷却水泵没有与机组电控柜联锁，压缩机停止后一定时间手动关闭冷冻水泵和冷却水泵。

(2) 季节性停机

① 在水泵停转后关闭靠近机组的水系统截止阀。

② 关闭压缩机吸、排气截止阀。

③ 打开水系统上的放水，放气阀门，放尽水系统中的水。为防止水系统管路因空气而锈蚀，在某些管道段冲入稍高于大气压的氮气驱除空气后旋紧放水、放气阀门以防锈。

④ 保养机组及系统。

3.3 螺杆式制冷压缩机的维护保养

螺杆式制冷压缩机组也是利用低温制冷剂气体的压缩，高温、高压制冷剂气体的冷凝，再对液态制冷剂的节流降压和液态制冷剂的蒸发吸热来完成制冷循环的。与活塞式制冷压缩机组相比，除了压缩机本体结构不同外，其他附属设备基本相同。因此，它们的维护、保养等具有一定的共性。

3.3.1 日常运行时的维护保养

(1) 日常运行时的维护保养

螺杆式制冷压缩机组在日常运行检查中应注意以下问题。

① 机组在运行中的振动情况是否正常。

② 机组在运转中的声音是否异常。

③ 机组在运转中压缩机本体温度是否过高或过低。

④ 机组在运转中压缩机本体结霜情况。

⑤ 能量调节机构的动作是否灵活。

⑥ 轴封处的泄漏情况及轴封部位的温度是否正常。

⑦ 润滑油温度、压力及液位是否正常。

⑧ 电动机与压缩机的同轴度是否在允许范围。

⑨ 电动机运转中的温升是否正常。

⑩ 电动机运转中的声音、气味是否有异常。

⑪ 机组中的安全保护系统（如安全阀、高压控制器、油压差控制器、压差控制器、温度控制器、压力控制器）是否完好和可靠。

(2) 日常停机时的维护保养

① 检查机组内的油位高度，油量不足时应立即补充。

② 检查油加热器是否处于"自动"加热状态，油箱内的油温是否控制在规定温度范围，如果达不到要求，应立即查明原因，进行处理。

③ 检查制冷剂液位高度，结合机组运行时的情况，如果表明系统内制冷剂不足，应及时予以补充。

④ 检查判断系统内是否有空气，如果有，要及时排放。

⑤ 检查电线是否发热，接头是否有松动。

表 3-3 为螺杆式中央空调的日常维护检查项目，表 3-4 为螺杆机组保养周期。

表 3-3　螺杆式中央空调日常维护检查项目

时间	位置	检查项	正确值
启动前	1）油加热器	停止时检查电加热器是否通电	打开电加热器
	2）油分离器视镜	检查油位	保证油位在视油镜 1/3 处以上
	3）喷液管上的手动截止阀	检查阀是否全开	将阀打开
	4）电源电压	用电压表检查	不超过额定值的 ±10%
	5）环境温度（室外温度）	检查温度计	≤40℃
启动	1）边盖上的视镜	检查星轮旋转	按正常接线
	2）喷液管上的电磁阀	在启动时检查是否打开	打开
	3）振动和噪声	感觉、听	无异常振动和噪声
运行	1）油分离器视镜	检查油位	正常值
	2）边盖上的视镜	检查是否喷油	
	3）排气压力	检查高压表（排气）	1.1～1.8MPa
	4）吸气压力	检查低压表（吸气）	0.3～0.6MPa
	5）吸气压力差	检查低压表（吸气）	≤0.05MPa
	6）热水出口温度（制热时）	检查温度计	30～45℃
	7）冷冻水出口温度（制冷时）	检查温度计	5～10℃
	8）高低压差	检查高压表（排气）	≤0.1MPa
每季	1）制冷剂注入量	检查视液镜	管路液体无气泡
	2）润滑油注入量	检查油位计	在规定范围内

表 3-4　螺杆机组保养周期

项目	时间/h							
	1000	2500	5000	10000	15000	20000	25000	30000
电气绝缘				△		△		△
油过滤器	△	△		△		△		△
进气过滤器		△		△				△
空调活塞环						△		○
油位	△	△	△	△	△	△	△	△
电机线圈保护器			△	△	△			△
轴承				△		△		△或○

注：△表示检查或清理；○表示更换。

3.3.2　年度停机时的维护保养

螺杆式制冷机组年度维修保养能保证机组长期正常运行，延长机组的使用寿命，同时也能节省制冷能耗。对于螺杆式制冷机组，应有运行记录，记录下机组的运行情况，而且要建立维修技术档案。完整的技术资料有助于发现故障隐患，及早采取措施，以防故障出现。

（1）螺杆式制冷压缩机

螺杆式制冷压缩机是机组中非常关键的部件，压缩机的好坏直接关系到机组的稳定性。由于目前螺杆压缩机制造材料和制造工艺的不断改善，许多厂家制造的螺杆压缩机寿命都有了显著的提高。如果压缩机发生故障，由于螺杆压缩机的安装精度要求较高，一般都需要请厂方来进行维护。

（2）冷凝器的清洗

① 风冷式冷凝器的除尘　风冷式冷凝器是以空气作为冷却介质的。混在空气中的灰尘随空气流动，黏结在冷凝器外表面上，堵塞肋片的间隙，使空气的流动阻力加大，风量减少。灰尘和污垢的热阻较大，降低了冷凝器的热交换效率，使冷凝压力升高，制冷量降低，冷间温度下降缓慢。因此，必须对冷凝器的灰尘进行定期清除，常用方法如下。

a. 刷洗法　主要用于冷凝器表面油污较严重的场合。准备 70℃ 左右的温水，加入清洁剂（也可加入专用清洗剂），用毛刷刷洗。刷洗完毕后，再用水冲淋。目前有一种喷雾型的换热器清洗剂，将清洗剂喷在散热片上，片刻后用水冲洗即可。

b. 吹除法　利用压缩空气或氮气，将冷凝器外表附着物吹除。同时也可用毛刷边刷边吹除。在清洗冷凝器时，应注意保护翅片、换热管等，不要用硬物刮洗或敲击。

② 水冷式冷凝器的除垢　水冷式冷凝器所用的冷却水是自来水、深井水或江河湖泊水。当冷却水在冷却管壁内流动时，水里的一部分杂质沉积在冷却管壁上，同时经与温度较高的制冷剂蒸气换热后，水温升高，溶解于水中的盐类就会分解并析出，沉淀在冷却管上，黏结成水垢。时间长了，污垢本身具有较大的热阻，因而使热量不能及时排出，冷凝温度升高，影响了制冷机的制冷量，因此要定期清除水垢。常用方法如下。

a. 手工除垢法　将壳管式冷凝器两端的铸铁端盖拆下，用螺旋形钢丝刷伸入冷却管内，往复拉刷，然后再用接近管子内径尺寸的麻花钢筋，塞进冷却管内反复拉捅，一边捅，一边用压力水冲洗。这种除垢方法设备简单，但劳动强度大。

b. 电动机械除垢法　将卧式水冷冷凝器的端盖打开，或将立式水冷冷凝器上边的挡水板拿掉，用专用刮刀接在钢丝软轴上，另一端接在电动机轴上。将刮刀以水平或垂直方向插入冷却管内，开动电动机就可刮除水垢，同时用水管冲洗刮下的水垢并冷却刮刀，应注意冷凝器的焊口或胀口，以防振动而出现泄漏。这种方法效果很好，但只适用于钢制冷却管的冷凝器，不适用于铜管冷凝器。铰锥式刀头在管内清除水垢的情形如图 3-5 所示。

c. 化学除垢法　化学除垢法是利用化学品溶液与水垢接触时发生的化学变化，使水垢脱离管壁。它的方法有多种，通常采用酸洗法。酸洗法除水垢，适用于立式和卧式壳管式冷凝器，尤其适用于铜管冷凝器。酸洗法除垢有采用耐酸泵循环除垢法和灌入除垢法（直接将配置好的酸洗溶液倒入换热管）两种。

酸洗法除垢的操作方法如下。

ⓐ 采用耐酸泵循环除垢时，首先将制冷剂全部抽出，关闭冷凝器的进水阀，放净管道内积水，拆掉进水管，将冷凝器进出水接头用相同直径的水管（最好采用耐酸塑料管）接入酸洗系统中，如图 3-6 所示。

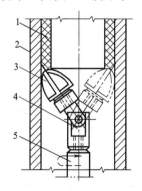

图 3-5　铰锥式刀头在管内清除水垢的情形
1—水垢；2—水管；3—刀头；
4—万向联轴器；5—传动软管

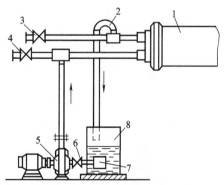

图 3-6　酸洗法除垢装置
1—冷凝器；2—回流弯管；3，4，6—截止阀；
5—耐酸泵；7—过滤网；8—溶液箱

ⓑ 向用塑料板制成的溶液箱 8 中倒入适量的酸洗液。酸洗液为浓度 10％的盐酸溶液 500kg 加入缓蚀剂 250g，缓蚀剂一般用六亚甲基四胺（又称乌洛托品）。酸洗液的实际需用量可按冷凝器的大小进行配制。启动酸洗泵，使酸洗液沿冷凝器管道和溶液箱循环流动，酸洗液便会与冷凝器管道中的水垢发生化学反应，使水垢溶解脱落，达到除垢的目的。

ⓒ 酸洗 20～30h 后（时间的长短，可根据水垢的性质与厚度而定），停止耐酸泵工作，打开冷凝器的两端封头，用刷子在管内来回拉刷，将水垢刷去，这时的水垢比较容易刷掉，然后用水冲洗一遍。重新装好两端封头，利用原设备换用 1％的氢氧化钠溶液或 5％的碳酸钠溶液循环清洗 15min 左右，以中和残留在冷凝器水管内的酸溶液。再用清水循环冲洗 1～2h，直到水清为止。

除垢工作可根据水质的好坏和冷凝器的使用情况决定清洗时间，一般可间隔 1～2 年进行一次。除垢工作结束后，要对冷凝器进行压力检漏。

目前市场上有配置好的专用"酸性除锈除垢"清洗剂出售，按说明书要求倒入清洗设备中，按上述清洗法进行除垢即可。采用此种清洗剂不但效果好，而且省去了配置清洗液的麻烦，即安全又省时、省力，是目前推荐的方法。

冷凝器也可在运行时除垢。可将运行去垢剂直接加在冷却水中进行除垢，使用时制冷系统不必停止运行。将运行去垢剂按冷却水量 0.1％的比例加入冷却水中，随着运行去垢剂与冷却水混合均匀，在运行中达到除垢的目的。除垢期为 20～30 天，除垢期间水池中有白盐类沉淀物，应经常排污，并及时补水、补药，以保证运行去垢剂的浓度。除垢期后系统可正常运行。

(3) 更换润滑油

润滑油具有润滑、冷却、密封、驱动油压缸等功能。对螺杆压缩机的性能具有决定性的影响，若使用不当或错误，则会导致压缩机机体的严重损坏。因此内部润滑油系统是压缩机正常运转的关键，但油品的性能随时间而发生变化，有一段比较稳定的时期，接近寿命时性能会急剧劣化，如图 3-7 所示，因此要在适当的时机换油。

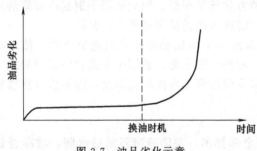

图 3-7 油品劣化示意

① 可依下列几种方法更换润滑油，以保证压缩机的正常运转。

a. 时间设定更换。一般每运转 10000h 需检查或更换一次润滑油，且第一次运转后，对风冷和干式机组建议 1000h（或累计 2 个月）更换一次润滑油，且清洗机油过滤器。主要因系统组装的残渣在正式运转后都会累积至压缩机中。以后依系统清洁度状态定时更换，若系统清洁度佳，可每 10000h（或每年）更换一次。

b. 压缩机排气温度若长期维持在高温、高压状态，则润滑油劣化进度加快，需定期（每 2 个月）检查润滑油的化学特性，不合格时即更换。若无法定期检查则可依表 3-5 执行。

表 3-5 运转期间按每天运转 16h 计算

运行状态	制冷	45℃制热	50℃制热	55℃制热	55℃以上制热
更换时间/h	10000	8000	4000	1500	500
更换时间(运转月数)/月	20	16	8	3	1

② 润滑油的酸化会直接影响压缩机电机的寿命，故应定期检查润滑油的酸度是否合格，一般润滑油的酸度低于 6（pH 值）时即需更换。若无法检查酸度，则应定期更换系统的干

燥过滤器滤芯，使系统保持在干燥状态下。

③ 润滑油的更换程序需咨询压缩机厂家售后部门。尤其是系统有电机烧毁的前例，在更换电机后，更应每个月追踪润滑油的状况，或定时（200h）更换润滑油，直到系统干净为止，否则系统中残留的酸性成分将破坏电机的绝缘部分。

④ 每个厂家的压缩机润滑油牌号不尽相同，更换润滑油时应注意原压缩机铭牌注明的润滑油牌号和用量。特别注意：因不同型号的润滑油含有防锈、抗氧化、抗泡沫、抗磨蚀等成分不相同，所以不要将不同型号和不同牌号的油混合使用，以免产生化学反应，产生黏性沉积物使油路系统堵塞。

⑤ 更换润滑油操作

a. 准备工作：检查压缩机润滑油是否预热 8h 以上。试运转前至少将机油加热器通电加热 8h，以防止启动时冷冻油发生起泡现象。若环境温度较低时，油加热时间需相对加长。在低温状态时启动，因润滑油黏度大，会有启动不易和压缩机加卸载不良等状况。一般润滑油温度最低需达到 23℃ 以上才可开机运行。开机后，记录运行参数，分析机器以前及现在存在的问题，做好准备工作。

ⓐ 短接高低压差开关（图 3-8）（最好不要调节高低压差开关，可直接将两根导线短接）。在机器满载运行（100%）时，关闭冷凝器出口角阀（图 3-9）（特别注意冷媒回收后恢复高低压差开关）。

图 3-8　高低压差开关

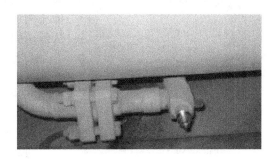

图 3-9　角阀

ⓑ 当机器低压压力小于 0.1MPa 时按下应急开关或关闭电源。由于压缩机排气口处有单向阀，因此制冷剂不会回流到压缩机，但有时单向阀可能会关闭不严，所以最好在按下应急开关的同时关闭压缩机排气截止阀（图 3-10）。

b. 当上面的工作完成后，关闭总电源，进行下面的操作。

ⓐ 放油　冷冻油在系统冷媒气体的压力下喷出的速度很快，注意卫生，不要喷溅到外

图 3-10　排气截止阀

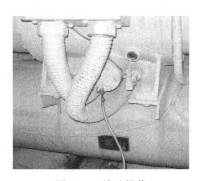

图 3-11　放油操作

面。在放油的同时排放冷媒，打开压力表截止阀（图 3-11）。

ⓑ 清洗油槽（图 3-12）和油过滤器　打开油槽盖子，用干燥的纱布清洗油槽，取出油槽内的两块磁铁，清洗后再放回油槽内。用大扳手拆开油过滤器，并用废油清洗。

ⓒ 更换干燥过滤器（图 3-13）　有 3 个干燥过滤器的滤芯在更换时速度要快，防止与空气接触时间过长而吸附过多的水分；过滤器为易拉罐包装，在运输过程中注意保护，一旦发现包装损坏即作废。

图 3-12　油槽

图 3-13　干燥过滤器

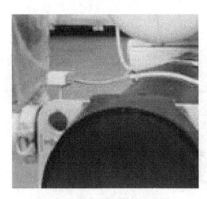

图 3-14　盲管

c. 抽真空加油。根据压缩机结构，最好从高压侧加油。因为压缩机高压和低压腔并不直接连通，所以从低压侧加油油很难回到油槽内。一般采用抽真空的方式从低压侧抽空油，从高压侧把油吸入。

d. 给盲管补油：用换下的废旧冷冻油为盲管（图 3-14）补油。

e. 预热：通电预热至机油温度达到 23℃ 以上才可开机运行。

（4）安全阀的校验

螺杆式冷水机组上的冷凝器和蒸发器均属于压力容器，根据规定，要在机组的高压端即冷凝器筒体上安装安全阀，一旦机组处于非正常的工作环境下时，安全阀可以自动泄压，以防止高压可能对人体造成的伤害。所以安全阀的定期校验，对于整台机组的安全性是十分重要的。

（5）制冷剂的充灌

如没有其他特殊的原因，一般机组不会产生大量的泄漏。如果由于使用不当或在维修保养后，有一定量的制冷剂发生泄漏，就需要重新添加制冷剂。充灌制冷剂时必须注意机组使用制冷剂的牌号。

3.4　螺杆式中央空调故障分析与排除

3.4.1　螺杆式中央空调检修操作工艺

螺杆式制冷系统的检修操作工艺也包括系统的吹污、气密性试验、抽真空、干燥除湿处理、制冷剂充灌与取出、润滑油的充灌与取出。系统的吹污、气密性试验、抽真空、干燥除湿处理、润滑油的充灌与取出操作方法及要求参照活塞式压缩制冷系统。由于压缩机的结构形式不一样，制冷剂充灌与取出稍有不同。

目前，螺杆式制冷机组在出厂前一般都按规定充灌了制冷剂，现场安装后，经外观检查如果未发现意外损伤，可直接打开有关阀门（应先阅读厂方的使用说明书，在运输途中，机组上的阀门一般处在关闭状态）开机调试。如果发现制冷剂已经漏完或者不足，应首先找出泄漏点并排除泄漏现象，然后按产品使用说明书要求，加入规定牌号的制冷剂，注意制冷剂充灌量应符合技术要求。出厂未充灌制冷剂的螺杆式制冷机组，应按设备技术文件的规定充灌制冷剂。

螺杆式制冷机组常见的制冷剂充灌方式有两种：液态充灌和气态充灌。对大、中型螺杆式制冷机组的充灌方式以液态充灌为主，缩短充灌时间。但必须注意，不能在压缩机吸入口和压缩机排气截止阀处充灌，以免在启动压缩机时引起液击。气态充灌在压缩机吸入口处进行，充灌速度较慢，但充注量较精确。

（1）液态充灌

通过多用压力表连接加液管至储液罐上的截止阀，排放管内空气。将制冷剂钢瓶倒置，开启钢瓶阀门，制冷剂以液态方式充灌入机组。一般采用称重法来称量制冷剂的充灌量。若机组使用非共沸混合制冷剂，只能采用液态充灌法，将混合制冷剂所包括的各组分按质量比充灌。

（2）气态充灌

通过多用压力表，将中间软管连接于压缩机的吸入口，排出软管内的空气，并开启吸气截止阀，将制冷剂钢瓶直立放置，打开钢瓶阀门，启动压缩机，缓慢地吸入制冷剂，观察吸入和排气压力至正常的运行状态，结束充灌。

3.4.2 螺杆式制冷机组常见故障分析

表 3-6 列出了水冷螺杆式冷水机组常见故障现象、原因分析与排除方法。

表 3-6　水冷螺杆式机组常见故障现象、原因分析与排除方法

故障现象	原因分析	排除方法
排气压力过高	1)冷凝器进水温度过高或流量不够 2)系统内有空气或不凝结气体 3)冷凝器铜管内结垢严重 4)制冷剂充灌过多 5)冷凝器上进气阀未完全打开 6)吸气压力高于正常情况 7)水泵故障	1)检查冷却塔、水过滤器和各个水阀 2)由冷凝器排出 3)清洗铜管 4)排出多余量 5)全打开 6)参考"吸气压力过高"栏目 7)检查冷却水泵
排气压力过低	1)通过冷凝器的水流量过大 2)冷凝器的进水温度过低 3)大量液体制冷剂进入压缩机 4)制冷剂充灌不足 5)吸气压力低于标准	1)调小阀门 2)调节冷却塔风机转速或风机工作台数 3)检查膨胀阀及其感温包 4)充灌到规定量 5)参考"吸气压力过低"栏目
吸气压力过高	1)制冷剂充灌过量 2)在满负荷时,大量液体制冷剂流入压缩机	1)排除多余量 2)检查和调整膨胀阀及其感温包,确定感温包是否紧固于吸气管上,并已隔热;冷水入口温度高于限定温度

故障现象	原因分析	排除方法
吸气压力过低	1)未完全打开冷凝器制冷剂液体出口阀门 2)制冷剂过滤器有堵塞 3)膨胀阀调整不当或故障 4)制冷剂充灌不足 5)过量润滑油在制冷系统中循环 6)蒸发器的进水温度过低 7)通过蒸发器的水量不足	1)全打开 2)更换过滤器 3)正确调整过热度,检查感温包是否泄漏 4)补充到规定量 5)查明原因,减少到合适值 6)提高进水温度设定值 7)检查水泵、水阀
压缩机因高压保护停机	1)通过冷凝器的水量不足 2)冷凝器铜管堵塞 3)制冷剂充灌过量 4)高压保护设定值不正确	1)检查冷却塔、水泵、水阀 2)清洗铜管 3)排除多余量 4)正确设定
压缩机因主电机过载停机	1)电压过高或过低或相间不平衡 2)排气压力过高 3)回水温度过高 4)过载元件故障 5)主电机或接线座短路	1)查明原因,使电压值与额定值误差在10%以内或相间不平衡率在3%以内 2)参考"排气压力过高"栏目 3)查明原因,使其降低 4)检查压缩机电流,对比资料上的全额电流 5)检查电机接线座与地线之间的阻抗,修复
压缩机因主电机温度保护而停机	1)电压过高或过低 2)排气压力过高 3)冷水回水温度过高 4)温度保护器件故障 5)制冷剂充灌不足 6)冷凝器气体入口阀关闭	1)检查电压与机组额定值是否一致,必要时更正相位不平衡 2)检查排气压力和确定排气压力过高原因,排除 3)检查原因,排除 4)排除或更换 5)补充到规定量 6)打开
压缩机因低压保护而停机	1)制冷剂过滤器堵塞 2)膨胀阀故障 3)制冷剂充灌不足 4)未打开冷凝器液体出口阀	1)更换 2)排除或更换 3)补充到规定量 4)打开
压缩机有噪声	压缩机吸入液体制冷剂	调整膨胀阀
压缩机不能运转	1)过载保护断开或控制线路保险丝烧断 2)控制线路接触不良 3)压缩机继电器线圈烧坏 4)相位错误	1)查明原因,更换 2)检修 3)更换 4)调整正确
卸载系统不能工作	1)温控器故障 2)卸载电磁阀故障 3)卸载机构损坏	1)排除或更换 2)排除或更换 3)修理或更换

3.4.3 螺杆式制冷机组的检修

(1) 螺杆式制冷压缩机的拆卸与装配

下面以半封闭单螺杆制冷压缩机以例进行介绍。

① 拆卸与装配工具 拆卸与装配工具包括特殊工具和常用工具,见表3-7与表3-8。

表 3-7 特殊工具

序号	夹具/工具名称	数量			备 注
		18S	18M	18L	
1	螺杆转子调心工具	1	1	1	螺杆轴位置调节
2	转子键提取工具	1	1	1	提取转子上的键
3	转子导杆	1	1	1	提取/安装转子
4	转子提取工具	—	—	—	提取/安装转子
5	转子锁定工具	1	1	1	固定/提取转子
6	空气间隙塞尺	1	1	1	测量电机空气间隙
7	间隙调节工具	1	1	1	调节高压密封间隙
8	螺杆部件放置架	1	1	1	
9	活动销提取工具	1	1	1	提取活动销
10	活动衬套提取工具	1	1	1	提取活动衬套

表 3-8 常用工具

序号	夹具/工具名称	规格	数量	备注
1	内六角扳手	M5～M16	1 套	拆卸螺栓
2	六角套筒扳手	M5～M16	1 套	拆卸螺栓
3	六角套筒扳手	M5 长型	1	扭紧/拆卸星轮轴承固定器
4	力矩扳手	230QLK	1	测量扭转力矩
5	力矩扳手	450QLK	1	测量扭转力矩
6	力矩扳手	900QLK	1	测量扭转力矩
7	力矩扳手	1500QLK	1	测量扭转力矩
8	塞尺	0.03～0.3	1	测量间隙
9	千分尺	0～25	1	测量星轮转子厚度
10	吊索	$\phi 8.0mm$ $L:500mm$	2	起吊转子端盖
11	尼龙绳	250kg,L:1500mm	1	起吊转子/螺杆转子部件
12	螺栓	M8×100	2	拆卸螺杆转子副轴承
13	卡簧		1	安装/拆卸卡簧(孔)
14	卡簧	孔型	1	安装/拆卸卡簧(轴)
15	卡簧	轴型	1	拆卸轴承(星轮副)外座圈
16	密封垫刮刀	51-A	1	修刮密封垫
17	油石		1	修理法兰表面
18	黄铜棒	50cm,20cm	1(每种)	拆卸轴承(螺杆转子副)/安装轴承(星轮主)
19	加热喷嘴		1	加热轴承(螺杆转子副/星轮副)内座圈
20	储油盒		1	
21	电加热器		1	
22	温度计	200℃	1	拆卸轴承(螺杆转子副/星轮副)内座圈
23	双头螺栓	M12×400, M16×400	2/每种	

序号	夹具/工具名称	规格	数量	备注
24	手锤		1	
25	塑料锤	PL-10	1	
26	厌氧胶	TB1324(3 bond)	1	
27	脱脂溶剂	2802(3 bond)	1	除油污/清洗
28	抗热电烙铁	B0(3P)		绝缘修补
29	常用钳工标准工具		1套	

② 拆卸压缩机前的准备工作

a. 抽气　操作步骤如下。

ⓐ 关闭液体管道的截止阀。注意不能关闭喷液截止阀，因为如果压缩机在喷液停止情况下，运行时会损坏。

ⓑ 启动压缩机进行抽气，当低压变为 0.02MPa 或更低时，停止压缩机。

ⓒ 压缩机停止后，完全关闭喷液截止阀和排气截止阀。

ⓓ 关闭主供电源和控制电源。

b. 从压缩机内回收冷媒　操作步骤如下。

ⓐ 回收存在于系统内的冷媒。

ⓑ 由于在排气检验阀箱（直接装配在压缩机上）与排气截止阀间的管中残存高压冷媒气体，必须排放出存在于管中的冷媒气体。

ⓒ 由于在喷液电磁阀与喷液截止阀之间的管中残存液态冷媒，必须回收这些冷媒并确定不存在残余压力。到此，准备工作完成。

③ 从机组中拆卸压缩机

a. 将压缩机和机组分离　操作步骤如下。

ⓐ 确定冷媒气体完全排出。

ⓑ 确定主供电源和控制电源已经关闭。

ⓒ 拆下吸气和排气管，保证不存在任何压力。

ⓓ 从机组管路端的电磁阀处拆开喷管。

ⓔ 使用平口螺丝起子取走电机接线盒里的硅胶，拆除主供电缆和控制线（在主电缆上，注意在电缆末端缚上辨认标记。从接线柱上拆下控制线，在末端缚上辨认标记）。

ⓕ 拆除排气温度热动开关的接线。

ⓖ 拆下油加热器。

b. 起吊压缩机　起吊压缩机时，将绳索缚在外壳上端的吊环螺栓上，然后起吊压缩机，为了更容易拆卸压缩机并保证高质量，在拆卸场地划出足够空间（底部）。起吊用的绳索要根据质量来选取型号，见表 3-9。

表 3-9　型号与质量对照

型号	质量/kg	型号	质量/kg
MS-18S	760	MS-18L	870
MS-18M	800		

④ 螺杆制冷压缩机的拆卸

a. 排油　操作步骤如下。

ⓐ 连接管子一端到油分离器底部截止阀（排油阀）上，将另一端置于一个空容器内（大约 20L），打开阀门，将油排出，如图 3-15 所示。

ⓑ 在电机的底部连接油管，将另一端导至容器内，松开锥形螺母，将油导出，如图 3-16 所示。

图 3-15　排除油分离器底部的油

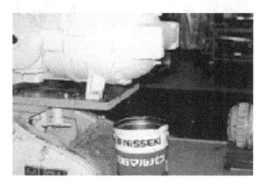

图 3-16　排除电机端盖的油

ⓒ 在油过滤器端盖的下面准备油收集器，松开油分离器端盖 M8 螺栓。取下端盖，通过排油孔将油排出，如图 3-17 所示。

ⓓ 为了在拆卸完成后更换与排油相同量的油，记下排出油的容量，见表 3-10。

注意事项：在铭牌上所列出的更换油的容量有时会与记录的最初更换的量不同，因为记录的更换量将存留于装置内的油也计算在内；排出的油量与铭牌上所列的油量会不同，是由于油在机组内有残留；如机组上带有油箱，在拆卸完成后更换油箱内相同的油量。

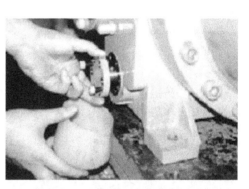

图 3-17　排除油过滤器部分的油

表 3-10　油量记录　　　　　　　　　　　　　　　单位：L

油分的底部		A 侧星轮主轴承箱	
电机端盖底部		总计	
油过滤器部分		重新安装更换量	
B 侧星轮副轴承箱			

b. 取下接线盒　操作步骤如下。

ⓐ 取出接线盒内的硅胶保护层。注意使用工具（螺丝起子）时避免损坏电机热电保护、接线柱和接线板。当压缩机从机组上分离时，如果主电路电缆未拆开，注意在电缆的末端缚上识别标志，如图 3-18 所示。

ⓑ 取下控制容量的电磁阀线圈和喷液电磁阀线圈。为使在安装电磁阀线圈时避免弄错，应缚上识别标志。当压缩机从机组上分离时，如果控制电缆未拆开，在初级端将其拆开，并缚上识别标志，如图 3-19 所示。

ⓒ 松开固定接线盒的螺栓，取下接线盒。

c. 取下喷液管装置　操作步骤如下。

ⓐ 取下喷液控制阀的热感应管（感温包），拆开压力平衡管。

ⓑ 取下喷液电磁阀的装配螺钉，松开侧端盖部分的锥形螺母，取下喷液管部件，如图 3-20 所示。

图 3-18　取出硅胶保护层

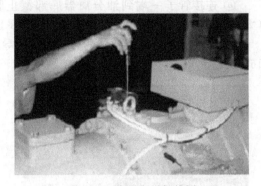

图 3-19　取下电磁阀线圈

d. 取出星轮装置

（a）取下 B 侧端盖（当从电机侧看压缩机时，右为 B 侧，左为 A 侧）

ⓐ 首先，取下最上面的两个螺栓，旋入辅助柱头螺栓，然后取下其他螺栓，如图 3-21 所示。

图 3-20　取下喷液管装置

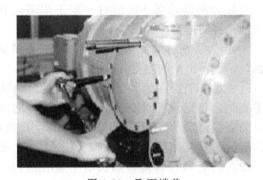

图 3-21　取下端盖

图 3-22　取下星轮轴承箱端盖

ⓑ 在端盖上螺纹孔中旋入顶起螺栓后，将端盖从机体上分离，取下。

ⓒ 如果端盖上没有设供顶起用的螺纹孔时，用塑料锤轻轻敲击端盖的一边，将端盖从机体上分离。在拆除侧端盖时，注意避免损坏内部构件（如星轮）和避免损坏垫圈座表面。

（b）测量边缘间隙（机体与星轮间）的尺寸，并在表中记下。

（c）松开螺栓，移走星轮轴承箱端盖，如图 3-22 所示。

由于 O 形环不能再次使用，需更换；当 A 侧的星轮轴承箱端盖移走时，会流出一些油，用油接收器回收，记入表中。

（d）取出星轮轴压盖。用手握住星轮托架，松开螺栓取出星轮轴压盖。

（e）取出星轮主轴承箱

ⓐ 为较容易地取出星轮托架，应使螺杆吸气侧的齿端处在凸台边缘表面处。

ⓑ 取下螺钉，通过顶起螺纹孔平稳地将星轮主轴承箱移走。

当 A 侧星轮主轴承箱取下后，它在重力作用下落下，可能会将手夹伤。为防止手被夹伤，应在下面放置垫块或其他相似物品，小心地将此部件取出。

（f）取出星轮副轴承箱。取下 M8 螺钉，用手握住星轮的托架部分，通过顶起螺纹孔平稳地将星轮副轴承箱移走。由于 B 侧星轮副轴承箱残存一定量的油，将排出油记录在表中。

（g）取出星轮托架部件。倾斜星轮托架，逐渐将其从螺杆处取出，注意不要将其碰伤，如图 3-23 所示。

（h）取出 A 侧的星轮，取出过程与 B 侧相似。

e. 取下油分离器

（a）松开排气法兰盖的螺栓，取下检验阀箱。

（b）取下油分离器

ⓐ 取下上面的螺栓，旋入辅助柱头螺栓，然后取走其他螺栓。

ⓑ 在壳体上的排气法兰部分安置吊环螺栓，使用链轮逐渐提高油分离器。由于油分离器连有垫片，将其从机体上取下。如果使用链轮仍不能将其分开，在油分离器上放置木板或其他相似物品，然后使用铅锤轻轻敲击油分离器，将其与机体分离，如图 3-24 所示。

图 3-23　取出星轮托架部件

图 3-24　取下油分离器

f. 取下电机端盖和转子

ⓐ 取出吸气过滤器。取下电机端盖部分的吸气法兰上的盖子，松开吸气过滤器，并将其从吸气法兰中取出。

ⓑ 取下电机端盖。取下最上端的两个螺栓，旋入辅助柱头螺栓后取下其他螺栓，在电机端盖的移动侧的吸气法兰上旋入两个螺栓。再使用链轮逐渐提升端盖，将电机端盖从机体侧分离开来，其间要避免绳索打滑。如果通过链轮不能将其分开，在电机端盖上放置木板或其他相似物品，然后使用铅锤轻轻敲击电机端盖，并通过辅助柱头螺栓的导向逐渐拉动并取下电机端盖，如图 3-25 所示。

图 3-25　取下电机端盖

图 3-26　用转子锁紧工具卡住转子

ⓒ 取出电机转子。用转子锁紧工具卡住转子的末端翅片，在机体的螺栓孔（即与电机端盖连接螺栓孔）内旋入柱头螺栓。然后锁紧转子固定工具。旋转转子固定工具的螺母，使其紧紧卡住转子，如图 3-26 所示。将六角套筒扳手置于转子锁紧工具的中心孔处，松开用于转子制动的螺栓（丢弃圆锥弹簧垫圈，因为它是不能重新使用的）。

ⓓ 取下转子固定工具。

ⓔ 使用转子键的提取工具，将键从转子中拉出。

ⓕ 在轴上装转子导杆。

图 3-27 取出电机转子

ⓖ 将转子提取工具置于转子的提取孔中，逐渐将转子拉出一半。如果没有转子提取孔，用钳子夹住转子上的翅片，逐渐将其拉出一半。注意不要用力过大以免损坏转子翅片。

ⓗ 由于转子的质量为 20～60kg，拴上尼龙吊索，用链轮提升，然后拉出转子，如图 3-27 所示。

ⓘ 取出转子导杆。

g. 取出螺杆转子

ⓐ 使用测间隙量规测量螺杆转子与机体压缩腔内壁的间隙，在 A、B 两侧各取 3 点进行测量，并记录测量结果。

ⓑ 取下六角螺栓，将悬臂杆与活塞分离。

ⓒ 取出锁紧螺母（上层和底层螺母），取下悬臂杆和滑阀弹簧。

ⓓ 松开并取下机体外面用于紧固法兰压盘（容量控制）的螺栓。不要取下机体里面用于紧固法兰压盘和主轴承压盖的螺栓。

ⓔ 拉出法兰压盘（容量控制），螺杆转子连于其上，直到可以看到螺杆转子的齿凹槽为止。注意避免将螺杆转子拉出过多；如果法兰压盘（容量控制）牢固地连在机体上，从电机侧轻推轴使其移动。

ⓕ 将尼龙绳索拴于转子轴承箱与螺杆转子的交界处，用链轮将其吊住。吊住后，前后移动螺杆转子，保证其能平稳移动。注意不要起吊过高，以免损坏螺杆转子。

ⓖ 将带有螺杆转子装置的法兰压盘从机体中取出，如图 3-28 所示。由于重心靠近法兰压盘（容量控制），取出部件时小心地扶住法兰。带有螺杆转子的法兰压盘部件重 30～50kg，因此选用链轮。取出中，要注意避免损坏螺杆转子，并将取下的螺杆转子置于螺杆转子存放的支座上。

ⓗ 拉出滑阀部分。区别 A 侧与 B 侧，以免在重新装配时弄错。

图 3-28 取出螺杆转子

h. 取下法兰压盖　松开连接法兰压盘与主轴承压盖的螺栓，取下法兰压盘、主垫片和预加载弹簧。

i. 取出螺杆转子副轴承的外座圈　取下卡簧，再从机体的电机侧，在轴承箱上旋入辅助柱头螺栓，逐渐推动并取下轴承。

⑤ 清洗和部件修理

a. 取下贴在法兰表面的垫片，用油石将其表面抹平。

b. 清除机体内的碎渣。从机体排气端的油槽内、机体的中间腔体和电机部位的底部清除碎渣。

c. 清除油分离器中的碎渣。清除粘在油分离器内侧和除雾器上的碎渣。

⑥ 螺杆制冷压缩机的装配

a. 安装螺杆转子副轴承

ⓐ 安装轴承外座圈。从排气侧将螺杆转子副轴承的外座圈装入机体。同时用金属棒轻点外圆并仔细将其压入，注意不要倾斜，然后用锤子在其上两处或三处敲实，使轴承外座圈处于卡簧内侧，并向轴承内注入足够的油。

ⓑ 安装卡簧。

b. 装配螺杆转子部件

（a）取下螺杆转子主轴承

ⓐ 松开螺栓，取下主轴承压盖。在拆卸过程中让螺杆转子竖立，操作起来会很方便。

ⓑ 取下主轴承压盖，然后取下螺杆转子主箱，间隙调节垫片和垫圈。

（b）更换螺杆转子副轴承内座圈

ⓐ 取下用于定位螺杆转子副轴承内座圈的卡簧。

ⓑ 取下螺杆转子副轴承内座圈。将螺杆转子垂直竖立，在螺杆转子副轴承内座圈的环向上均匀、快速地将其加热，然后内座圈因重力作用落下（如果在轴的同一位置上加热超过5s，轴将会弯曲或变形，因此要在最短的时间内使内座圈脱落），如图3-29所示。取下的内座圈不能再使用。

ⓒ 安装螺杆转子副轴承内法座圈。将螺杆冷却，立起螺杆转子，装上螺杆转子副轴承内座圈。内座圈与轴采用热套法，如图3-30所示的加热设备，加热内座圈，然后快速装到轴上。加热内座圈的温度在110～130℃，不要超过此温度。将冷冻油加热到上面的温度范围，然后将内座圈浸入约10min。为避免烫伤，戴上皮手套，然后再安装加热过的内座圈。

图3-29　加热螺杆转子副轴承内座圈

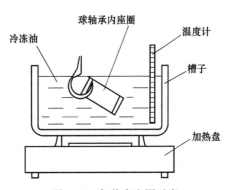

图3-30　加热内座圈示意

ⓓ 将卡簧装在螺杆轴上。

（c）安装螺杆转子主轴承　在螺杆转子主轴承箱里安装轴承。装配时，按如图3-31所示对准标记向内，并确认螺杆转子主轴承已经完全落位在轴承箱上。

（d）装配螺杆转子部件

ⓐ 调节高压密封间隙（选择副垫片）　将螺杆转子立起，在螺杆转子上安装垫圈和副垫片，然后安装装有轴承的螺杆转子主轴承箱；装配预加载弹簧和高压密封间隙调节工具，安装主轴承箱部件后再取下，选择副垫片，使得高压密封间隙为0.08～0.12mm；再记下调节值和所装垫片的厚度；最后选择了副垫片后，取下调节工具。

ⓑ 安装主轴承箱　将主轴承箱安装在螺杆轴上，并用螺栓完全固定，同时用清洗液除

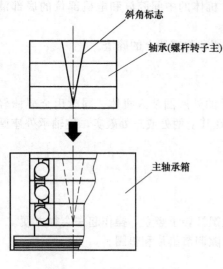

斜角标志

轴承(螺杆转子主)

主轴承箱

图 3-31　主轴承安装示意

油污后，再在螺栓的顶端与第 2 或第 3 螺纹处滴一滴厌氧胶。

ⓒ 安装法兰压盘（容量调节）　在主轴承箱上装预加载弹簧；在主轴承箱上装主垫片，垫片上孔的方向应与主轴承箱的油道孔方向相同，以免将其封闭；用螺栓将法兰压盘（容量调节）安装在主轴承箱上，并确认法兰汽缸内的活塞能平稳移动。

c. 安装螺杆转子

（a）安装滑阀　在机体上安装两个滑阀，确认其能平稳移动。注意在滑阀上标有 A 和 B 侧，不要将 A 和 B 侧混淆。

（b）安装螺杆转子　用尼龙绳缚住连接了法兰压盘的螺杆转子部件，使用链轮将其吊起，然后装入机体内，螺杆转子装入机体后，用螺栓将法兰压盘（容量调节）装于机体上。

（c）螺杆的位置调节（主垫片的选择）　在机体 B 侧星轮部件的装配孔内安装螺杆转子调心工具。

ⓐ 将螺杆转子调心工具插到螺杆齿槽的参照位置，齿槽的参照位置在螺杆吸气端的冲孔标记指示处，如图 3-32 所示。

ⓑ 安装星轮副轴承箱部件。因为是暂时装配，在对角位置上安装约 2 个螺栓固定星轮副轴承箱。

ⓒ 安装星轮主轴承箱。因为是暂时装配，在对角位置上安装约 2 个螺栓固定星轮主轴承箱。

ⓓ 安装星轮轴压盘，用螺栓固定。

ⓔ 将螺杆转子调心工具的测量探针设在排气端，工具上的刻度盘对零。

ⓕ 从机体的电机侧握住螺杆转子，旋转螺杆，使得测量探针滑向吸气侧。此时，选择主调节薄垫片使刻度盘读数为 $-20 \sim +20 \mu m$。

ⓖ 记录调节数值和所选定的垫片的厚度。

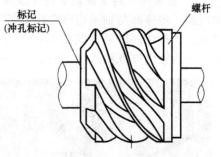

标记
（冲孔标记）

螺杆

图 3-32　齿槽参照位置示意

为方便更换主垫片，应先取下将法兰压盘（容量调节）固定在机体和主轴承箱上的螺栓，保持螺杆转子调心工具的位置。将法兰挂在滑阀导杆上，然后更换垫片。安装主垫片，使其上孔的方向与主轴承箱油道孔方向相同，以免将其封住。同时注意安装垫片时避免预加载弹簧掉出。

（d）检查螺杆转子与机体压缩腔内壁的间隙　使用测厚度量规在 A、B 两侧各取 3 点测量螺杆与机体压缩腔内壁的间隙，并记录测量值。如果 A、B 两侧的间隙差异为 $15 \mu m$ 或更多，松开固定法兰压盘（容量调节）与机体的螺栓，用塑料锤轻敲法兰压盘（容量调节），使得左右的间隙彼此相等。然后用螺栓固紧法兰压盘（容量调节），并确认滑阀能平稳移动。

（e）安装滑阀弹簧和悬臂杆

ⓐ 使滑阀和活塞处于前侧（卸载位置），并在滑阀杆上装入滑阀弹簧。

ⓑ 备好悬臂杆，装上圆锥弹簧，用螺栓将悬臂杆装在活塞上。悬臂杆应直接装在朝上的槽口上，如果反向装配，将会影响油分离器工作，导致不正常状况。同时，由于悬臂杆上的孔是为了避免妨碍汽缸端盖上的螺栓装配，应注意悬臂杆的安装方向。

ⓒ 将滑阀导杆的末端穿过悬臂杆上的孔，用锁紧螺母旋紧。

ⓓ 确认在法兰压盘（容量控制）的外圆上已装螺塞。

ⓔ 取下法兰压盘（容量调节）一端的螺塞，如图 3-33 所示点 A 处，用气体压力检查滑阀的运行情况。由于滑阀导杆与悬臂杆之间有相对移动，滑阀有时可能与机体不能完全的配合。因此，如果不能完全的配合，用力压紧导杆部分的锁紧螺母，重新检查滑阀的接触情况，如图 3-34 所示。检查完后，不要忘记装上螺塞。

d. 装配星轮托架部件

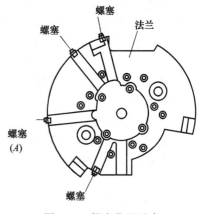

图 3-33　螺塞位置示意

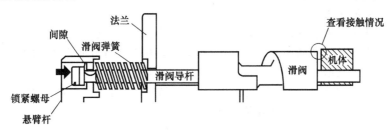

图 3-34　滑阀与机体接触示意

（a）更换星轮转子

ⓐ 更换星轮转子

• 取下卡簧和垫板。

• 沿着星轮托架逐渐取下星轮转子。如果星轮转子不能从星轮托架上取下，应先取出活动销，再逐渐将星轮转子取下。

• 从星轮托架的背侧，将工具放入销孔，用塑料锤敲击，将活动销取出。活动销不能重新使用，应更换，如图 3-35 所示。

• 使用提取工具将活动衬套从星轮转子上取下。

• 用千分尺测量取下的星轮转子的厚度，将测量结果记下。

ⓑ 取下星轮副轴承内座圈　先取下卡簧，并修理卡簧槽（用裹有砂纸的镊子磨掉毛刺），再将星轮托架吊起，使副轴承内座圈的安装侧朝下，用火焰加热内座圈，使其变红，

图 3-35　取下活动销

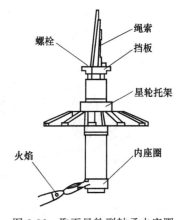

图 3-36　取下星轮副轴承内座圈

在重力作用下落下（如果不能自行落下，用镊子将其拉下），如图 3-36 所示。

ⓒ 安装星轮副轴承内座圈　星轮托架冷却后，在油里加热星轮副轴承内座圈，操作过程与螺杆副轴承内座圈的安装操作程序相同。然后，将其热套到星轮托架上，最后安装卡簧。

注意：由于对轴承来说内座圈和外座圈是不可互换的，必须使用同一包装内相互配合的内外轴承座圈。

ⓓ 安装星轮转子

• 先用千分尺测量星轮转子的厚度（齿顶和齿根），并记录测量结果。

• 安装活动衬套到星轮转子上。使用塑料锤轻敲，逐渐将活动衬套压入，并注意星轮转子的上面和下面，不要弄错衬套的安装表面。

• 将 O 形环装在活动销上，再将活动销装在星轮转子上的活动衬套中。在将销装入活动衬套中时，滴油以防止损坏 O 形环。

• 定好活动销的位置，将星轮转子装在星轮托架上。

• 保证星轮转子上安装活动销部位的均衡，用锤子轻敲活动销，将星轮转子装在星轮托架上，注意不要使销从星轮转子上脱落，并确认活动销子没凸出星轮转子的表面，如果凸出来，用锤子敲击，将其敲入星轮托架内，如图 3-37 所示。

• 安装垫片。在安装垫片前，按如图 3-38 所示轻微折弯一个角度。但如果垫片过分折弯，星轮托架与星轮转子之间的间隙将变大。

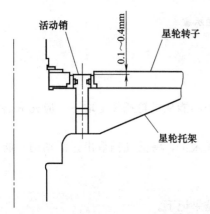

图 3-37　星轮转子上活动销的位置

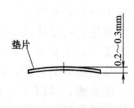

图 3-38　垫片折弯角度

• 安装卡簧。用灯光检查星轮转子与星轮托架表面之间的间隙，确认即使在星轮托架轴的附近，也没有光漏过来。用塞尺测量其间隙，核实其为 0.05mm 或更少。用手握住星轮托架的副轴承侧，用塑料锤敲击星轮托架主轴承侧，使星轮转子与星轮托架间的间隙变得更

图 3-39　敲击星轮托架主轴承侧

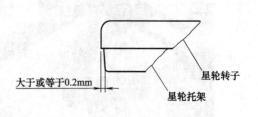

图 3-40　星轮部件的安装间隙

小，如图 3-39 所示。在灯光下核实在星轮转子和星轮托架的外径边缘处有一定位移，如图 3-40 所示。

（b）更换星轮轴承

ⓐ 更换星轮副轴承外座圈

•取下星轮副轴承箱上的卡簧，用手平稳地将星轮副轴承外座圈拉出。

•安装新星轮副轴承外座圈。由于对内外座圈来说，轴承不是可互换的，确定使用同一包装的相互配合的内外座圈，并注意轴承有印记侧朝向挡圈侧。

•安装卡簧。

ⓑ 更换星轮主轴承

•取下星轮主轴承箱的卡簧，安装方向朝下，轻轻敲击星轮主轴承，将其取下。如果不能取出，使用圆铜棒将其顶出。

•将星轮轴挡圈安装在轴承的外侧。

•安装星轮主轴承。装入两个角接触轴承，使其前端相向而置，如图 3-41 所示。

•安装星轮主轴承的卡簧。安装时将倾斜的一面背向轴承（平直侧朝向轴承）。

•用手转动轴承的内座圈，证实其能平稳转动。

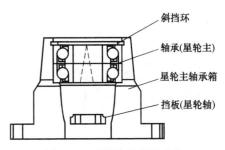

图 3-41　星轮主轴承的安装

e. 安装星轮托架部件　从 B 侧开始进行星轮托架的安装，同时，清理机体的法兰表面，以致星轮轴承箱装配时没有碎渣。为了能容易地安装星轮托架，将螺杆吸气侧齿端定位于凸台边缘表面处。

（a）安装星轮托架部件　准备 A、B 两侧的星轮部件，区别 A、B 侧部件。从星轮托架的副轴承开始将星轮托架装入机体，并将星轮倾斜，小心地使其与螺杆的齿槽相啮合。

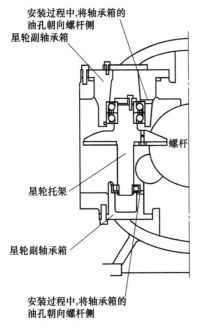

图 3-42　星轮副轴承箱的安装

再安装星轮主轴承箱部件。

（b）安装星轮副轴承箱　放置星轮副垫片，然后安装星轮副轴承箱。注意安装星轮轴承箱时，根据油孔的背侧标记将轴承箱上的所有油孔朝向螺杆转子侧，如图 3-42 所示。

（c）调节边缘间隙（选择轴承调节垫片）

ⓐ 在星轮主轴承的内座圈上安装星轮高度调节垫片（厚度应与拆卸前的安装厚度相同），用 2～4 个螺栓临时将星轮主轴承箱装在机体上。

ⓑ 在星轮主轴承箱上安装星轮轮压盖。将凸台朝向星轮托架侧，用手按住压盖，用螺栓固定。

ⓒ 检查边缘间隙。用塞尺在排气和吸气侧测量星轮平面与凸台间的间隙，间隙的变化在 0.05～0.13mm 之间。如果间隙超过预定的值，取下星轮轴盖和星轮主轴承箱，重新选配垫片，重新安装，并检查间隙。

ⓓ 记录边缘间隙和装配垫片的厚度。

ⓔ 检查边缘间隙，取下星轮轴承支架和星轮主轴承箱。

（d）安装星轮主轴承箱部件

ⓐ 在 O 形环上涂抹冷冻机油，然后安装在机体上，

ⓑ 安装星轮轴压盖。

ⓒ 在星轮轴承箱端盖上装 O 形环，然后用螺栓固定在星轮主轴承箱上。

（e）安装侧端盖

f. 安装油分离器

ⓐ 在油分离器与机体相连接的螺栓孔的最上面两个孔安装辅助柱头螺栓。

ⓑ 均匀地将冷冻机油涂抹在垫片上，定好螺栓孔的位置，将其安装在机体上。

ⓒ 用链轮吊起油分离器，沿着辅助柱头螺栓装上，用螺栓紧固。

ⓓ 安装排气阀箱和法兰。

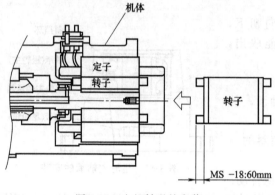

图 3-43　电机转子的安装

g. 安装电机转子

ⓐ 在螺杆转子电机侧的轴端安装转子导杆。

ⓑ 沿着导杆，安装电机转子到轴上。安装电机转子，安装方向如图 3-43 所示。

ⓒ 取下转子导杆，安装键。

ⓓ 安装转子压盘、垫圈和螺栓到轴上，略微上紧螺栓。

ⓔ 安装转子锁紧工具，其操作与拆卸时相同。

ⓕ 取下转子锁紧工具，旋转电机转子使其能平稳转动。

ⓖ 测量并记下电机定子与转子的间隙尺寸。

h. 安装电机端盖

i. 安装油过滤器

j. 安装喷液管部件

k. 安装接线盒和电磁阀线圈

l. 更换油，检查绝缘电阻　更换冷冻机油到油分离器，其容量与排出量相同。使用 DC 500V 高阻表来测试，确保绝缘电阻值为 2MΩ 或更多。

m. 气体泄漏试验

ⓐ 关闭法兰上的排气端口和吸气端口，在喷液电磁阀的入口安装密封帽，压缩机内侧完全封闭。

ⓑ 在油分离器的检查接点安装压力表。

ⓒ 在压缩机内充大约 4kg 制冷剂，加压氮气，使内压达到 14kg。

ⓓ 用气体泄漏检测器检查泄漏情况。

ⓔ 确定压力没降低。

ⓕ 清除压缩机内的气体，使内压等于环境压力。

ⓖ 取下压力表，在检查接点安装封盖。

n. 安装到机组上

(2) 典型故障维修

① 机组发生不正常振动

a. 安装不合理引起的振动，包括机组地脚螺栓未紧固，压缩机与电动机轴心错位，机组与管道的固有振动频率相同而共振等。这种故障可以通过调整垫块，拧紧螺栓；重新找正联轴器与压缩机同轴度，改变管道支撑点位置等方法排除。

b. 压缩机转子不平衡，过量的润滑油及制冷剂液体被吸入压缩机，滑阀不能停在所要求的位置，吸气腔真空度高等也将产生振动。处理的方法是：调整转子，停机手盘联轴器排除液体，检查油路及开启吸气阀等。

②　制冷压缩机不启动

a. 首先检查主电路，电源是否有电，保险丝是否被烧，开关触头接触是否良好，是否缺相运行。当三相电源被烧坏一相后，电机也能转动，但声音反常，转速也会减慢。发现这种情况应立即停车，否则容易烧电机。

b. 若电源电压太低，启动后电动机声音也会不正常。电压应不低于额定电压的 90%，否则电机的额定功率明显下降，无法拖动压缩机；当输入线路允许的电流较小时，不能满足电机需要，电机同样拖不动压缩机。

c. 应检查压差继电器、高低压继电器，因压差继电器和高低压继电器都是压缩机安全运行所采取的继电保护。当压缩机油压（高压和低压）不正常时，均可使压缩机停止运行。

查压力继电器的触头是否断开，并检查是否因高压设定值大小，或低压设定值过大而造成继电器断开。另外，系统中有阀门没有打开，也会引起压力继电器断开。

查压差继电器触头是否断开。若油压建立不起来，会使该触头断开，启动时没按复位按钮，该触头处于自锁的断开状态下；继电器工作一次后，需隔 5min 才能复位，若在 5min 内，则因加热元件仍使触头处于断开状态，故无法启动。

d. 当温度继电器感温包内工质泄漏，或调节有误，这时触头是常开的，不能启动。如判断工质泄漏，可旋转继电器调节杆到低温标度区，看触头是否闭合。如不闭合，拆下温度继电器，把感温包浸入温水中，再看触头是否动作，若还不通，证明是感温包内工质泄漏，需修理。

③　压缩机运转中出现不正常响声　主要故障有转子内有异物；推力轴承损坏或滑动轴承严重磨损，造成转子与机壳间的摩擦；滑阀偏斜；运动连接件（如联轴器等）松动；油泵汽蚀等。这种故障的排除方法是检修转子和吸气过滤器；更换轴承；检修滑阀导向块和导向柱；检查运动连接件及查明油泵汽蚀原因等。

④　压缩机在运行中突然停车或者启停频繁

a. 排气压力升高，超过允许值，压力继电器自动切断电源，压缩机就实行保护性停车。引起高压升高的主要原因如下。

（a）系统中有空气　空气在常温下不能凝成液体，因此空气聚积在冷凝器内，其结果会减弱冷凝器的传热效果，造成冷凝温度和冷凝压力均升高。同时空气本身也具有一定的分压力，排气压力应是冷凝压力与空气分压力之和。综合这两个因素，使排气压力升高，随之排气温度也升高，将会很烫手。

制冷系统中有了空气，在排放空气之前应检查空气是如何进入系统的。造成空气进入系统的原因：一是低压段有渗漏点，尤其是低温制冷设备，吸气压力低于大气压，一旦低压段有渗漏点，则空气就会渗入系统，最易渗漏的地方是轴封和管路接头处，如发现渗漏点，应及时排除；二是加制冷剂前，系统内空气未抽干净，或是在添加制冷剂（或添加润滑油）时，操作不严密，空气渗入系统。

氟里昂制冷设备放空气的操作如下。

ⓐ　关闭储液器出液阀或冷凝器出液阀。

ⓑ　启动压缩机。把低压段的制冷剂全部抽入冷凝器或储液器内，待低压段抽成稳定真空后，停车。

ⓒ　打开冷凝器顶部的放空气阀或压缩机排出阀的多用孔道，向外放空气。为了判断放出来的是否是空气，可用手挡住放气口试验。若是空气，手的感觉只是像风吹过一样；若手感到有油迹和发冷，说明空气已基本放净，出来的已是制冷剂气体，此时必须马上关闭放空

气阀（有时冷凝器温度较高，放出来的制冷剂气体并未有发冷的感觉，此时就要靠经验决定空气是否放净）。另外，为了检查空气放净的程度，可观察排气阀处的压力表数值，若此值与此时冷凝温度所对应的饱和压力值相等，或略高一些，则说明空气已放净；若压力表值高于饱和压力值较大，则说明系统内还有空气，应再次放空气，直到满足要求为止。

（b）冷却水量（或风量）不足或水量调节阀失灵　冷却水量（或风量）不足，则带走的热量减小，使冷凝温度升高，排气压力随之升高。

造成冷却水量不足的原因有：冷水进水阀开度太小，进水温度过高；或是水压太低（一般应在 0.1MPa 以上）；或是进水管略有堵塞；或是水量调节阀失灵等。为判断这一点，可在制冷装置运行的过程中，测量冷却水进出水的温差。正常情况，一般该温差在 2～4℃，若该温度超过这个数据比较大，则能判定冷却水量不足，因为随着冷却水量的降低减少，通过冷凝器的水量不足，水在冷凝器内流动时间增加，导致进出、冷凝器的水温差增大。

在风冷却的制冷系统中，由于风机未开，周围环境温度太高（高于 40℃），冷凝器等散热效率很低，都会使压力显著上升。在这种情况下，即使没有压力继电器，也会因电机超载，使热继电器动作而切断电源。

在装有水量调节阀的制冷装置中，若水源的水压足够，但冷凝器的冷却水供应量却不足，这时，就应检查水量调节阀是否有问题。一般是弹簧压力调得不适当而使阀门开不大，此时可调节弹簧使阀门开大。

（c）冷凝器有水垢　有了水垢后热阻增大，传热效果大大下降，造成冷凝温度升高，排气压力也相应地升高。如结水垢严重，冷凝器铜管内覆盖着鳞状物、石灰或受到腐蚀等，使冷凝压力比正常压力高出 0.1～0.2MPa。在这样的情况下，往往会发现进出水温差还略有降低。此时，就需要对冷凝器进行清洗。

空冷翅片式冷凝器的散热片表面积灰太厚，同样会影响传热效果，同时因为翅片间隙的缩小，吹过的空气阻力增大，使冷却风量显著减少，因而使冷凝器的散热效率明显降低。对此可用手电筒查看散热片之间的结灰情况，若绝大部分的翅片之间空隙已不能透过光线，则说明结灰已很严重，应进行清洗。

（d）制冷剂太多，充注过量　冷凝器铜管浸没于制冷剂液体中，在制冷系统中加入的制冷剂量太多，结果使多余的制冷剂占去冷凝器的一部分容积，使冷凝器传热面积减小，从而引起高压升高。一旦发现制冷剂太多，应立即停机，把多余的制冷剂抽出来。

（e）排气管道不畅通或油分离器进口滤网堵塞　排气管或冷凝器的管道不畅通，一般发生在新安装或刚修过的系统中。由于安装和检修不注意清洁工作，使管道内粘有垃圾，或粗心大意地将封口的纱头塞在管内，结果一开车，故障就暴露出来。

另外，突然奔油时，油排入油分离器的进口滤网时，来不及流下来，使滤网暂时堵塞。以上两种情况，均会使排气压力突然增加，使压力继电器马上动作产生停车。

b．低压（即吸气压力）过低，低于允许值，压力继电器自动切断电源，保护性停车。

当库温达到调定值时，温度继电器动作，切断电磁阀电源，电磁阀关闭，停止向蒸发器供液，低压随即降低，当降低至低压调定值时，压力继电器动作，切断电源，压缩机停车。这是自动运行工况下的正常停车，不要误作故障。

若在正常停机后，虽室内温度尚未回升，电磁阀仍处在关闭状态，但压缩机却又很快自动启动，启动后马上停机，当出现停、开机组频繁的现象时，一般是压缩机阀片泄漏，高压气体渗漏到低压部分，引起低压部分压力很快回升，使压力继电器触头闭合，压缩机又启动，但启动后，又马上停机，造成停开频繁；或是油分离器的自动回油阀（即浮球阀）泄漏，引起高压气体向低压部分泄漏，造成停、开频繁。

另外由于以下一些原因，也会造成蒸发压力过低，引起停车。

ⓐ 节流阀或膨胀阀开启过小，制冷剂流量不足，蒸发器大部分空间用于制冷剂水蒸气过热，由于气体制冷剂传热性能小于液体制冷剂，所以制冷量下降，蒸发压力也下降。

ⓑ 蒸发面积过小，或制冷量不相适应。这种现象无论怎么调节，蒸发压力也不能升高，即使是暂时升高，也会很快自动下降。这里需要强调指出，若确因蒸发面积过小，绝不能用调节蒸发压力的办法去适应制冷能力的需要，而只能用增加面积或降低制冷能力的办法来解决，否则压缩机必然产生液击。

ⓒ 在氟里昂制冷系统中，影响蒸发压力低的因素还有干燥过滤器堵塞，电磁阀不工作，膨胀阀调整不当或冰塞，或者系统制冷剂不足，未完全打开冷凝器制冷剂液体出口阀。

c. 油压太低，供油压力低于调定值，结果油压继电器动作，切断电源停车

引起油压（油泵出口压力与吸气压力的差值）过低，一般是曲轴箱内润滑油量太少，或是吸油管不畅或过滤器堵塞，或是曲轴箱内的润滑油中溶解过多的氟里昂制冷剂（尤其是在吸气压力降低时），从而减少了油泵的供量，油压则降低。

d. 电动机超载，造成热继电器动作，或保险丝熔断，切断电源而停车。

⑤ 滑阀系统故障　压缩机滑阀是压缩机的能量调节机构，利用滑阀可以实现制冷量的无级调节，冷量在 10％～100％ 范围内，均可以保证机器正常运转。压缩机的液压控制系统可以移动滑阀，控制压缩机的加载或卸载，该系统也可以移动滑块，控制压缩机所需的容积比。这一液压控制机构，使汽缸被固定的隔板分为两部分，左侧是滑阀的活塞，右侧是滑块的活塞，两部分可以看成是液压双作用汽缸，由油压驱动活塞在两个方向上移动，这两部分受四通电磁阀的开关控制，四通电磁阀的开关由微处理器控制。

a. 滑阀不会加载或卸载　ⓐ电磁线圈可能被烧毁，要更换；ⓑ电磁线轴可能被滞住或中央弹簧断裂，要更换；ⓒ检查输出模块和保险丝；ⓓ通过对着电枢针插入一个 4.76mm 的杆及把线轴推向另一端，就可以机械地驱动电磁阀，推动 A 侧以确认有卸载能力，如果阀做功了，故障可能是在电方面。

b. 滑阀任何一个方向都不起作用　ⓐ电磁线圈可能被烧坏，要更换；ⓑ电磁操作阀可能被关闭，要打开；ⓒ用手推动电磁阀，如果滑阀没动，显示机器有故障，需及时与生产厂家联系。

⑥ 压缩机和油泵的轴封漏油　引起这种故障的机械原因有部件磨损，装配不良而偏磨振动；"O"形密封环腐蚀老化或密封面不平整；此外，轴封供油不足也会造成轴封损坏而漏油。排除方法是拆检、修理或更换有关部件，供足轴封供油。

⑦ 压缩机制冷能力下降　制冷设备运行中，常常遇到房间内温度虽有下降，但下降的速度很慢，或者降不到所要求室温。造成这一故障的原因如下。

a. 膨胀阀的流量过大或过小　膨胀阀的流量是与制冷设备所需的蒸发温度下的制冷量相适应的。一般来说，制冷设备在安装调试时，膨胀阀的流量已按规定的吸气过热度调整到制冷系统所需的蒸发温度范围内，在正常运行中，会根据热负荷的大小而自动调整其流量。如果因系统的某些原因使制冷系统的工况发生变化，如压缩机的排量下降，冷凝温度偏高，系统充注制冷剂量的变化（检修时添补）等，都会引起膨胀阀的流量超出自动调节范围，这时，就必须进行人工重新调整。

b. 膨胀阀及其他部件堵塞　制冷系统正常运行时，膨胀阀孔和阀的出口端呈现斜线状霜层（即 45°结霜），并在阀的进口端即过滤网处不结霜，如图 3-44 所示。当制冷剂中带有水分或油在流进膨胀阀孔后温度骤然下降，使一部分水分析出，并黏附在阀孔上，并结成冰霜形成冰堵。同样，当一部分冷冻油被分离出来，黏附在阀孔周围，当温度低于冷冻油的凝固点时，阀孔被堵塞（一般发生于 -60℃ 以下的制冷设备上较多）。

脏堵：制冷系统杂质污物积存较多时，会使阀孔或过滤网堵塞。

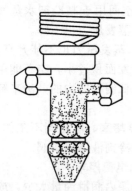

图 3-44　膨胀阀结霜示意

以上三种原因造成膨胀阀的堵塞，其表现均为吸气压力呈现负压。这时一般采用酒精灯加热阀体（严禁用气焊），或轻轻敲打。视吸气压力回升情况进行判断，当加热后回气压力回升，说明产生冰堵，可更换干燥过滤器脱水。当轻打膨胀阀时，回气压力回升说明产生脏堵。如果反复出现，可将制冷剂抽回冷凝器或储液器，拆卸制冷系统进行清洗，排除水分。

除了膨胀阀堵塞外，在干燥器、过滤器、连接管道等也会产生堵塞，一旦被堵塞，同样会造成库温度降不下来的后果。若用手摸被堵处前后，则会发现有明显温差。发现堵塞后，应及时排除。

c. 制冷剂过多或过少　　这与前面所述的制冷剂注入量太多的情况相类似，所不同的是注入量多少的程度有差别。

前面所讲的是制冷剂多到使冷凝器内几乎都被液体灌满，一开车排气压力就剧升，使有关的保护继电器随即动作而停车。而这里所指的是虽然制冷剂注入过多了一些，吸、排气压力偏高一些，但制冷机还允许运转，只不过冷室温度很难降下去。遇到这类情况也必须将多余的制冷剂排出系统，才能顺利地降温。处理方法与前述相同。

系统中循环的制冷剂量不足，使冷量不足。制冷剂量不足的反常现象是吸、排气压力都低，但排气温度较高，膨胀阀处可听到继续的"吱吱"气流声，且响声比平时大，若调大膨胀阀孔，吸气压力仍无上升；停车后系统的平衡压力可能低于环境温度所对应的饱和压力。

制冷剂不足，显然是由于系统有渗漏点而引起的，制冷系统漏氨、漏氟是最常见的故障。所以，不能急于添加制冷剂，而应先找出渗漏部位，修复后再加制冷剂。

d. 系统内有空气　　这与系统内有空气的情况有类似之处，所不同的是空气含量的多少有差别。前面所讲的系统内有空气是指含量很多的情况，由于含空气量很多，量变引起质变，已经不是冷量足不足的问题，而是压缩机能不能安全运转的问题。这里所要讲的系统内有空气是指含量较少的情况，此时吸、排气压力均升高，引起冷量不足，但其排气压力还未超过压力继电器的动作值。处理方法与前述相同，也可以不回制冷剂，只需停车几分钟，从排气截止阀旁通孔放空气。

e. 蒸发器内的冷冻油　　蒸发器中冷冻油太多，也能引起制冷量不足而降温缓慢。氟里昂与冷冻机油互相溶解。因此，系统里的制冷剂在循环流动时，就免不了会有冷冻机油残留于各部件。冷冻机油残留在换热器内要影响传热系数。特别是当冷冻机油进入蒸发器后，若结构设计或安装不合理时，冷冻机油就会只进不出或多进少出，使蒸发器里残留的冷冻机油越来越多，严重影响其吸热效果，出现冷量不足的情况，这种情况若不处理，温度就降不下去，因此，必须进行放油工作。

如何判断蒸发管内留有较多的冷冻机油而影响制冷是一件较困难的事情。若遇到这种情况，则会出现一个明显的反常现象，即蒸发管上的白霜是稀疏的，结得不完全，并且呈浮霜状，若无其他故障的话，则很可能是蒸发管内残留冷冻机油太多的缘故。清除蒸发器内冷冻机油，必须将它拆下来，进行吹洗后再烘干。

⑧ 停机时压缩机反转　　由于吸气单向阀失灵或防倒转的旁通管路不畅通而引起。解决的方法是检修单向阀，检查旁通管路及阀门。

⑨ 油路系统的故障　　油路系统由油分离器、油冷却器、油泵、油粗过滤器、油精过滤器、油压调节阀组成。油分离器主要用于将润滑油从工艺气体中分离出去，并通过油冷却器使油温保持在设定值范围内。如果油温过高，则不能再喷入机器内起润滑、冷却作用。经冷却后油温低于 65℃。为了保证润滑油量的充足，向压缩机内喷入润滑油的量约为理论排气

量的 0.5%～1.0%，压力应比排气压力高 0.15～0.3MPa。润滑油系统的故障，除系统的过滤器堵塞、阀门损坏外，主要是润滑油的损耗过快。

a. 油面渐渐损耗，分离器视镜中可见油液面　可能是润滑油液面过高，压缩机在运行过程中制冷剂气体将润滑油带走，使油液面降低；冷却剂携带过量或液体注入过量，可能将润滑油带走，必须对工艺技术参数优化；润滑油过脏，使分离器过滤器部件损坏，或使过滤器部件离开正常位置，应对润滑油进行油品分析。检查分离器和过滤器的安装情况。检查回流管滤网及针阀；润滑油回流关闭，要打开回流阀。

b. 润滑油快速损耗，通过分离器视镜看不见油液面　润滑油油位长期不足，会使压缩机造成严重损坏。其故障原因可能为：ⓐ压缩机入口单向阀或止回阀损坏，使压缩机在停车时，润滑油回流至压缩机管线内；ⓑ检查入口止回阀的旁路阀开关情况，应关闭该阀；ⓒ压缩机在开机前打开入口阀时，大量的液体进入壳体内，当润滑油泵启动后，使压缩机内聚集大量的润滑油，压缩机启动时会使其出现液击；ⓓ油分离器分离效果差，使大量润滑油被携带进入冷凝器中。

c. 油温过高导致压缩机停机　油温过高是指油温超过压缩机设定的润滑油温度。油温过高容易导致制冷剂气体中夹带大量的润滑油；油温超过设定值时，会导致压缩机自动停机，此时应检查油冷却器。

⑩ 机械密封石墨密封环炸裂　螺杆冷水机组的螺杆是高速旋转的机械构件，它的轴端采用机械密封，其动环和静环（石墨环）密封面经常会由于操作不当发生磨损和裂纹。

a. 冷却水断水。当冷却水系统中混入空气或者冷却水循环不畅时，冷凝器内氟里昂冷凝困难，压缩机高压端排气压力骤然上升，动环和静环密封油膜被冲破，出现半干摩擦或干摩擦，在摩擦热力作用下，石墨环产生裂纹。

压缩机启动时增载过快，高压突然增大，同样易使石墨环炸裂。

b. 轴封的弹簧及压盖安装不当，使石墨环受力不均，造成石墨环破裂。

c. 轴封润滑油的压力和黏度影响密封动压液膜的形成，也是石墨环损坏的重要因素。

在了解了损坏原因后，一般都采用更换机械密封的方式来修复制冷机组。

第4章 离心式中央空调

离心式中央空调制冷机组也属于蒸气压缩式制冷机组中的一种。其主机为离心式压缩机，属于速度型压缩机，是一种叶轮旋转式的机械。目前，制冷量在 350kW 以上的大、中型中央空调系统中，离心式制冷机组是首选设备。与活塞式制冷机组相比，离心式制冷机组有如下优点。

① 制冷量大，最大可达 28000kW。

② 结构紧凑、重量轻、尺寸小，因而占地面积小，在相同的制冷工况及制冷量下，活塞式制冷机组比离心式制冷机组重 5～8 倍，占地面积多 1 倍左右。

③ 结构简单、零部件少、制造工艺简单。没有活塞式制冷机组中复杂的曲柄连杆机构，以及气阀、填料、活塞环等易损部件，因而工作可靠，操作方便。维护费用低，仅为活塞式制冷机的 1/5。

④ 运转平衡、噪声低、制冷剂不污染。运转时，制冷剂中不混有润滑油。因此，蒸发器、冷凝器的传热性能不受影响。

⑤ 容易实现多级压缩和节流，操作运行可达到同一制冷机组多种蒸发温度。

4.1 离心式中央空调调试

离心式制冷机组安装完毕后，在正式运转操作前，必须对机组进行试运行。通过试运行，来检查机组的装配质量、密封性能、电动机转向以及机组运转是否平稳，有无异常响声和剧烈振动等现象，从而确保机组的正常操作运转。

4.1.1 试车前的准备

(1) 准备好所需的工作资料

① 合适的设计温度及压力表（产品资料提供）。

② 机组合格证、质量保证书、压力容器证明等。

③ 启动装置及线路图。

④ 特殊控制或配制的图表和说明。

⑤ 产品安装说明书、使用说明书。

(2) 准备好所需的工具

① 包括真空泵或泵出设备的制冷常用工具。

② 数字型电压/欧姆表（DVM）。

③ 钳形电流表。

④ 电子检漏仪。

⑤ 500V 绝缘测试仪。

（3）机组密封性检测

（4）机组真空试验

（5）机组去湿

（6）检查水管

参考安装说明书中的管路结构及设计资料。

① 检查蒸发器和冷凝器管路，确保流动方向正确及所有管路已满足技术要求。

② 检查水系统上各阀门状态是否处于全开。

③ 检查室外冷却塔是否能正常工作。

④ 检查水质情况。水质必须符合设计要求，水应经过处理且清洁，能确保机组正常运行。

（7）检查安全阀管

建议参照"机械制冷安全规范"及当地的安全法规，将安全阀接管接至户外。安全阀在机组中的位置如图 4-1 所示。

（8）检查接线

① 检查接线是否符合接线图和各有关电气规范。

② 对低压（600V 以下）压缩机，把电压表接到压缩机启动柜两端的电源线，测量电压。将电压读数与启动柜铭牌上的电压额定值进行比较。

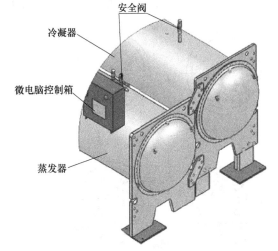

图 4-1　安全阀位置

③ 将启动柜铭牌上的电流额定值与压缩机铭牌上的值进行比较，过载动作电流必须是额定负载电流的 108%～120%。

④ 检查接至油泵接触器、压缩机启动柜和润滑系统动力箱的电压，并与铭牌上的值进行比较。

⑤ 明确油泵、电源箱和泵出系统都已配备熔断开关或断路器。

⑥ 检查所有的电子设备和控制器是否都按照接线图以及有关电气规范接地。

⑦ 查核水泵、冷却塔风机和有关的辅助设备运行是否正常，包括电动机的润滑，电源及旋转方向是否正确。

⑧ 对于现场安装的启动柜，用 500V 绝缘测试仪（如兆欧表）测试机组压缩机电动机及其电源导线的绝缘电阻。如果现场安装的启动柜读数不符合要求，拆除电源导线，在电动机端子处重新测试电动机。如果读数符合要求，则表明电源导线出故障。

（9）检查启动柜

① 机械类启动柜

a. 检查现场接线线头是否接紧；活动零件的间隙和连接是否正确。

b. 检查接触是否能够移动自如；检查接触器之间的机械联锁装置；检查其他所有的机电装置，如继电器、计时器等，检查它们是否能够移动自如。

c. 重新接上启动柜控制电源，检查电气功能。定时器整定之后，检查启动柜。

② 固态启动柜

a. 确保所有接线均已正确接至启动柜。

b. 确认启动柜的接地线已正确安装，并且线径足够。

c. 确认电动机的接地线已正确接至启动柜。

d. 确保所有的继电器均已可靠安装于插座中。

e. 确认所有的交流电均已按说明书接到启动柜。

f. 给启动柜通电。

(10) 冷冻机油充注

机组出厂前已充注油。油槽最高油位在上视镜的中部，最低油位在下视镜的顶部（图 4-2）。如果需要加油，油必须满足离心压缩机油的技术规范。加油时必须采用加油泵，通过压缩机传动箱的油充注阀（图 4-3）加油。加油和放油必须在机组停机时进行。

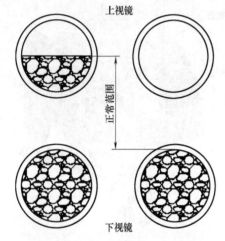

图 4-2　出厂油位示意

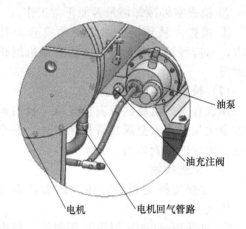

图 4-3　油充注阀位置示意

(11) 给控制系统通电并检查油加热器

在给控制系统通电以前，要确保能看到油位。给控制系统通电，可使油加热器上电，这要在机组启动前几小时进行，以减少跑油，可通过控制润滑动力箱内的接触器对油加热器进行控制。

(12) 制冷剂的充灌

其中机组密封性检测、真空试验、机组去湿、制冷剂的充灌等操作参阅本书 4.4.1 相关内容。

4.1.2　试运行

(1) 离心式制冷机组的空气负荷试运行

离心式制冷机组空气负荷试运行的目的在于检查电动机的转向和各附件的动作是否正确，以及机组的机械运转是否良好。离心式制冷机组的空气负荷试运行应符合下列要求。

① 关闭压缩机吸气口的导向叶片，拆除浮球室盖板和蒸发器上的视孔法兰，使压缩机及排气口与大气相通。

② 开启水泵，使冷却水系统正常工作。

③ 开启油泵，调节润滑系统，保证正常供油。

④ 点动电动机检查，转向应正确，其转动应无阻滞现象。

⑤ 启动压缩机，当机组的电动机为通水冷却时，其连续运转时间不应少于 0.5h；当机组的电动机为通氟冷却时，其连续运转时间不应多于 10min；同时检查油温、油压，轴承部位的温升，机器的声响和振动均应正常。

⑥ 导向叶片的开度应进行调节试验；导叶的启闭应灵活、可靠；当导叶开度大于 40% 时，试验运转时间宜缩短。

（2）离心式制冷机组的负荷试运行

离心式制冷机组负荷试运行的目的在于检查机组在制冷工况下机械运转是否良好。离心式制冷机组的负荷试运行应符合下列要求。

① 接通油箱电加热器，将油加热至 50～55℃。

② 按要求供给冷却水和载冷剂。

③ 启动油泵、调节润滑系统，其供油应正常。

④ 按设备技术文件的规定启动抽气回收装置，排除系统中的空气。

⑤ 启动压缩机时应逐步开启导向叶片，并应快速通过喘振区，使压缩机正常工作。

⑥ 检查机组的声响、振动，轴承部位的温升应正常；当机器发生喘振时，应立即采取措施予以消除故障或停机。

⑦ 油箱的油温宜为 50～65℃，油冷却器出口的油温宜为 35～55℃。

⑧ 能量调节机构的工作应正常。

⑨ 机组载冷剂出口处的温度及流量应符合设备技术文件的规定。

4.2 离心式中央空调运行操作

4.2.1 开机前的检查与准备

（1）日常开机前的检查与准备

① 查看上一班的运行记录、故障排除和检修情况以及留言注意事项。

② 检查压缩机电机电流限制设定值。通常压缩机电动机最大负荷的电流限制比设定在100%位置，除特殊情况下要求以低百分比电流限制机组运行外，不得任意改变设定值。

③ 检查油箱中的油位和油温。在较低的视镜中应该能看到液面或者超过这个视镜显示；同时务必检查油箱温度，一般在启动前油箱的温度为 60～63℃。油温太低时应加热，以防止过多制冷剂落入油中（在压缩机停机时，油加热器是通电的；在机组运行时，油箱加热器的电源则断开）。

④ 检查导叶控制位。确认导叶的控制旋钮是在"自动"位置上，而导叶的指示是关闭的；或通过手动控制按钮，将压缩机进口导叶处于全闭位置。

⑤ 检查抽气回收开关。确认抽气回收开关设置在"定时"上，确保无空气漏入制冷系统内。

⑥ 检查油泵开关。确认油泵开关是在"自动"位置上，如果是在"开"的位置，机组将不能启动。

⑦ 检查冷冻水供水温度设定值。冷冻水供水温度设定值通常为7℃以进行调节，在需要的时候可在机组的设置菜单中对其进行调节，但最好不要随意改变该值。

⑧ 检查制冷剂压力。制冷剂的高低压显示值应在正常停机范围内。

⑨ 检查供电电压和状态。两相电压均在 （380±38）V 范围内，冷水机组、水泵、冷却塔的电源开关、隔离开关、控制开关均在正常供电状态。

⑩ 检查各阀门。机组各有关阀门的开、关或阀位应在规定位置。

⑪ 如果是因为故障原因而停机维修的，在故障排除后要将因维修需要而关闭的阀门打开。

（2）季节性开机前的检查与准备

① 关闭所有的排水阀，重新安装蒸发器和冷凝器集水器中的放水塞。

② 根据各设备生产商提供的启动和维护说明对备用设备进行检修。

③ 排空冷却塔以及曾使用的冷凝器和配管中的空气，并重新注水。在这里系统（包括旁路）中的空气必须全部清除。然后关闭冷凝器水箱的放空阀。

④ 打开蒸发器冷冻水循环回路中所有的阀。

⑤ 如果蒸发器中的水已经排出，则排除蒸发器中的空气，并在蒸发器和冷冻水回路中注水。当系统（包括旁路）中的空气必须全部清除后，关闭蒸发器水箱的放空阀。

⑥ 如需要，给外部导叶控制连杆加润滑油。

⑦ 检查每个安全和运行控制的调节与运行。

⑧ 闭合所有切断开关。

完成上述各项检查与准备工作后，再接着做日常开机前的检查与准备工作。当全部检查与准备工作完成后，合上所有的隔离开关即可进入机组及其水系统的启动操作阶段。

4.2.2　系统的启动

离心式制冷压缩机的启动运行方式有"全自动"运行方式和"部分自动"（即手动启动）运行方式两种。离心式制冷压缩机无论是全自动运行方式或部分自动运行方式的操作，其启动联锁条件和操作程序都是相同的。制冷机组启动时，当启动联锁回路处于下述任何一项时，即使按下启动按钮，机组也不会启动，例如：导叶没有全部关闭；故障保护电路动作后没有复位；主电动机的启动器不处于启动位置上；按下启动开关后润滑油的压力虽然上升了，但升至正常油压的时间超过了 20s；机组停机后再启动的时间未达到 15min；冷媒水泵或冷却水泵没有运行或水量过少等。

当主机的启动运行方式选择"部分自动"控制时，主要是指冷量调节系统是人为控制的，而一般油温调节系统仍是自动控制，启动运行方式的选择对机组的负荷试机和调整都没有影响。

机组启动方式的选择原则是：新安装的机组及机组大修后进入负荷试机调整阶段，或者蒸发器运行工况需要频繁变化的情况下，常采用主机"部分自动"的运行方式，即相应的冷量调节系统选择"部分自动"的运行方式。

当负荷试机阶段结束，或蒸发器运行的使用工况稳定以后，可选择"全自动"运行方式。

无论选择何种运行方式，机组开始启动时均由操作人员在主电动机启动过程结束达到正常转速后，逐渐地开大进口导叶开度，以降低蒸发器的出水温度，直到达到要求值。然后，将冷量调节系统转入"全自动"程序或仍保持"部分自动"的操作程序。

(1) 启动操作

对就地控制机组（A 型），按下"清除"按钮，检查除"油压过低"指示灯亮外，是否还有其他故障指示灯亮。若有则应查明原因，并予以排除。

对集中控制机组（B 型），待"允许启动"指示灯亮时，闭合操作盘（柜）上的开关至启动位置。

(2) 启动过程监视与操作

在"全自动"状态下，油泵启动运转延时 20s 后，主电动机应启动。此时应监听压缩机运转中是否有异常情况，如发现有异常情况则应立即进行调整和处理，若不能马上处理和调整则应迅速停机处理后再重新启动。

当主电动机运转电流稳定后，迅速按下"导流叶片开大"按钮。每开启 5%～10% 导叶角度，应稳定 3～5min，待供油压力值回升后，再继续开启导叶。待蒸发器出口冷媒水温度接近要求值时，对导叶的手动控制可改为温度自动控制。调节油冷却剂流量，保持油温在规定值内。启动完毕，机组进入正常运行时，操作人员还需进行定期检查，并做好记录。

4.2.3 系统的运行调节

(1) 正常运行参数

由于离心式制冷机组有一、二、三级压缩之分，使用的制冷剂也不同，因此其正常运行的参数也各有不同。以下给出开利 19XL 型和约克 YK 型单级压缩式冷水机组的正常运行参数以供比较，分别见表 4-1 和表 4-2。

表 4-1　开利 19XL 型单级压缩式冷水机组的正常运行参数（R22）

运 行 参 数	正 常 范 围	运 行 参 数	正 常 范 围
蒸发压力/MPa	0.41～0.55	油温/℃	43～74
冷凝压力/MPa	0.69～1.45	油压差/MPa	0.1～0.21

表 4-2　约克 YK 型单级压缩式冷水机组的正常运行参数（R134a）

运 行 参 数	正 常 范 围	运 行 参 数	正 常 范 围
蒸发压力/MPa	0.19～0.39	油温/℃	22～76
冷凝压力/MPa	0.65～1.10	油压差/MPa	0.17～0.41

(2) 运行中的记录操作

离心式冷水机组运行记录参考表见附录二中表 2-3。

(3) 制冷量调节

离心式制冷压缩机制冷量调节的方法主要有进气节流调节、进口导流叶片调节、改变压缩机转速的调节等。目前大多采用进口导流叶片调节法，即在叶轮进口前装有可转动的进口导流叶片，导流叶片转动时，使进入叶轮的气流方向改变，从而改变了压缩机的运行特性曲线，也就是调节了制冷量。这种调节方法被广泛应用在单级或双级的离心式制冷机组的能量调节上。如特灵 CVHE 型机组的调节范围为 20％～100％，开利 19XL 型机组的调节范围为 40％～100％，有的单级制冷机组的能量可减少到 10％。

当空调冷负荷减小时，蒸发器的冷冻水回水温度下降，导致蒸发器的冷冻水出水温度相应降低，当温度低于设定值时，感应调节系统会自动关小压缩机进口导叶的开度来进行减载，使冷水机组的制冷量减小，直到蒸发器冷冻水出水温度回升至设定值，机组制冷量与空调冷负荷达到新的平衡为止，反之，当空调冷负荷增加时，蒸发器的冷冻水进水温度上升，导致蒸发器的冷冻水温度高于设定值，则导叶开度自动开大，使机组的制冷量增加，直到蒸发器出水温度下降到设定值为止。

4.2.4 系统的停机

离心式制冷压缩机的停机操作分为日常停机和季节性停机两种情况。

(1) 日常停机

① 通过手动控制按钮，将进口导叶关小到 30％，使机组处于减载状态。

② 按主机停止开关，压缩机进口导叶应自动关闭。若不能自动关闭，应通过手动操作来关闭。在停机过程中要注意主电动机有无反转现象，以免造成事故。主电动机反转是由于在停机过程中，压缩机的增压作用突然消失，蜗壳及冷凝器中的高压制冷剂气体倒灌所致的。因此，在保证安全的前提下，压缩机停机之前应尽可能关小导叶角度，降低压缩机出口压力。

③ 压缩机停止运转后，继续使冷冻水泵运行一段时间，以保持蒸发器中制冷剂的温度在 2℃ 以上，防止冷冻水产生冻结。

④ 切断油泵、冷却水泵、冷却塔风机、油冷却器冷却水泵和冷冻水泵的电源。

⑤ 切断主机电源，保留控制电源以保证冷冻机油的温度。油温应继续维持在 60～63℃

之间，以防上制冷剂大量溶入冷冻机油中。

⑥ 关闭抽气回收装置与冷凝器、蒸发器相通的波纹管阀、压缩机的加油阀、主电动机、回收冷凝器、油冷却器等的供应制冷剂的液阀以及抽气装置上的冷却水阀等。

⑦ 停机后，主电动机的供油、回油管路仍应保持畅通，油路系统中的各阀一律不得关闭。

⑧ 停机后除向油槽进行加热的供电和控制电路外，机组的其他电路应一律切断，以保证停机安全。

⑨ 检查蒸发器内制冷剂液位高度，应比机组运行前略低或基本相同。

⑩ 再检查一下导叶的关闭情况，必须确认处于全关闭状态。

(2) 季节性停机

按日常停机操作之后，再进行以下操作程序。

① 断开除控制电源切断开关以外的所有切断开关。

② 如果使用过冷凝器配管和冷却塔，应排出它们里面的水。

③ 打开冷凝器集水器中的排水和排空塞，排出冷凝器中的水。

④ 在长期停机时，要启动排气装置，确保每两周对机组进行 2h 的排气。

4.3 离心式制冷压缩机的维护保养

离心式制冷压缩机通常用于大型中央空调系统，对制冷量需求较大的场合。离心式制冷压缩机有单级和多级之分，单级即在压缩机主轴上只有一个叶轮，广泛用于空调系统，提供 7℃ 左右的冷媒水。离心式制冷机易损件少，无需经常拆修。一般规定使用 1~5 年后，对机组全面检修一次，平时只需做好维护保养工作。

4.3.1 日常运行时的维护保养

(1) 日常运行时的维护保养

① 离心式制冷压缩机的维护保养

a. 严格监视油槽内的油位　机组在正常运行时，机壳下部油槽的油位必须处于油位长视镜中央（如为上、下两个圆视镜时，油位必须在上圆视镜的中横线位置）。对新启用的机组必须在启动前根据使用说明书的规定加足冷冻机油。对于定期检修的机组，由于油泵及油系统中的残余油不可能完全排净，故再次充灌时必须以单独运转油泵时油位处于视镜中央为正常油位。油位过高将使小齿轮浸于油中，运转时产生油的飞溅，油温急剧上升，油压剧烈波动，由于轴承无法正常工作而导致故障停机。如果由于油位太低，则油系统中循环油量不足，供油压力过低且油压表指针波动，轴承油膜破坏，因而导致故障停机。但必须注意机组启动过程中的油位指示与机组运行约 4h 后油位指示的区别。机组在启动过程中，油中溶有大量制冷剂，即使油槽油温在 55℃，由于润滑油系统尚未正常工作，仍然不能较大限度地排出油中混入的制冷剂。因此在制冷机组运转时，油槽油位上部产生大量的泡沫和油雾，溶入油中的制冷剂因油温升高不断地气化、挥发、逸出，通过压缩机顶部平衡管与进气室相通进入压缩机流道。当压缩机运行约 4h 后，由于制冷剂从油中排出，油槽油位将迅速下降，并趋于平衡在某一油位上。

如果机组在运行中油槽油位下降至最低限位以下时，应在油泵和机组不停转的情况下，通过润滑油系统上的加油阀向油系统补充符合标准的冷冻机油。如果油槽油位一直有逐渐下降的趋势时，则说明有漏油的部位，应停机检查处理。

b. 严格监视供油压力　离心式制冷机组正常的供油压力状态如下。

ⓐ 可通过油压调节阀的开和关来调节油压的大小。

ⓑ 油压表上指针摆动幅度≤±50kPa。

ⓒ 油压不得呈持续下降趋势。如果机组在运转中加大导叶开度（即加大负荷）时，油压虽有一定的下降趋势，但在导叶角度稳定之后应立即恢复稳定。故在运行时导叶的开大，必须谨慎缓慢，每开5°应停一会，切忌过快过猛。一般在机组启动后，进口导叶开启前、油泵的总供油压力一般应调在0.3～0.4MPa（表压）。为了保证压缩机的良好润滑，油过滤器后的油压与蒸发器内的压力差一般控制在0.15～0.19MPa，不得小于0.08MPa，控制和稳定总油压差的目的是为了保证轴承的强制润滑和冷却，确保压缩机-主电动机内部气封封住油以致不内漏，保证供油压力和油槽上部空间负压的稳定。

在进行油压调整时，必须注意在机组启动过程及进口导叶开度过小时，油压表的读数（与油槽压力差）均高于0.15～0.19MPa。但当机组处于额定工况正常运行时，该油压差值必须小于压缩机的出口压力，只有这样，主轴与主电动机轴上的充气密封才能阻止油漏入压缩机内。

c. 严格监视油槽油温和各轴承温度　离心式制冷机组在运转中，为了保持油质一定的黏度，确保轴承润滑和油膜的形成，保证制冷剂在油中具有最小的溶解度和最大的挥发度，因此必须使油槽油温控制在50～65℃之间，并与各轴承温度相协调。运行实践证明，油槽油温与最高轴承温度之差一般控制在2～3℃之间，各轴承温度应高于油槽的油温。机组在正常运转中，由于润滑油的作用，将轴承的发热量带回油槽，因此油槽的油温总是随轴承温度的上升而上升。如果主轴上的推力轴承温度急剧上升，虽低于70℃还未达到报警停机值，但与油槽内的油温差值已大于2～3℃，此时则应考虑开大油冷却器的冷却水量，使供油温度逐渐降低，最高轴承温度和油槽油温也将相应降低。如果轴承温度与油槽油温的差值仍远超出2～3℃，但轴承温度不再上升，可采用油冷却水量和水温调节，如果轴承温度仍继续上升，则应考虑停机进行检修。

d. 严格监视压缩机和整个机组的振动及异常声音　离心式制冷机组在运行中，如果某一部位发生故障或事故的征兆时，就会发生异常的振动和噪声。如压缩机、主电动机、油泵、抽气回收装置、接管法兰、底座等所产生的各种形式的振动现象，必须及时排除。这是离心制冷机组日常维护和保养的重要内容之一。离心式制冷压缩机在运行中可能产生振动的原因为：

ⓐ 机组内部清洁度较差，各种污垢层积存于叶轮流道上，尤其是在叶轮进口处积垢在1～2mm时，就有可能破坏转动件已有的平衡状态而引起机组振动的后果，故必须保持机组内部清洁。为此应做到：在设备大修时，对蒸发器和冷凝器筒体内壁、机壳和增速箱体内壁、主电动机壳体内壁等与制冷剂接触的部位所使用的防腐蚀、防锈涂料必须确保与制冷剂不相溶和无起皮脱落，以避免落入压缩机流道内部，造成积垢。必须确保制冷剂的纯度和符合质量标准，并应定期抽样化验。尤其是对制冷剂中的水分、油分、凝析物等必须符合标准要求，避免器壁的锈蚀和积垢。注意运行检查，如发现蒸发器、冷凝器传热管漏水，必须停机检修。确保机组密封性和真空度要求，避免外部空气、水分及其他不凝结气体渗入机组内，一旦发现系统不凝性气体过多，则必须用抽气回收装置进行排除。定期检修和清洗浮球室前过滤网。

ⓑ 转子与固定元件相碰撞。离心式制冷压缩机属于高速旋转的机械，其转子与固定元件之间各部位均有一定的配合间隙，如叶轮进出口部位与蜗壳、机壳之间；径向滑动轴承与主轴之间；推力轴承与推力盘之间等。当润滑油膜破坏时，将会引起碰撞，叶轮与蜗壳、机壳之间的碰撞，将会使铝合金叶轮磨损甚至破碎。叶轮的磨损或破碎又会使转子的平衡受到破坏，从而引起转子剧烈振动或破坏事故。如润滑油太脏，成分不纯，混入大量制冷剂，油

压的过低或过高，油路的堵塞或供油的突然中断等，都可能导致轴承油膜的无法形成或破坏，这也是引起压缩机转子振动破坏的直接或间接原因。

ⓒ 压缩机在进行大修装配过程中，如果轴承的不同轴度、齿轮的正确啮合、联轴器对中、推力盘与推力块工作面之间的平行度、机组的水平度、装配状态达不到技术要求，也是造成压缩机转子振动的原因。

此外，离心式制冷压缩机的喘振和堵塞都将会引起机组的强烈振动，甚至引起破坏性的后果。在机组运行中，油泵故障也会造成油泵和油系统发出强噪声和过高的振动值，这可由产生振动的部位和观察油压表指针的摆动状态来加以判断。还有抽气回收装置中由于传动带的松紧不当或装配质量问题也会引起装置的剧烈振动，此时可切断抽气回收装置与冷凝器、蒸发器的连通阀，在不停机情况下检修抽气回收装置。

e. 严格控制润滑油的质量和认真进行油路维护　冷冻机油如果由微红色变为红褐色，透明度变暗，则说明润滑油中悬浮着有机酸、聚合物、酯和金属盐等腐蚀产物。此时润滑油的表面张力下降，腐蚀性增加，油质变坏，则必须进行更换。在进行润滑油的更换时，必须使用与原润滑油同牌号、符合技术条件的润滑油，绝不允许使用其他牌号或不符合技术标准的润滑油。

对润滑系统的维护管理应做到以下几点。

ⓐ 一般情况下应每年更换一次润滑油，更换时应对油槽做一次彻底清洗，以清除油槽中所有沉积的污物、锈渣，并不得留下纤维残物。

ⓑ 对于带有双油过滤器的离心式制冷机组应根据油过滤器前后的油压表读数之差来判断油过滤器内部脏物堵塞的程度，随时进行油过滤器的切换，以使用干净的油过滤器。对于只有一个油过滤器的离心式制冷机组，应根据具体情况在停机期间进行清洗滤芯和滤网。如发现滤网破裂，应立即更换。

ⓒ 在制冷机组的每次启动时，应先检查油泵及油系统是否处于良好状态后才能决定是否与主机联锁启动，如有异常应处理后再启动。

ⓓ 油压力表应在使用有效期内，供油压力不稳定时不准启动机组。

ⓔ 油槽底部的电加热器在机组启动和停机时必须接通。如果长期停机但机组内有残存的制冷剂时，则需长期接通。机组运行中，可根据情况断开或接通，但不论在任何情况下，必须保证油槽油温在50～65℃，过低和过高均需要调节。

ⓕ 机组在启动和停机时应关闭油冷却器的供水阀。在长期运行中应根据油槽中润滑油的温度情况随时调整冷却水量。一般应以最高轴承温度为调整基准。

② 主电动机的维护保养

a. 机组在运行中应严格监视主电动机的运行电流大小的变化　离心式制冷压缩机组在正常运行中，其主电动机的运行电流应在机组额定工况与最小工况下运行电流值之间波动。一般主电动机应禁止超负荷运行，也就是说主电动机在运行中其电流不得超过其额定电流值。

在运行中，主电动机电流表指针的有些小摆动是由于电网电压的波动所造成的。但有时由于电源三相的不平衡及电压的波动，机组负荷的变化以及主电动机绝缘不正常也会造成电流表指针周期性或不规则的大幅度摆动。出现这些情况时则应及时进行调整和排除。

b. 应严格注意主电动机的启动过程　为了保护主电动机，必须坚决避免在冷态连续启动两次、在热态连续启动一次和在一个小时内启动三次。这是由于，一方面主电动机在启动过程中，启动电流一般是正常运行的7倍，如此大的启动电流会使主电动机绕组发热，加速绝缘老化，缩短电动机寿命，同时还造成很大的线路电压降而影响其他电器设备的运行；另一方面由于启动过程中转矩是不断变化的，对联轴器的连接部位（如齿轮联轴器的齿面）和叶轮轴连接部位（如键）等都会产生冲击作用，甚至发生破坏和断裂。

c. 严格监视主电动机的冷却状况　采用制冷剂喷射冷却的封闭型主电动机的离心式制冷机组，应注意冷却用制冷剂的纯度及是否发生水解作用。因为冷却主电动机用的制冷剂液体中如果含有过量的水分和酸分，会给绕组带来不良影响而使绝缘电阻下降。高压主电动机绝缘电阻值应大于 $10M\Omega$，低压主电动机绝缘电阻值应大于 $1M\Omega$。造成封闭式主电动机的绝缘电阻下降的原因如下。

ⓐ 主电动机绕组的吸湿、老化、出现间隙而产生电晕、缺相运行而烧坏和冷却不良而烧坏等。

ⓑ 冷却用制冷剂液体含水量过多。

ⓒ 冷却用制冷剂液体喷射而造成电动机绕组表面绝缘的剥离。

ⓓ 冷却用制冷剂液体的水解而带有过多的酸分，腐蚀绕组，造成绝缘恶化并使绝缘电阻下降。

ⓔ 由于制冷剂的过冷而使主电动机壳体表面结露时，容易产生接线柱的吸湿。因此应及时调节冷却用制冷剂液体的供液量，或对接线柱部位加以封闭覆盖等措施。

主电动机处于运行状态时，其表面温度应以手触摸时无冷热感觉，以不过热和不结露为宜。表面的过冷和过热都会损伤主电动机，并降低其使用寿命。尤其在机组负荷变化时，必须注意主电动机表面的温度。

d. 严格注意主电动机绕组温度的变化　绕组温度的测定，一般是由装在绕组中的探测线圈和控制柜上的温度仪来显示的。对于封闭型主电动机，其绕组的温升必须控制在 $100℃$ 以下。由于温度的升高会使制冷剂分解而产生 HCl，破坏绕组绝缘。

e. 严格监视接线柱部位的气密性　应注意拧紧主电动机接线柱螺栓和导线螺栓，注意压紧螺栓的松紧应均匀并不得压坏绝缘物。螺栓的松动将会导致气密性不良，使连接部位发热、熔化，造成绝缘物的变形和变质，甚至断路。

③ 抽气回收装置的维护保养　在离心式制冷机组中，其抽气回收装置一般为一个独立的系统，必要时可以关闭与冷凝器、蒸发器相通的管路，进行单独维护保养。

抽气回收装置在机组的运行中一般采用自动方式启、停和工作，因此应做到如下几点。

ⓐ 严格监视离心式压缩机和油分离器的油位。

ⓑ 严格监视回收冷凝器内制冷剂的液位，如果看不到液位则说明回收冷凝器效果不好，应检查供冷却液管路和过滤器是否堵塞。如果放气阀中所排除的不凝性气体中制冷剂气体较多，则应检查回收冷凝器顶部的浮球阀是否卡死。

ⓒ 如果自动排气的放气阀达到规定的压力值还不能打开放气时，则应停止抽气回收装置的运行，对排气阀进行检修。

ⓓ 抽气回收装置频繁地启动则说明机组内有大量空气漏入。在制冷机组启动前或启动过程中，一般采用手动操作抽气回收装置，每次运转的时间以冷凝压力下降和活塞压缩机电动机外壳不过热为限，一般每次连续运转时间小于 30min。

ⓔ 如该装置长期未用可短时开机，以使压缩机部分得以润滑。

ⓕ 如果制冷机组不需要排除不凝性气体，该装置也应每天或隔几天运转 15～20min。

（2）每季度运行时的维护保养

① 完成所有的每日保养工作。

② 清洁水管系统所有的过滤器。

（3）每半年运行时的维护保养

① 完成每季度的维护保养工作。

② 润滑导叶执行器处的连接轴承、球形接头和支点；根据需要，滴几滴轻机油。

③ 旋下固定螺丝，在第一级叶片操作柄的 O 形圈处滴几滴润滑油，再拧紧固定螺栓。对有的压缩机，则需要同时旋下进出孔的固定螺栓，然后注入油脂，直至油脂溢出，再拧上螺栓。

④ 移开管塞，滴几滴润滑油润滑过滤器截止阀的 O 形圈，最后放回管塞。

⑤ 用一个真空容器抽取防爆片腔内和排气装置管路内的杂物，如果排气装置使用过于频繁，就需要经常进行这项工作。

⑥ 在导叶驱动器曲轴上滴几滴油，让它铺开成为一层很薄的油膜，这样可以保护曲轴不受潮生锈。

4.3.2　年度停机时的维护保养

（1）机组在年度停机期间，要确保控制面板通电。这是为了使排气装置维持运行状态，避免空气进入冷水机组；同时，可以使油加热器保持加热状态。

（2）抽气回收装置的维护保养。在对抽气回收系统中的离心式压缩机进行拆检之前，必须关闭抽气回收装置与蒸发器、冷凝器之间联系的波纹管阀，松开活塞式压缩机吸气阀侧的接管与外套螺母，启动压缩机直接吸入空气，检查排气阀是否在规定排气压力值时自动排气。如果排气压力值上不去，可检查吸气阀或排气阀是否损坏漏气；如果排气压力正常，但压缩机停转后压力很快下降，则表明阀座中夹有脏污物质或阀本身变形而产生过大的间隙；如果排气阀在较低排气压力下就自动开启，则应调整排气阀。

由于抽气回收装置中的回收冷凝器采用浮球式自动排液机构，因此，浮球阀打开后回收冷凝器底部聚集的液态制冷剂就会回到蒸发器中。故检查该浮球机构是否正常，对于回收装置能否正常运行是相当重要的。如果回收冷凝器中的制冷剂不在正常液位，则可关闭制冷剂回液管路上的波纹管截止阀。如此重复几次，使浮球阀机构上下运动，以排除其卡阻现象。上述方法如不能奏效，则应拆下修理。

抽气回收装置在进行拆检后，应按有关规定进行气密性、真空试验。

（3）用冰水混合物来确认蒸发器制冷剂温度传感器的精度是否在 $\pm 2.0℃$ 的公差范围，如果蒸发器制冷剂温度的读数超出度 4℃ 的误差范围，就要更换该传感器（如果传感器一直暴露在超过它普通运行温度范围 $-18\sim32℃$ 的极限环境中，就需要每半年检查一次它的精度）

（4）压缩机润滑油的更换。建议机组运行第一年后和以后的每三年换油一次，每年进行一次油品分析（比如油的颜色、气味、手感、外观）。通过油质分析可以减少机组运行寿命内总的耗油量和制冷剂的泄漏量，从而可以减少维护费用，并且提高机组的运行寿命。如果每年油品分析正常，可以将换油时间延长。具体换油步骤如下。

① 将制冷剂转移到冷凝器（在机组有隔断阀的情况下）或储液罐。

② 标记当前油位。

③ 断开控制回路和油加热器断路器。

④ 在机组压力低于 0.03MPa 时，缓慢打开充注阀，放出油槽内的油，此时可以更换油过滤器。

⑤ 充注新油至标记的油位处。接通油加热器电源对油加热至 60℃，运转油泵 2min 检查是否异常。关机时重新检查油位。

（5）更换油过滤器。一般每年、每次换油或机组运转时油压不稳定，都应更换油过滤器。更换油过滤器的步骤如下。

① 运转油泵 2～3min 以确保油过滤器温度升到储油槽的温度。

② 关闭油泵电机。

③ 拉动旋转阀锁销上的把手，同时旋转阀门至"排液"位置（在阀门的顶部有一个扳手用于旋转阀门，同时有指针指示旋转位置），如图 4-4 所示。当旋转到"排液"位置时，

锁销由于弹力作用回到原来的位置锁住阀。

④ 至少需要 15min 才能使过滤器上的油全部回到储油槽中。

⑤ 再次拉动旋转阀锁销的把手，然后旋转阀门至"更换油过滤器"位置。这将使过滤器与机组隔离开来。在这个位置应松开把手，以锁住阀门。

⑥ 迅速更换过滤器。按照过滤器的说明书的要求固定过滤器，把替换下来的过滤器放到可回收利用的容器中。再次拉动把手，将阀门旋转至"运转"位置，然后松开把手，锁住阀门。这个时候机组即可以开始运行。

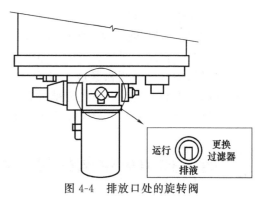

图 4-4　排放口处的旋转阀

（6）检查冷凝管是否脏，必要时进行清洗工作。

（7）测量压缩机电机绕组的绝缘电阻。

（8）进行制冷机的泄漏测试，这对那些需要经常进行排气的机组来说尤为重要。

（9）每三年对冷凝器和蒸发器的换热管进行一次无损测试（根据制冷机所处环境的不同，管道测试的周期会不尽相同，这对运行条件苛刻的机组来说，频率要高一些）。

（10）根据机组实际的运转情况，决定何时对机组进行全面的检测以检查压缩机和机组内部部件的状况。

① 检查压缩机转子平衡和振动。在对压缩机解体后，应检查叶轮流道和进口导叶表面积垢情况，并分析产生积垢的原因，采取相应的措施；检查叶轮与蜗壳（尤其是轮盖的外圆部分）有无摩擦痕迹，对压缩机转子进行动平衡校正；检查推力轴承推力块与推力盘工作面是否有擦伤或破坏情况，以分析叶轮与蜗壳的摩擦是由于压缩机转子不平衡所引起的，还是由于推力轴承油膜破坏所引起的；检查叶轮与主袖连接的螺钉是否完好或松动，有无扭伤和裂纹，对于键连接的叶轮键槽径向有无裂痕或破损，这也是造成压缩机转子平衡破坏的重要原因；检查叶轮前端的端头螺母上防转螺钉是否松脱，如松脱将会造成叶轮沿轴向窜动，从而引起叶轮与蜗壳的碰擦事故。

② 检查径向滑动轴承与推力轴承的间隙。检测机组停机后压缩机转子上的径向滑动轴承和推力轴承、大齿轮上径向滑动轴承和推力轴承、主电动机各径向滑动轴承的实际间隙值，并认真检查各工作面的磨损情况及推力块工作面的磨损情况。轻微的推力面磨损可采用人工刮削或研磨方法，消除压伤、线痕或凹点。调整推力轴承背面或调整垫片的厚度，使推力轴承的轴向间隙恢复到要求范围内。严重时可进行磨损件的更换。

③ 检查齿轮啮合情况。检查齿轮的啮合面有无点蚀、损角、裂纹等。检查喷油孔是否畅通。注意在检查增速箱时不得碰伤各轴承的铜热电阻元件和外接测温线路。

④ 检查各气（油）封径向间隙是否符合装配规定。各气（油）封齿是否损伤，各密封垫纸垫片，各节流圈是否破损、失效或堵塞，充气气封是否畅通。

⑤ 检查蜗壳底部和能量调节机构壳体底部的回油孔是否被杂质堵塞，推力轴承的回油孔应位于上部，严禁倒装。

从压缩机流道积油状况判断压缩机运转时的漏油部位并进行处理。如果充气气封失效，油将会沿转子主轴表面进入压缩机流道；平衡管过滤网的厚度不够、封油作用不严以及机组启动过程中不可避免地少量油进入压缩机流道；主电动机喷液回液腔与机壳腔之间气封作用如果失效，油雾由油槽上腔进入主电动机回液腔并随制冷剂进入蒸发器，而将油带入压缩机流道。为防止机壳油雾渗入主电动机回液腔，常在主电动机回液管路上装设节流圈，以维持主电动机回液腔有较高的背压，从而阻止油雾的渗入。

对于上述情况应拆检处理，以保证正常运行。

⑥ 进口能量调节机构的导叶转轴、转动部位、铰链等加润滑油脂，手动检查进口导叶由全闭至全开过程是否同步、灵活。如果采用钢丝和滑轮传动，则应检查钢丝是否打滑，并调整螺钉以保持钢丝适当松紧度，以不打滑为原则。检查进口导叶的驱动轴，检查密封胶圈、O形圈是否磨损失效，并决定是否更换。在各部位检查处理完毕后，应按要求装配，并手动检查进口导叶角度是否与驱动机构同步，并使用可调长拉杆与调节连杆进行调整。

4.4 离心式中央空调故障分析与排除

4.4.1 离心式中央空调检修操作工艺

离心式制冷压缩机的检修操作工艺主要介绍气密性试验、制冷系统抽真空、干燥除湿处理、制冷剂的充灌与排出，其余的可参照活塞式压缩制冷系统。

(1) 气密性试验

对于故障修复后的气密性试验，可参照活塞式压缩制冷系统；如果机组初投入使用，要确定机组是否泄漏，机组抽真空后充注制冷剂，加压后，用洗涤剂或电子检漏仪检查所有的法兰及焊接连接处。由于考虑到制冷剂泄漏难以控制及制冷剂中分离杂质的难度，推荐按如图 4-5 所示的步骤进行气密性试验。

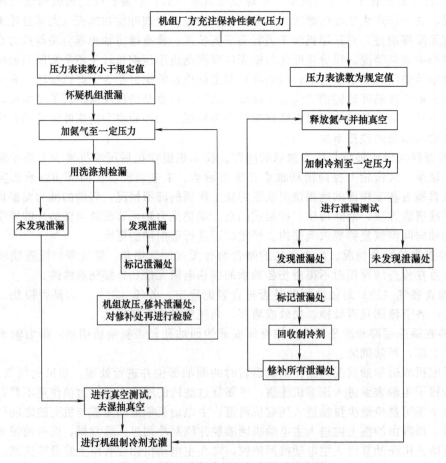

图 4-5　离心式制冷机组气密性试验步骤

① 机组工作压力正常。

a. 从容器中排出保持性充注的气体。

b. 如果需要，通过增加制冷剂以提高机组压力，直到机组压力等于周围环境温度的饱和压力。按泵出程序，将制冷剂从储存容器送入机组。

② 机组压力读数异常。

a. 对带制冷剂运输的机组，准备泄漏试验。

b. 通过连接氮气瓶加压至一定压力，检查大的泄漏。用肥皂水检查所有连接处，如果试验压力能保持30min，准备小泄漏试验。

c. 发现泄漏，做好标记。

d. 放掉系统压力。

e. 修补所有泄漏。

f. 重新试验修补处。

g. 成功完成大泄漏试验后，尽可能除去氮气、空气及水分。这可通过后面的去湿程序完成。

h. 加制冷剂，缓慢提高系统压力，然后进行小泄漏检测试验。

③ 用电子检漏仪、卤素灯或肥皂水仔细检查机组。

④ 泄漏确认。如果电子检漏仪发现泄漏，可用肥皂水进一步确认，统计整个机组的泄漏率。

⑤ 如果在初次开机时没有发现泄漏，完成制冷剂气体从储存容器到整个机组的转移后，再次测试泄漏。

⑥ 再次测试后未发现泄漏。

a. 将制冷剂移入储存容器，执行标准的真空测试。

b. 如果机组无法通过真空测试，则检查大的泄漏。

c. 如果机组通过标准真空试验，则将机组去湿，用制冷剂充注机组。

⑦ 如果再试验后发现泄漏，将制冷剂泵入储存容器，如果有手动隔离阀，也可将制冷剂泵进未泄漏的容器。

⑧ 移出制冷剂，直到截止压力降到40kPa。

⑨ 修补泄漏，从第二步开始重复以上步骤，确保密封（如果机组在大气中敞开一个相当长时期，在开始重复泄漏试验前排空）。

（2）制冷系统抽真空

机组气密试验合格后进行真空试验。真空试验的流程如下。

① 将真空表接到机组上。

② 将真空泵与机组的制冷剂充注阀相连，要求泵到机组的接管尽可能短，直径尽可能大，以减少气流阻力。

③ 开启机组所有的内部隔断阀。

④ 抽真空到绝压100Pa以下。保压0.5h，回升≤50Pa为合格。如果回升＞50Pa，说明机组有漏点或机组内湿度过大，此时应继续抽真空至100Pa以下重新保压。反复几次后仍不合格，重新进行气密试验并补漏。

（3）干燥除湿处理

如果机组敞开相当长一段时间，机组已含有水分，或已完全失去保持性充注的气体或制冷剂压力，建议进行抽真空去湿。去湿可在室温下进行，环境温度越高，除湿也越快。环境温度较低时，要求较高的真空度以去湿。如果周围环境温度较低，与专业人员联系，以获得所需技术去湿，过程如下。

① 将一个高容量真空泵（0.002m³/s 或更大）与制冷剂充注阀相连，从泵到机组的接管尽可能短，直径尽可能大，以减少气流阻力。

② 用绝对压力表或真空计测量真空度，只有读数时，才将真空计的截止阀打开，并一直开启 3min，以使两边真空度相等。

③ 如果要对整个机组除湿，则开启所有隔离阀。

④ 在周围环境温度到达 15.6℃ 或更高时，进行抽真空，直至绝对压力为 34.6kPa 时，继续抽 2h。

⑤ 关闭阀门和真空泵，记录测试仪读数。

⑥ 等候 2h，再记一次读数，如果读数不变，除湿完成。如果读数表示真空度已无法保持，重复进行密封性检测。

⑦ 如果几次测试后，读数一直改变，在最大达 1103kPa 压力下，执行泄漏试验，确定泄漏处并将其修补，重新除湿。

（4）制冷剂的充灌与排出

① 制冷剂的充灌　离心式制冷机组在完成抽真空操作程序后，需进行制冷剂的充灌。

a. 中压制冷剂（如 R22、R134a 等）的充灌与补给，可采用机组上附设的充灌设备与储液筒以及抽灌装置（泵出系统），如图 4-6 所示。

该抽灌装置上配有 3.7kW 的压缩冷凝机组。储液筒 7 布置在蒸发器 1 下方，制冷剂液体可靠重力由蒸发器流出。储液筒与蒸发器之间配有输液管及平衡管。当制冷剂液体大部分流入储液筒时，可将阀③、④和⑨打开，使抽灌装置投入运行，将蒸发器中残留的制冷剂蒸气吸入抽灌装置中的冷凝器 3 内凝结液化，再送入储液筒中（如定期拆检机组时）。

打开阀门②，启动压缩机 2，制冷剂即从储液筒 7 回蒸发器 1 中。也可利用活塞压缩机的排气压力，将制冷剂液体从储液筒压回蒸发器。为防止制冷剂气化，也可由储液筒中抽出，送往冷凝器中液化，再送回蒸发器中。由储液筒下方的排放阀

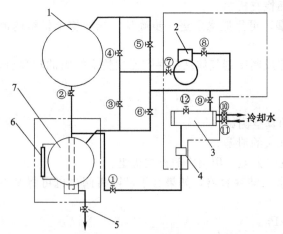

图 4-6　中压制冷剂的储液以及抽灌装置
1—蒸发器；2—小型活塞式制冷压缩机；
3—抽灌装置中的冷凝器；4—抽灌装置中的浮球阀；
5—排放阀；6—液位计；7—储液筒
①～⑫—阀门

5 排出残油。

b. 低压制冷剂（如 R11、R113、R123 等）的充灌与补给，可采用以下方法。

ⓐ 用铜管或 PVC（聚氯乙烯）管的一端与蒸发器下部的加液阀相连，而另一端与制冷剂储液罐顶部接头连接，并保证有良好的密封性。

ⓑ 加氟管（铜管或 PVC 管）中间应加干燥器，以去除制冷剂中的水分。

ⓒ 充灌制冷剂前应对油槽中的润滑油加温至 50～60℃。

ⓓ 若在制冷压缩机处于停机状态时充灌制冷剂，可启动蒸发器的冷媒水泵（加快充灌速度及防止管内静水结冰）。初灌时，机组内应具有 $0.866 \times 10^5 Pa$ 以上的真空度。

ⓔ 随着充灌过程的进展，机组内的真空度下降，吸入困难时（当制冷剂已浸没两排传热管以上时），可启动冷却水泵，按正常启动操作程序运转压缩机（进口导叶开度为 15%～25%，避开喘振点，但开度又不宜过大），使机组内保持 $0.4 \times 10^5 Pa$ 的真空度，继续吸入制

冷剂至规定值。

在制冷剂充灌过程中，当机组内真空度减小，吸入困难时，也可采用吊高制冷剂钢瓶以提高液位的办法继续充灌，或用温水加热钢瓶，但切不可用明火对钢瓶进行加热。

ⓕ 充灌制冷剂过程中应严格控制制冷剂的充灌量。各机组的充灌量均标明在《使用说明书》及《产品样本》上。机组首次充入量应为额定量的50%～60%。待机组投入正式运行时，根据制冷剂在蒸发器内的沸腾情况再作补充。

制冷剂一次充灌量过多，会引起压缩机内出现"带液"现象，造成主电动机功率超负荷和压缩机出口温度急剧下降；而机组中制冷剂充灌量不足，在运行中会造成蒸发温度（或冷媒水出口温度）过低而自动停机。

离心式制冷机组的制冷剂每年正常的泄漏量，一般为机组制冷剂总量的10%以下。

② 制冷剂的排出　当拆机检修或长期停机或根据机组气密状况，应将机内制冷剂全部排出。其操作要点如下。

ⓐ 采用PVC软管，将排放阀（即充注阀）与置于磅秤上的制冷剂储液罐相连通。由蒸发器或压缩机进气管上的专用接管口处，向机内充以干燥氮气，加压至（0.98～1.47）×10^5Pa（表压），将全部制冷剂液排至储液罐中。排尽时迅速关闭排放阀。

ⓑ 现场无法获得干燥氮气，可开动抽气回收装置，将空气压入机组内（限于立即拆卸的机组），蒸发器进、出水温度维持30℃左右，促使机内压力升高。

ⓒ 制冷剂储液罐内要留有约20%的体积空间。加热制冷剂分离罐中剩余物，回收制冷剂。

ⓓ 液体排尽后，开动抽气回收装置，使机内残存制冷剂气体液化回收（限于冷水冷却的抽气回收装置）。

ⓔ 取样分析入罐的制冷剂中含油量、含水量等，决定是否再生。

4.4.2　离心式制冷机组常见故障分析

排除离心式压缩机机组故障，应认真理解产品说明书及有关资料的内容，掌握故障的原因及其排除方法，对于机组的一般性故障要及时加以排除，避免发生重大事故。机组的常见故障与排除方法包括压缩机、主电动机、抽气回收装置、润滑油系统、机组的腐蚀，见表4-3～表4-7。

表4-3　离心式制冷压缩机常见故障分析与排除方法

故障名称	故障现象	原因分析	排除方法
振动与噪声过大	压缩机振动值超差，甚至转子件破坏	转子动平衡精度未达到标准及转子件材质内部缺陷	复核转子动平衡或更换转子件
		运行中转子叶轮动平衡破坏 1)机组内部清洁度差 2)叶轮与主轴防转螺钉或花键强度不够或松动脱位 3)转子叶轮端头螺母松动脱位，导致动平衡破坏 4)小齿轮先于叶轮破坏而造成转子不平衡 5)主轴变形	1)停机检查机组内部清洁度 2)更换键、防转螺钉 3)检查防转垫片是否焊牢，螺母、螺纹方向是否正确 4)检查大、小齿轮状态，决定是否能用 5)校整或更抽换主轴
		推力块磨损，转子轴向窜动	停机，更换推力轴承
		压缩机与主电动机轴承孔不同心	停机，调整同轴度
		齿轮联轴器齿面污垢、磨损	调整、清洗或更换

中央空调运行管理与维修一本通

故障名称	故障现象	原因分析	排除方法
振动与噪声过大	喘振,强烈而有节奏的噪声及嘶鸣声,电流表指针大幅度摆动	滑动轴承间隙过大或轴承盖过盈太小	更换滑动轴承轴瓦,调整轴承盖过盈
		密封齿与转子件碰擦	调整或更换密封
		压缩机吸入大量制冷剂液	抽出制冷剂液,降低液位
		进、出气接管扭曲,造成轴中心线歪斜	调整进出气接管
		润滑油中溶入大量制冷剂,轴承油膜不稳定	调整油温,加热使油中制冷剂蒸发排出
		机组基础防振措施失效	调整弹簧或更换新弹簧,恢复基础防振措施
		冷凝压力过高	见"冷凝器"中的分析,排出系统内的空气,清除铜管管内污垢。
		蒸发压力过低	见"蒸发器"中的分析
		导叶开度过小	增大导叶开度
轴承温度过高	轴承温度逐渐升高,无法稳定	轴承装配间隙或泄(回)油孔过小	调整轴承间隙,加大泄(回)油孔径
		供油温度过高 1)油冷却器水量或制冷剂流量不足 2)冷却水温或冷却用制冷剂温度过高 3)油冷却器冷却水管结垢严重 4)油冷却器冷却水量不足 5)螺旋冷却管与缸体间隙过小,油短路	1)增加冷却介质流量 2)降低冷却介质温度 3)清洗冷却水管 4)更换或改造油冷却器 5)调整螺旋冷却管与缸体间隙
		供油压力不足,油量小 1)油泵选型太小 2)油泵内部堵塞,滑片与泵体径向间隙过小 3)油过滤器堵塞 4)油系统油管或接头堵塞	1)换上大型号油泵 2)清洗油泵、油过滤器、油管 3)清洗或拆换滤芯 4)疏通管路
		机壳顶部油-气分离器中过滤网层过多	减少滤网层数
		润滑油油质不纯或变质 1)供货不纯 2)油桶与空气直接接触 3)油系统未清洗干净 4)油中溶入过多的制冷剂 5)未定期换油	1)更换润滑油 2)改善油桶保管条件 3)清洗油系统 4)维持油温,加热逸出制冷剂 5)定期更换油
		开机前充灌制冷机油量不足	不停机充灌足制冷机油
	轴承温度骤然升高	供回油管路严重堵塞或突然断油	清洗供回油路,恢复供油
		油质严重不纯 1)油中混入大量颗粒状杂物,在油过滤网破裂后带入轴承内 2)油中溶入大量制冷剂、水分、空气等	更换清洁的制冷机油
		轴承(尤其是推力轴承)巴氏合金严重磨损或烧熔	拆机更换轴承
压缩机不能启动	启动准备工作已经完成,压缩机不能启动	主电动机的电源事故	检查电源,如熔丝熔断,电源插头松脱等,使其供电
		进口导叶不能全关	检查导叶开闭是否与执行机构同步
		控制线路熔断器断线	检查熔断器,断线的更换
		过载继电器动作	检查继电器的设定电流值
	油泵不能启动	防止频繁启动的定时器动作	等过了设定时间后再启动
		开关不能合闸	按下过载继电器复位按钮,检查熔断器是否断线

表 4-4　主电动机的常见故障分析与排除方法

故障现象	原 因 分 析	排 除 方 法
轴承温度过高	轴弯曲	校正主电动机轴或更换轴
	联结不对中	重新调整对中及大、小齿轮平行度
	轴承供油路堵塞	拆开油路,清洗油路并换新油
	轴承供油孔过小	扩大供油孔孔径
	油的黏度过高或过低	换用适当黏度的润滑油
	油槽油位过低,油量不足	补充油至标定线位
	轴向推力过大	消除来自被驱动小齿轮的轴向推力
	轴承磨损	更换轴承
主电动机脏污	绕组端全部附着灰尘与绒毛	拆开电动机,清洗绕组等部件
	转子绕组黏结着灰尘与油	擦洗或切削,清洗后涂好绝缘漆
	轴承腔、刷架腔内表面都黏附灰尘	用清洗剂洗净
主电动机受潮	绕组表面有水滴	擦干水分,用热风吹干或进行低压干燥
	漏水	以热风吹干并加防漏盖,防止热损失
	浸水	送制造厂拆并作干燥处理
主电动机不能启动	负荷过大 1)制冷负荷过大 2)压缩机吸入液体冷剂 3)冷凝器冷却水温过高 4)冷凝器冷却水量减少 5)系统内有空气	减小负荷 1)减少制冷负荷 2)降低蒸发器内制冷剂液面 3)降低冷却水温 4)增加冷却水量 5)开启抽气回收装置,排出空气
	电压过低	升高电压
	线路断开	检查熔断器、过负荷断电器、启动柜及按钮,更换破损的电阻片
	程序有错误,接线不对	检查熔断器、过负荷断电器、启动柜及按钮,更换破损的电阻片
	绕线电动机的电阻器故障	检查、修理电路,更换电阻片
电源线良好,但主电动机不能启动	一相断路	检修断相部位
	主电动机过载	减少负荷
	转子破损	检修转子的导条与端环
	定子绕组接线不全	拆主电动机的刷架盖,查出该位置
启动完毕后停转	电源方面的故障	检查接线柱、熔断器、控制线路联结处是否松动
主电动机达不到规定转速	采用了不适当的电动机和启动器	检查原始设计,采用适当的电动机及启动器
	线路电压降过大、电压过低	提高变压器的抽头,升高电压或减小负荷
	绕线电动机的二次电阻的控制动作不良	检查控制动作,使其能正确作用
	启动负荷过大	检查进口导叶是否全关
	同步电动机启动转矩过小	更改转子的启动电阻或修改转子的设计
	滑环与电刷接触不良	调整电刷的接触压力
	转子导条破损	检查靠近端环处有无龟裂,必要时子换新
	一次电路有故障	用万用表查出故障部位,进行修理
启动时间过长	启动负荷过大	减小负荷,检查进口导叶是否全关
	压缩机入口带液,加大负荷	抽出过量的制冷剂
	笼形电动机转子破损	更换转子
	接线电压降过大	修正接线直径
	变压器容量过小,电压降低	加大变压器容量
	电压低	提高变压器抽头,升高电压
主电动机运转中绕组温度过高或过热	过负荷	检查进口导叶开度及制冷剂充灌量
	一相断路	检修断相部位
	端电压不平稳	检修导线和变压器
	定子绕组短路	检修,检查功率表读数
	电压过高、过低	用电压表测定电动机接线柱上的线电压
	转子与定子接触	检修轴承

续表

故障现象	原因分析	排除方法
主电动机运转中绕组温度过高或过热	制冷剂喷液量不足 1)供制冷剂液过滤器脏污堵塞 2)供液阀开度失灵 3)主电动机内喷制冷剂喷嘴堵塞或不足 4)供制冷剂液的压力过低	1)清洗过滤器滤芯或更换滤网 2)检修供液阀或更换 3)疏通喷嘴或增加喷嘴 4)检查冷凝器与蒸发器压差,调整工况
	绕组线圈表面防腐涂料脱落、失效,绝缘性能下降	检查绕组线圈绝缘性能,分析制冷剂中含水量
电流不平衡	电压不平衡	检查导线与联结
	单相运转	检查接线柱的断路情况
	绕线电动机二次电阻连接不好	查出接线错误,改正连接
	绕线电动机的电刷不好	调整接触情况或更换
电刷不好	电刷偏离中心	调整电刷位置或予以更换
	滑环起毛	修理或更换
振动大	基础薄弱或支撑松动	加强基础,紧固支撑
	电动机对中不好	调整对中
	联轴器不平衡	调整平衡情况
	小齿轮转子不平衡	调整小齿轮转子平衡情况
	轴承破损	更换轴承
	轴承中心线与轴心线不一致	调整对中
	平衡调整重块脱落	调整电动机转子动平衡
	单相运转	检查线路断开情况
金属声响	端部摆动过多	调整与压缩机连接的法兰螺栓
	开式电动机的风扇与机壳接触	消除接触
	开式电动机的风扇与绝缘物接触	
	底脚紧固螺栓松脱	拧紧螺栓
	喷嘴与电动机轴接触	调整喷嘴位置
	轴瓦或气封齿碰轴	拆检轴承和气封
磁噪声	气隙不等	调整轴承,使气隙相等
	轴承间隙过大	更换轴承
	转子不平衡	调整转子平衡状况
主电动机轴承无油	油系统断油或供油不足	检查油系统,补充油量
	供油管路、阀堵塞或未开启	清洗油管路,检查阀开度
主电动机内部浸水	蒸发器或冷凝器传热管破裂 油冷却器冷却水管破裂 抽气回收装置中冷却水管破裂 制冷剂中严重含水 充灌制冷剂时带入大量水分 水冷却主电动机外水套漏水	左列原因,应对各部件漏水情况分别处理,并对系统进行干燥除湿 对浸水的封闭型电动机必须进行以下处理 1)排尽积水,拆开主电动机,检查轴承本体和轴瓦是否生锈 2)检查转子硅钢片是否生锈并用制冷剂、除锈剂清洗 3)对绕组进行洗涤(用R11) 4)测定电动机导线的绝缘电阻,拆开接线柱上的导线,测定各接线柱对地的绝缘电阻。低电压时,应在10MΩ以上;高电压时,应在15MΩ以上(干燥后) 5)通过电热器和过滤器向主电动机内部吹入热风,热风温度应≤90℃,排风口与大气相通 6)主电动机定子的干燥用电流不得超过定子的额定电流值。干燥过程中绕组的温度不得超过75℃ 7)抽真空(对机组)除湿。若真空泵出口湿球温度达到2℃,且2h后无升高,则认为干燥除湿处理结束

表 4-5　抽气回收装置的常见故障分析与排除方法

故障名称	现象	原　　因	排　除　方　法
抽气回收装置故障	小活塞压缩机不动作	传动带过紧而卡住或传动带打滑	更换传动带
		活塞因锈蚀而卡死	拆机清洗
		活塞压缩机的电动机接线不良或松脱,或电动机完全损坏	重新接线或更换电动机
		断电	停止开机
	回收冷凝器内压力过高	减压阀失灵或卡住	检修减压阀或更换
		压差调节器整定值不正确,造成减压阀该动作而不动作	重新整定压差调节器数值
		回收冷凝器上部的压力表不灵或不准	更换压力表
	回收冷凝器效果差或排放制冷剂损失过大	制冷剂供冷却管路(采用制冷剂冷却的回收冷凝器)堵塞或供液阀失灵	清洗管路,检修供液阀
		所供制冷剂不纯	更换制冷剂
		冷凝盘管表面及周围制冷剂压力、温度未达到冷凝点(温度高但压力低)	检查排气阀及电磁阀是否失灵
		回收冷凝器与冷凝器顶部相通的阀未开启或卡死、锈蚀、失灵	检修阀或更换
		放液浮球阀不灵、卡死、关不住	检修浮球阀
		回收冷凝器盘管堵塞	清洗盘管
	活塞压缩机油量减少	活塞的刮油环失败	检查或更换刮油环
		油分离器及管路上有堵塞现象	拆检和清洗油分离器及管路
	装置系统内大量带油	对压缩机加油的加油阀未及时关闭	及时关闭加油阀
		放液阀与放油阀同时开启,造成油灌入冷凝器	注意关闭此阀
		启动油泵时,油分离器底部与油槽相通的阀未关闭,油灌入油分离器内	注意关闭此阀
		制冷剂大量混入油中 1)排液阀不灵,制冷剂倒灌 2)机组供油不纯	1)检修排液阀 2)加热分离油与气

表 4-6　润滑油系统的常见故障分析与排除方法

故障名称	故障现象	原因分析	排除方法
压缩机无起动	油压过低	油中溶有多量制冷剂,使油质变稀	减少油冷却器用水量,将油加热器切换到最大容量
		油泵无法启动或油泵转向错误	检查油泵电动机接线是否正确
		油温太低 1)电加热器未接通 2)电加热器加热时间不够 3)油冷却器过冷	1)检查电加热接线,重新接通 2)以油槽油温为准,延长加热时间 3)调节并保持适当温度
		油泵装配上存在问题 1)油泵中径向间隙过大 2)滑片油泵内有脏物堵塞 3)滑片松动 4)调压阀的阀芯卡死 5)油泵盖间隙过大	1)拆换油泵转子 2)清洗油泵转子与壳体 3)紧固滑片 4)拆检调压阀,调整阀芯 5)调整端部纸片厚薄
		主电动机回油管未接油槽底部而直接连通总回油管,未经加热,供油压力上不去	重新接通油槽

故障名称	故障现象	原因分析	排除方法
压缩机无起动	油质不纯	油脏	更换油
		不同牌号冷冻机油混合,使油的黏度降低,不能形成油膜	不允许,必须换上规定牌号的冷冻机油
		未采用规定的制冷机油	更换上规定牌号的制冷机油
		油存放不当,混入空气、水、杂质而变质	改善存放条件,按油质要求判断能否继续使用
	供油量不足	油泵选型容量不足	换上大容量油泵
		充灌油量不足,不见油槽油位	补给油量至规定值
	供油压力不稳定	制冷剂充灌量不足,进气压力过低,平衡管与油槽上部空间相通,油的背压下降,供油压力无法稳定而油压过低停车	补足充灌制冷剂量
		浮球上有漏孔或浮球阀开启不灵,造成制冷剂量不足,供油压力无法稳定而停车	检修浮球阀
		压缩机内部漏油严重,造成油槽内油量不足,供油压力难以稳定	拆机解决内部漏油问题
油槽油温异常	油槽油温过高	电加热器的温度调节器上温度整定值过高	重新设定温度调节器温度整定值
		油冷却器的冷却水量不足 1)供水阀开度不够 2)油冷却器设计容量不足	1)开大供水阀 2)更换油冷却器
		油冷却器冷却水管内脏污或堵塞	清洗油冷却器水管
		轴承温度过高引起油槽油温过高	疏通管路
		机壳上部油-气分离器分离网严重堵塞	拆换分离网
	油槽油温过低	油冷却器冷却水量过大	关小冷却水量阀
		电加热器的温度调节器温度整定值过低,油槽油温上不去	重新设定温度调节器温度整定值
		制冷剂大量溶入油槽内,使油槽油温下降	使电加热器较长时间加热油槽,使油温上升
油压表故障	油压表读数偏高;油压表读数剧烈波动	油压调节阀失灵或开度不够	拆检油压调节阀
		供油压力表后油路有堵塞,油泵特性转移,压力表上读数偏高	疏通压力表后油路
		油压表质量不良或表的接管中混入制冷剂蒸气和空气,表指示紊乱	拆换压力表,疏通、排尽不良气体
		油槽油位低于总回油管口,油泵吸入大量制冷剂蒸气泡沫,造成油泵汽蚀,油压波动。	补足油量至规定油位
		"油压过低"故障引起管路阻力特性频繁变化,油泵排出油压剧烈波动	按本表中"油压过低"现象处理
		油压调节阀不良或损坏	拆检油压调节阀或更换
油泵不转	油泵不转,油泵指示灯也不亮	油泵连续启动后,油泵电动机过热	减少启动次数
		进口导叶未关闭,主电动机启动力矩过大,启动柜上空气开关跳闸,油泵无法启动	启动时关闭进口导叶
	油泵不转,油泵指示灯也亮	油泵电动机三相接线反位,造成油泵反转	调整三相接线
		油泵电动机通电后,由于电动机不良造成油泵不转	检查电动机
	油泵转动后又马上停转	油泵超负荷,电动机烧损	选用更大型电动机
		油泵电动机内混入杂质、卡死	拆检油泵电动机

表 4-7 离心式制冷机组的腐蚀故障分析与排除方法

故障名称	故障现象	原因分析	排除方法
机组腐蚀	机组内腐蚀	机组内气密性差,使湿空气渗入	重新检漏,做气密性试验
		漏水、漏载冷剂	检修漏水部位,将机组内进行干燥处理
		压缩机排气温度达100℃以上,使制冷剂发生分解	在压缩机中间级喷射制冷剂液体,降低排气温度
	油槽系统腐蚀	油加热器升温过高而油量过少	保持油槽中的正常油位
	管子或管板腐蚀	冷冻水、冷却水的水质不好	进行水处理,改善水质,在冷冻水中加缓蚀剂,安装过滤器,控制 pH 值

4.4.3 离心式制冷机组的检修

（1）离心式制冷压缩机的拆卸与装配

现场的拆装是指机组的定期检修,以及发生迫使机组无法继续工作的破坏性故障时,对机组的解体拆装。这与在制造厂内对产品的正常生产组装过程不同,因为此时机组各零部件尺寸公差、装配间隙已配装到位。若更换备件、零件,也仅是局部的。

① 拆装前的准备的工作

a. 所需的工具、设备、仪表及材料的准备

ⓐ 常用的钳工工具、测定间隙值工具、常用的电工工具。

ⓑ 真空泵、压力表、制冷剂充灌装置。

ⓒ 清洁用具（清洗剂、煤油、棉纱等）、润滑油。

ⓓ 热套大齿轮、叶轮、轴承壳用的加热器。

ⓔ 干燥氮气。

ⓕ 拆卸叶轮、大齿轮的专用工具。

ⓖ 组装所必需的材料,如密封纸板（耐油橡胶板）、纱布、垫木、塑料布等。

b. 从冷水机组内回收制冷剂 必须使用专用抽灌装置将制冷剂排出。排出制冷剂前,先确认冷水机组冷冻水、冷却水处于循环状态,以防止制冷剂排出时蒸发温度过低导致冻裂传热管;排出前应记录回收前蒸发器的制冷剂液位,并记录排出的制冷剂重量。同时应注意以下两点。

ⓐ 制冷剂排出过程中随时观察冷冻水/冷却水进出口温度,如温度低于5℃,立刻停止排出制冷剂。

ⓑ 盛装制冷剂的容器,应严格按照压力容器的规定使用,盛装到容器的规定量以下,并做好记录。装好后拧紧阀门,置于阴凉处保存,以备下次充用。

c. 从压缩机内回收润滑油 排出前应记录压缩机油位视镜的液位,并记录排出的润滑油重量,并注意以下两点。

ⓐ 需在制冷剂排出完全后再从放油阀将润滑油放出。

ⓑ 机组使用的润滑油比较特殊,绝对不允许与其他油质相混。润滑油吸水性强,故在运输、储存、使用润滑油时,都必须密封,以防空气中的水分进入油中,使润滑油变质,降低油的绝缘性能,增加机组内部的腐蚀性。在将润滑油注入或排除机器的过程中,油接触空气的时间越短越好。

② 制冷压缩机拆卸前注意事项

a. 现场必须设置有足够吨位的吊装设备,其吊装吨位应是机组上最大起重件重量的1.5倍。

b. 拆卸现场环境应清洁明亮、通风干燥、堆放有序。法兰螺栓应对称拆下。法兰定位止扣过紧时，不得硬拉硬拔，更不允许用锤子类铁器猛敲狠击，只能用木柱或铝棒沿法兰圆周轻敲，缓缓拔出。法兰接合面之间绝不允许使用铁棒硬撬，以免破坏接合面平整，影响机组气密性。螺栓应分类存放，在油槽中洗净。

c. 压缩机与主电动机在现场一般采用水平拆卸方式。吊卸时注意钢索受力均匀、找好重心、挂钩牢实，防止中途倾斜、滑脱、断索等。吊装工应有操作证。如图 4-7 所示为压缩机起吊示意。

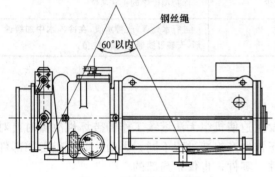

图 4-7　压缩机起吊示意

d. 关键零部件如轴承、齿轮、叶轮、叶轮轴、电动机绕组、充气梳齿密封等应轻拆轻卸、轻拿轻放，不得损伤工作面。放置时应高出地面，防湿、防尘、防锈。其配套螺钉、螺母、销、键、垫块、调整垫片、调整轴套等应统一存放，以防丢失、错配。

e. 电控仪器、仪表、电缆、引线、测温测压元件等，应置于箱柜或台架上，防尘、防温、防震。注意切断现场电动机及控制电源。

f. 拆卸油泵及油系统时，应预先排尽积油。

g. 重点零部件的拆卸应正确使用专用工具，并严格执行加压、加温规范。

h. 花键型式连接的叶轮与轴，其拆装必须对准对应记号，周向不得错位。

i. 推力轴承的推力块及其垫块、调整垫片等，必须按固定的周向方位，对号入位，拆卸时应做上对应记号。各轴承间隙、气封间隙及油封间隙等，在拆卸前后应实际测出，并与规定的允许值、极限值一致（机组各配合间隙的允许值和极限值可查相关产品检修手册）。

j. 各连接部件的石棉橡胶垫板、垫纸、O形圈等只供一次性使用，拆卸后必须更换，确保机组气密性。

③ 离心式制冷压缩机的拆卸　拆卸工作必须由制造厂或经制造厂培训合格的熟悉该机组结构的人员进行。按照压缩机总图及有关部件结构图，由外及里拆卸。

a. 拆卸顺序

（a）从压缩机进气端的拆卸顺序

ⓐ 拆除主电动机电源线及部分电控引线。

ⓑ 拆卸压缩机平衡管及进回油管、进回制冷剂液管。

ⓒ 拆卸压缩机进气管两端法兰螺栓，并吊开进气管。

ⓓ 拆卸进口能量调节机构的导叶驱动连杆及导叶壳体法兰螺栓。

ⓔ 吊开进口能量调节机构及导叶壳体。

ⓕ 拆卸进气座与蜗壳法兰螺栓，并吊开进气座。

ⓖ 拆卸叶轮轮盖密封体，并吊开蜗壳。

ⓗ 拆卸叶轮端头螺母，并采用专用工具拆卸叶轮。

ⓘ 拆卸叶轮后位的充气梳齿密封、油封、甩油环等。

（b）从主电动机尾端的拆卸顺序

ⓐ 拆卸主电动机尾部端盖及底座连接螺栓。

ⓑ 拆卸大齿轮轴端头圆螺母、锁紧垫片、气封。

ⓒ 沿水平方向吊开主电动机，并拆卸其轴承及充气梳齿密封。

ⓓ 拆卸齿轮箱体后端盖及小齿轮端头螺母；或水平取出有竖直剖面的增速箱体，再取出轴承、齿轮。

ⓔ 取出大、小齿轮及推力轴承、滑动轴承、叶轮主轴。

ⓕ 拆卸藏入机壳侧或蒸发器端头的油泵及油系统管路。

ⓖ 拆卸各个油过滤器、油分离器、油冷却器及制冷剂过滤器等。

b. 重点零部件的拆装

（a）叶轮的拆装　压缩机叶轮与轴采用的锥面摩擦连接形式，如图 4-8（a）所示。

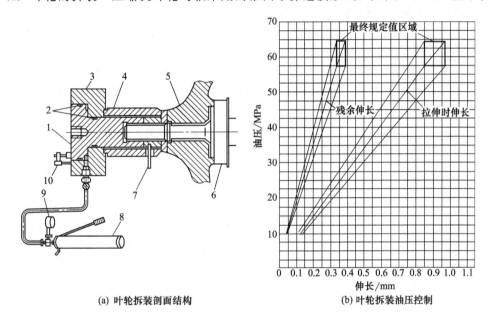

(a) 叶轮拆装剖面结构　　　　(b) 叶轮拆装油压控制

图 4-8　锥面摩擦连接形式叶轮的拆装

1—活塞；2—O 形环；3—油缸；4—套筒；5—叶轮；6—叶轮轴；
7—回转棒；8—油泵；9—压力计；10—百分表

ⓐ 拆卸叶轮　先将拆卸专用工具的油缸、活塞彻底清洗脱脂后，与套筒 4 一起装到叶轮轴 6 上。将油泵 8 与油缸 3 接通，以回转棒 7 拧紧套筒。将油压升至 10MPa（表压），活塞 1 向外移动并拉长轴。按百分表记录下轴的伸长量。由于轴被拉长变细，只需旋转回转棒 7，油缸、套筒及叶轮即一并退出。将油压降至 0.2MPa，再次记录轴的伸长量。将记录下的油压值及轴伸长量，与相应机组型式的"叶轮拆装油压控制图"［图 4-8（b）］上值相比较，其最大油压值应符合该图上的最终规定值。

叶轮拆卸完毕后，将油压降至零，取下专用工具和百分表。

ⓑ 组装叶轮　可以采用热套法，叶轮热套温度 50～60℃，或采用上述专用工具进行叶轮组装（叶轮拆装的逆过程）。

（b）齿轮的拆装

ⓐ 拆卸齿轮　按图如 4-9 所示边加压边取出齿轮，油压值范围为 90～110MPa。

ⓑ 组装齿轮　组装前测定过盈量（主电动机轴外径减去齿轮孔内径尺寸），按热套法进行组装。

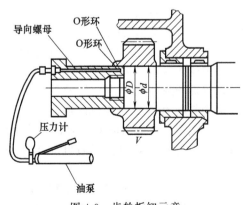

图 4-9　齿轮拆卸示意

④ 离心式制冷压缩机的装配　装配是拆卸的一个还原过程。组装过程中，必须确保压缩机各零部件之间的配合间隙，并配合组装的工序进行严格的检查。

a. 轴承的装配和检查　压缩机及主电动机的各个径向轴承、推力轴承以及气封、油封等的装配间隙值，应主要由机械加工给予保证，不必进行人工修刮。但在现场检修中若需要更换轴承（特别是推力轴承）时，必须按下述方法进行。

（a）更换推力轴承（块）时的装配检查　换上部分或全部推力块备件后，对推力块组合后的工作端面和非工作端面均应进行表面研磨、着色检查，接触面积应不少于工作面积的70％，以确保推力轴承工作端面、非工作端面与推力盘平面的平行度及油膜厚度的均匀性。

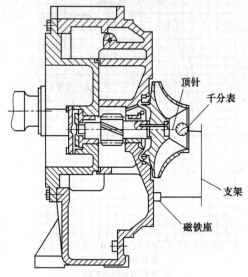

图 4-10　压缩机转子推力
轴承轴向装配间隙检查

同时，还应检查推力轴承工作端面及非工作端面对径向滑动轴承孔中心线的垂直度。

（b）推力轴承与推力盘（环）之间的轴向装配间隙的检查　以千分表顶针触头沿轴向与叶轮的轴头螺母接触，千分表磁铁座固定在机壳的垂直加工端面上，靠支架与千分表连接，并能调整连杆长度、角度。先推动转子推力盘与副推力面贴紧，将千分表调为零位，再反向拉出转子推力盘与主推力面贴紧，此时千分表上的读数值，即为压缩机转子的轴向装配间隙实测值，应符合图纸规定。其调整靠修磨主推力块背部的调整垫块厚度来保证，如图 4-10所示。

（c）轴承装配注意事项

ⓐ 对具有球面可倾性的径向滑动轴承轴瓦背部，组合前应涂以显示剂，压入后旋转检查其接触面积，应不少于工作面积的80％。

ⓑ 瓦块组合式推力轴承的各瓦块上及瓦座上，均有制造厂的顺序编号印记，组装时应对号入座。换上推力瓦块备件后，应相应补上顺序编号印记，防止再拆装时发生错乱。

ⓒ 各轴承油孔、气封充气孔的方位，在组装时应对准，不得错位调向。水平或垂直剖分的径向滑动轴承组装时，注意不允许颠倒调位。

ⓓ 各轴承、气封、油封的上、下、左、右端面的固定连接螺钉必须拧紧。防转圆柱销应入孔到位，严防机组运行中松动退出，磕碰、损伤转子零部件。

b. 齿轮和增速箱的装配　离心式制冷压缩机的增速箱有整体式和分体式两种结构型式，两者的装配特点各异。

（a）整体式结构装配特点

ⓐ 由于增速箱体与机壳为一个整体铸铁件，其支承大小齿轮的径向滑动轴承均为整块圆环形。机组拆卸时，仅拆开封闭大小齿轮的轴承座盖，如图 4-11 所示。蜗壳与增速箱体-机壳体的连接法兰一般不必拆卸。只有当法兰密封失效（泄漏）时，才换上同厚度（δ＝1mm）的石棉垫片，以免影响叶轮出口与扩压器流道的对中基准面。

ⓑ 这种"整体"式结构最适宜采用竖式装配方法。即将增速箱体-机壳与蜗壳放倒在地面的干净塑料布上，

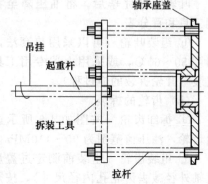

图 4-11　轴承座盖轴向拆装工具示意

增速箱体后端朝上。大小齿轮轴的右径向滑动轴承已预先置于增速箱体上。将大齿轮轴上的右（主）推力盘平稳轻放于右轴承端面上，保持孔的同心。将装配好的大齿轮转子垂直吊入，再旋入小齿轮轴。注意垂直吊正，慢进轻放，不得碰拉轴承孔。

然后，将装上大齿轮左径向滑动轴承的后轴承座盖吊入大齿轮轴头，再将后轴承座盖法兰上的定位销打紧到位。

ⓒ 装入小齿轮轴（叶轮轴）的左径向滑动轴承、主推力轴承、推力盘，调整好推力轴承轴向装配间隙，扳紧圆螺母，装上推力座压盖。大齿轮轴左径向滑动轴承的油封应装在后轴承座盖上。装上齿式联轴器的半联轴节及喷油节流螺塞，再接上小齿轴推力轴承的回油管。

ⓓ 装上大齿轮轴左径向滑动轴承及小齿轮轴推力轴承主推力面的端面铜热电阻温度计，并按标记引自各接线柱上。

ⓔ 如受现场吊装及场地的限制，也可采用水平轴向装配方式。大、小齿轮的拆装采用如图 4-12 所示的专用工具。其步骤是：将专用工具套入大齿轮一端的锥颈，上紧轴端圆螺母，将大齿轮轴衔起，用行车吊挂成水平状态，利用杠杆原理，手持工具一端轻慢送入增速箱体内，不得刮伤右轴承孔。同时用手将小齿轮轴水平送入增速箱的高速右轴承孔。此时大齿轮轴仍由行车吊挂呈水平状态，以免损坏大齿轮右轴承。待小齿轮轴送进，且大小齿轮啮合到位后方可松下吊挂，取下专用工具。

（b）分体式结构的装配特点　由于该压缩机的大齿轮套装在主电动机轴伸端上，之间没有联轴器，故在装配时，一般是将增速箱（带主电动机转子的，但与定子分离），在机组外装好。也存在"竖装"与"卧装"两种方式，但考虑到使用现场条件的限制，这里仅介绍适宜于现场的水平轴向装配方式。

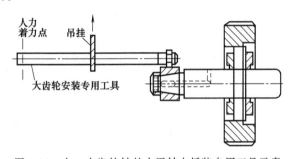

图 4-12　大、小齿轮轴的水平轴向拆装专用工具示意

ⓐ 对增速箱体做单件清理　应用干燥压缩空气或氮气吹净各孔、槽及箱体内外的杂质污渍。接通箱体上的各外接管路（在机壳顶部的天窗孔处操作）。

ⓑ 齿轮与增速箱的机外装配　箱体气封及大、小齿轮轴位上的径向滑动-推力组合轴承在机外半增速箱体内就位。

将大齿轮挂在主电动机轴伸端上，上紧端头圆螺母，水平吊起，平稳落入大齿轮径向-推力轴承半瓦内。将小齿轮与大齿轮啮合旋入小齿轮径向滑动轴承半瓦内。主电动机轴尾端同时置于工具轴承架上。依次合好轴承的另半瓦，上紧两瓦连接螺钉与定位销（对准进油孔方位）。合上另一半增速箱体，上紧螺钉与定位销（对准外接气、油接头的方位）。增速箱外组装完成。

ⓒ 增速箱在机组上就位　将增速箱（带主电动机轴）整体水平吊起，并使增速箱转至垂直中分面位置，水平地装入圆筒形机壳内，注意不得磕碰箱体充气油封梳齿和轴承孔。

箱体与机壳端面止口定位后，上紧周向法兰螺钉及定位销。此时主电动机轴中部支承在箱体上的充气油封梳齿上。

由主电动机轴尾端套装主电动机定子并穿过已就位的尾端径向滑动轴承。上紧主电动机外壳与机壳端面的连接法兰（一般不宜拆开），合上主电动机端盖和支撑板、支撑座。

现场"竖装"方式，步骤与上述相同。

c. 叶轮和转子的装配及流道调整　叶轮与叶轮轴的连接方式大体上有"三键式"、"三螺钉式"、"花键式"及"锥面摩擦连接式"等结构，其中，"锥面摩擦连接式"的拆装内容前面已经介绍过。这里仅介绍目前各类机组上使用较为普遍的"花键式"。

（a）"花键式"叶轮的装配　叶轮的花键孔与主轴的花键齿位均已注上编号印记，套装叶轮时需对号入位。叶轮背面的长轴套起到调整流道的作用，尺寸已在制造厂内配好，不得变换。

采用水平轴向装配方式。主轴轴头螺纹处装上专用保护棒（图 4-13），沿水平轴向送进叶轮，到位后取下保护棒，用随机专用深位套筒扳手上紧轴头螺母。

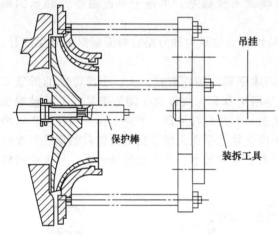

图 4-13　"花键式"叶轮轮盖密封部拆装专用工具

轮盖密封部位的装拆采用如图 4-13 所示的专用工具。组装时，轮盖密封部位（轮盖气封已先装上）周向三个螺孔装在专用工具的三根接长螺钉端部，吊起专用工具沿水平轴向缓慢送进。三根接长螺钉固定在蜗壳外侧法兰螺孔上。压送时不得碰伤轮盖气封齿，待轮盖密封体上止口到位后，再退出专用工具，上紧轮盖密封法兰螺栓。

（b）叶轮转子的流道调整　这里是指叶轮出口流道中心线与扩压器流道中心线的偏差调整。目前在空调用离心式制冷压缩机中，无叶轮扩压器的宽度，常取成与叶轮出口处的叶片宽度相等，即 $b_2 = b_3 = b_4$［图 4-14（a）］，或采用 $b_3 = b_4 = b_2 - e$ 的型式［图 4-14（b）］。

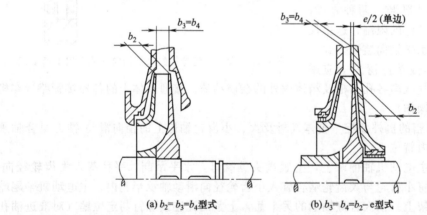

(a) $b_2 = b_3 = b_4$ 型式　　　　(b) $b_3 = b_4 = b_2 - e$ 型式

图 4-14　叶轮出口叶片宽度与无叶片扩压器宽度的相对位置

叶轮出口流道和无叶片扩压器流道的对中调整，与压缩机转子推力轴承轴向装配间隙的调整密切相关。流道对中的轴向尺寸调整是推力轴承轴向间隙的粗调过程。

现场机组解体重装时，只有出现更换推力瓦块、推力盘、主轴（小齿轮轴）、叶轮、转子等零部件的情况，才存在流道重新调整对中问题。

当压缩机转子处于散件状态时，其流道对中调整步骤如下。

ⓐ 选定定位基准面　一般选定压缩机转子推力轴承推力块工作面，作为调整的定位基准面。

ⓑ 压缩机转子和定子各组成一组尺寸链　以主轴上推力轴承推力盘的工作面为基准面，

测得转子和定子上零部件尺寸，各作一个尺寸链简图。装配时其流道对中可按尺寸链简图进行调整。

d. 负荷调节机构的装配　以如图 4-15 所示的铰链传动的轴向进口能量调节机构为例，其装配要点如下。

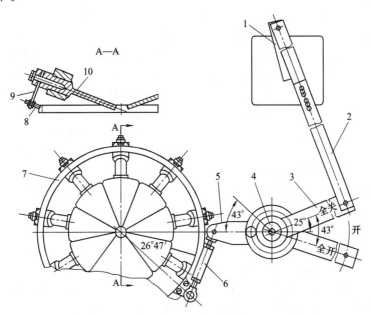

图 4-15　铰链传动的轴向进口能量调节机构

1—驱动摇柄；2—接长连块；3—外柄；4—调节轴；5—内柄；6—调节杆；

7—调节圈；8—圆球螺钉；9—连接块；10—导叶

（a）导流叶片开闭的调整　将初选的导叶 10 在出气口朝上平放的进气室（或称进口）壳体流道周向排齐，预先已装上铜套。导叶 10 尾部套上连接块 9，拧紧连接螺栓。各连接块 9 悬臂端与调节圈 7 周向上圆球螺钉 8 尾部固紧。使周向导叶 10 先处于全闭状态，再旋转调节圈 7 使导叶 10 转过 90°处于全开位置。若导叶 10 中有不同步者，取下导叶尾部连接螺钉，调整导叶至同步，再装上连接螺钉。

（b）装上调节轴与内柄、外柄　注意调节轴 4 上胶圈压合后，压盖上双头螺栓可调节松紧程度。注意调节轴 4 上两个防转销的位置，装上内柄 5、外柄 3、特殊垫圈及穿孔螺钉，旋转内柄 5、外柄 3，使其与水平线分别呈 30°与 33°角（导叶 10 全闭位置）后，装上防转销，拧紧穿孔螺钉。

（c）调节杆的调整　将调节杆 6 与内柄 5、调节圈 7 上推块两头连接上。转动外柄 3α 角度（在进气室上标上记号），带动周向导叶 10 由全闭至全开。若不同步时，可调整调节杆 6 两头的调节螺钉，改变调节杆的长短，目的是完成导叶 10 转角 90°时的开闭同步问题。

（d）进气室与压缩机蜗壳外侧的法兰连接　通过接长连块 2，外柄 3 与电动执行机构上的驱动摇柄 1 相接。使外柄 3 与水平线呈 33°角时，驱动摇柄 1 上的指针在电动执行机构刻度盘上指示为零刻度（注意驱动摇柄 1 不得通过顶点，靠调整接长连块 2 的长度来定）。外柄 3 按正面逆时针转动 α 角度，使驱动摇柄 1 转动到刻度盘上转过的 β 为限位角度，β 角度一般不一定等于 90°，视调整时实际情况定。但集中控制柜（盘）上的导叶角度指示必须为 0°～90°，即与导叶转角同步。

e. 压缩机各连接面的密封结构型式和装配要点

（a）压缩机各连接面的密封结构型式　由于机组对气密性要求比较严格，因而必须重视各连接面的密封性。采用制冷剂 R123（R11）时，机组的负压段总是存在空气渗入内部的可能性。对采用 R22、R134a 为制冷剂的机组，若气密性不好，则会引起机组内部制冷剂的外漏。目前，国内外空调用离心式制冷压缩机上普遍采用的端面法兰连接的密封形式，有如图 4-16 所示的垫片形式和 O 形圈形式。

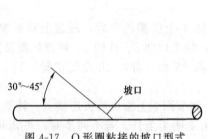

图 4-16　压缩机端面连接的密封型式

选择密封垫片材料时，要考虑耐腐蚀性、溶解性、强度和气密性。可用的有石棉纤维板、纸板、铜片、铝片、氯丁橡胶片、尼龙线、氟塑料片等。对氨气不能采用铜材料。对氟里昂类制冷剂，切忌使用天然橡胶和油脂类材料。一般常用石棉纤维板。

选择 O 形圈材料时，要考虑耐腐蚀性和溶解性、可塑性、强度和粘接性。可用的有氯丁橡胶、氟塑料、2-氯丁乙烯等。一般常用氯丁橡胶。

标准的 O 形圈断面尺寸公差和槽的尺寸公差配合应按国家标准规定。非标准（内直径＞420mm）的 O 形圈和槽的尺寸公差选择，要注意压紧后的材料填满，并保持端面有一定的过盈量。非标准 O 形圈采用条形粘接型式，粘接的断面坡口角度 γ 以 30°～45° 为宜，如图 4-17 所示。O 形圈表面要求光滑、无压痕裂纹，无其他影响强度、密封性的缺陷。

（b）压缩机各连接面的装配要点　上述各轴向连接结构，主要用于主电动机外壳法兰、机壳法兰、蜗壳法兰、进气室法兰、进气管法兰、蒸发器出气法兰等的连接，出气管两端法兰与蜗壳出口法兰、冷凝器进气法兰的连接，以及主电动机端盖法兰、轴承座盖法兰、增速箱体法兰、轮盖密封体法兰、浮球室端盖法兰等处的连接，大都采用水平轴向方式装配。

不允许使用失效的气密垫片和 O 形圈，一经拆卸，必须更换新的。轴向端面 O 形圈一般采用内径定位。使用时，仔细检查 O 形圈断面直径公差。不得浸油。

O 形圈在入槽前必须在表面涂以薄薄的一层 7303 密封胶或真空密封脂，以免吊装和水平轴向组合时脱出。有条件时，O 形圈入槽后，将其水平置放，检查并记录自然状态时 O 形圈超出槽平面的凸起高度尺寸（图 4-18），是否符合要求。

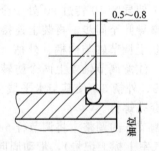

图 4-17　O 形圈粘接的坡口型式　　　图 4-18　O 形圈在自然状态时的凸出尺寸

（2）典型故障维修

① 压缩机喘振　离心式制冷压缩机是一种速度型压缩机，也称透平式制冷压缩机。它能获得较大的制冷量，所以普遍用于蒸发温度较高的集中式中央空调系统，供 7℃ 冷冻水。离心式制冷压缩机最大优点：能量调节范围大。最大缺点：单级压缩机在低负荷时容易发生喘振。

a. 离心机喘振特征　离心式压缩机的排气压力高低，或冷凝压力高低，均随压缩机吸气口的流量大小变化而变化，当超过压缩机的最高排气压力时，或制冷负荷低于喘振点对应的负荷时，离心式压缩机开始出现运行不稳的情况，也就是说压缩蒸气开始从冷凝器向压缩机倒流。由于制冷剂蒸气倒流的原因，使压缩机排气口压力下降，下降到一定值，压缩机又开始排气，排气压力又上升，当排气口压力上升到一定值时，又发生气体倒流，这种排气压力时降时高不稳定的现象称为喘振。喘振特征如下。

ⓐ 一般间隔 3s 左右，也有间隔稍大的。如小型装置，频率较高些。因此，喘振时离心机出现周期性的噪声增大和振动。

ⓑ 排气温度升高。

ⓒ 冷凝压力和制冷剂流动周期性波动。

ⓓ 电机功率和电流同期性变化。

b. 喘振故障原因分析

（a）制冷系统有空气　当离心机组运行时，由于蒸发器和低压管路都处于真空状态，所以连接处极容易渗入空气，另外空气属不凝性气体，绝热指教很高，为 1.4，当空气凝积在冷凝器上部时，造成冷凝压力和冷凝温度升高，而导致离心机喘振发生。

（b）冷凝器积垢　冷凝器换热管内表水质积垢（开式循环的冷却水系统最容易积垢），而导致传热热阻增大，换热效果降低，使冷凝温度升高或蒸发温度降低，另外，由于水质未经处理和维护不善，同样造成换热管内表面沉积沙土、杂质、藻类等物，造成冷凝压力升高而导致离心机喘振发生。

（c）关机时未关小导叶角度和降低离心机排气口压力　当离心机停机时，由于增压突然消失，蜗壳及冷凝器中的高压制冷剂蒸气倒灌，容易喘振。

（d）冷却塔冷却水循环量不足、进水温度过高等　由于冷却塔冷却效果不佳而造成冷凝压力过高，而导致喘振发生。

（e）蒸发器蒸发温度过低　由于系统制冷剂不足、制冷量负荷减小，球阀开启度过小，造成蒸发压力过低而喘振。

c. 喘振故障处理　离心式制冷机组工作时一旦进入喘振工况，应立即采取调节措施，降低出口压力或增加入口流量。

（a）系统中空气　离心机采用 R11 制冷剂时，一般液体温度超过 28℃ 时，表明系统中有空气存在。出现"喘振"时，可启动抽气回收装置，将不凝性气体排出，一般将制冷剂 R11 的压力抽到稍低于制冷剂液体温度相对应的饱和压力。

（b）冷凝器结垢　清除传热面的污垢和清洗冷却塔。

（c）停机时喘振　停离心机时应注意主电机有无反转现象，并尽可能关小导叶角度，降低离心机排气口压力。

（d）蒸发压力过低　检查蒸发压力过低的原因，制冷剂不足时添加制冷剂，制冷量负荷小，关闭能量调节叶片。

（e）启动后发生喘振　进行反喘振调节。当能量调节大幅度减少时，造成吸气量不足，即蒸气不能均匀流入叶轮，导致排气压力陡然下降，压缩机处于不稳定工作区而发生喘振。为了防止喘振，可将一部分被压缩后的蒸气，由排气管旁通到蒸发器，不但可防喘振，而且对离心机启动时也有益：减少蒸气密度和启动时的压力，可减小启动功率。

总之操作过程中，应保持冷凝压力和蒸发压力的稳定，使离心机制冷量高于喘振点对应制冷量，以防喘振。

② 叶轮与转子的不平衡振动　离心式制冷压缩机的高速旋转叶轮和转子的可靠使用，首先要依靠高精度的平衡校验来加以保证。这项工作已在制造厂内完成。但由于操作失误、叶轮材料失效、系统清洁度差、制冷剂不纯、漏水及其他机械装配故障等原因，会带来叶轮与转子不平衡振动，使机组无法正常运行，并有可能酿成重大的破坏性事故。因此，有必要对叶轮和转子的平衡重新复核校验。

叶轮与转子的平衡校验工作，必须在有经验的操作人员指导下，在具有足够吨位的高精度动平衡机上完成。因此，最好委托该产品的制造厂家负责去做，以确保平衡精度。

a. 叶轮与转子的静平衡校验

ⓐ 高速旋转的叶轮与转子，在进行动平衡校验之前，应先进行静平衡校验，目的是解决叶轮（转子）的周向质量分布不均匀问题。其方法是：压缩机叶轮套装在一根平衡心轴上，心轴两端置于具有尖刃的平行导轨上，如图 4-19 所示。以手推它使其来回轻微转动。

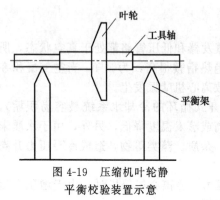

图 4-19 压缩机叶轮静
平衡校验装置示意

当转动的叶轮在导轨上某个角度达到自然静止时，则在该角度下垂重心的反向半径靠叶轮外圆处加配质量，如粘接橡皮泥块，也可加配在对称于重心反向半径的两侧位置，供微调校正用。然后推动叶轮转动，在任何角度上达到自然静止，即随遇平衡为止。再于配重位置的反向轴心对称处，以磨、铣、镗等加工方法去掉相等质量的叶轮母材，重新达到随遇平衡即合格。

ⓑ 静平衡精度计算方法。沿校正平面（轮盘背部）将圆周分成 6 或 8 等分。各等分射线处于水平位置时，由小至大在某个半径 r 处试加质量，测出叶轮刚刚能开始转动的试加质量。该试加质量在各等分位置上是不等的，但在周向上某两个 180° 轴心对称的相位上为最大和最小试量，即记下 m_{max} 和 m_{min}。故可判断，叶轮的残余不平衡量 m 应在 m_{min} 所在相位，其数值为：

$$m = \frac{1}{2}(m_{max} - m_{min}) \quad (g) \tag{4-1}$$

残余不平衡量 m 造成的叶轮重心偏心距 e 为：

$$e = \frac{mr}{\omega} \quad (\mu m) \tag{4-2}$$

式中 m——试加质量，g；

r——试加质量所在位置的半径，mm；

ω——叶轮与心轴等组合质量，kg。

由式（4-2）计算出的 e（或 m、r）即为该叶轮的实际静平衡精度。

b. 叶轮与转子的动平衡校验 对于两级以上的多级叶轮转子，要求对逐个叶轮单件做动平衡校验，再组合成转子总体做校验。现仅介绍单级叶轮转子的动平衡校验。

ⓐ 叶轮与转子的动平衡校验，必须在足以承受叶轮转子重量的高精度动平衡机上进行。

ⓑ 通过测定作用于支承上的离心力（或振幅）来求得不平衡量及其相位。对于"刚性体"的压缩机转子（悬臂叶轮转子），可根据两个校正平面与悬臂的两个支承的安装尺寸和平衡校正半径，在动平衡机上即可自动计算出两校正平面应加配或应去除的质量和相位。这样反复试验，直至达到在不同工作转速下，叶轮（或转子）的允许质心偏移量符合表 4-8 的规定。

表 4-8 叶轮（转子）动平衡精度 （根据 JB/T 3355—91 标准）

转动件工作转速/(r/mm)≤	3000	4000	5000	6000	7000	8000	9000	10000	12000	14000	16000	18000	20000
偏心距/μm≤	8.0	6.0	5.0	4.0	3.4	3.0	2.7	2.4	2.0	1.7	1.5	1.3	1.2

其残余不平衡力矩 M，可接下式计算。

$$M = m \times \frac{e}{10} \quad (g \cdot cm) \tag{4-3}$$

式中　m——压缩机转子质量，kg；

e——偏心距，μm。

c. 叶轮与转子的超转速试验（应按国家机械行业标准 JB/T 3355—91 中规定）　叶轮（或转子）在完成静、动平衡后，还应进行超转速试验。试验的转速应不低于工作转速的 120%，时间不少于 30min。

超转速试验后，应在进气口处轮盘侧的叶片根部和轮盖的进气口外侧，进行无损探伤检查，不应有损坏或裂纹。叶轮外径及轮盖密封面直径的变形量，应不大于 0.2/1000。

③ 导叶驱动器故障　导叶是控制离心式机组运行负荷高低的调节机构。当导叶实际工作位置与控制中心显示位置存在较大偏差、电流出现周期性波动或导叶无法打开时应检查以下方面。

a. 传动链条是否太松，齿轮锁紧螺钉是否牢固。

b. 驱动电机主绕组工作电压（AC 24V），电压异常应检查供电电压或电机。

c. 驱动电机副绕组空载电压（AC 16V）及运行电压（小于 AC 1V 或大于 AC 15V），空载电压异常表明电机损坏，运行电压异常表明驱动模块损坏。

d. 电机尾部反馈电位器不得随意调动，若出现导叶驱动超前或滞后时应考虑重新调整该电位器。

④ 干燥过滤器故障　干燥过滤器使用无水氯化钙作为干燥剂时，工作 24h 后必须进行更换（一般一次使用周期为 6~8h），否则氯化钙吸水后潮解变成糊状物质，进入系统后会造成阀门或细小管道的堵塞，严重时将会迫使制冷系统无法工作。

使用硅胶或分子筛作为干燥剂时，为防止细小颗粒进入系统，一般在过滤网的两头加装脱脂纱布。当发现干燥器外壳结露或结霜时，说明干燥过滤器已经被脏物堵塞，这时应拆开清洗过滤网，更换干燥剂和脱脂纱布。更换时脱脂纱布不能加装过厚，否则会增加阻力。若系统比较干净，干燥剂没有过多细小颗粒，也可不装脱脂纱布。

更换干燥剂时必须是在一切准备工作完成后，把干燥剂瓶子打开，迅速装入干燥过滤器中，尽量缩短干燥剂与空气的接触时间。更换新的干燥剂是否有吸湿能力，除变色硅胶可以从颜色的变化判断外，简单的办法是把有吸湿能力的干燥剂放在潮湿的手上，应有与手粘连的感觉，否则说明已失去吸湿能力，应进行再生处理。处理的方法是把干燥剂放入烘箱中升温，然后迅速装入干燥过滤器中。现场进行干燥时可用电炉加热，把干燥剂放在薄钢板上，在电炉上加热并均匀搅动，当用手感到具有吸湿能力（粘手）时，筛去粉末，装入干燥过滤器中即可使用。

装入干燥过滤器内的干燥剂，一般应装满空隙，否则干燥过滤器工作时受压力的冲击会发出声响，干燥剂互相碰撞挤压容易破碎，也有可能将过滤网损坏（裂缝、开焊），这一点在更换干燥剂时应当注意。

⑤ 油位过低故障

a. 冷冻机油充注量不够。

b. 机组长时间低负荷运行或回油系统故障，引起回油系统效果差，使油箱油位降低。

⑥ 启动前油压故障　先查看油泵是否启动，若油泵未启动则应查看油泵电源、油泵驱动继电器、显示屏油压值。

a. 若油泵电源供应正常但油泵未启动则应检修油泵。

b. 油泵无电源供应时若显示屏油压显示值超过 20kPa，表明油压传感器有故障，应予以校验或更换。若显示值小于 20kPa，则应检查其控制模块及输出线路。

c. 若油泵已启动且油压显示值正常，则为保护控制线路故障。

第5章 溴化锂吸收式中央空调

5.1 溴化锂吸收式中央空调调试

溴化锂吸收式制冷机组安装就位后，尽管制冷机组在出厂前已经过严格的密封检查、试运行，但由于运输振动等影响，可能会引起机组某些部位泄漏、电气控制的损坏等。所以在溴化锂吸收式制冷机组安装结束、投入运行之前，为保证机组的正常运行还需要对机组进行调试。

5.1.1 试车前的准备

(1) 外部条件的检查

① 检查管路系统是否清洗干净。

② 检查机组是否安装排水和排气阀门。

③ 检查水路系统中是否装有过滤网。

④ 检查管路上所有的温度计、恒温器、流量开关、温度传感器及压力表是否安装，且安装有支撑架，以防压力作用在水盖上等。

⑤ 检查水泵。各连接螺栓是否松动；润滑油、润滑脂是否充足；填料是否漏水，漏水大小以流不成线为界线；检查电气，运转电流是否正常；泵的压力、声音及电动机温度等是否正常。

⑥ 检查冷却塔。型号是否正确；流量是否达到要求；温差是否合理。

⑦ 检查供热系统。

a. 蒸气系统检查　供给蒸气压力过高时应安装减压阀，减压阀与蒸气调节阀的前后应装有手动截止阀，并装有旁通管路以拆检和保养减压阀、调节阀。蒸气管路上应安装手动截止阀，以在机组突然停机时，切断工作蒸气。如果工作蒸气温度高于180℃，应装降温装置。否则在高压发生器中会产生局部腐蚀，易使传热管泄漏和损坏。

如果工作蒸气含有水分，其干度低于0.99时，要装设气水分离器，以保证高压发生器的传热效率。工作蒸气进机组之前，在蒸气管路最低处要加装放水阀。在开机前，放水阀应放尽蒸气凝水，以防产生水击现象。

b. 蒸气凝水管路检查　蒸气凝水管路一般低于高压发生器。如果一定要高出高压发生器，可根据制造厂提供的凝水压力计算考虑，但应防止机组在低负荷运转时，凝结水回流到高压发生器管束。检查在蒸气凝水管路的最低处是否装最排水阀，以便放尽蒸气凝水，避免在开机初期产生水击现象。

在蒸气凝结水管道上装有手动截止阀时，检查手动截止阀是否打开。在机组运行时，此阀不得关闭。如果蒸气凝水要回锅炉房时，一般在凝水排出管后设有凝水箱，但凝水箱的最高液面不宜高于发生器。为充分利用蒸气的热能，在蒸气凝水管上还装有疏水器（排水阻气器）。此时应检查疏水器的容量和规格是否达到规定值。

c. 燃气管路系统检查

（a）气路检查　按管路图检查气路中气压调节器、球阀、高低气压开关、过滤器、压力表、截止阀等元件选型、尺寸及安装方式是否正确。管路是否正确安装，管路接头处垫片应用聚四氟乙烯材料（垫片松散会引起泄漏与危险）。机房内必须安装燃气报警器，并与机房强力排风系统联动。在气体流量表入口处（截止阀关闭），检查供气压力是否达到要求。所有连接管路及元件都应按标准要求进行气密性试验，保证管路不泄漏。为了进行燃气系统气密性试验，在燃烧器前应安装能完全关闭且阻力极小的旋塞式阀门。为了检漏和测量燃烧器的燃烧压力，应装设必要的压力检测孔。

（b）燃烧器系统检查　应按现场接线、按管路图检查下列各处：燃烧器是否按燃烧器说明书正确安装；三相电机接线与电机转动方向是否正确；是否按照接线图正确连接与控制箱相连的控制电线和动力电线；所有燃烧控制与安全保护装置是否正确接线，功能是否正常。

（c）排气系统检查　燃气排气系统包括烟道和烟囱两部分。烟囱与冷热水机的烟道相连接，由于燃气冷热水机组一般采用加压送风机，因此，燃烧后的废气要依靠烟囱的通风力来排除。烟囱的通风力是由烟囱排出的废气与大气压的密度差产生的。

检查烟囱的出口：排气口的位置必须远离冷却塔和机组的空气入口位置，以免污染冷却水及防止废气混入新鲜空气中。检查烟道：应避免烟道截面积的急剧变化而产生涡流或形成背压。烟囱和烟道的最低处应设有排除凝露水的接管，以防凝露水进入冷热水机组。排气连接口部位，还需设置加盖的清洁孔，以便能充分地清扫烟囱内部。烟道应有独立支撑架，不得负载于机组的本体上。

若两个以上的燃烧装置共用一个烟道时，各机组应设置通风罩，以不使排气回流至停机机组，在各机组的出口部位要设置烟道调节器。

d. 燃油管路系统检查　检查供油与回油管路尺寸与安装是否正确，以适合最大的供油量。

（a）油路元件是否正确安装，选型、尺寸及安装方式是否正确。管路接头处垫片应用四聚氟乙烯材料。

（b）油箱是否正确安装，是否充注正确型号的油，油箱中确保无水。油箱周围应通风良好，油箱房应配备必要消防器材。

（c）整个油路系统应进行泄漏检查，确保无漏，同时，应清洗管路系统。

（d）在管道最低处应设置排污阀，在管子最高处应置放、排气阀门。

（e）供油系统中，检查是否设有油过滤器。如果杂物进入燃烧器将会导致阻塞、熄火等严重事故，甚至会导致燃烧器、油泵、电磁阀等损坏。一般在供油系统中，设有二级油过滤器：油箱出口设"粗油过滤器"；燃烧器入口处设置"细油过滤器"。如果系统为双级油箱，则应在油箱与日用油箱之间再设一个"粗油过滤器"。

（f）在冬季，重油管路需设加热装置。燃油输送泵一般采用齿轮泵和螺杆泵。泵的流量比所需的油量大 10%，泵的电动机功率要比泵的额定功率大 30%，以适应黏度变化时泵功率的变化。

(2) 抽气系统检查

溴化锂吸收式机组是在真空状态下运行的，机内存有不凝性气体后，不仅性能大幅度下降，而且增强了溴化锂溶液对机组的腐蚀，因此，机组必须设置抽气系统，将机组内不凝性气体及时、高效地排出机外。抽气系统一般有自动抽气系统及真空泵抽气系统。

① 检查真空泵油

a. 油牌号是否正确　真空泵一般为旋片式，泵的润滑和密封都是由真空泵油承担的，若油的质量达不到预期效果，则影响机组抽气，达不到高真空的要求。

b. 检查真空泵的油位　油位一般应在视镜中间，油太少或太多，都会影响真空泵抽气性能。

c. 检查真空泵油的外观　真空泵油如含有水分，油就会发生乳化，变黄或乳白，影响抽气效果，此时，应更换油。

② 真空泵性能检查　关闭抽气管路上所有手动真空隔膜阀，再开启真空泵，只抽除真空泵吸入口的一段抽气管路，接上绝对真空压力计（如麦氏真空计或薄膜式真空计等），打开真空计前的手动阀。在真空泵启动后 1～3min，如果绝对真空计上面的读数与真空泵的极限真空基本相符，则说明真空泵性能是合格的。

③ 真空电磁阀的检查　检查的目的是为了防止在抽气运转中，由于突然停电等原因，真空电磁阀启闭失灵而使空气逆流进入机组中。关闭抽气管路上所有的手动真空隔膜阀，启动真空泵，1～3min 后将管路抽空至 133Pa 以下，关闭真空泵，在数分钟内，检查管路中的真空度。若真空度下降速度较快，说明真空电磁阀逆流未切断，也就是说真空电磁阀性能达不到要求，则应检查真空电磁阀。但也可能是配管或接头外泄漏，则要进行修理。另一种简易的检验方法是：启动真空泵，用手指放在真空电磁阀上部的吸排气管口，气管无气流，即对手指无吸力；停止真空泵，气管有空气吸进，对手指有吸力，则说明真空电磁阀性能完好。

④ 检查抽气系统有无泄漏　如焊缝泄漏，应重新焊接；若配管接头等处泄漏，应更换聚四氟乙烯密封垫片，再行装配，或用真空密封膏。

(3) 机组气密性检验

溴化锂吸收式制冷机组是高真空的制冷设备，这是与其他制冷机的不同之处。因此，保持机组的高真空状态，即保持机组的气密性对溴化锂吸收式制冷机来说是至关重要的。若有空气进入机组，不仅使机组性能大幅度下降，而且引起溴化锂溶液对机组的腐蚀。因此，设备在现场安装完毕后，为保证制冷机组的正常运行，应对机组进行气密性检验。

气密性检验内容包括压力检漏和真空检漏。以往仅仅采用压力检漏，随着技术的进步，对密封性提出更高的要求，近年来已发展到采用压力检漏、电子卤素检漏与氦质谱仪检漏三种方法。

① 压力检漏　压力检漏就是向机体内充以一定压力的气体，以检查是否存在漏气部位。

a. 准备工作

(a) 工具　常用的找漏工具有毛刷、橡皮吸球、小桶、洗涤剂（或肥皂水）、氮气（或空气压缩机）等。

(b) 人员　找漏人员以不超过 4 人为宜，每两人 1 组，以免出现漏检。

b. 打压　向机组内充入表压为 0.15～0.2MPa 的氮气，若无氮气，可用干燥的压缩空气，但对已经试验或运转的机组，机内充有溴化锂溶液，必须使用氮气。

c. 检漏　为了做到不漏检，可把机组分成几个检漏单元进行，譬如：A 组——高、低压发生器及冷凝器壳体；B 组——吸收器、蒸发器壳体；C 组——溶液热交换器、凝水回热器、抽气装置壳体；D 组——管道；E 组——法兰、阀门、泵体；F 组——传热管。

对 A、B、C、D 四个单元可直接用洗涤剂涂刷在壁面上（尤其是焊缝），看有无连续的气泡生成；E 组部件可用塑料布兜水沉浸与涂刷洗涤剂相结合的方法进行。查找传热管可分两步完成：一是传热管与管板胀口直接涂刷洗涤剂即可；二是铜管本身的检查，可选用合适的橡胶塞堵住管子的一端，另一端涂刷洗涤剂观察。对于高、低压发生器至少有一端封死，故不做铜管检查。

凡漏气部位必须采取补漏措施直至复查时不漏为止。

d. 补漏　补漏工作应在泄压后进行。对金属焊接的砂眼、裂缝等处应采取补焊方式；传热管胀口松胀可用胀管器补胀；管壁破裂可换管或两端用铜销堵塞；真空隔膜阀的胶垫或阀体泄漏应予以更换。视镜法兰衬垫及特殊部位金属出现裂痕，可采用如下补救措施。

(a) 视镜法兰衬垫　视镜法兰比通用法兰薄，法兰与玻璃视镜接触平面分为有水线和无水线两种，中间加衬垫。一般随机的衬垫有耐温橡胶、高温石棉纸板和聚四氟乙烯衬垫几种。在静态下打压找漏时法兰衬垫不漏气，但在机组运行中，由于受热膨胀，特别是经过多次的关、开，高、低压发生器会出现从衬垫和视镜间隙向内漏气的现象，这是由于衬垫材料在运行中受热膨胀而停机又冷缩的缘故。

若机组内侧法兰平面不平或有纵向刻痕，应用专用铣刀修整其平面并更换衬垫。内法兰平面若无水线，可选用 2mm 厚的聚四氟乙烯垫（不宜过宽，可买板材自行加工），加垫时在机组一侧法兰平面对应的衬垫上涂一层薄薄的真空脂，紧固螺钉，装上视镜即可；对于有水线的法兰平面，可采用耐温性能较好的氟胶板，当温度高达 200℃ 时仍能保持较好的弹性。衬垫的尺寸与通用胶垫相同。紧固玻璃视镜法兰螺栓或螺钉时务必注意：对角紧固使玻璃平面受力均匀，否则则会压裂玻璃，也容易造成漏气。

(b) 特殊部位的处理　机组有的部位发现裂痕或砂眼不好补焊（如屏蔽泵的铸铁壳体），可用一些铁末与某种树脂（如 102 黏合剂），按一定比例混合后涂抹在裂痕处即可生效。

补焊后可再行打压，待压力稳定一定时间（尽可能长）后再检查，如仍有泄漏还需再行找漏，直到无明显泄漏为止。

e. 保压检查　机组无泄漏时，可对机组保压检查。应保持压力 24h，按式（5-2）计算，压力降不应大于 0.0665kPa。

② 卤素检漏　由于溴化锂吸收式制冷机组筒体的充气压力受到限制且观察时间过长，不能满足低漏率的检测要求。为进一步提高机组的气密性，压力检漏合格后，可再进行卤素检查。卤素检查用电子卤素检漏仪（晶体管检漏仪）。这种卤素检漏仪当失去灵敏度时，会自动提醒需要再校准，且其内装校准器，任何时候只要将探头插入插孔内即可校准，以保证每个单元、每个班次都得到始终如一的检测结果。由于校准腔与外界干扰隔离，能得到高度准确的校准结果。

卤素检漏仪有较高的灵敏度，可达 6.2Pa·mL/s，因此，经压力检漏，机组泄漏基本消除后，再作卤素检漏为宜。正因为此种检漏仪灵敏度高，周围空间的氟里昂成分也会使仪表产生误动作，故应有良好的通风。此外，由于氟里昂的扩散作用，该仪器有时只能找出泄漏处的大致部位，还需要进一步通过压力检漏才能确定泄漏部位。由于溴化锂吸收式机组体积较大，连接部位多，易产生漏检现象，且卤素检漏法也是用正压检漏，与机组运行状态恰恰相反，故目前卤素检漏法也不能作为机组密封检验合格的最终标准。

卤素检漏方法如下：先将机组抽空至 50Pa 的绝对压力，然后向机组内充入一定比例的氮气和氟里昂（如 R22 等）。一般来说，氟里昂约占 20%。气体充分混合后，用卤素检漏仪对焊缝、阀门、法兰密封面及螺纹接头等处检漏。

卤素检漏合格后，机组需抽真空。但机组中氟里昂难以抽尽，这是由于氟里昂扩散性很强所致。因此，在机组抽成真空后，应再向机组内充灌一些氮气，和机组内残留的氟里昂混合，再将机组抽至真空。这样反复几次，最后将机组抽至高真空。

③ 真空检漏　找漏和补漏合格，并不意味着机组绝对不漏。实践证明：有的漏气机组在表压低于 20 kPa 时仍有泄漏，只不过泄漏速度非常缓慢而已。由于溴化锂吸收式制冷机组的大部分热质交换过程均在真空下进行，为了进一步验证在真空状态下的可靠程度，故需要进行真空检漏。真空检漏是考核机组气密性的重要手段，也是气密性检验的最终手段。

a. 真空检漏的方法和步骤。

(a) 将机组通往大气的阀门全部关闭。

(b) 用真空泵将机组抽至 50Pa 的绝对压力。

(c) 记录当时的大气压力 B_1、温度 t_1，以及 U 形管上的水银柱高度差所产生的压差 p_1。

(d) 保持 24h 后，再记录当时的大气压 B_2、温度 t_2，以及 U 形管上水银柱高度差所产生的压差 p_2。

(e) U 形管水银差压计只能读出大气压与机组内绝对压力的差值，即机组内的真空度。绝对压力是大气压与真空度之差，由此可见，机组内绝对压力的变化，同样与大气压力和温度有关。检漏时，需扣除由于大气压和温度变化而引起的机组内气体绝对压力的变化量。若机组内的绝对压力升高（或真空度下降），不超过 5Pa（制冷量小于或等于 1250kW 的机组允许不超过 10Pa），则机组在真空状态下的气密性是合格的。

b. 真空检漏的计算　机组由于泄漏而引起绝对压力升高量 Δp 由下式计算。

$$\Delta p = B_2 - p_2 - (B_1 - p_1) \times \frac{273 + t_2}{273 + t_1} \ (\text{Pa}) \tag{5-1}$$

式中　B_1——试验开始时当地的大气压，Pa；

　　　p_1——试验开始时机组内的真空度，Pa；

　　　t_1——试验开始时的温度，℃；

　　　B_2——试验结束时当地的大气压，Pa；

　　　p_2——试验结束时机组内的真空度，Pa；

　　　t_2——试验结束时的温度，℃。

真空检漏采用 U 形管水银差压计时，在 24h 内很难确定机组气密性是否合格。这是因为差压计上的每一小格值为 136Pa，仪器本身的误差加上人为观察的误差远远超过 5Pa。因此若采用 U 形管水银差压计作为测量仪器时，应放置较长时间（一周或更长时间）。通常真空检漏除采用 U 形管绝对压差计外，更多地采用旋转式麦氏真空计。这种真空计可以直接测出机组内的绝对压力，可读至 0.133Pa 的绝对压力，测量方便、准确。

同样，绝对压力值也与测量时的温度有关，也应扣除温度变化而产生的影响。机组内绝对压力的升高（即机组泄漏值）Δp 由下式计算。

$$\Delta p = p_2 - \frac{273 + t_2}{273 + t_1} p_1 (\text{Pa}) \tag{5-2}$$

式中　p_1——试验开始时机组内的绝对压力，Pa；

　　　t_1——试验开始时的温度，℃；

　　　p_2——试验结束时机组内的绝对压力，Pa；

　　　t_2——试验结束时的温度，℃。

如果机组真空试验不合格，仍需将机组内充以氮气，重新用压力检漏法进行检漏，消除泄漏后，再重复上述的真空检漏步骤，直至达到真空检漏合格为止。

c. 真空检漏注意事项　如果机组内有水分，当机组内压力抽到当时水温对应的饱和蒸气压力时，水就会蒸发，从而很难将机组抽真空至绝对压力 133Pa 以下。此时，应将机组的绝对压力抽至高于当时水温对应的饱和蒸气压，避免水蒸发。通常抽至 9.33kPa（对应水的蒸发温度为44.5℃），同样保持24h，并记录试验前后大气压力、气温及真空计读数。考虑大气压及温度的影响后，若机组内绝对压力上升不超过5Pa，则同样认为设备在真空状态下的气密性是合格的。但此时不宜使用旋转式麦氏真空计测量机内的绝对压力，因旋转式麦氏真空计测量的理论基础是波义耳定律，仅适用于理想气体。空气可近似认为理想气体，而机组内含有水分，是空气与水蒸气的混合气体，与理想气体相差甚远，因此测量误差较大，此时可选用薄膜式及其他型式的真空计。

机组内含水分后的真空检漏是一项较难把握的工作，因此一般情况应在机组内不含水分下进行真空检漏。机组内若含有水分后，除了上述检漏方法外，还可采用一种简易的气泡法检验。检验方法如下：将真空泵的排气接管浸入油中，计数一分钟或数分钟逸出油面的气泡数，放置24h后，再启动真空泵，计数逸出油面的气泡数。两者相差若在规定的范围内，则视为机组气密性合格。

④ 氦质谱仪检漏　氦质谱仪是一种高性能的检漏设备，现已在溴化锂吸收式机组上广泛采用。由于这种检漏仪的灵敏度极高，因此，机组经其检漏后，可进一步提高气密性，有利于机组的性能及寿命的提高。

氦质谱仪的原理如图5-1所示。将机组抽空至50Pa的绝对压力（真空度越高越好），然后充入一定量的氦气。氦气通过泄漏处扩散到氦质谱仪接受端，冲击在钨丝7上，气体离子化，依靠电子枪1的作用，沿箭头所示方向前进，并依靠电磁棱镜2分离出重离子3与轻离子6。在氦离子被分离的地方，设置极板4。根据被检验出的氦离子放电量，可测得氦离子数，进而确定泄漏量。

a. 机组内无溴化锂溶液时的检漏　用氦质谱仪检漏有两种方法。

（a）喷氦检漏

ⓐ 启动真空泵，将机组抽真空至所需要的真空度。

ⓑ 将氦质谱仪与机组相连。

ⓒ 对机组焊缝、接头、阀门等部位进行喷氦，检漏仪会显示出泄漏量。

ⓓ 对泄漏处进行修补，修补好后再进行喷氦检漏，直至合格。

（b）氦罩检漏

ⓐ 启动真空泵，将机组抽真空至所需要的真空度。

ⓑ 将质谱仪与机组相连。

ⓒ 用罩罩住机组，如图5-2所示。

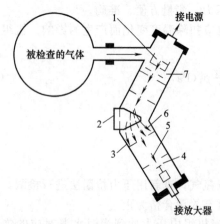

图5-1　氦质谱仪的原理

1—电子枪；2—电磁棱镜；3—重离子；4—板极；
5—氦离子；6—轻离子；7—钨丝

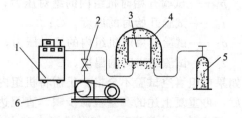

图5-2　氦罩检漏示意

1—检漏仪；2—辅助阀；3—吸收式机组；
4—氦罩；5—氦气瓶；6—真空泵

ⓓ 向罩里充注一定量的氦气。

ⓔ 10min 后，待泄漏率显示稳定，读出泄漏率数值并做好记录。

ⓕ 检验合格标准为机组整机泄漏率应不大于 2Pa·mL/s。否则要对机组重新检漏，找出泄漏处。

应注意的是：检漏前，机身及焊缝处不得油漆，以免其涂层堵塞漏孔；检漏时，水室盖板应打开。

b. 已充注溴化锂溶液或已使用过的机组检漏　可用吸枪法检漏，其操作步骤如下。

（a）用压缩空气将需检漏的地方吹净，防止杂质吸进堵塞探尖。

（b）按工艺要求向容器里充注一定比例的氦气和氮气。

（c）调整吸枪上的压力控制，保证吸枪上有一定的吸力（为 10～20Pa）。

（d）将氦检漏仪的探尖以 25mm/s 的速度沿焊缝或装配缝移动，探尖与测试件的表面距离保持在 2～5mm；如发现控制器上读数信号出现上升，应立即将探尖移开，等 2s 后再回到原处；根据读数的最大值来判断漏点的合格性，单点允许漏率为 1.01Pa·mL/s。对检出漏点进行标记；对泄漏率大的漏点进行处理，防止漏点的延展、扩大。

（e）对所有的焊缝和装配缝全部检查后，根据标记进行补漏。补漏必须在常压下进行，对涂密封脂的接头处，需先清洁螺纹，然后重新均匀地涂上同样牌号的密封脂。

（f）对补漏处重新进行检漏，直至合格。

注意：检漏时焊缝等处不得有油漆。

（4）自控元件和电气设备检查

随着溴化锂吸收式制冷技术的不断完善和提高，对机组的自动控制提出了更高的要求。自动控制已成为溴化锂吸收式机组的重要组成部分。目前，溴化锂吸收式制冷机组的运行大多采用彩色触摸屏作为现场的人机界面，与可编程序控制器、现场的 DDC 控制器相结合的就地控制和远程的计算机控制管理相结合的控制管理方法。

机组在运输及安装过程中，电气设备和自控元件有可能被损坏，现场接线也有可能出错，此外，自控元件型号及参数是否正确等，在机组安装完毕之后，均应进行仔细的检查。

① 机组现场接线检查　参照现场接线图，检查电源及其设备（冷却塔、水泵等）的动力与互锁接线。

a. 检查接线图与电气接线号。

b. 检查泵与电机上的铭牌和控制箱，电源电压与频率要求是否符合。

c. 检查所有电动机的过载保护和熔断器。

d. 检查所有电气设备与控制元件的接地线是否安装正确。

e. 检查水泵、冷却塔风机及其他辅助设备的动力与互锁接线是否正确无误。

f. 运转时，检查水泵、冷却塔风机等电动机润滑、电源和转向是否正确。应当注意的是：在机组未注入溴化锂溶液和冷剂水时，不要启动溶液泵和冷剂泵试运行机组。

② 机组控制系统检查　仔细检查机组的元件和控制箱内的元件，自动阀门和传感器及其安装。检查接线是否正确。准备步骤如下。

• 打开控制箱门，使电源开关置于"关"位置。

• 断开溶液泵、冷剂泵电动机的接线。每根线上都要有明确的标识符，并且用绝缘布包好。

• 串接正常运行时处于常闭状态的接线端子。

应当注意：温度和压力开关在出厂前已被调好，除非已经损坏，否则不要改变设定值。此外，检查工作应在充注溶液和冷剂水前完成。

a. 制冷循环程序启动检查

（a）合上控制箱内电源开关。

（b）将控制箱内各个控制开关拨到规定位置。

（c）将燃烧器控制箱内各开关拨到规定位置。

（d）按下启动按钮，机组微处理器进入计时过程和自检阶段。

（e）如果系统发生故障，故障代码将显示在面板上，并且发出警报。观察故障代码，按下停止按钮以消声，并复位整个控制系统。

b. 采暖循环启动和停止检查

（a）将选择开关置于采暖位置。

（b）按下启动按钮，进入计时过程和自检阶段。冷剂泵、冷却水泵、冷却塔风机不运行。

（c）按下停止按钮，检查溶液泵是否在规定时间后停止运行。

c. 屏蔽泵启动与关闭检查

（a）溶液泵和冷剂泵的接触器通电（与接触器相连的屏蔽泵电源线断开）。

（b）按下停止按钮，检查冷剂泵接触器是否延时一定时间后断开。

（c）检查溶液泵是否在规定的稀释循环时间后关闭。

d. 屏蔽泵过载保护检查

（a）按下启动按钮控制系统。

（b）当接触器吸合后，拨动溶液泵过载保护继电器的位置开关到过载一侧，接触器失电，故障代码显示，发生报警声。

（c）按下停止按钮，并使过载保护继电器复位。

（d）重新按下启动按钮，并使冷剂泵过载保护继电器的位置开关拨到过载侧，接触器失电，并发出警报，故障代码显示。

（e）按下停止按钮消声，并使过载复位。

e. 燃烧器互锁保护检查

（a）按下启动按钮，启动控制回路。

（b）按下燃烧器控制箱内燃烧器启动按钮，燃烧器将转入正常的点火阶段。由于油（气）路未接通，因此在点火程序结束前，熄火灯亮，并发出报警声，将显示代码。

（c）按下燃烧器复位按钮，接下停止按钮消声，并按下燃烧器箱上的停止按钮，以防重复启动。

f. 冷水低温保护检查

（a）旋转调整温度差设定调节杆，将温度设定值设置在4℃。将冷水低温保护开关测头（温度传感器）置于低温水中。

（b）在水中添加冰块并搅拌均匀。

（c）冷水温度逐渐下降，将水温度降至规定值（如4℃）时，机组发出报警，显示故障。

（d）按下停止按钮消声，将水温回升至7℃，温度开关将自动复位。

（e）在测温管中加入导热物质（如油），将温度传感器的感温包插入水管中并拧紧螺丝。

g. 检查水流量开关

（a）将直流电源开关切换到断开位置。

（b）将冷/热水流量开关的短接线除去。

（c）将直流电源开关切换到通路位置，按下启动按钮，在规定的时间内发出警报，并显示故障代码。

（d）按下停止按钮消声。

（e）将直流电源开关切换到断开位置。

（f）将拆下的短接线重新接上。

（g）重复（b）～（f）步骤，检验冷却水流量开关，在规定的时间内发出报警，并显示故障代码。

h. 高压发生器高压开关检查　该装置在规定的压力（如 0.1MPa 绝对压力）时断开，在低于规定值（如 0.08MPa）时闭合。在规定值附近检查其开关闭合情况。

i. 高压发生器高温开关检查　该装置在 170℃ 时断开，在 163℃ 时闭合。在设定值附近检查其开关闭合情况。

j. 燃烧器高温开关检查　在常温状态下，检查高温开关，得到设定温度与动作温度的误差，以此误差修正高温（300℃）设定值。

k. 高压发生器高或低液位开关检查　高压发生器液位控制器一般有两种：电极式和浮球式。发生器液位过高时，液位接触最高探棒（即使浮球控制，在液箱上部也有探棒），继电器断开，溶液泵会自动停止。当发生器液位低时，继电器会合上，溶液泵会自动启动，继续向发生器输送溶液，以保持发生器液位高度。

l. 蒸发器冷剂水液位开关检查　蒸发器液位控制也有电极式和浮球式两种。目前，一般采用浮球式，液位过低，冷剂泵则自动停止。采用浮球，应检查滑动是否自如，浮球上线圈是否完好。采用电极探棒，应检查探棒之间及探棒和壳体之间的阻值是否在规定范围内，即它们之间是否绝缘。检查探棒的外观，除去腐蚀物，调节探棒位置，必要时更换探棒。

m. 恢复

（a）断开控制电路和直流电源，并将总电源电气开关断开。

（b）将溶液泵与冷剂泵的电源线按标识符重新接上。

（c）将各处短接线除去。

（d）拆除冷/热水泵、冷却水泵、冷却塔风机的熔断器并重新安装。

控制系统检查时应注意以下问题。

（a）在机组采用微处理器的控制系统中，切忌将印刷电路板上的端子任意短接或跳线，以避免控制线路短路。在进行焊接时，接线或对机组进行绝缘试验时，应将连接微处理器 CPU 板（控制逻辑单元）的线路断开，以避免外部电压击穿元器件。

（b）接触电路板时，必须注意静电的影响。在对控制柜进行操作时，应始终与框架接地相接触，以消除静电。

（c）在连接或拔下端子插头时，一定要注意手中的工具，不得损坏电路板。在对电路板进行操作时，应接触其边缘，不得碰到组件和引脚。

（5）机组的清洗

开机前溴化锂机组在经过严格的气密性检验后，必须进行清洗，清洗的目的：一是检查屏蔽泵的转向和运转性能；二是清洗内部系统的铁锈、油污等脏物；三是检查冷剂和溶液循环管路是否畅通。

清洗时最好用蒸馏水，若没有蒸馏水，也可以使用水质较好的自来水。清洗方法步骤如下。

① 将屏蔽泵拆下，将泵进出口管道封闭，然后用清洁自来水从机组上部的不同位置灌入，直至机组内的水量充足，接着分别从机组下部不同位置的接口放水，使机组内杂质和污物一同流出。重复清洗操作，直至放出的水无杂质、不浑浊为止，最后放尽存水，把机组最低部位放水口打开。

② 在屏蔽泵的入口装上过滤器，然后装上机组，注入清洁自来水至机组正常液位，其充灌可略大于所需的溴化锂溶液量。

③ 启动机组吸收器泵，持续 4h，使灌入的清水在机内循环。

④ 启动冷却水泵，使冷却水在机组内循环，打开蒸气阀门，让加热蒸气进入高压发生器，使在机内循环的清水温度升高并蒸发产生水蒸气，水蒸气在冷凝器内经冷凝后进入蒸发器液囊。当蒸发器内水位达到一定高度后，启动蒸发器泵，使水在蒸发器泵中循环。因为系统内部在清洗过程中没有溴化锂溶液，所以不产生吸收作用。蒸发器内的水越来越多，可通过旁通管将蒸发器液囊中的水通入吸收器。

⑤ 进行上述清洗时，若供汽系统、冷却水泵系统暂不能投入运行，也可用清水直接清洗。但最好把水温提高到 60℃ 左右，以利于清洗机内的油污。

⑥ 制冷机组各泵运转一段时间后，将水放出。若放出的水比较干净，清洗工作则可结束；如果放出的水较脏，还应再充入清水，重复上述清洗过程，直到放出的水干净为止。清洗结束后拆下机组各泵和泵入口的过滤器，清除运转过程中可能积聚在液囊中的脏物，重新把机组各泵装好。

⑦ 清洗检验合格后，应及时抽真空，灌注溴化锂溶液，让制冷机组投入运行。若长期停机，必须对机组内部进行干燥和充氮气封存，以免锈蚀。

(6) 溴化锂溶液的充灌

目前，溴化锂都以溶液状态供应，其质量分数一般为 50% 左右。虽然 50% 的溶液浓度偏低些，但在机组调试过程中可加以调整，使溶液达到正常运转时的浓度要求。而且有的溴化锂生产厂家提供的溴化溶液是"混合液"。"混合液"即是在溴化锂溶液中已加入 0.2% 左右的铬酸锂或 0.1% 左右的钼酸锂缓蚀剂，并用氢氧化锂（LiOH）或氢溴酸（HBr）调整 pH 值为 9～10.5 的溶液，可直接灌入机组内使用。

① 溴化锂溶液的配制　若无配制好的溴化锂溶液供应，可按下面的步骤和方法进行配制。

当用固体溴化锂制备溶液时，可先准备一个 1～2m³ 的容器（可用聚氯乙烯塑料槽、不锈钢箱或大缸等），然后按质量分数为 50% 比例的固体溴化锂和蒸馏水称好重量，先将蒸馏水倒入容器，再按比例逐步加入固体溴化锂，并用木棒搅拌，此时溴化锂放出溶解热，所以在加入固体溴化锂时，注意不要投入过快。固体溴化锂完全溶解于蒸馏水后，可用温度计和密度计（比重计）测量溶液的温度及密度，再从溴化锂溶液性能图表上查出浓度。由于容器容积的限制，不能将设备所需的溶液一次配好，可分若干次配制。

② 溴化锂溶液的充灌方法　溴化锂溶液加入机组前，应留有小样，以便调试过程中，遇到溶液质量等问题时进行分析。溶液的充灌主要有两种方式：溶液桶充灌和储液器充灌。新溶液一般采用溶液桶充灌方式，方法如下。

a. 检查机组的绝对压力是否在 133Pa 以下，因为溶液是靠外面大气压与机内真空度形成的压差而压进机组的。

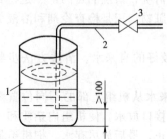

图 5-3　溶液桶充灌
1—溶液桶；2—软管；
3—溶液充灌阀

b. 准备好一个溶液桶（或缸，容积一般在 0.6m³ 左右），将溴化锂溶液倒入桶内。取一根软管（真空胶管），用溴化锂溶液充满软管，以排除管内的空气，然后将软管的一端连接机组的注液阀，另一端插入盛满溶液的桶内，如图 5-3 所示。溶液桶的桶口可加设不锈钢丝网，或无纺布等过滤网，以免塑料桶内的杂质或其他垃圾进入溶液桶内。

c. 打开溶液充灌阀，由于机组内部呈真空状态，溴化锂溶液由溶液桶再通过软管，从充灌阀进入机组内。调节充灌阀的开启度，可以控制溶液充入快慢，以使桶中的溶液液位保持稳定。必须注意，加液时，软管一端应始终浸入溶液中，以防空气沿软管进入机组。同时，软管与桶底的距离应不小于 100mm，以防桶底的垃圾、杂物随同溶液一齐进入机组。应当注意向溶液桶内的加液速度以及充灌阀的开度，使溶液桶内的溶液保持一定液位。

d. 溶液的充灌量参照制造厂的产品样本或说明书规定，但是，如果溴化锂溶液质量分数不符合说明书要求，充灌量则应当计算，使充灌的溴化锂溶液中含溴化锂量与要求符合。

e. 溴化锂溶液按规定量充灌完毕后，关闭充灌阀，启动溶液泵，使溶液循环。再启动真空泵对机组抽真空，将充灌溶液时可能带进机组的空气抽尽。同时，也观察机组液位及喷淋情况。

(7) 冷剂水的充灌

充入机组的冷剂水必须是蒸馏水或离子交换水（软水），水质要求见表 5-1。不能用自来水或地下水，因为水中含有游离氯及其他杂物，影响机组的性能。

将蒸馏水或软化水先注入干净的桶或缸中，用一根真空橡胶管，管内充满蒸馏水以排除空气，一端和冷剂泵的取样阀相连，一端放入桶中，将水充入蒸发器中。其充灌步骤与溴化锂溶液充灌步骤相同。

最初的冷剂量应按照机组样本或说明书上要求的数量充灌。当然，冷剂水的充灌量与加入的溴化锂溶液的质量分数有关，如果加入的溴化锂溶液质量分数符合机组说明书要求，则冷剂水充灌量就按照说明书的要求数量加入。如果加入的溴化锂溶液质量分数低于 50%，一般可先不加入冷剂水，通过机组调试从溶液中产生冷剂水，如冷剂水量尚不足时再补充。但是，如果加入机组的溴化锂溶液质量分数在 50% 以上，且不符合机组说明书要求，则加入机组的冷剂水量也有变化，可进行计算，使加入机组的溴化锂溶液中的水分质量与加入机组冷剂水的质量之和，等于样本要求的溴化锂溶液中的水分质量与加入的冷剂水质量之和。

表 5-1　冷剂水的水质要求

项　目	允许限度	项　目	允许限度
pH 值	7	Na^+，K^+/%	<0.005
硬度(Ca^{2+}、Mg^{2+})/%	<0.002	Fe^{2+}/%	<0.0005
油分	0	HN_4^+	少许
Cl^-/%	<0.001	Cu^{2+}/%	<0.0005
SO_4^{2-}/%	<0.005		

应该指出，机组中溶液及冷剂水量，随着机组运行工况而变化。如在高质量分数下运行时（如工作蒸气压力较高，冷却水进口温度较高或冷水出口温度较低的场合），溴化锂溶液量少，而冷剂水量增多；反之，低质量分数下运行时（如加热蒸气压力与冷却水进口温度较低、冷水出口温度较高的场合），溴化锂溶液量增多，冷剂水量减少。通常质量分数为 50% 的溴化锂溶液，在机组内浓缩时，所产生的冷剂水往往过多，必须排出一部分（受蒸发器水盘容量所限，但若机组配有冷剂储存器，则冷剂水可不排出），才能将溶液质量分数调整到所需要的范围。总之，加入的冷剂水量和加入的溴化锂溶液量一样，在机组实际运行时都要加以调整。

5.1.2　试运行

溴化锂制冷机组的调试工作分三个阶段：检漏、清洗和注液、调整溶液循环量和浓度。自动化程度高的溴化锂吸收式机组调试的内容主要是溶液循环量，仪表、自动控制装置的调整，以及工况测试。

（1）机组的启动

溴化锂制冷机组的启动方式有手动和自动两种。正常启动时一般采用自动方式，而在第一次启动，或大修后，或长期停机后的首次启动，一般应采用手动方式启动。

（2）溶液浓度的调整和工况的测试

利用浓缩（或稀释）和调整溶液循环量的方法来控制进入发生器的稀溶液的浓度及回到吸收器浓溶液的浓度。这可通过从蒸发器向外抽取冷剂水或向内注入冷剂水的方法，调整灌入机组的原始溶液的浓度。

① 调整溶液浓度的必要性　由溴化锂吸收式机组的热力循环过程可知，在发生器和吸收器之间形成不同浓度区间的根本原因，是由于发生器中工作蒸汽加热溶液而产生冷剂蒸汽。只有发生器中的溴化锂溶液量充分，才有可能产生更多的冷剂蒸汽，而可供蒸发的冷剂水越丰富，制冷效果自然会越好。由此可见，浓溶液与稀溶液的浓度差可以从另一个方面反映制冷效果。通常把浓度差称为放气范围。溶液循环量过大，放气范围降低，产生的蒸气量少，能耗增加，制冷量低；溶液循环量过小，放气范围虽然增加，但由于机组处于部分负荷下运行，制冷能力不能发挥，反而有使溶液结晶的危险。所以说，调整溶液循环量是机组运行调试必不可少的手段。

由于清洗过程的积水以及原始溶液浓度低的缘故，调整初始溶液浓度的工作一般为浓缩。浓缩和调整溶液循环量可同时进行。初期以前者为主，后者为辅；到进行工况测试时则主次顺序互逆。

② 溶液浓缩的方法　先将工作蒸气压力稳定在 0.2～0.3MPa（表压）的低工况状态，以免引起冷剂水污染。从冷剂泵出口处取水样，测定蒸发器内冷剂水密度 ρ，应满足 $\rho \leqslant 1.001 \text{kg/m}^3$，则表明冷剂水相当纯净，不含溴化锂分子，此时即可从冷剂泵出口处出水。但由于蒸发器内压力较低（800～1333.18Pa），而泵压出段扬程又要求不高，因此，机组配备的冷剂屏蔽泵就具有吸入真空度高（78480～93195Pa）而压出扬程低（73575～137340Pa）的特点。有的冷剂泵在关闭泵出口阀门后出水管段仍为真空状态，因而不能从出水口处直接向外排水。

溶液浓缩示意如图 5-4 所示。预备一个容量超过 20kg 的大玻璃瓶并配好橡胶塞，在塞上面打两个孔，插入两根铜管，铜管的外径应和抽气管及取水管内径吻合。按图 5-4 的方法连接好。将容器抽真空，从真空泵的排气口手感没有气体排出时，打开蒸发器出水阀门，水会自动流入容器中。为了加快出水速度，可在出水时将冷剂泵喷淋阀关闭（取水后再打开）。容器注满水后，先关闭蒸发器出水阀门，拔出胶塞，计量水量。这样的过程重复多次。

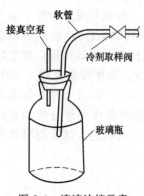

图 5-4　溶液浓缩示意

软管

接真空泵

冷剂取样阀

玻璃瓶

在较低工况下抽出一定量的冷剂水后，蒸发器中的水位将下降，但应能维持运行而不致使冷剂泵吸空。浓溶液浓度升高，冷水出口温度将持续降低。

此时应提高加热负荷使其接近最高工况进行初测，其过程如下。

保持蒸气压力至少稳定 30min 以上，同时相应调整溶液循环量和冷剂泵喷淋量，使冷却及冷媒水的水量和进口水温接近相应的设计工况；如果外界参数满足需求，而冷量偏低，则应遵循降低发生器热负荷的原则来调整循环量。如果冷量仍然偏低，而放气范围仍不大，可继续抽取一部分冷剂水，继续测定进出水温度和浓度差。

值得注意的是：冷剂水抽取量应以低负荷工况能维持冷剂泵运行，高工况时接近设计指标为佳。

如果利用调整原始液的浓度和溶液循环量的方法初测的结果仍偏离设计数值较多时，应查找其冷量偏低的原因，并采取措施排除。当初测的结果接近标定工况时，即可进行正式工况的测试。

③ 调试过程中的工况测试　测试工具为：取样器（图5-5）1个；温度计1个；密度计1个（或套件）；溴化锂溶液温度-密度图表1张；250mL量筒1～2个。

测试内容包括吸收器和冷凝器进、出水温度和流量；冷媒水进、出水温度和流量；工作蒸气进口压力、流量以及进、出口温度；冷剂水密度；冷剂系统各点温度；吸收剂系统各点溶液温度；发生器进、出口稀溶液、浓溶液以及吸收液的浓度。

测试方法：机组中吸收剂、制冷剂的运行温度以及外界温度、流量等参数，可从管道测点装设的仪器、仪表中读取。

a. 溶液浓度的测定方法　在取样器的两个管口上用真空橡胶管（或高压胶管）分别连接取样管口和真空泵旁通抽气管口；启动真空泵抽出取样器和胶管中的空气；打开取样阀，取少量被测溶液后关闭取样阀；将溶液倒入量筒中，将量筒内壁用溶液普浸一遍，把量筒中的溶液倒入溶液筒中；再次抽取液样倒入量筒，按如图5-6所示的方法用密度计和温度计分别测定溶液的密度和温度；在温度-密度图表中查取对应的浓度值。

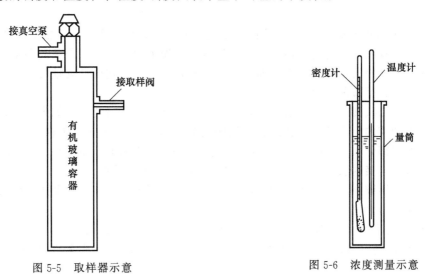

图 5-5　取样器示意　　　　　　　　　图 5-6　浓度测量示意

b. 冷剂水密度的测定方法　从冷剂泵出口处取样后，将水样倒入量筒中，用密度计直接读取读数。

测试过程应注意：测试应不少于3个不同工况；测试过程中应将随机带来的溶液和冷剂水报警装置调至上、下限数值；测试条件以不加辛醇的工况数值为准，如需添加能量增强剂，应待测试结束后，按0.3％的比例注入机组。

(3) 调试中出现的一般问题的分析及处理

调试过程中，常会出现一些问题，应及时分析并予以处理。调试中一般常发生的问题是：运行不平稳、机组中发现不凝性气体、冷剂水被污染和制冷量偏低等。

① 运行不平稳　溴化锂吸收式机组的热力循环过程包括发生、冷凝、节流、蒸发、吸收等，因此，保证热力工况的稳定就必须使吸收器中吸收的与发生器中产生的冷剂蒸气量相平衡。吸收过程要依赖于发生过程，而机组运行中客观因素对发生过程的影响要比对吸收过程的影响小得多。机组运行不平稳主要是由于发生器的热负荷大于吸收器的热负荷，从而使得蒸发器内冷剂水位逐渐上升，吸收器液位下降，甚至吸空；溶液浓度和温度越来越高；从发生器至冷凝器之间的冷剂蒸气-水管路的某些部位发出很大的气水撞击声。

a. 运行不平稳的原因　浓缩前溶液的浓度与温度偏低，由于冷剂泵刚刚投入运转，机组运行的惯性使得吸收器内液位下降很快，甚至吸空；低压筒体内压力偏高，一是有不凝性气体出现；二是吸收器的冷却负荷偏小；吸收器中喷淋溶液量小或发生器溶液循环量大；蒸汽压力上升速度太快。

b. 运行不平稳的解决措施　将冷剂水旁通至吸收器中，适当降低加热蒸汽压力；调整溶液的流量，减少发生器的循环量，加大吸收器的喷淋量；如果冷却塔的负荷已定（指风量），可适当加大冷却水量，若风量未定，可同时加大水量和风量；启动真空泵，抽出残余的不凝性气体。

一般来说，只要机组气密性好，运行不平稳的现象会很快消除。

② 机组中存有不凝性气体　调试初期即使是真空性能好的机组，也难免存在不凝性气体，其有效的判断方法是：a. 溶液泵出口的稀溶液温度低于相同工况的正常数值，表明吸收阻力大；b. 抽气时冷媒水出口温度显著下降；c. 通过测定吸收液饱和蒸气压和低压筒内的压力，可鉴别其压差数值。

存有不凝性气体的原因是：a. 水洗后残余；b. 缓蚀剂在预膜过程中引起的初始腐蚀所产生的；c. 检漏工作未做好；d. 对外界的隔膜阀在使用中阀瓣嵌进杂质；e. 真空泵抽气性能不良。

消除不凝性气体的办法是：由原因 a、b 造成的，应启动真空泵予以抽除；如为原因 c，则应停机检漏。找漏前应将溶液放出，用氮气打压。如果调试和运行是在高温季节进行，制冷负荷大而不允许停机，则可采取间断抽气的方法，并应充分利用自动抽气装置，维持机组运行至停机，再进行检漏处理。

对于隔膜阀二次漏气，可一边抽气，一边瞬时地开、关阀门几次。如果无效，则应更换新阀或更换带阀瓣的上半部分。在运转中换阀的方法是：a. 停止向机组供气；b. 预备好一个新阀（或上半部分），并处于关阀状态；c. 在靠内侧一边的 O 形胶圈上涂真空脂；d. 卸下隔膜阀与机组连接的法兰螺母；e. 一手拿新阀，一手握住待换的阀体，迅速沿切线方向旋下阀门，拿下旧胶圈，将新阀就位（两人操作，越快越好）；f. 上好螺钉，紧固螺母；g. 连续抽气至相应压力值。

③ 冷剂水被污染　冷剂水污染的直观判断方法是：a. 制冷量偏低；b. 机组在低工况运行时，冷剂水量过于充裕；c. 吸收器液位下降；d. 抽出的水样颜色发黄，密度超过 $1.04kg/m^3$。

造成冷剂水污染的原因是多方面的，主要有两点：一是操作运行不当；二是机组内挡液板有缝隙或脱落。由于运行造成污染的原因有：a. 机组启动时工作蒸汽压力提高太快；b. 蒸汽调节阀失控；c. 疏水器损坏；d. 未关闭机组疏水器的旁通阀门；e. 发生器（主要是低压发生器）液位偏高；f. 冷却水量过大或进水温度偏低；g. 冷凝器抽气阀未关。

冷剂水污染后应采取的措施是：降低蒸汽压力（若调节阀失灵，可用管路中其他阀门调节）；检查疏水器的旁通阀，如失灵必须更换；调节溶液循环量，适当降低低压发生器液位；减小冷却负荷；关闭抽气阀。

冷剂水再生处理方法如下：a. 保持机组在低工况下运行，使发生器中产生的冷剂蒸汽量小于旁通的冷剂水量；b. 打开蒸发器泵出口管段的旁通阀门，关闭喷淋阀，使冷剂水流入吸收器中；c. 当视镜中见不到水位后，关闭旁通阀的冷剂泵，待水多后重复过程 a、b。

以上过程可重复若干次，直到抽出水样密度低于 $1.04kg/m^3$ 为止。

④ 制冷量偏低　制冷量低于设计指标的原因是：a. 机组漏气；b. 真空泵抽气性能不良；c. 冷剂水污染；d. 溶液初始浓度不当；e. 溶液循环量不当；f. 蒸发器水侧部分传热管口堵塞；g. 工作蒸汽压力低；h. 冷却水量和水温不符合要求；i. 工作蒸汽干度低；j. 测量

仪表误差大；k. 溶液质量不符合标准。

解决制冷量偏低的措施（对应于上述 11 个因素）是：a. 抽真空或再做负压检漏；b. 检修真空泵，提高抽气能力；c. 消除冷剂水污染的因素，并使冷剂水再生；d. 调整溶液浓度，使浓度达到要求；e. 调整溶液循环量；f. 停机，打开水室封板进行处理；g. 无法达到供汽压力时，可进行工况的折算处理；h. 调整冷却水量和水温，使其符合要求；i. 停机，在进汽管道中安装气水分离器予以调整；j. 校对仪表，属于安装和堵塞的缘故应予以改善和清理；k. 溴化锂溶液如不符合标准，要放出溶液，重洗机组，重新灌注符合质量标准的新溶液。

（4）调试后验收

溴化锂吸收式机组的验收工作从工况测试时开始。验收总则如下。

① 工况测试应不少于 3 次。

② 每次工况测试的过程至少应从稳定相应气压 30min 后开始。

③ 在工况测试过程中，不应开真空泵抽气，以检验气密性。

④ 测定真空泵的抽气性能和电磁阀灵敏度。

⑤ 屏蔽泵运行电流正常，电动机壁面不烫手（温度不得超过 70℃），叶轮声音正常。

⑥ 自控仪器使用正常，仪表准确，开关灵敏。

如上述项目均符合要求，应以测试的最高工况的制冷量为准，衡量其是否接近设计标准。一般允许误差为标准制冷量的 ±5% 视为合格。机组制冷量为：

$$Q_0 = \frac{G(t_0' - t_0'')c}{3.6} \ (\text{kW}) \tag{5-3}$$

式中　Q_0——制冷量，kW；

　　　G——冷水量，kg/h；

　　　t_0'——冷水进口温度，℃；

　　　t_0''——冷水出口温度，℃；

　　　c——水的定压比热容，7℃时，$c = 4.2\text{kJ/(kg·℃)}$。

如前所述，如果工作蒸汽压力、冷却水、冷媒水流量和进口温度达不到测试工况条件，可按机组随机说明书的性能参数变化范围进行工况折算，折算后的制冷量也应接近标准工况的数值标准。

5.2 溴化锂吸收式中央空调运行操作

5.2.1 开机前的检查与准备

（1）日常开机前的检查与准备

① 根据用户和环境温度变化调整开机时间、制冷温度及运行机组数量。

② 检查油箱油位，看是否缺油。

③ 检查机组运行方式是否正确。

④ 检查机组各阀门、水系统各管道阀门、供热系统或各阀门是否在正常开机状态。

⑤ 检查各设备电源开关、控制开关是否处于正常开机位置（水泵控制开关应处于手动位置，油位控制开关应处于自动位置）。

⑥ 检查电源供电及电压是否正常 [三相电源应在 (380±10)V 范围内]。

⑦ 检查卫生热水放水阀的开关位置（制卫生热水时应关闭，不制卫生热水时应开启）。

⑧ 检查水系统压力表和机组真空表显示是否在正常值范围内。

（2）季节性开机前的检查与准备

① 外部情况检查。检查机组外表是否有锈蚀、脱漆，绝热层是否完好。

② 电器、仪表检查。检查控制箱动作是否可靠；温度与压力继电器的指示值是否符合要求；调节阀的设定值是否正确，动作是否灵敏；流量计与温度计等测量仪表是否达到精度要求。

③ 真空泵检查。

④ 屏蔽泵电动机的绝缘情况检查。检查屏蔽泵电动机的绝缘电阻值是否符合要求。

⑤ 机组气密性检查。

⑥ 机组清洗。

⑦ 供热系统检查。

⑧ 检查排气风门手动开关是否灵活。

⑨ 检查线路接线是否紧固，有无脱落或松动现象等。

⑩ 检查蒸汽角阀、浓溶液角阀、稀溶液角阀是否处于制冷状态（打开）。

⑪ 打开温水放水阀并卸掉水阀手柄。

5.2.2 系统的启动

（1）单效溴化锂吸收式制冷机组的启动操作

① 启动冷却水泵和冷媒水泵，慢慢打开冷却水泵及冷媒水泵出口阀，向机组输送冷却水和冷媒水，并调整流量至规定值或规定值的±5%。打开水管路系统上的放气阀，以排除管内空气。同时，根据冷却水温状况，启动冷却塔风机，控制温度通常取32℃。超过此值，开启风机；低于此值，风机停止。

② 按下控制箱电源开关，接通机组电源。

③ 启动溶液泵，并调节溶液泵出口的调节阀门，分别调节送往发生器的溶液量和吸收器喷淋所需要的稀溶液量（若采用浓溶液直接喷淋，则只需调节送往发生器的溶液量），使发生器的液位保持一定，且吸收器溶液喷淋状况良好。

④ 打开蒸汽管路上的凝水排泄阀，并打开蒸汽凝水管路上的放水阀，放尽凝水系统的凝水，以免引起水击现象。然后慢慢打开蒸汽截止阀，向发生器供汽，对装有减压阀的机组，还应调整减压阀，调整进入机组的蒸汽压力达到规定值。

⑤ 随着发生器中溶液沸腾和冷凝器中冷凝过程的进行，吸收器液面降低，冷剂水不断地由冷凝器流向蒸发器，冷剂水逐渐聚集在蒸发器水盘（或液囊）内，当蒸发器水盘（或液囊）中冷剂水的液位达到规定值时，启动冷剂泵，机组逐渐进入正常运行。

（2）双效溴化锂吸收式制冷机组的启动操作

① 启动冷却水泵和冷媒水泵，慢慢打开冷却水泵和冷媒水泵出口阀，向机组输送冷却水和冷媒水，并调整流量至规定值或规定值±5%。打开水管路系统上的放气阀，以排除管内空气。同时，根据冷却水温状况，启动冷却塔风机，控制温度通常取32℃。超过此值，开启风机；低于此值，风机停止。

② 合上机组控制箱电源开关。

③ 启动溶液泵，通过调节溶液泵出口阀，分别调节送往高压发生器和低压发生器的溶液量。对串联流程的双效机组，只需调节送往高压发生器的溶液量，将高、低压发生器的液位稳定在顶排传热管。同时使吸收器喷淋良好。

④ 打开蒸汽管路上的凝水排放阀，打开蒸汽凝水管路上的放水阀，放尽凝水管路系统的存水，以免发生水击。

⑤ 慢慢打开蒸汽阀，向高压发生器供气。机组在刚开始工作时蒸汽表压力控制在0.02MPa，使机组预热，经30min左右慢慢将蒸汽压力调至正常给定值，使溶液的温度逐

渐升高。同时，对高压发生器的液位应及时调整，使其稳定在顶排铜管。对装有蒸汽减压阀的机组，还应调整减压阀，使出口的蒸汽压力达到规定值。

⑥ 随着发生过程的进行，冷凝器中来自高压发生器管内的冷剂蒸汽凝水和冷凝的冷剂水一起流向蒸发器，当蒸发器水盘（或液囊）中的水达到规定值时，启动冷剂泵，机组便逐渐进入正常运行。

（3）直燃型溴化锂吸收式冷热水机组的制冷工况启动操作

① 启动冷却水泵和冷媒水泵，慢慢打开冷却水泵和冷媒水泵出口阀，并调整流量至规定值或规定值±5％。打开水管路系统上的放气阀，以排除管内空气。同时，根据冷却水温状况，启动冷却塔风机，控制温度通常取 32℃。超过此值，开启风机；低于此值，风机停止。

② 合上机组控制箱电源开关，并将制冷-采暖转换开关置于制冷挡。

③ 关闭机组中制冷-采暖阀，也就是说将机组从制热循环变换到制冷循环。

④ 启动溶液泵，调节溶液泵出口的调节阀，分别调节送往发生器和吸收器喷淋所需要的稀溶液量。发生器的液位应达到顶排传热管，吸收器喷淋状况应良好（若采用浓溶液直接喷淋，则只需调节送往发生器的溶液量）。

⑤ 打开燃料供应阀，先使燃烧器小火燃烧，发生器内溶液经预热后沸腾。约 10min 后，燃烧器转入大火燃烧。与此同时，给燃烧器供应足够的空气，且打开排气风门到适当位置，通过对排烟情况的分析，了解燃烧是否充分。

⑥ 随着发生器中溶液沸腾、浓缩，冷剂水不断流向蒸发器，当蒸发器水盘（或液囊）中水位达到规定值时，启动冷剂泵，机组逐渐进入正常运行。

注：若机组由采暖工况直接转入制冷工况，则机组启动前应先开启真空泵，抽除采暖工况运行时漏入机内的空气，以及因腐蚀产生的氢气等不凝性气体。

（4）直燃型溴化锂吸收式冷热水机组的制热工况启动操作

① 将控制箱内制冷-采暖转换开关置于采暖挡。

② 将蒸发器中冷剂水全部旁通至吸收器。

③ 打开机组中制冷-采暖切换阀。

④ 将冷却水管路的水放尽。

⑤ 启动热水泵（即制冷工况中的冷媒水泵），慢慢打开排出阀，并调整流量至规定值或规定值±5％，打开水室上的排气阀，以排除空气。一般情况下采暖工况热水进出口温度均不超过 60℃，因此冷媒水泵和热水泵为同一水泵，有关的管路也互用。若另设热水加热器，或热水温度较高时，热水泵与冷媒水泵的通用应根据管路布置与热水温度而定。

⑥ 启动溶液泵，调节溶液泵出口的调节阀，调节送往发生器的稀溶液量，发生器的液位至顶排传热管附近。

⑦ 打开燃料供应阀，先使燃烧器小火燃烧，发生器内溶液经预热沸腾、浓缩。一定时间后，燃烧器进入大火燃烧。与其同时，应供给燃烧器足够的空气，且打开排气风门至适当位置，通过对排气情况的分析，了解燃烧是否充分等。

5.2.3 系统的运行调节

（1）正常运行参数

① 冷媒水的出口温度　冷媒水的出口温度直接影响着机组的运行特性和运行合理性，一般规定为 7℃。

② 冷却水的进口温度　一般规定冷却水的进口温度为 32℃。需要注意的是，该温度不能过低，一般应在 20℃以上，以防止溶液产生结晶现象。

③ 冷却水的出口温度　冷却水在机组中通常是串联使用的，先经过吸收器吸收部分热

量后，再流经冷凝器带走冷凝热。冷却水的总温升为 8～9℃，其中间温度由吸收器和冷凝器的负荷比（约为 1.4∶1.1）来确定。

④ 热源参数　一般规定单效溴化锂吸收式制冷机以蒸汽为热源时，其蒸汽压力为 0.1MPa（表压），双效溴化锂吸收式制冷机组以蒸汽为热源时，其蒸汽压力为 0.25～0.80MPa（表压）。

⑤ 冷凝温度　溴化锂吸收式制冷机组运行时，其冷凝温度一般比冷却水出口温度高 3～5℃。通常冷却水初温取 32℃，温升取 8～9℃，冷却水出口温度为 40～41℃，冷凝温度一般取 45～46℃。

⑥ 蒸发温度　溴化锂吸收式制冷机组运行时，其蒸发温度通常取比冷媒水出口温度低 2～5℃。

⑦ 吸收器内溶液的最低温度　溴化锂吸收式制冷机组运行时，其吸收器内溶液的最低温度应比吸收器的冷却水温度（即冷却水的中间温度）高 3～8℃。

⑧ 发生器内溶液的最高温度　溴化锂吸收式制冷机组运行时，其发生器内溶液的最高温度应比热媒（蒸汽）温度低 10～40℃。

⑨ 溴化锂浓溶液和稀溶液的浓度差　通常浓度差取 4%～5%，即一般稀溶液浓度取 56%～60%，浓溶液浓度取 60%～64%。

⑩ 溶液的循环量　溶液的循环量在高低压发生器中以溶液淹没传热管为合适，在其他部分的液面以在流位计中间为宜。

(2) 运行中的记录操作

运转记录的内容包括制冷机各种参数，运转中出现的不正常情况及其排除过程，一般为每小时或每 2h 记录一次。运行记录表见附录二中表 2-4 和附录二中表 2-5。

(3) 制冷量调节

溴化锂吸收式机组的制冷量调节是通过对热源供热量、溶液循环量的检测和调节，来保证机组运行的经济性和稳定性。调节装置主要由温度传感器、温度控制器、执行机构（调节电动机）和调节阀组成。温度传感器把被测冷媒水温度与设定的冷媒水温度相比较，根据它们的偏差与偏差积累，控制进入机组的热量，使其与外界的负荷相匹配来实现制冷比例积分调节。

溴化锂吸收式机组的制冷量调节有一定的范围，蒸汽型机组一般为 20%～100%，燃气型机组为 25%～100%，燃油型机组为 30%～100%。如果机组的制冷量在调节范围之内，则可连续正常运行。当低于制冷量调节范围下限时，机组作间歇运行。对于蒸汽型机组，间歇运行相对来说比较可靠，但对于直燃型机组，间歇运行使点火和熄火的次数显著增多，发生事故的概率增大。为保持直燃型机组的安全燃烧，应注意下列几点。

① 控制燃烧的供应压力。

② 保持一定的空燃比。

③ 使用火焰不易熄灭的燃烧器。

④ 定期检查点火装置的动作灵敏性。

⑤ 加强对火焰检测装置的管理，加强对火焰的监测。

⑥ 定期检查电极棒与电火花的间距，减少点火失败的次数。

⑦ 定期检查点火燃烧器喷嘴。如果点火燃烧器喷嘴一旦被灰尘堵塞，火焰的长度将缩短，火焰的燃烧就不能顺利地进行，发出轻微的爆炸声，若不及时处理，则会引起重大事故。

(4) 运行中的调整

由于溴化锂吸收式机组并非总是在名义工况下运行，随着室外条件、用户所需供冷情况的变化，机组运行的工况也应随之进行改变，因此，为适应各种条件的变化，对机组运行状况的调整则是必然的。

① 液面的调整　在机组运行初期，首先要对各设备的液面进行调整，尤其是溴化锂溶液的液面调整，如果机组内相关设备的液面发生异常，将会使机组无法正常运行。

a. 发生器的液面调整　不论是蒸汽型还是直燃型溴化锂吸收式机组，发生器液面均有高压发生器液面和低压发生器液面之分。发生器液面的调整又分为手动调节和自动调节两种方式。发生器内的液面过高，溶液就会从折流板的上部直接进入发生器溶液出口管，使机组性能下降。如果发生器内的液面过低，则发生器出口处溶液的质量分数过高，容易产生结晶；同时，发生器液面过低，随着溶液的沸腾，冷剂蒸汽将会夹带溴化锂液滴一起向上冲击传热管，特别是在高压发生器中，溶液温度过高，沸腾又剧烈，造成强烈的冲击腐蚀，易使发生器传热管发生点蚀，甚至会使传热管发生穿孔事故。

(a) 高压发生器的液面调整　高压发生器液面调整的手动方式，就是调节溶液泵出口处的溶液调节阀的开度，从而控制进入发生器的稀溶液流量，使发生器的溶液至顶排传热管附近。但高压发生器的液位随热源变化而波动，这是由于高压发生器内流出的浓溶液流经热交换器而进入吸收器（或低压发生器），依靠高压发生器中冷剂蒸汽的压力与吸收器（或低压发生器）的压力差。高压发生器内的压力是随着热源温度的升高而增大，随着热源温度的降低而减小。另外，由吸收器通过溶液泵与溶液热交换器送至高压发生器的稀溶液量，与高压发生器内的压力有关。高压发生器压力升高，则送至高压发生器的稀溶液量减少，更促使高压发生器的液位降低；反之，高压发生器液位升高，沸腾的液滴随冷剂蒸汽进入冷凝器，易造成对冷剂水的污染。所以，为使高压发生器内的液面稳定，需要调节溶液泵出口处的调节阀，或调节送至高压发生器的稀溶液量。

高压发生器液面的自动调节是在发生器溶液出口壳体上装有液位计，当发生器液位偏高时，就给装在溶液泵出口的溶液调节阀或与溶液泵相连的变频器发出信号，通过执行机构关小调节阀或通过变频器降低溶液泵的转速，使进入发生器的稀溶液量减少；反之，发生器液位偏低时，使溶液调节阀开大或提高溶液泵转速，使发生器内的液位稳定在一定位置。

(b) 低压发生器的液面调整　低压发生器的液面调整大多是采用手动方式，而且一旦低压发生器的液位调定后，机组运行过程中液面的波动很小，这是由于低压发生器的压力变化不大。由于冷却水温度变化不大，因此冷凝压力变化有限，而低压发生器压力又与冷凝压力基本相同。因此，在低压发生器液面调到规定值之后，一般不需要再进行调节。

由于双效溴化锂机组的溶液流动方式不同，因此低压发生器液面的调节方法也不相同。对于并联流程，是调节安装于溶液泵出口进入低压发生器管路上的调节阀；对于串联流程，则是调节从高压发生器出口经热交换器进入低压发生器管路上的调节阀。

对于沉浸式低压发生器，调节进入低压发生器进口管上的溶液调节阀，使低压发生器液位达到顶排传热管。若低压发生器壳体上有视镜时，则可通过视镜观察液位。若低压发生器上无视镜，则可通过测量低压发生器出口处溶液的质量分数来判断。质量分数过高，则说明液位过低，此时则应加大调节阀的开度；如果机组溶晶管发烫，则说明低压发生器液位过高，部分溶液从溶晶管经热交换器流至吸收器，此时应关小溶液调节阀。

b. 吸收器液面的调整　在发生器液位调到规定值且稳定之后，就要调节吸收器的液面。虽然机组中溴化锂溶液是按照样本或说明书的要求充注的，但是，由于实际使用工况与设计工况的差异，溴化锂吸收式机组在实际使用工况下运行，各部位的溴化锂溶液的质量分数和设计工况是不相同的，如果冷却水温度偏低，或冷媒水的出口温度偏高，则机组内溴化锂溶液的质量分数低，因而吸收器内的溶液就多，液位也高；反之，机组内溴化锂溶液的质量分数高，吸收器液位低，原来加入机组的溶液量就会显得偏少。

在吸收器传热管束下方设置抽气管，抽除不凝性气体。如果吸收器液位过高，抽气管浸入溶液中，机组就无法将不凝性气体排出机外；反之，如果吸收器液位过低，溶液泵吸空，将产生汽蚀和噪声。

吸收器液位过高时，则要通过排液阀放出溴化锂溶液；若液位过低时，则机组要加入溴化锂溶液。在添加溴化锂溶液时必须防止外部空气进入机组内。

c. 蒸发器液面的调整　蒸发器水盘（或液囊）中冷剂水的液面过低，冷剂泵会被吸空，产生噪声。冷剂水不足，吸收器吸收冷剂水的量大于冷凝器流入蒸发器的冷剂水量时，冷剂水的液面会逐渐下降，装于蒸发器液囊上的液位控制装置动作，冷剂泵自动停止运转。随着冷剂水的积聚，液位很快上升，又会自动启动冷剂泵，导致冷剂泵频繁地启动和停止。

在溴化锂吸收式机组中，充注的溴化锂溶液和冷剂水的量是一定值，机组在运行过程中，若溶液的质量分数高，则冷剂水析出的多，蒸发器液面上升；若溶液的质量分数低，则冷剂水析出的就少，蒸发器液面下降。

机组在深秋季节运行时，如果冷却水温度过低，则吸收器溶液的质量分数低，溶液侧水分增多，蒸发器的冷剂水减少，则可能导致冷剂泵吸空，此时要从外界补充冷剂水。机组在盛夏季节运行时，冷却水温度可能很高，则溶液的质量分数也高，溶液中水分减少，蒸发器水盘中的水分增加，则可能发生冷剂水溢流现象，此时要从系统中抽出冲剂水。

有些机组蒸发器部位有两个视镜，即高液位视镜和低液位视镜。只要蒸发器中冷剂水的液面在两个视镜之间，既不高过高位视镜，又可从低位视镜看到冷剂液面，则说明蒸发器液面是正常的，否则要调整。

也有些机组，在蒸发器水盘上留有溢流口或装有溢流管，且在蒸发器水盘下方的机组壳体上装有视镜，可以从视镜上看出蒸发器溢流口（或溢流管）是否有溢流情况发生。若发生溢流现象，则说明冷剂水过多，需放出冷剂水。如果冷剂水的液位高于蒸发器液囊上的视镜，只要溢流口（或溢流管）不发生溢流，说明冷剂水还不必放出。

目前，很多型号的机组均装有冷剂水存储器，其目的是适应机组在各种负荷工况下可以稳定运转，无需在低质量分数运行时补充冷剂水，在高质量分数运行时取出冷剂水。当蒸发器液囊中的冷剂水不足时，可通过冷剂水存储器补给；过剩时，可通过冷剂水存储器存储，蒸发器液囊中也不必装设液位控制装置。在这种情况下，冷剂水的添加量应按制造厂提供的使用说明书进行。

② 溶液的加入和取出　在机组运行之前已加入了一定量的溴化锂溶液，但在机组运行中，加入的溴化锂溶液量不一定合适，要进行调节，不足的部分应补充，多余的部分应放出。一般是从浓溶液的取样阀加入溶液，这是由于此处压力最低，呈负压状态，溶液容易进入机组。也可以从吸收器喷淋管前的取样阀加入。该取样阀的压力一般为负压，但如果阀内为正压，则要停泵吸入。不管从何处加入溴化锂溶液，都必须防止空气泄漏进入机组。但总难免有微量的空气漏入机组，因此，在加入溶液以后，应启动真空泵进行抽真空，以排除加入溶液时带入的不凝性气体。

溶液的取出相对比较简单。通常是从溶液泵出口的放液阀直接将溶液取出，因为放液阀后的压力高于大气压力。但应注意的是，阀门不要开得太大，以影响送入发生器的溶液量。

对于单效机组而言，溶液泵出口处放液阀后的压力不一定是正压。如果是正压，则可直接放出溶液，若为负压，则不能直接放出溶液。简易判断正负压的方法是，用大拇指挡住取样阀的出口，然后缓慢打开取样阀，若拇指感觉到的是压力，则为正压，若是吸力，则是负压。

③ 冷剂水的加入和取出　冷剂水从冷剂泵出口处的取样阀排出。由于机组中冷剂泵的扬程较低，取样阀出口处为负压，因此冷剂水的排出必须借助于真空泵才能完成。其操作程

序如下。

a. 准备一个容积为 $0.01m^3$ 以上且可耐 0.1MPa 以上压力的容器，一般以大口真空玻璃瓶较好。

b. 在玻璃瓶口旋紧橡胶塞，且在塞上穿两个孔，分别插入直径为 8mm 的铜管，如图 5-7 所示，图 5-7 中的真空玻璃瓶有呈直角方向进出的两个接头。

c. 取一根真空胶管，一端与真空玻璃瓶接头相连，另一端和机组冷剂泵出口处的取样阀相连。再取另一根真空胶管，一端与真空玻璃瓶口上的另一个铜管接头相连，另一端与真空泵抽气管路上的辅助阀相接。

d. 关闭机组上所有的抽气阀（如阀 G 和辅助阀 N），打开辅助阀 M，并关闭冷剂泵出口阀。

e. 启动真空泵，将阻油器、抽气管路及真空玻璃瓶抽至高真空状态（需要 1～3min）。

f. 打开取样阀，冷剂水就不断地流入真空玻璃瓶中。当瓶内冷剂水快要充满时，关闭取样阀，打开冷剂泵出口阀，再关闭辅助阀 M。

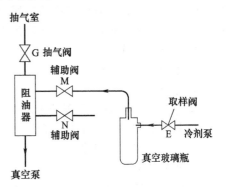

图 5-7　负压冷剂水取出示意

g. 将真空玻璃瓶内的冷剂水倒入冷剂水桶内。如果机组内的冷剂水还需要排出时，可重复上述步骤，直到蒸发器水盘（或液囊）冷剂液面达到规定值为止。

冷剂水的加入与溶液的加入方法基本是一样的。应注意严格防止空气进入机组。冷剂水加入完成之后，启动真空泵，将机组内的不凝性气体抽出。

④ 辛醇的加入　为了提高溴化锂吸收式机组的制冷效果，机组中要加入表面活性剂。其作用主要是提高机组的吸收效果和冷凝效果，从而提高制冷能力，降低能耗。表面活性剂有异辛醇或正辛醇。辛醇的加入量一般为溶液充注量的 0.3%，正常时维持在 0.1%～0.3%。如果机组内辛醇不足，则机组的制冷量就会下降，或冷媒水的出口温度升高。这表明辛醇可能需要添加（辛醇只有在制冷工况时才起作用）。确定辛醇是否需要添加的方法是：从溶液泵出口处的取样阀或其他溶液取样阀处取样。如果溶液中没有非常刺激的辛醇气味，则说明机组中需要加入辛醇。如果从溶液泵出口取样阀处添加辛醇，由于此处一般为正压，因此必须停泵后才能添加；如果从浓溶液或中间溶液的取样阀处添加辛醇，则机组运行时就可进行。如果从吸收器喷淋管前的取样阀加入则更好，因为加入的辛醇与喷淋溶液一起喷淋在吸收器的管束上．可使辛醇迅速、均匀地分布在吸收器的溶液中，起到提高吸收效果的作用。

辛醇的添加方法与溶液的加入方法基本相似。辛醇加入完毕后，也应启动真空泵进行抽真空，抽除在添加辛醇时可能漏进机组的空气，以保持机组的高真空状态。

(5) 运行管理细则

① 周期性管理方案

a. 季节性运行管理

（a）定期检查　为了做好运行管理工作，必须编好季节性运行管理计划表。常日班（或白班）人员应做好定期检查工作，并将处理过程和结论做好记录。

（b）季节性运行计划　空调用制冷机一般运行期为 3～6 个月，为满足房间空调的供冷要求，不仅需要良好的运行管理，还需对整个季节的运行做通盘的安排。气候的变化规律是盛夏季节室外温度高、湿度大，而初夏和初秋季节温度和湿度均较小，因此，机组的运行工况应是前后期低负荷，中期高负荷运行。运行初期应抽净残余的不凝性气体，控制好冷却水和冷媒水水质，为中、后期打下基础，运行期间应满负荷或超负荷运转；在后期机组性能将有所衰减，一方面应适当提高供热条件和利用外界有利参数；另一方面应充分发挥能量增强剂的作用。

b. 日常运行管理　夏季室外气候的特点是，每日10～24时，室外湿球温度较高，而24时至次日10时湿球温度较低。因此早、夜班运行负荷较低，中班较高。由于溴化锂吸收式机组惰性大，若预制较低温度的冷媒水，将其储备在水池中，就会减少高负荷期的压力。这就需要夜班为早班创造条件，早班为中班提供方便，如此各班交替配合，是保证机组每日运行平稳的有力措施。

② 值班运行守则

a. 坚守岗位。

b. 按时巡回检查，发现隐患随时处理。

c. 按时、按项认真填写运行记录。

d. 严格遵守操作规则。

e. 严格遵守安全条例。

f. 经常与供热部门（锅炉房或热水、燃气供应部门）保持联系。

g. 有重大意外应及时通报主管领导，并通知空调运行人员。

③ 运行安全条例

a. 值班人员应穿好工作服，以防烫伤。

b. 除电器控制台（柜）电键外，所有的闸式开关应戴好绝缘手套方可操作。

c. 真空泵试泵时，不得用手堵吸气口。

d. 检查电动机外壳温度时应用手背接触。

e. 使用化学试剂时，不得飞溅以损伤眼睛。

f. 在2m以上高空作业时应使用安全梯凳，并有专人在下面保护。

g. 电器出现故障应马上通知电工处理，不得擅自操作。

h. 制冷站内主要位置应设置应急灯。

i. 机房地面应保持平整、清洁。

④ 值班内容

a. 重点巡回检查项目

（a）工作蒸汽压力。

（b）溶液液位和冷剂水水位。

（c）冷却水进口温度。

（d）冷却水出口温度。

（e）各水泵出口压力和电动机电流。

（f）冷却水水质处理加药装置。

（g）屏蔽电动机电流。

b. 运行记录　运行记录应按时填写，每小时或每2h1次。

⑤ 交接班制度　空调用制冷机大多是昼夜连续运行，通常分三班作业，因此做好交接班工作是十分重要的一环。因为上一班运行的情况将关系到下一班的运转性能和工作量，做好交接班工作也可使责任分明。交接班的程序如下。

a. 交接班应在下一班正式上班时间前10～15min进行。

b. 按职责范围，交接班双方共同巡视设备现场。

c. 交接班内容包括：热力工况是否稳定；视镜观察各部液位是否稳定；制冷量；运行设备是否正常；上班主要调节情况和有无异常现象，对下一班有何建议；上一班最后一次记录数据与交接班时主要观测参数的对比；工具、仪器是否齐全完好；场地卫生整洁。

d. 交接完毕，双方应在记录表上签字。接班人员有不同意见可写明，未对上班人员申明而在本班发生的问题，由接班人员负责。

e. 交接班过程中如发现较大的问题，双方应共同处理，并通知有关人员。

5.2.4 系统的停机

溴化锂制冷机的停机操作有手动停机和自动停机两种操作方式。

(1) 手动停机操作程序

① 关闭蒸汽截止阀，停止向高压发生器供汽加热，并通知锅炉房停止送汽。

② 关闭加热蒸汽后，冷剂水不足时可先停冷剂水泵的运转，而吸收器泵、发生器泵、冷却水泵、冷媒水泵应继续运转，使稀溶液与浓溶液充分混合，15～20min 后，依次停止吸收器泵、发生器泵、冷却水泵、冷媒水泵和冷却塔风机的运行。

③ 若室温较低，而测定的溶液浓度较高时，为防止停车后结晶，应打开冷剂水旁通阀，把一部分冷剂水通入吸收器，使溶液充分稀释后再停车。若停车时间较长，环境温度较低（如低于 15℃）时，一般应把蒸发器中的冷剂水全部旁通入吸收器，再经过充分的混合、稀释，判定溶液不会在停车期间结晶后方可停泵。

④ 停止各泵运转后，切断控制箱的电源和冷却水泵、冷媒水泵、冷却塔风机的电源。

⑤ 检查制冷机组各阀门的密封情况，防止停车时空气泄入机组内。

⑥ 记录下蒸发器与吸收器液面的高度，以及停机时间。

若当环境温度在 0℃ 以下或者长期停机时，溴化锂吸收式制冷机除必须依上述操作之外，还必须注意以下几点。

① 在停止蒸汽供应后，应打开冷剂水再生阀，关闭冷剂水泵的排出阀，把蒸发器中的冷剂水全部导向吸收器，使溶液充分稀释。

② 打开冷凝器、蒸发器、高压发生器、吸收器、蒸汽凝结水排出管上的放水阀，冷剂蒸汽凝水旁通阀，放净存水，防止冻结。

③ 若是长期停机，每天应派专职负责人检查机组的真空情况，保证机组的真空度。有自动抽气装置的机组可不派人管理，但不能切断机组、真空泵电源，以保证真空泵自动运行。

(2) 自动停机

溴化锂吸收式制冷机的自动停机操作按如下步骤进行。

① 通知锅炉房停止送汽。

② 按"停止"按钮，机器自动切断蒸汽调节阀，机器转入自动稀释运行。

③ 吸收器泵、发生器泵以及冷剂水泵稀释运行大约 15min 之后，低温自动停车温度继电器动作，吸收器泵、发生器泵和冷剂泵自动停止。

④ 切断电气开关箱上的电源开关，切断冷却水泵、冷媒水泵，冷却塔风机的电源，记录下蒸发器与吸收器液面高度，记录下停机时间。必须注意，不能切断真空泵的自动启停电源。

⑤ 若需长期停机，在按"停止"按钮之前，应打开冷剂水再生阀，让冷剂水全部导向吸收器，使溶液充分稀释，并把机组内可能存有的水放净，防止冻结。

(3) 紧急停机处理

① 突然停电的处理　溴化锂吸收式机组在运行中会因停电而突然停机。此时机内溴化锂溶液的浓度（质量分数）较高，一般为 60%～65%。机组又不能进行稀释运转，随着停电时间的延长，机组内的溴化锂溶液会发生结晶。

a. 短时间停电（1h 以内）　如果停电时间较短，机组内溶液温度较高，一般来说，溶液结晶的可能性不大，可按下列程序进行启动。

(a) 启动冷水泵和冷却水泵。因为停电时，大多情况冷却水泵和冷水泵也停止，因此断水指示灯亮。

(b) 按下复位开关。

(c) 将自动-手动开关置于手动位置，启动吸收器泵及冷剂泵，进行稀释运转。需要注意蒸发器中冷剂水的液位，如液位过低，冷剂泵会发生汽蚀现象，这时应停止冷剂泵运转。

(d) 将自动-手动开关置于自动位置，按正常顺序进行机组的启动。

(e) 检查冷剂水，其相对密度超过1.04，则应进行再生处理。

b. 长时间停电（1h以上）　由于机组内溶液浓度较高，停电时间又长，溶液温度逐渐降低，容易发生结晶，这时，应按下面步骤进行处理。

(a) 立即关闭热源截止阀，并停止热能供应。

(b) 如果机组正在抽气，应立即关闭抽气主阀，以防空气漏入机组，并停止真空泵运转。

(c) 停止冷却水泵运转。

(d) 溶晶开关放在开的位置（运行指示灯亮）。

(e) 将吸收器泵置于停止位置。

(f) 若恢复供电时，将热源调节阀门放在30%的位置，注意溶液温度不应超过70℃。

(g) 此时应将溶晶开关置于开的位置，即30min内进行溶晶操作。

(h) 启动冷却水泵及吸收器泵。

(i) 在注意观察吸收器液面的同时，进行30min左右的试运转。

(j) 如果在30min以内，吸收器液位过低，吸收器泵发生汽蚀现象，则不可继续运行，这就说明机组中的溶液发生了结晶，应当立即切断电源，使机组停止运转。

(k) 通过上述步骤，确认机组溶液结晶，则按溶晶及排除方法有关内容进行操作。

(l) 机组溶晶结束后，可正常启动机组，并测量冷剂水相对密度是否小于1.04，符合要求，即可使机组正常运行。

② 突然停冷却水的处理　冷却水断水如得不到及时处理，易造成溶液结晶和屏蔽电动机温升过高受损等故障。冷却水断水的原因主要包括：动力电源突然中断；水泵出现故障；水池水位过低使水泵汽蚀。冷却水断水处理的方法如下。

a. 立即通知供热部门停止供给蒸汽，以防溶液浓度继续升高。

b. 关闭蒸发器泵出口阀，并打开冷剂水旁通阀以稀释溶液。

c. 关闭吸收器泵。

上述操作可同时进行，但必须首先关闭蒸汽阀。如短时间内无法消除，而溶液温度下降到60℃左右时，关闭发生器泵和冷水泵，停止溴化锂吸收式机组的运行，并找出原因尽快予以消除。

③ 突然停冷媒水的处理　冷媒水断水的原因和冷却水断水的原因相同。冷媒水断水故障发现不及时或处理不当，易造成蒸发器传热管冻裂事故，这将迫使制冷机长时间停车。

a. 冷媒水断水故障的处理方法

(a) 关闭蒸发器泵和吸收器泵，打开冷剂水旁通阀门稀释溶液，以免结晶。

(b) 打开冷媒水循环阀门，迅速将蒸发器冷媒水排管内积水排净。

(c) 通知供热部门停止供气（蒸汽型），或在打开紧急排气阀门的同时关闭加热蒸汽。

(d) 保持发生器泵和冷却水泵继续运转，如故障短时间得以排除，可继续开机运转制冷。

由于种种因素，冷媒水断水使排管冻结事故也有发生。冻结先从蒸发器的冷剂水开始，这可从蒸发器视镜看到冰柱。

b. 冻结事故的处理方法

（a）首先按上述处理冷媒水断水的程序进行紧急处理，以防冻结加剧。

（b）发生器泵和冷却水泵继续运转，向发生器输送 0.1MPa 的低压蒸汽，以加热溶液，促使蒸发器升温，借以融化结冰。

（c）溶冰过程进行到使蒸发器液囊中水位上涨到可避免泵汽蚀时，开启蒸发器泵，打开旁通阀门稀释溶液。此时，为了迅速提高溶液温度，应适量减少冷却水量，并使吸收器溶液保持在 60℃ 左右，直到结冰彻底融化。

结冰融化后，密切注视机内真空度的变化，如真空度下降，说明传热管有冻裂。此时应立即进行检漏试验。为了缩短抢修时间，可采用负压检漏法。具体操作步骤如下。

打开水室盖，清洁管口，然后用"听、看、试"的经验方法进行检漏。泄漏严重时会听到吸入空气的"嘶嘶"声音；传热管如有孔洞或裂缝时，管内积水有可能被吸入机内而透光；当怀疑重点确定后，再利用微压计或自制 U 形测漏仪测试。U 形测漏仪如图 5-8 所示。用橡胶塞把传热管的一端塞紧，将 U 形测漏仪插头插入管子的另一端。如泄漏量较大时，当插头插入管口后，接大气一端的液柱会迅速下降；即使漏量较小，几十秒后也会产生压差。如漏管不多，可用圆锥黄铜棒塞死，如图 5-9 所示。一般可不更换新管，因换管工艺难度大，机内曝气时间长，会加剧机内金属腐蚀。但当漏管数量超过 10％ 时，则应补换新管，否则会使传热面积减小，制冷效率大幅度下降。

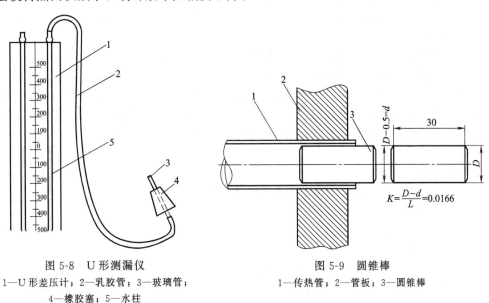

图 5-8　U 形测漏仪
1—U 形差压计；2—乳胶管；3—玻璃管；
4—橡胶塞；5—水柱

图 5-9　圆锥棒
1—传热管；2—管板；3—圆锥棒

$$K=\frac{D-d}{L}=0.0166$$

用圆锥棒封堵传热管时，为保证密封，可在管口内侧或铜棒上涂一层环氧树脂，塞堵时锤击力量要适当，以免挤压相邻的胀口使其变形而泄漏。漏管封堵后，开启真空泵抽真空至规定标准。

5.3　溴化锂吸收式制冷机的维护保养

溴化锂吸收式制冷机能否长期稳定运行，性能长期保持不变，取决于严格的操作程序和良好的保养。若忽视了严格的操作程序和良好的保养，则会使机组制冷效果变差，事故频率高，甚至在 3～5 年内使机组报废。因此，除了要掌握正确的操作技能外，机组操作人员还应熟悉机组的维护保养知识，以便保证机组安全、高效地运行。

溴化锂吸收式制冷机组保养分为停机保养和定期检查保养。

5.3.1 机组的停机保养

溴化锂吸收式制冷机组停机保养又分为短期停机保养和长期保养两种。

(1) 短期停机保养

所谓短期停机，是指停机时间不超过1～2周。在此期间机组的保养工作，应做到以下几点。

① 将机组内的溶液充分稀释，有必要时可将蒸发器中的冷剂水全部旁通至吸收器，充分稀释机内的溴化锂溶液，使在当地的最低环境温度下不发生结晶。但是，如果停机期间当地的最低环境温度比较高，不仅不用将蒸发器的冷剂水全部旁通至吸收器，且机组也不要过分稀释，保持蒸发器冷剂水有一定的液位，只要停机时溶液不会结晶即可。这样在机组重新启动时，可缩短从机组启动到正常运行的时间。这是由于溶液中的冷剂水经过发生及冷凝后进入蒸发器，要使蒸发器冷剂水有一定高度的液位，需要一定的时间。

② 注意保持机组内的真空度。停机时应将所有通向大气的阀门全部关闭紧，应每天早晚两次监测其真空度。为了准确起见，在观测压力仪表之前应把发生器泵和吸收器泵启动运行10min，而后再观察仪表读数，并和前一次做比较。若漏入空气，则应启动真空泵运行，将机组内部空气抽除。抽空时要注意必须把冷凝器、蒸发器抽气阀打开。

③ 在停机期间，若机组绝对压力上升过快，应检查机组是否泄漏。若机组泄漏，应尽快进行气密性检查。

④ 在停机期间，当地气温也有可能降到0℃以下，这时应将所有积水放尽。

⑤ 在短期停机期间，如需检修屏蔽泵、清洗喷淋管或更换真空膜阀片等，应事先做好充分准备，工作时一次性完成。切忌使机组内部零部件长时间暴露在大气中，一次检修机组内部接触大气的时间最长不要超过6h。如在局部曝气的条件下能检修某一部位，就不要整机曝气，以减缓溶液对机内金属材料的强烈腐蚀。检修后必须立即做压力检漏和真空检漏，直到合格为止。

(2) 长期停机保养

长期停机时，机组的保养可分为充氮保养和真空保养两种方法。

① 机组内充氮保养

a. 将蒸发器中冷剂水全部旁通到吸收器，与溴化锂溶液充分混合，均匀稀释，以防在最低环境温度下结晶。

b. 在机组充氮之前，启动真空泵，将机组内不凝性气体（特别是氧气）抽尽，以防溴化锂溶液对机组的腐蚀。即使机内溶液放入储液器，溶液也不能全部放尽，壳体壁、机组底部及死角都会残留液体。

c. 取一根能承受压力的橡胶管，一端与氮气瓶减压阀出口相连接，先打开氮气，使橡胶管内空气排尽，然后再将橡胶管的另一端与机组测压阀相连。

d. 打开氮气瓶减压阀及机组测压阀，向机内充注氮气，其压力为0.02～0.04MPa（表压）。

e. 最好将溴化锂镕液放至储液器中，使溶液杂质沉淀，这也是溴化锂溶液的再生。在放溶液前，应先启动溶液泵，使溶液运行循环，以使机内铁锈及杂质混入溶液中，再与溶液一起被排出机外。若无储液器及其他容器，溶液也可储存于机组中。

f. 当外界环境温度在0℃以下时，运转溶液泵，将溶液泵出口取样阀与冷剂泵取样阀相连，停止冷剂泵运转，打开两个取样阀，使溶液进入冷剂泵。通过对冷剂水的取样，确定注入的溶液量，以防冷剂水在冷剂泵内冻结。

g. 将发生器、冷凝器、蒸发器及吸收器水室及传热管内的存水放尽，以免冻结。即使环境温度在 0℃ 以上，也应放尽存水，以便于传热管的清洁。

h. 在长期停机期间应注意防止电气设备和自动化仪表受潮，特别是室外机组。

i. 在长期停机期间，应经常检查机内氮气压力。机内压力若下降过快，说明机组可能有泄漏。若确定机组有泄漏，应对机组进行气密性检查并消除泄漏。

② 机组真空保养

a. 在长期停机期间，应特别注意机组的气密性，定期检查机组真空度。

b. 在定期检查机组真空度时，由于机组已经使用，机内存有冷剂水，水的蒸发也会使真空度下降，因此，不能在短时间内确定机组是否泄漏，则可放置较长时间观察机组真空度下降情况。也可将机内充入 9.3kPa 的氮气，在一个月内，机内的绝对压力上升不应超过 300Pa 为合格。一旦确定机组有泄漏，应尽快进行气密性检查，消除泄漏处。

c. 机组真空保养时，大都将溶液留在机组内，对于机组气密性好，溶液颜色清晰的机组是可行的，但对于一些腐蚀较严重，溶液外观浑浊的机组，最好还是将溶液送入储液器中，以便通过沉淀而除去溶液中的杂物。若无储液器，也应对溶液进行处理后再灌入机中。

d. 其他方面可参见充氮保养内容。

一般季节性长期停机宜采用充氮保养。若停机时间不太长，采用真空保养为宜。

5.3.2 机组的定期检查和保养

在机组停机期间或在机组启动之前，应对机组进行全面检查和维护。特别是磨损件或老化件，如真空隔膜阀、视镜等需要更换的零件应及时更换，以防机组在运行期间出现故障。

（1）定期检查

蒸汽型溴化锂吸收式制冷机组定期检查的项目见表 5-2。

表 5-2 蒸汽型溴化锂吸收式制冷机组定期检查的项目

项 目	检查内容	每日	每周	每月	每半年或每年	备注
溴化锂溶液	溶液的浓度		√			
	溶液的 pH 值			√		9～11
	溶液的铬酸锂含量			√		0.2%～0.3%
	溶液的清洁程度,决定是否需要再生				√	
冷剂水	测定冷剂水密度,观察是否污染,是否需要再生		√			
屏蔽泵(溶液泵、冷剂泵)	运转声音是否正常	√				
	电动机电流是否超过正常值	√				
	电动机的绝缘性能				√	
	泵体温度是否正常	√				不大于 70℃
	叶轮拆检和过滤网的情况				√	
	石墨轴承磨损程度的检查				√	
真空泵	润滑油是否在油面线中心	√				油面窗中心线
	运行中是否有异常声	√				
	运转时电动机的电流	√				
	运转时泵体温度	√				不大于 70℃
	润滑油的污染和乳化	√				
	传动带是否松动			√		
	带放气电磁阀动作是否可靠			√		
	电动机的绝缘性能				√	
	真空管路泄漏的检查				√	无泄漏,24h 压力回升不超过 26.7Pa
	真空泵抽气性能的测定			√		

项　目	检查内容	检查周期 每日	检查周期 每周	检查周期 每月	检查周期 每半年或每年	备注
隔膜式真空阀	密封性				√	
	橡皮隔膜的老化程度				√	
传热管	管内壁的腐蚀情况				√	
	管内壁的结垢情况				√	
机组的密封性	运行中不凝性气体	√				
	真空度的回升值	√				
带放气真空电磁阀	密封面的清洁度			√		
	电磁阀动作可靠性		√			
冷媒水、冷却水、蒸汽管路	各阀门、法兰是否有漏水、漏气现象			√		
	管道保温情况是否完好				√	
电控设备、计量设备	电器的绝缘性能				√	
	电器的动作可靠性				√	
	仪器仪表调定点的准确度				√	
	计量仪表指示值准确度校验				√	
报警装置	机组开车前一定要调整各控制器指示的可靠性				√	
水泵	泵体、电动机温度是否正常	√				不大于70℃
	运转声音是否正常	√				
	电动机电流是否超过正常值	√				
	电动机绝缘性能				√	
	叶轮拆检、套筒磨损程度检查				√	
	轴承磨损程度的检查				√	
	水泵的漏水情况	√				
	底脚螺栓及联轴器情况是否完好			√		
冷却塔	喷淋头的检查			√		
	点波片的检查				√	
	点波框、挡水板的清洁				√	
	冷却水水质的测量			√		

对于直燃型溴化锂吸收式冷（热）水机组，除表5-2中所列检查保养的项目外，还要按表5-3所列的项目进行检查保养。

认真做好机组的各项检查，是机组安全高效运转的重要保证。根据检查结果，预测事故征兆，尽早采取措施，避免事故或重大事故的发生。重要的检查内容有以下几项。

表5-3　直燃型溴化锂吸收式冷（热）水机组定期检查项目

项　目	检查内容	检查周期 每日	检查周期 每周	检查周期 每月	检查周期 每年或每季
燃烧设备	火焰观察	√			
	保养检查		√		
	动作检查			√	
	点火试验				√
燃烧要素	排气成分分析			√	
	空燃比调整				√
燃料配管系统	过滤器检查	√			
	泄漏检查			√	
	配件动作检查				√
烟道	烟道烟囱检查				√
	保温检查				√
控制箱	绝缘电阻				√
	控制程序				√

① 机组的气密性　可以通过吸收器损失法测量不凝性气体累积量，以判断机组是否有泄漏。一旦机组有泄漏，应迅速检漏并排除泄漏处。不要反复启动真空泵来维护机组内真空，更不应使真空泵不停地运转，勉强维持机组运行。

② 溴化锂溶液的检查　通过对溶液定期检查、分析，以及对溶液颜色的观察，来确定溶液中缓蚀剂的消耗情况，定性确定机组被腐蚀的程度。

③ 冷剂水的密度　通过定期测量冷剂水的密度，或经常观察冷剂水的颜色，判断冷剂水中是否混入溴化锂溶液，即了解冷剂水的污染情况。若冷剂水污染，则机组性能下降，必须再生。

④ 机组内的辛醇含量　添加辛醇是提高机组性能的有效措施，但辛醇与水及溶液不相溶，因而辛醇最容易聚集在蒸发器冷剂水表面。辛醇聚积后，其作用逐渐减弱，机组性能下降。另外，辛醇是易挥发性物质，机组在不断的抽气中，辛醇随着气流一起被真空泵排出机外。辛醇在机内的含量多少很难测量，但可以通过真空泵的排气或溶液取样中有无刺激性气味，来判断机内辛醇的消耗情况。

⑤ 能量消耗率　在同一运行状态下，由于下列原因使能量消耗急剧上升。

a. 由于机组某些泄漏或传热管某些点蚀穿孔等原因，机组内有大量空气，吸收损失较大。

b. 冷剂水漏入溶液中，使溶液稀释，吸收水分少。

c. 溶液进入冷剂侧，使冷剂水污染。

d. 冷却水进口温度高及冷却水量少，使吸收效果下降，且冷凝效果不好，溶液质量分数差减少。

e. 由于发生器水室隔板和垫片脱落，使工作蒸汽旁通，或者工作蒸汽部分未凝结而排出机组外。

f. 传热管结垢严重，使传热效率降低，浓溶液质量分数下降而稀溶液质量分数上升。

g. 溶液循环量过大或过小。

h. 喷淋系统堵塞。吸收器喷嘴或喷淋孔堵塞，以及蒸发器喷嘴堵塞，都会使稀溶液质量分数升高。

i. 使用劣质燃料，燃烧状态恶化，产生烟垢，排气温度升高。

j. 燃料的空气量不适合，空燃比过小，燃烧不完全。

(2) 机组各部件的使用寿命

溴化锂吸收式机组的使用寿命一般定为 15 年，但根据设计条件、运行条件、运行管理及维护保养的不同而有很大的差别。

① 机组内部的因素

a. 溴化锂溶液　溴化锂吸收式机组使用溴化锂溶液作为吸收剂，机组内部溶液最高温度可达 150℃以上，而溴化锂溶液对金属有较强的腐蚀性，溶液温度越高，腐蚀性越强。为了防止溴化锂溶液的腐蚀性，在溶液中加入一定量的缓蚀剂，并加入氢氧化锂溶液使溶液呈碱性。但随着时间的延长，缓蚀剂逐步消耗，且溶液的碱性（pH 值）也升高，这就增强了溴化锂溶液对机组的腐蚀性。因此，必须认真对溴化锂溶液进行管理，同时，在维护保养中注意溴化锂溶液的分析及缓蚀剂的添加。

b. 机组真空度　溴化锂吸收式机组是高真空设备。如果机组真空度不好，即机组内有不凝性气体，对机组的性能及效率都有很大的影响，特别是空气从外界泄漏入机内，而空气中含有氧，对机组主要结构材料铁和铜等金属腐蚀性增强。

c. 机组各部传热管　溴化锂吸收式机组是热交换器的组合件，传热管组是机组主要的组成部分，传热管的好坏直接影响到机组的性能和寿命。对水系统的传热管，运转中会产生污垢及腐蚀，因此长期停机时，应放尽机内所有存水，特别是用钢管的部件，最好能使传热管内干燥，因大部分时间停机不用暴露于空气中，更易产生穿孔现象。对于发生器传热管，特别是直燃型机组，温度较高，有易产生孔蚀的危险。

② 使用条件与负荷率

a. 运转时间与负荷率　所谓耐用年数，按惯例以年为单位，是指机组一日 24h 连续不断地运行一年。但实际使用中，根据使用的场合不同，一天中的运转时间，一年中的运转天数，以及负荷率均不相同。运转时间越长，负荷率越高，则耐用年数越短。机组的耐用期限可视为运转时间和平均负荷率的乘积，像计算运行费用一样，折算成相当于全负荷运转的时间。例如，一般空调用机组，以每天工作 10h，每月工作 25 天，制冷运转为 6～9 月份 4 个月，采暖运转为 11 月至下一年 3 月份 5 个月，平均负荷率以 60% 计，与用于工艺冷却的机组，每天工作 24h，全年运转，负荷率 90%，比较如下。

$$t_{空调}=10×25×9×0.6h=1350h$$
$$t_{工艺}=24×365×0.9h=7884h$$

可见用于工艺冷却的机组，每年全负荷运转时间为用于空调机组的 5.84 倍。目前，对于溴化锂吸收式机组，90% 以上一般都使用在空调制冷场合，运行时间短。直燃型冷热水机组制冷与采暖都使用，则寿命要缩短，若使用在工艺、恒温恒湿以及特殊场合时，应充分考虑机组及零部件的耐用年限适当配用。大型溴化锂吸收式机组都装有能量自动化比例调节装置，在部分负荷时，机组内溴化锂溶液温度低，质量分数也低，机组耗损降低，寿命延长。

b. 机组设置场所　溴化锂吸收式机组一般都安装在室内，目前置于地下室的越来越多。室内设置为标准型机组。若安装于室外，由于风雨、降雪、太阳光的直射，冬天夜里的寒冷，以及气候的变化等，其使用条件要比室内恶劣得多，因此，机组在运行管理及维护方面要求更加严格。

c. 冷却水质管理　溴化锂吸收式机组所用的冷却水，即吸收器及冷凝器所用的水，一般为开式冷却塔循环水。未经处理的冷却水通过传热管，会促使传热管结垢、腐蚀，从而降低机组性能，能耗上升，甚至引起腐蚀穿孔等事故，缩短机组使用寿命。因此，应注意水质管理，进行水质处理，防止不纯物的浓缩，必要时去除污垢。

③ 部件的耐用年数　溴化锂吸收式机组中，除本体设备由制造厂加工制作外，燃烧装置、泵、阀门、自控部件、安全装置等均属外购件。外购件的耐用年数列于表 5-4 中。表 5-4 中所列的耐用年数是以一天运行 10h 计，如果每天 24h 连续运行，则表中的耐用年数将根据比例缩短。例如：真空隔膜阀中隔膜，如连续运行，耐用年限通常为一年。

表 5-4　溴化锂吸收式机组各部件使用寿命

项　目	部件名称	耐用年数	备　注
吸收液	溴化锂溶液	半永久	需要定期管理、分析及再生
溶液泵 冷剂泵	本体	7～10 年	定期检查
	轴承	3 年或 15000h	
抽气装置	抽气泵(真空泵)	5～7 年	需要定期检查
	真空泵电动机	5～7 年	
	真空电磁阀	2 年	
	钯加热器	3～4 年	
机组控制	继电器	3～5 年	需要定期检查
	开关	3～5 年	
	指示灯	2～3 年	
	电子式温度调节器	3～5 年	
	燃烧控制器	3～5 年	

项 目	部件名称	耐用年数	备 注
安全装置 计量仪表	压力开关	5~7 年	定期检查,一年两次
	压力表	3~5 年	
	温度计	3~5 年	
	真空计	约 2 年	
	液面继电器	约 2 年	
燃烧装置	燃烧器风机	7~10 年	定期检查,一年两次
	电动机	5 年	
	燃烧器本体	5~7 年	
	火焰探测器	2 年或 1200h	
	煤气电磁阀	5~7 年	
其他	燃烧器计时器	2~3 年	
	视镜玻璃	2~3 年	
	真空隔膜阀隔膜	2~3 年	
	垫片类	2~3 年	

注:1. 表中所列部件耐用年限不仅与所述的溴化锂溶液、机组真空度及使用条件等因素有关,而且与操作管理及维护保养有关。

2. 对于消耗件,例如部件中的垫片等,表中未列出。每次拆卸时,若有损坏则要更换。

3. 通过对部件的检查和修理,例如磨损或损坏的零件可修理或更换,使部件恢复其功能,延长使用寿命。

4. 对于易损件及消耗品,应准备备件,万一发生故障,可及时更换。或先更换再修补旧零件,减少损失。购买零件时,不仅要注意经济费用,更重要的是注意零件的质量。

④ 电气元件及检测器件的耐用年数 溴化锂吸收式机组长期运行中,还应重视电气元件及检测器件。表 5-5 列出了电气元件及检测器件的耐用寿命及检查周期。

表 5-5 电气元件及检测器件的耐用寿命及检查周期

名 称	保养检查		耐用年数 /年	备 注
	项 目	检查周期		
测温电阻	动作检查	一年两次	5	必要时更换
恒温器	动作检查	一年两次	3~5	必要时更换
真空压力表	外观目测检查	一年两次	3~5	必要时更换
水银玻璃温度计	外观校验	一年两次	3~5	必要时更换
冷剂液位开关	动作检查	一年两次	5	分解检查
继电器、计时器	动作检查	一年两次	3~5	定期更换
指示灯	动作检查	一年两次	2~3	定期更换
开关类	动作检查	一年两次	2~5	定期更换
温度控制器	动作检查	一年两次	3~5	定期更换
控制器电动机	动作检查	一年两次	5	定期更换
流量开关	动作检查	一年两次	2~3	定期更换
液面探棒	动作检查	一年两次	2	定期更换
保护继电器	动作及绝缘检查	一年两次	3	定期更换
液面继电器	动作检查	一年两次	3~5	定期更换

(3) 定期保养

为保证溴化锂吸收式制冷机组安全运行,除做好定期检查外,还要做好定期保养。

定期保养又可分为日保养、小修保养和大修保养三种形式。

日保养又分为班前保养和班后保养。班前保养的内容是检查真空泵的润滑油位是否合适,按要求注入润滑油;检查机组内溴化锂溶液液面是否合乎运行要求;检查巡回水池液位及水管管路是否畅通;检查机组外部连接部位的紧固情况;检查机组的真空情况。班后保养的内容是擦洗机组表面,保持机组清洁,清扫机组周围场地,保持机房清洁等。

小修保养周期可视机组运行情况而定,可一周一次,也可一月一次。小修保养的内容是检查机组的真空度；机组内溴化锂溶液的浓度、缓蚀剂铬酸锂的含量、pH 值及清洁度；检查各台水泵的联轴器橡胶的磨损程度、法兰的漏水情况；检查各循环系统管路的连接法兰、阀门，确定不漏水、不漏气；检查全部电器设备是否处于正常状态，并对电器设备和电动机进行清洁。

机组大修保养的操作如下。

① 传热管水侧的清洗除垢 溴化锂运行一段时间后，水侧传热管如冷凝器、蒸发器和吸收器内的管道内壁会沉积一些泥沙、菌藻等污垢，甚至会出现碳酸盐硬垢层，使其传热效率下降，引起能耗增大，制冷量减小，因此，在大修保养中必须对其进行清洗除垢。清洗除垢的常用方法有以下两种。

a. 工具清洗 适用于只有沉积性污垢的清洗。清洗前必须准备一支气枪（图 5-10）和一批尼龙刷（图 5-11）。

具体操作方法是：首先用压力为 0.7～0.8MPa 的无油压缩空气将传热管内的沉积性污垢吹除一遍，然后用尼龙刷进行清洗。清洗时，将尼龙刷插入管口，如图 5-12 所示，用压力大于 0.7MPa 的无油压缩空气把刷子打向传热管的另一端，反复 2～3 次，即可将管内的沉积性污垢全部排出。之后用压力为 0.3MPa 的清水将每根管子冲洗 3～4 次，然后再用压力为 0.7MPa 的无油压缩空气吹净管内的积水，最后用干净棉球吹擦 2 次。清洗后的传热管内壁要光亮、干燥无水分。

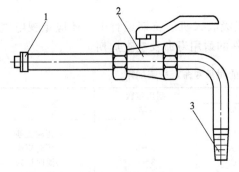

图 5-10 气枪示意
1—胶垫；2—球阀；3—充气（水）口

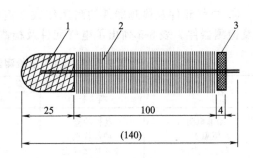

图 5-11 尼龙刷示意
1—橡胶头；2—尼龙刷；3—气堵

b. 药物清洗 对于水垢性污垢可采用药物清洗。方法是：在酸洗箱内分批配制 81-A 型酸洗剂，其溶液浓度以 10％为宜，然后将溶液用酸洗泵送入被清洗的传热管内，如图 5-13 所示。将酸洗液充满所有的传热管和辅助管，但酸洗箱内的液位必须保持 2/3 的高度，才能

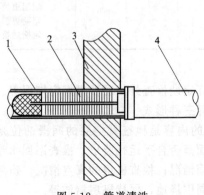

图 5-12 管道清洗
1—铜管；2—尼龙刷；3—管板；4—气枪

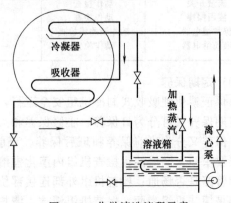

图 5-13 化学清洗流程示意

使酸洗泵正常运转。然后，启动酸洗泵并先后打开泵出口阀和回液阀进行酸洗。为了增强溶垢能力，缩短酸洗时间，可将酸洗溶液加热至50℃，并在整个清洗过程中始终保持50℃的温度。循环酸洗时间一般为4～5h为宜。为防止酸洗过程中，由于化学反应，使酸洗液中产生的大量泡沫溢出酸洗箱，可向酸洗液中加入50～100mL柠檬酸丁酯。

酸洗结束后，应立即用清水冲洗。方法是：放掉酸洗液，仍然使用酸洗循环装置用清水进行清洗循环，每次循环20min，之后换水，再次清洗。然后再向酸洗部位充满清水，并加入0.2%的Na_2CO_3溶液进行中和，使清洗泵运行20min后放掉洗液。当清洗水中的pH值达到7时，即为合格。最后用无油压缩空气或氮气将管内积水吹净，再用棉球吹擦2次，以保持干燥。酸洗后的传热管结垢面会呈现出金属光亮。

② 机组的清洗 在溴化锂机组进行大修保养时，还应对机组进行清洗。清洗时，可用吸收器泵进行循环清洗。其方法是：清洗前先将机组内的溶液排干净，然后拆下吸收器泵，将机体管口法兰用胶垫盲板封上。将吸收器泵的进口倒过来接在吸收器喷淋管口上（即把泵的进口倒过来接在出口管上），取下高压发生器的视镜，往机组内注入纯水或蒸馏水（其液位应到蒸发器的液盘上）。之后把视镜装回原来的位置上，启动发生器泵运行1～2h，让杂质尽量沉积在吸收器内。再往机组内充入压力为0.1～0.2MPa的氮气，然后启动吸收器泵，将水从吸收器喷淋管中倒抽出来，以除去喷淋管中的沉积物，直到水位低于喷嘴抽不出来时为止。最后将吸收器内剩下的水由进口管全部放出，此时可将沉积物随水排出。

③ 真空泵的保养 机组大修保养中对真空泵的保养内容为：检查各运行部件的磨损情况；检查真空泵阻油器及润滑油情况；检查过滤网是否污堵；更换各部件之间的密封圈，更换皮带圈；对于带放气电磁阀的真空泵，应清洗电磁阀的活动部件，检查电磁阀弹簧的弹性，更换各部件之间的密封圈。

检修后的真空泵应达到的合格标准是：各运动件磨损不严重，阻油器清洁，过滤网无损坏，润滑油清洁，放气电磁阀动作灵活，座脚固定稳固。

④ 水泵和冷却塔的维护保养 水泵和冷却塔的维护保养方法见第6.1节。

⑤ 电器、仪表的保养 检查各类电动机的绝缘情况；检查各类电动机轴承的磨损情况；检查各控制器的可靠性；检查各类电动机润滑情况；检查各类仪表；对各类电动机及全部用电设备进行清洁工作。大修后，各类电动机的绝缘应良好，电动机轴承的磨损情况不超出正常范围，各类控制器的动作灵敏、可靠，仪表指示准确。

⑥ 停机后的压力监测 溴化锂吸收式制冷机的维修保养的另一个主要工作是做好停机后的压力监测工作。通过定时监测随时发现泄漏，随时加以处理，以防止造成腐蚀，降低机组效率，缩短机组寿命。压力监测应由专人负责，并将监测结果填入监测表中，见表5-6。

表5-6中的比差是指前一次监测和后一次监测的数值之差。比差值越大，说明机组泄漏越严重。但在测定比差时应考虑环境对比差的影响。

表 5-6 溴化锂制冷机停机压力监测

记录时间 年_____月		环境温度 /℃	大气压		机内压力变化			
					正压(充氮)		负压(真空)	
			mbar	mmHg	mmHg (p_b)	比差 (Δp_b)	mmHg (p_z)	比差 (Δp_z)
1 日	8:00							
	16:00							
2 日	8:00							
	16:00							
……	8:00							
	16:00							

5.4 溴化锂吸收式中央空调故障分析与检修

5.4.1 溴化锂吸收式制冷机组常见故障分析与排除

溴化锂吸收式制冷机组常见的故障有溶液结晶，冷剂水及冷媒水结冰，冷剂水被污染，机组性能下降，机组气密性变差，以及燃烧器和其他设备出现机械故障等。在对机组实施故障排除工作时，对于专业技术性较强、检修工艺要求高的项目，应由制造厂的专业技术人员完成，或者在制造厂专业技术人员的指导下进行。

(1) 溶液的结晶

溶液的结晶是溴化锂吸收式制冷机组的常见故障之一。为了防止机组在运行过程中溶液产生结晶，通常在发生器浓溶液出口端设有自动溶晶装置。此外，为了避免机组停机后溶液结晶，还设有机组停机时的自动稀释装置。然而，由于各种原因，如加热能源压力太高、冷却水温度过低及机组内存在不凝性气体等，机组还会发生结晶。机组发生结晶后，溶晶是相当麻烦的事情。从溴化锂溶液的特性曲线（结晶曲线）可以知道，结晶取决于溶液的质量分数和温度。在一定的质量分数下，温度低于某个数值或者温度一定、溶液的质量分数高于某个数值时，就要发生结晶现象。一旦出现结晶，就要进行溶晶处理。溶晶时，机组冷剂水减少，且需要很长的一段时间。此时，机组性能将大为降低。因此，机组运行过程中应尽量避免结晶情况的发生。

① 停机期间的结晶　在停机期间，由于溶液在停机时稀释不足或环境温度过低等原因，使得溴化锂溶液发生结晶。一旦发生结晶，泵就无法正常运行，则可按如下步骤进行溶晶。

a. 用蒸汽对泵壳和进、出口管进行加热，直至泵能运转。加热时要注意防止蒸汽和凝水进入电机及控制设备，切勿对电机直接加热。

b. 屏蔽泵是否运行不能直接进行观察，如果溶液泵出口处末装真空压力表，可在取样阀处装真空压力表。若真空压力表上的指示值为一个大气压（即压力表指示为0），表示泵内及出口处结晶未消除；若压力表指示为高真空，则表明泵不运转，机内出现部分结晶现象，应继续用蒸汽加热，使结晶完全溶解。泵运行时，如果真空压力表上指示的压力高于大气压，则说明结晶已溶解。但是，有时泵的扬程不高，取样阀处压力总是低于大气压。这时应用取样器取样，观察吸收器喷淋的情况，并检查吸收器有无液位，也可听泵出口管内有无溶液流动的声音来判断结晶是否已溶解。

② 运行期间的结晶　机组运行过程中，掌握结晶的征兆是十分重要的。如果在结晶初期就采取相应的措施（例如降低机组负荷等），一般情况可避免结晶。

机组运行期间，最容易结晶的部位是溶液热交换器的浓溶液侧和浓溶液的出口处。因为这里是溶液质量分数的最高处及浓溶液温度的最低处，当温度低于该质量分数下的结晶温度时。结晶逐渐产生。机组在全负荷运行时，溶晶管不发烫，说明机组运行正常。一旦出现结晶，由于浓溶液出口被堵塞，发生器的液位则会越来越高。当液位高到溶晶管位置时，溶液就会绕过低温热交换器，直接从溶晶管回到吸收器。因此，溶晶管发烫是溶液结晶的显著特征。这时，低压发生器液位高，吸收器液位较低，机组性能下降。

但是溶晶管发烫不一定全是由于机组结晶引起的，例如溶液循环量不当，引起发生器液位过高，溶液溢至溶晶管，也会引起溶晶管发烫。因此，应正确分析原因，以确定故障。一般而言，若是结晶引起溶晶管发烫，因浓溶液在热交换器中滞流，甚至停流，则导致热交换器出口处稀溶液温度降低，以及热交换器表面温度降低（通常浓溶液在壳程流动）。若是溶液循环量不当而引起溶晶管发烫，则无此现象。

当轻微结晶时，机组本身能自动溶晶。温度高的浓溶液经溶晶管直接进入吸收器，使稀溶液温度升高。当稀溶液经过热交换器时，对壳体侧结晶的浓溶液进行加热，可将结晶溶解。浓溶液又可经热交换器到吸收器喷淋，低压发生器液位下降，机组恢复正常运行。这种方法称为溶晶管溶晶。

如果机经无法自动溶晶，可采用下面的溶晶方法。

a. 机组继续运行

（a）关小热源阀门，减少供热量，使发生器溶液温度降低，溶液质量分数也降低。

（b）关闭冷却塔风机（或减少冷却水流量），使稀溶液温度升高。一般控制在 60℃ 左右，但不要超过 70℃。

（c）为使溶液的质量分数降低，或不使吸收器液位过低，可将冷剂泵再生阀门慢慢打开，使部分冷剂水旁通到吸收器。

（d）机组继续运行，由于稀溶液温度提高，经过热交换器时加热壳体侧结晶的浓溶液，经过一段时间后，结晶一般可以消除。

b. 机组继续运行并伴有加热　如果结晶情况比较严重，上述方法一时难以解决，可借助于外界热源加热来消除结晶。

（a）按照前面的方法，关小热源阀门，使稀溶液温度上升，对结晶的浓溶液加热。

（b）同时用蒸汽或蒸汽凝水直接对热交换器进行全面加热。

c. 采用溶液泵间歇启动和停止的方法

（a）为了不使溶液过分浓缩，应关小热源阀门，并关闭冷却水。

（b）打开冷剂水旁通阀，把冷剂水旁通至吸收器。

（c）停止溶液泵的运行。

（d）待高温溶液通过稀溶液管路流下后，再启动溶液泵。当高温溶液被加热到一定温度后又暂停溶液泵的运转，如此反复操作，使在热交换器内结晶的浓溶液，受发生器回来的高温溶液加热而溶解。不过，这种方法不适用于浓溶液，不能从稀溶液管路流回吸收器的机组。

d. 间歇地启动和停止并加热　把上述方法结合起来使用，可使溶晶速度加快，对结晶严重场合的溶晶，可采用此方法。具体操作方法如下。

（a）用蒸汽软管对热交换器加热。

（b）泵内部结晶而不能运行时，对泵壳和连接管道一起加热。

（c）采取上述措施后，如果泵仍然不能运行，则可对溶液管道、热交换器和吸收器中引起结晶的部位进行加热。

（d）采用溶液泵间歇启动和停止运转的方法。

（e）溶晶后机组开始工作、若抽气管路结晶，也应溶晶。若抽气装置不起作用，不凝性气体无法排除，尽管结晶已经消除，但随着机组的运行又会更新结晶。

（f）查找结晶的原因，并采取相应的措施。

如果高温溶液热交换器结晶，则高压发生器液位升高。因高压发生器没有溶晶管，同样，需要采用溶液泵间歇启动和停止的方法，利用温度较高的溶液回流来消除结晶。

溶晶后机组在全负荷的情况下运行，自动溶晶管也不发烫，则说明机组已恢复正常运转。

③ 机组启动时的结晶　在机组启动时，出于存在冷却水温度过低、机组内有不凝性气体或热源阀门开得过大等原因，使溶液产生结晶，大都是在热交换器浓溶液侧。也有可能在发生器中产生结晶。溶晶方法如下。

a. 如果是低温热交换器内的溶液结晶，其溶晶方法与机组运行期间的结晶的处理方法相同。

b. 发生器结晶时，溶晶方法如下。

（a）微微打开热源阀门，向机组微量供热。通过传热管加热结晶的溶液，使结晶溶解。

（b）为加速溶晶，可外用蒸汽全面加热发生器壳体。

（c）待结晶溶解后，启动溶液泵。待机组内溶液混合均匀后，即可正式启动机组。

c. 如果低温溶液热交换器和发生器同时结晶，则按照上述方法，先处理发生器结晶，再处理溶液热交换器的结晶。

（2）冷剂水或冷媒水出现结冰

由于冷媒水出口温度过低、冷媒水量过小或安全保护装置发生故障等原因，导致蒸发器中冷剂水结冰或冷媒水结冰。

① 冷剂水结冰

a. 冷剂水解冻。当蒸发器中的冷剂水结冰时，可按如下方法解冻。

（a）停止冷却塔风机的运行，使冷却水温度升高。

（b）将冷却水泵出口处的阀门关小，使冷却水流量减小。

（c）按常规方法启动机组，经过一段时间后方可解冻。

b. 如果上述方法仍不能解冻，可采用如下方法。

（a）将热源阀门关闭。

（b）将溶液泵的排出阀关闭。

（c）让冷媒水继续通过蒸发器，加热水盘中冻结的冷剂水，即可使蒸发器冷剂水解冻。

② 冷媒水结冰　在实际使用中，冷媒水的冻结与冷媒水温度过低或安全保护装置发生故障等原因有关。通常是由于冷媒水泵发生故障、突然停止运转或冷媒水管路系统某部分堵塞，使蒸发器传热管内冷媒水不能流动，呈静止状态，或冷媒水流量过小而引起安全保护装置失灵所导致。

一旦发生冷媒水冻结，损失是巨大的，应当加以防备。由于水在结冰时体积会增大，所以当传热管内的水结冰时，会把管胀破。此时管径要比原来的大，因而很难从机组内将胀破的传热管拔出。此外，在结冰胀裂管的过程中，胀裂的管子容易被发现，但损伤的管子都不易被发现。经过一段时间后，受损的管子又要破裂，影响机组的正常运行和使用。因此，在更换蒸发器传热管时，至少要更换一个流程内受损的所有传热管。

综上所述，定期检查和校验安全保护装置是十分重要的，同时应定期检查或清洗冷媒水系统。

（3）冷剂水的污染

溴化锂吸收式机组的运行过程中，溴化锂溶液混入冷剂水中的现象称为冷剂水污染。冷剂水被污染后，机组的性能下降，严重时机组甚至无法运行。因此，应从冷剂泵出口处的取样阀取样，测量其相对密度，若相对密度大于 1.04 时，冷剂水应当再生。

① 冷剂水被污染的原因

a. 溶液的循环量过大或发生器内的液位过高。

b. 加热热源的压力过高，发生器中溶液的沸腾过于激烈，将溶液带入冷凝器，特别是在机组启动初期，溶液的质量分数较低，沸腾更剧烈。

c. 冷却水的温度过低。

d. 冷媒水的温度过高，溶液的质量分数低，沸腾激烈。

e. 溶液中有气泡，表明含有易挥发物质，溶液质量不好。

② 冷剂水污染的排除方法

a. 冷剂水迅速再生

（a）关闭冷剂泵出口阀门，打开冷剂水再生阀（旁通阀），将混有溴化锂溶液的冷剂水全部旁通到吸收器，然后送往发生器进行冷剂水再生。

（b）当蒸发器液位很低时，关闭再生阀和冷剂泵（冷剂泵有液位的自动控制系统时则不必手动关泵）。

（c）待蒸发器液位达到规定值后，打开冷剂泵的出口阀门，启动冷剂泵，机组进入正常运行。

（d）重新测量冷剂水的密度。如果达不到要求，可反复进行冷剂水的再生，直至合格。

（e）热源温度过高、冷却水温度过低、溶液循环量过大及进入发生器的溶液过稀等，都会影响冷剂水的再生效果，冷剂水再生时要妥善处理。

b. 冷剂水缓慢再生

（a）适当关小冷剂泵出口处的阀门（有时可不关小）。

（b）缓缓打开冷剂水的再生阀。其开度不要太大（更不要全开），将部分混有溴化锂溶液的冷剂水旁通到吸收器，然后经发生器进行冷剂再生。

（c）隔一段时间后，测量冷剂水的密度，如果不能达到要求，则继续再生。

（d）每隔一定时间，重新测量冷剂水的密度，直至冷剂水的密度达到要求为止。

（e）关闭再生阀，打开冷剂水出口处的阀门，机组进入正常运行。

这种冷剂水再生的方法，使机组性能略有下降，但机组仍能维持使用。若冷剂水全部迅速旁通到吸收器，会使机组性能下降很大，运行出现剧烈变化。同时，这种方法在冷剂水再生期间，不会由于冷剂水的再生而重新引起冷剂水的污染，但这种方法中，冷剂水再生所需的时间较长。

c. 冷剂水被污染的辅助排除方法

如果通过冷剂水反复再生后，冷剂水的相对密度仍然不能达到要求，可采用如下的辅助排除方法。

（a）由于溴化锂溶液的质量分数过低，造成发生器中溴化锂溶液浓缩过程加剧，使溶液随冷剂蒸汽通过挡液装置进入冷凝器，则应采取如下措施消除。

ⓐ 关小热源阀门，降低加热热源的压力或减小加热热源阀门的开度，降低发生器溶液的沸腾程度。

ⓑ 关小冷却水的进口阀门，减少冷却水量，降低冷凝效果。

ⓒ 减少溶液循环量，降低发生器的液位高度。

（b）在机组运行过程中，可从发生器视镜中观察溴化锂溶液沸腾时有无气泡。对于小型机组，若操作不当，则溶液中的溴化锂溶液更易随冷剂蒸汽进入冷凝器，造成冷剂水被污染。可以通过减少溶液循环量，降低发生器液位的高度来消除。

但是发生器中溴化锂溶液的气泡若呈蟹沫状，说明溴化锂溶液的质量可能存在问题，含有过多易挥发物质，应对溴化锂溶液进行分析检查。若溶液的确有问题，则应换上质量符合要求的溶液。

d. 查找冷剂水污染源的方法

如果采取以上措施之后，冷剂水中仍然含有溴化锂溶液，即冷剂水的污染无法消除，则可通过以下步骤，查明是机组的哪个部位引起冷剂水被污染。

（a）对高压发生器冷剂蒸汽凝水取样阀进行取样，并测量其相对密度。若冷剂水的相对密度大于1.0，则说明高压发生器冷剂蒸汽凝水中混入了溴化锂溶液。也可能是因为高压发生器液位过高，或者因高压发生器挡液装置效果较差，应查明原因并及时加以处理。若冷剂水的相对密度为1.0，则说明高压发生器冷剂蒸汽系统未受到污染。

（b）通过冷凝器凝水出口管上的取样阀取样，并测量其相对密度。若相对密度为1.0，说明冷凝器凝水未受到污染；若相对密度大于1.0，则说明溴化锂溶液混入冷凝器，则可认为低压发生器的蒸汽凝水系统被污染。可能因低压发生器中液面过高，也可能因低压发生器挡液装置效果较差，应查明原因并及时处理。

(c) 若高压发生器冷剂蒸汽凝水和冷凝器冷剂凝水都没有混入溴化锂溶液，那么冷剂水的污染则是来自于蒸发器和吸收器之间。

如果高压发生器的冷剂蒸汽凝水和冷凝器的冷剂凝水，两者之中有一处产生污染，不能说明蒸发器和吸收器之间无污染，只有先处理已查出的受污染的部位，再检查其他部位，消除污染源，最后消除机组的污染。

(d) 蒸发器和吸收器间冷剂水被污染的主要根源如下。

ⓐ 溴化锂溶液喷淋在吸收器传热管簇上，由于挡液装置效果差，溅入蒸发器，造成污染。

ⓑ 蒸发器液囊和吸收器壳体间有渗漏。

ⓒ 吸收器内溶液液位过高，溶液通过挡液板进入蒸发器。

ⓓ 冷剂水旁通阀泄漏。

(4) 抽气能力下降

溴化锂吸收式制冷机组不管是在运行还是停机期间，保持机内的真空度是十分重要的。要想保持高真空度，机组必须具有良好的抽气系统。若机组抽气性能下降，应及时找出原因，尽快排除故障，恢复抽气系统的抽气能力。

① 真空泵的故障　真空泵是抽气系统的"心脏"，影响其抽气效果的因素主要有以下几点。

a. 真空泵油的选用　真空泵应选用真空泵油，采用油的牌号也应符合要求。

b. 油的乳化　在抽气过程中，冷剂水蒸气会随不凝性气体一起被抽出，即使机组中装有冷剂分离器，也会有一定的冷剂水蒸气随不凝性气体进入真空泵。冷剂蒸气凝水使油乳化，油呈乳白色，且黏度下降。

c. 溴化锂溶液进入真空泵　机组抽气时，由于操作不当，机组内的溴化锂溶液可能被抽至真空泵。这样不仅使抽气效率降低，而且因溴化锂溶液有腐蚀性，会使泵体内腔被腐蚀而引起生锈，应及时放尽旧油，将真空泵内部清洗干净，并换上新的真空泵油。

d. 油温太高　真空泵的运行时间过长或冷却不够，导致油温升高，黏度下降，不仅影响抽气效果，还会使泵发生故障。通常油温应小于70℃。

e. 真空泵零件的损坏　排气阀片变形、损坏或螺钉松脱，阀片弹簧失去弹性或折断，旋片偏心或定子内腔有严重刻痕等，都会导致抽气能力下降。

f. 杂物进入真空泵　杂物的进入，不仅使零件被损坏，也可能在缸体内壁产生刻痕，影响气密性，还可能使油孔堵塞，造成真空泵极限真空度下降。

g. 气镇阀故障　装有气镇阀的机组，气镇阀故障对真空泵的抽气性能也有较大的影响。

② 真空电磁阀的故障　真空电磁阀内有线圈与弹簧，通过直流电后产生磁力。当启动真空泵时，线圈被通电，切断了真空电磁阀与外界的通路，打开抽气通路；当真空泵停止时，电磁阀断电，靠弹簧的作用，使通往机组的抽气管路关闭，而使真空泵吸气管路与大气相通，以防止真空泵油被压入机内。

常见故障及故障排除方法如下。

a. 二极管损坏　打开真空电磁阀的罩盖，更换二极管。

b. 熔断器损坏　更换熔断器。

c. 滑杆或弹簧生锈　由于环境湿度大以及在抽气时溴化锂溶液或冷剂水进入真空电磁阀，使其生锈而被卡住，则应将其拆开，清除铁锈等杂物。

③ 真空隔膜阀的故障　当真空隔膜阀的手柄打滑或隔膜与阀杆脱落后，虽然依旧可进行开关动作，但膜片未产生位移，使阀无法打开或关闭；另外，由于隔膜老化等原因，都会影响其抽气效果，应更换手柄或真空阀隔膜。

④ 抽气系统的操作不当

a. 由于操作失误，无法将气体推出，甚至会将溴化锂溶液抽出，所以应掌握抽气系统的正确操作方法。

b. 溶液泵出口无旁通溶液至抽气装置。检查旁通阀是否开启，或者旁通管路是否因结晶而堵塞。

(5) 机组性能下降

溴化锂吸收式制冷机组的性能下降，按组成部件的不同可能有冷凝器性能降低、蒸发器性能降低、发生器性能降低、吸收器性能降低等方面的原因。

① 冷凝器性能降低　冷凝器性能降低主要表现为冷凝压力升高，其主要原因如下。

a. 机组的密封性不好，空气漏入机内，或者因机组内部溴化锂溶液的腐蚀而产生氢气，两者均为不凝性气体。

b. 真空泵的抽气性能下降，抽气系统阀门不能开启或关闭、真空泵抽气方法不恰当、抽气装置操作有误。

c. 冷凝器传热管的内表面结垢。

d. 冷却水水量减少。

e. 冷却塔的性能下降，冷却水的温度升高。

f. 冷却水泵吸入口位置不当，冷却水中含有气泡。

g. 由于冷却水室隔板或垫片已被损坏，冷却水在水室内旁通，有效水量减少。

h. 冷却水部分传热管口被杂物堵塞，有效的传热管数量减少。

i. 外界负荷过大。

② 蒸发器性能降低　蒸发器性能降低主要表现为机组在制取同样温度的冷媒水时，蒸发压力差低，其主要原因如下。

a. 机组的密封性不好，空气漏入机内，或者因机组内部溴化锂溶液的腐蚀而产生氢气，两者均为不凝性气体。

b. 真空泵的抽气性能下降，抽气系统阀门不能开启或关闭，真空泵抽气方法不恰当，抽气装置操作有误。

c. 蒸发器传热管的内表面结垢。

d. 冷剂水被污染。

e. 冷剂水的充注量不足。

f. 冷媒水水量减少。

g. 冷媒水泵吸入口位置不恰当，冷媒水中含有气泡。

h. 冷媒水在水室中旁通，有效的冷媒水量减少。

i. 蒸发器部分传热管口被杂物堵塞，有效的传热管数量减少。

j. 外界负荷降低。

k. 蒸发器喷嘴有被堵塞的现象，冷剂水喷淋效果不良。

l. 冷剂泵的旋转方向相反。

③ 发生器性能降低　机组发生器性能下降，其主要原因如下。

a. 机组的密封性不好，空气漏入机组内，或者因机组内部溴化锂溶液的腐蚀而产生氢气，两者均为不凝性气体。

b. 真空泵的抽气性能下降，抽气系统阀门不能开启或关闭，真空泵抽气方法不恰当，抽气装置操作有误。

c. 发生器的传热管内结垢，尤其是热水型和直燃型机组。

d. 加热量减少。

e. 热源温度降低或热源压力下降。

f. 对于蒸汽型机组，凝水排出阀出现故障。

g. 对于热水型及蒸汽型机组，水室内隔板或垫片被损坏。

h. 对于直燃型机组，制冷-采暖切换阀密封不严。

i. 对于双效机组，高压发生器产生的冷剂水蒸气经低压发生器冷凝后，进入冷凝器，但节流装置不可靠。

j. 发生器传热管被损坏或胀管松动发生泄漏，导致管内的热水或蒸汽泄漏进入机组。若泄漏量大，则机组蒸发器和吸收器的液位上升，不仅制冷量大幅度下降，且腐蚀性增强。

k. 溶液的循环量不恰当，偏大或偏小，即发生器的液位偏高或偏低。

④ 吸收器性能降低　吸收器性能降低的主要原因如下。

a. 同第①项中的 a、b、d～i 条。

b. 吸收器传热管的内表面结垢。

c. 辛醇的消耗，使机组中的辛醇量减少。机组内若无辛醇，则机组制冷量下降。

d. 冷剂水从冷剂再生阀（旁通阀）进入吸收器。

e. 冷剂水通过蒸发器水盘泄漏或溢流进入吸收器。

f. 冷剂水滴经挡液板进入吸收器。

g. 吸收器的传热管损坏或胀管松动，冷却水漏入机内，导致吸收器和冷剂水的液位均升高，制冷量下降，且腐蚀性增强。

h. 吸收器喷嘴或淋激孔被堵塞，引起喷淋效果变差。

i. 吸收器的喷淋量偏大或偏小。若喷淋量过大，喷淋的浓溶液（或中间溶液）喷淋至传热管外，直接进入吸收器；若喷淋量过小，则喷淋效果不佳，且吸收效果差。

j. 溶液泵旋转方向相反。

(6) 屏蔽泵故障

溴化锂吸收式制冷机中的主要运动部件是屏蔽泵——溶液泵和冷剂泵。可以说，屏蔽泵是溴化锂吸收式机组的"心脏"。因此，维护和管理好屏蔽泵，是保证机组正常运行的重要工作之一。在实际使用中，屏蔽泵的故障往往由多种原因相互影响所导致。因此，在分析和判断故障原因时，不能单独归咎于某个原因，在排除故障时，要一个一个原因地将其加以排除。在吸收式机组中，屏蔽泵的主要故障及排除方法有如下几项。

① 屏蔽泵的汽蚀　由于溴化锂吸收式机组的特殊要求，对屏蔽泵汽蚀余量的要求特别苛刻，如果屏蔽泵的入口处达不到一定的压力，就会产生汽蚀，造成屏蔽泵的异常运行和过早损坏。屏蔽泵的汽蚀原因和排除方法见表 5-7。

表 5-7　屏蔽泵的汽蚀原因和排除方法

汽蚀原因	排除方法
溶液的质量分数过高	检查加热蒸汽压力和机器是否漏气，调节蒸汽调节阀的开度
冷剂水与溶液量不足	添加冷剂水与溶液至预定的数量
热交换器内结晶，发生器液位升高	将冷剂水旁通至吸收器中，根据具体情况注入冷剂水或溶液
冷剂水旁通阀打开时冷剂泵运转	关闭冷剂水旁通阀
负荷太低	按照负荷调节冷剂泵排出的冷剂水量
稀释运转时间太长	调节稀释控制继电器，缩短稀释时间

② 屏蔽泵轴承的磨损或损坏　屏蔽泵中的轴承一般用石墨制成。石墨轴承的润滑和冷却靠的是屏蔽泵自身排出液体的一部分。因此，石墨轴承的磨损或损坏是屏蔽泵最易出现的故障，产生的主要原因及排除方法如下。

a. 溴化锂溶液内有杂物　由于溶液内的杂物将过滤网堵塞，使泵的润滑效果不良，轴承被磨损。此时，应将溴化锂溶液再生，且检查泵过滤网并将其清洗。

b. 泵产生汽蚀　机组在运行过程中的液位过低，或者泵的吸程不够，会产生汽蚀，使泵的润滑和冷却液减少，导致轴承磨损加剧或损伤。应检查泵的吸入高度是否满足要求，检查泵的汽蚀原因并清除。

c. 泵的内循环量少　由于溴化锂溶液内有杂物，造成泵的过滤网堵塞或产生汽蚀，使泵的冷却溶液减少。应检查并清洗过滤网，并检查泵的冷却环流管。

d. 工作流量处在一个恰当的范围（轴向载荷过大）　若工作溶液量的范围不恰当，会造成泵的轴向负载过重，使轴承磨损或损坏，此时应将泵的流量调整到适当的流量范围内。

e. 回转部件的动平衡被破坏　使泵的径向负荷过大，同样损伤轴承。应检查并修理回转部件。

③ 屏蔽泵电机的工作电流增加　产生的原因及排除方法如下。

a. 泵内部流体阻力增加（负荷增加）　检查泵壳体、叶轮及诱导轮，表面粗糙时，用砂纸或机械方法将其表面磨光。

b. 轴承接触面异常（机械损耗增加）　应检查并调换轴承、轴套、推力板，消除轴承摩擦增大的因素。

c. 转子和定子接触不良（机械损耗增加）　检查定子和转子表面有无膨胀变形等异常情况，消除轴承磨损的因素。

d. 叶轮与泵壳接触不良　检查泵轴与叶轮的安装，并检查泵轴的弯曲度。若轴弯曲不符合规定时，应校正或调换新轴。

e. 泵壳内有异物　屏蔽泵大多为焊接成的，在安装焊接时，可能有焊渣掉入泵内，同时，溴化锂溶液中的杂物也会吸入泵内，造成严重后果。此时应拆下泵壳，检查泵内有无异物。

f. 泵电动机绝缘电阻下降，线圈电阻三相不平衡（电动机异常）　测定电动机绝缘电阻、线圈电阻。若电动机受湿、应用喷灯慢慢烘干电动机。如果不能使绝缘电阻、线圈电阻复原时，则要调换定子。

g. 电动机缺相运行　检查泵电动机接线部位的紧固状态，有松动时要加以紧固。

h. 电源的电压及频率的变动　检查电路电源。

④ 热继电器保护装置频繁动作　产生的主要原因及排除方法如下。

a. 泵电动机过载（过载发热）　若泵流量过大，会使泵发热。检查工作流量是否在设计流量范围内。

b. 电动机过热　检查工作液体是否过热，检查并清洗泵过滤网及环流配管。

c. 热继电器故障　检修或调换热继电器。

⑤ 屏蔽泵转子堵塞　产生的主要原因及排除方法如下。

a. 泵体内有异物吸入（泵壳与叶轮咬死）。拆开泵壳，去除异物，必要时可考虑在泵进口装过滤网，但阻力不能大，否则会影响泵吸入压力而产生汽蚀。

b. 轴承破损。轴承磨损会使泵壳体与叶轮咬死，应检查轴承，并排除轴承破损原因，调换轴承及轴套。

c. 轴弯曲。轴的弯曲度过大会使壳体与叶轮咬死，应矫正轴的弯曲度，必要时更换新轴。

d. 回转部件与静止部件的同心度不良。这也会使壳体和叶轮咬死，检查并测定同心度。不符合规定的要调换零件。

e. 轴承异常烧损，使轴承与轴套咬死，找出轴承烧损原因，并排除。

f. 轴承与轴套内有异物，会使轴承与轴套咬死，检查工作溶液状态，必要时可在泵口装上过滤网，但要注意泵的吸程要求。

g. 轴承与轴套间的间隙太小。这种情况也会使轴承与轴套咬死，应改变轴承的外形尺寸，防止因膨胀而引起咬死故障。

h. 电动机烧坏。调换电动机定子。

⑥ 屏蔽泵振动大　产生的主要原因及排除方法如下。

a. 轴承磨损　检查轴承磨损原因并排除。根据屏蔽泵生产厂提供的轴承磨损极限数值检查轴承，若磨损超过规定值，应调换轴承。

b. 泵壳与叶轮或诱导轮接触　检查零件尺寸是否符合要求，不符的应修正或调换零件。

c. 泵的安装螺栓松动　应拧紧所有螺栓。

d. 泵发生汽蚀　检查泵入口液位高度，使泵的吸程达到规定要求。

e. 泵工作流量过大或过小　检查泵的运转条件，阀门的开启度，以保证泵流量在规定的范围内。

f. 电动机逆向转动　检查泵的转动方向，改变接线，使泵的旋转方向正确。

g. 与配管系统发生共振　拧紧配管支架。

h. 泵的回转部件动平衡不良　检查并校正泵的动平衡。

⑦ 屏蔽泵的噪声大　产生的主要原因及排除方法如下。

a. 泵旋转方向相反　改变电动机接线，使泵旋转方向正确。

b. 泵的流量过大或过小　检查机组运转情况，使泵的流量在规定的范围内。

c. 泵发生汽蚀　检查泵入口液位高度，使泵达到规定的吸入高度。

d. 泵吸入异物　检查泵并排除异物，必要时在泵入口处装过滤网，但应注意入口压力达到规定值。

e. 泵壳与叶轮或诱导轮接触　检查并调换轴承，若轴弯曲时应校正，必要时更换轴；对泵壳及叶轮接触部分要作精心加工，若接触痕迹深，无法修正时，应更换零件。

f. 泵内部螺钉松动　检拆泵，检查泵内部螺钉有无松动，若螺钉松动，应拧紧松动螺钉。

⑧ 泵流量及扬程达不到要求　产生的主要原因及排除方法如下。

a. 泵旋转方向不对　改变电动机的接线方向，使泵旋转方向正确。

b. 泵产生汽蚀　检查泵汽蚀的原因并清除。

c. 泵吸入空气　紧固泵吸入管道的连接部位，检查入口管道焊接处是否密封或管道有无损坏。

溴化锂吸收式机组在运行中，若发现屏蔽泵有异常现象时，应停机检查，并排除故障。屏蔽泵的主要故障及排除方法见表5-8。

表 5-8　屏蔽泵的主要故障及其排除方法

故障现象	原因	排除方法
通电后屏蔽泵启动不灵，发出嗡嗡声音	1)电源电压过低 2)三相电源有一相断电 3)定子绕组烧坏	1)调整电压至380V左右 2)检查线路是否良好，接头是否紧密，检查插座、插头 3)调换绕组

故障现象	原　　因	排除方法
运转中,电动机剧烈发热,转速下降,流量减少	1)电压过低,电流增大,绕组发热 2)两相运行 3)轴承磨损,定子与转子碰擦 4)电动机绕组短路 5)润滑管路阻塞	1)调整电压 2)检查线路及接头 3)调换轴承 4)调换绕组 5)清洗润滑管路
电动机启动时,熔断器烧坏	1)叶轮不转 2)电动机绕组短路 3)定子屏蔽套破裂,液体浸入绕组,绝缘电阻下降,绕组与地击穿	1)拆开检查,清除脏物,检查叶轮是否与壳体相碰 2)调换绕组 3)调换绕组或屏蔽泵
流量扬程不够	1)灌注高度不够 2)液体密度与黏度不符合原设计要求 3)泵或管路内有杂物堵塞	1)增加灌注高度,减少吸入端阻力 2)进行换算并调整 3)检查并清洗
功率过大	1)总扬程与泵的扬程不符 2)液体密度与黏度不符合原设计要求 3)密封环磨损过多 4)转动部分与固定部分发生碰擦	1)降低排出阻力 2)进行换算并调整 3)更换叶轮或密封环 4)检查并校正轴的位置
发生振动及噪声	1)灌注高度不够 2)流量太小 3)轴承磨坏 4)转子部分不平衡,引起振动 5)泵内或管路内有杂物堵塞	1)增加灌注高度,减少吸入端阻力 2)加大流量或安装旁通循环管 3)更换轴承 4)检查并消除故障 5)检查并清理

(7) 真空泵故障

溴化锂吸收式机组是在高真空下运行的,无论采用自动抽气装置,还是采用机械抽气装置,都离不开真空泵。真空泵性能的好坏直接影响到机组的正常工作。为此,除了真空泵的维护保养之外,还应掌握真空泵的故障及其排除方法,以保证真空泵的性能,确保机组的安全正常运行。目前,溴化锂吸收式机组所采用的真空泵通常是双级串联旋片式真空泵,电动机和泵体连接方式一般有联轴器直接连接和用传动带间接连接两种。

真空泵极限真空达不到要求,是真空泵常见也是首要排除的故障,其主要是真空泵零件的损坏或老化、油的乳化及油温过高等原因所致。真空泵常见故障及其排除方法见表5-9。

表 5-9　真空泵常见故障及其排除方法

故障现象	原　　因	排除方法
极限真空不高	1)油位太低,油对排气阀不起油封作用,有较大的排气声 2)油牌号不对 3)油被可凝性水蒸气污染而乳化 4)泵口外接容器、测试表管道、接头等泄漏 5)真空电磁阀失灵 6)旋片弹簧折断 7)油孔堵塞,真空度下降 8)旋片、定子磨损 9)吸气管或气镇阀橡胶件装配不当,损坏或老化 10)真空系统严重污染,包括容器、管道等	1)可加油,油位在中心线上下5mm范围 2)换牌号正确的真空泵油 3)换新油,可开气镇阀净化 4)应检查泄漏处并消除,若漏气大,则有吸气声 5)检修真空电磁阀 6)应更换新的弹簧 7)放油,拆下油箱,松开油嘴压板,拔出进油嘴,疏通油孔,但尽量不要用棉纱头擦零件 8)应检查、修整或更换 9)应调整或更换 10)应给予清洗

故障现象	原　因	排除方法
喷油	1)油位过高 2)油气分离器无油或有杂物 3)挡液板松脱,位置不正确	1)放油使油位正确 2)检查并清洁检修 3)检查并重新装配
漏油	1)放油旋塞和垫片损坏 2)油箱盖板垫片损坏或未垫好 3)有机玻璃热变形 4)油封弹簧脱落 5)气镇阀停泵未关 6)油封装配不当磨损	1)检查并更换 2)检查、调整或更换 3)更换、降低油温 4)检查、检修 5)停泵应关闭 6)重新装配或更换
噪声	1)旋片弹簧折断,进油量增大 2)轴承磨损 3)零件损坏	1)检查并更换 2)检查、调整,必要时更换 3)检查、更换
返油	1)真空电磁阀故障 2)泵盖内油封装配不当或磨损 3)泵盖或定子平面不平整 4)排气阀片损坏	1)检查真空电磁阀 2)更换 3)检查并检修 4)更换

(8) 燃烧器故障

燃烧器分燃油燃烧器、燃气燃烧器以及燃油燃气两用燃烧器。由于燃烧器所燃烧的燃料不同,因而发生故障也不尽相同。

① 燃油燃烧器　如果燃烧器发生故障,应首先检查下列正常运行的前提条件是否满足。

a. 检查电线是否有电,无电应合上电源供电。

b. 检查有无油供应,手动燃料供应阀是否打开。

c. 检查所有控制器、温度控制器等是否设定正确,是否有故障。

如果燃烧器故障并非上述原因造成,应按表 5-10 检查并排除故障。

表 5-10　油燃烧器常见故障及其排除方法

故障现象		原　因	排除方法
无点火		1)点火电极间隙太大 2)点火电极污染或潮湿 3)燃烧器控制器故障 4)绝缘体开裂 5)点火电缆炭化	1)调整 2)清洗并调整 3)更换 4)更换 5)修理或更换
燃烧器电动机不能启动		1)过载脱扣 2)接触器故障 3)燃烧器电动机故障	1)检查给定值 2)更换 3)更换
泵故障	不供油	1)齿轮损坏 2)吸入阀漏泄 3)油管有漏泄 4)切断阀关闭 5)过滤器堵塞 6)压力控制阀故障 7)流量减少	1)更换 2)拆下清洗或更换 3)上紧接头 4)打开 5)清洗 6)更换 7)更换泵
	泵有机械噪声	1)泵内有空气 2)泵油管内真空度太高	1)上紧接头 2)清洗滤器,各阀全部打开
喷嘴故障	雾化不均匀	1)旋流盘松动 2)孔板(喷嘴)部分堵塞 3)过滤器堵塞 4)喷嘴磨损	1)拆下喷嘴,上紧旋流盘 2)拆下清洗 3)拆下清洗 4)更换喷嘴
	无油流	喷嘴堵塞	拆下清洗
	喷嘴漏	喷嘴关闭机构故障	更换

故障现象	原因	排除方法
带火焰感测器的燃烧控制器对火焰无反应	1)火焰感测器被遮黑 2)温度过高,已过载损坏	1)清洁 2)更换
在运行顺序中中断闭锁灯亮	火焰不正常	检查接线及电压复位
燃烧头被油弄污或严重积炭	1)给定值不正确 2)燃烧头不正确 3)喷嘴尺寸不对 4)燃烧空气量不对 5)锅炉室通风不够	1)修正 2)更换 3)更换 4)重新调整燃烧器 5)锅炉室通风必须通过永久性的开口进行。开口的横截面积必须等于装置的烟囱横截面积的50%以上

② 气体及油-气两用燃烧器 燃烧器发生故障时,应首先检查下列正常运行的前提条件是否满足。

a. 是否有电,若无电,应合上电源开关,向燃烧器系统供电。

b. 供气管路上的燃气压力是否正确,以及手动燃料阀是否打开。

c. 油箱里是否有油（只对两用燃烧器而言）。

d. 所有控制器,如温度控制器等是否有故障或设定是否正确。

e. 燃烧时空气量及燃气量的比值（空燃比）是否改变。

如果确定燃烧器故障不是由上述原因所引起的,则必须对燃烧器有关功能进行测试,解除联锁,准确地观察其工作过程,找出故障原因。常见故障及其排除方法见表5-11。

表 5-11　油气两用燃烧器常见故障及其排除方法

故障现象		原因	排除方法
一般故障	燃烧器电动机不转	1)没有电压 2)熔断器损坏 3)零线断路 4)电动机失灵 5)控制电路断路 6)燃气输送中断 7)球阀被关闭 8)控制器失灵	1)接上电路 2)更换 3)检修 4)检修或更换 5)寻找断开点,接通或断开调节器或监控器 6)在长时间燃气量不足的情况下,通知燃气管理机构 7)打开球阀 8)更换
空气量不足	燃烧器电动机运转,但在预吹扫后停机	1)空气压力开关失灵 2)压力开关受污,管道阻塞	1)更换 2)清洁
	燃烧器电动机运转,但在大约20s后停机(只对带有密封性检验装置的设备而言)	1)电磁阀不密封 2)压力开关触点没有接在运转位置(空气压力太小)	1)排除不密封的情况 2)正确调节压力开关,如果需要,进行更换
	燃烧器电动机运转,但10s后在预吹扫状态中停机	1)鼓风机受污染 2)燃烧器电动机旋转方向错误	1)清洁 2)电源换极
点火失败	燃烧器电动机运转,电压加在控制器上,没有点火,稍后停机	1)点火电极间距离太大 2)点火电极或电路接地 3)点火变压器失灵	1)调节电极间距 2)排除接地,更换受损电极或电缆 3)更换点火变压器

故障现象		原因	排除方法
火焰未形成	电动机运转,点火正常,但稍后故障停机	电磁阀没有打开,因为电磁阀线圈损坏或电缆断裂	更换电磁阀或排除电流不通的故障
	在带有密封性检验装置的设备中燃烧器电动机运转,点火正常,但稍后停机(无故障显示)	1)电磁阀不密封 2)过滤器堵塞	1)排除不密封的情况 2)清洁或更换
在火焰形成后停机	火焰形成,但在额定负载的高运转情况下停机	1)过滤器受污染 2)调压阀由于惯性动作 3)气量计失灵或深层管道积水	1)清洁过滤器 2)检验吸油喷嘴 3)通知燃气管理机构来修理
在电离过程中火焰监控故障	燃烧器电动机运转,可以听到点火声,火焰形成正常,但随后故障停机	1)电离电流不稳,太低 2)燃气/空气混合调节不妥,点火火花影响到电离电流 3)紫外线探头受污 4)光亮太弱 5)紫外线探头失灵	1)改变电离电极位置,排除电离电路及接线柱中的过高环境电阻(将接线柱拧紧) 2)重新调节点火变压器初级线圈,更换接线相位 3)清洁(去油脂)探头 4)检测燃烧调节 5)更换
泵故障	不输油	1)泵失灵 2)功率降低 3)进油阀不密封 4)进油管不密封 5)截流阀被关闭 6)过滤器受污染 7)过滤器不密封 8)油管不密封	1)更换 2)更换泵 3)拆下进油阀,清洗或更换 4)密封进油管 5)打开 6)清洁 7)更换 8)旋紧,排气
	机械噪声很大	1)泵吸入空气 2)油管中真空度太高	1)旋紧,排气 2)清洁过滤器、阀门完全打开
喷嘴故障	雾化不均	喷嘴受污或受损	清洁喷嘴或更换

(9) 运转异常的安全装置动作的处理方法

为了保证溴化锂吸收式机组安全而可靠地运行,机组设有安全保护装置。机组在运行过程中如果出现异常情况,超过安全设定值时,安全保护装置动作,机组就会自动停机并报警。

机组因安全保护装置动作而停机报警,应先切断热源的供应,然后按消声按钮消声,查明故障原因并排除后,可重新启动机组。点火失败的信号,可由燃烧控制箱上的报警灯显示。查明故障原因并排除后,按燃烧控制箱上的复位按钮复位。

表5-12为溴化锂吸收式机组的主要安全保护装置。机组安全保护装置动作后,应查明原因并予以排除。有的安全装置动作时,机组能自动处理,例如,冷剂水低位控制器动作时,暂停冷剂泵的运转,待冷剂水上升到一定高度时,冷剂泵又会自动启动。但有的安全装置动作时,必须在故障排除后,才能重新启动,如冷剂泵过载继电器动作,则机组按照停机程序自动停机,必须人工排除故障后才能重新开机。

表5-12 溴化锂吸收式机组的主要安全保护装置

名　　称	用途与给定值	名　　称	用途与给定值
冷水流量控制器	冷水缺水保护,一般水量低于给定值的一半时断开	冷却水流量控制器	冷却水断水保护,一般水量低于给定值的75%时断开
冷剂水低温控制器	冷剂水防冻,一般低于3℃时断开	稀释温度控制器	防止停机时结晶,低于60℃时断开,高于65℃时闭合
冷剂水高位控制器	防止溶液结晶	冷剂泵过载继电器	保护冷剂泵
冷剂水低位控制器	防止冷剂泵汽蚀	溶液泵过载继电器	保护溶液泵
溶液液位控制器	防止高压发生器(特别是直燃型机组高压发生器)中液位变化	溶液高温控制器	防止溶液结晶及高温
高压发生器压力继电器	防止高压发生器高温、高压	排烟温度继电器	用于直燃型机组,防止燃烧不充分

应注意的是,安全装置的误动作,也可能不是安全装置本身的原因,而是由于电压低、接线或接头不良、有灰尘或水分等原因,引起安全装置的误操作。这种情况下,应清洁接点、拧紧接点或更换连接件。安全装置动作时的处理方法见表5-13。由于制造厂不同,机组的安全保护装置略有差异,应按制造厂提供的使用说明书或其他技术资料处理。

表5-13 安全装置动作时的处理方法

动作情况	处理方法
冷媒水、冷却水流量开关动作	1)检查水泵的运转是否正常,反转时调换三相电动机中任意两相的接线 2)检查压力是否正常,若有空气吸入,应检查吸入管的吸入位置 3)把排出阀全开 4)把运转时从压力表上读得的压力与泵的主要指标(扬程)相比,当压力表读得的压力高时,排出管堵塞或有水垢附着;压力低时,泵的滤网堵塞或吸入管堵塞 5)叶轮堵塞,拆开清除
冷剂水、冷媒水恒温控制开关	1)检查冷剂水、冷媒水出口温度给定值是否低于设计值 2)检查冷媒水量是否正常,当冷媒水量减少时,应根据上面第1)项检查冷媒水泵 3)负荷低于制冷量调节范围时,改变自动启动和停机的方式,或停止运行 4)检查冷却水温度是否过低
屏蔽泵过载继电器动作	如果发生汽蚀(有啪啦啪啦的声音),加入溶液或冷剂水;如果泵内结晶,应从外部通蒸汽溶晶
溶液液位控制器动作	1)检查液位控制器的动作是否灵敏 2)检查液位控制器的控制点是否准确 3)检查溶液泵的运转是否正常 4)检查吸收器的液位是否正常
高压发生器压力继电器动作	1)检查机组的气密性,抽气装置工作是否正常,机组是否泄漏 2)检查冷却水温度是否过高 3)检查冷却水是否断水或流量过小 4)检查冷却水传热管是否结垢

安全装置一动作,蜂鸣器等就要发生报警信号,通常都要紧急停机。同时,控制盘上的指示灯表明故障的原因,应首先立即关闭热源供应主截止阀,停止能量供应,然后再参照表5-13查明处理方法,并依据运行日记,查明真正的原因。

溴化锂吸收式制冷机组在运转过程中,可能出现各种各样的故障。现将常见故障及其排除方法列于表5-14和表5-15以便查用。

表5-14 蒸汽型溴化锂吸收式冷水机组常见故障及其排除方法

故障现象	原　因	排除方法
机组无法启动	1)控制电源开关断开 2)无电源进控制箱(无状态显示) 3)控制箱熔断器熔毁	1)合上控制箱中控制开关及主空气开关 2)检查主电源及主空气开关 3)检查回路接地或短路,换熔断器
启动时运转不稳定	1)运转初期高压发生器泵出口阀开启度过大,送往高压发生器的溶液量过大 2)通往低压发生器的阀的开启度过大,溶液输送量过大 3)机器内有不凝性气体,真空度未达到要求 4)冷却水温度过低,而冷却水量又过大	1)将蒸发器的冷剂水适量旁通入吸收器中,并将阀的开启度关小,让机器重新建立平衡 2)适当关小此阀,使液位稳定于要求的位置 3)启动真空泵,使真空度达到要求 4)适当减少冷却水量
启动时溴化锂溶液结晶	1)机组内有空气 2)抽气不良 3)冷却水温太低	1)抽气、检查原因 2)检查抽气装置 3)调整冷却水温度
运转时溴化锂溶液结晶	1)蒸汽压力过高 2)冷却水量不足 3)冷却水传热管结垢 4)机组内有空气 5)冷剂泵或溶液泵不正常 6)稀溶液循环量太少 7)喷淋管喷嘴严重堵塞 8)冷媒水温度过低 9)高负荷运转中突然停电 10)安全保护装置发生故障	1)调整蒸汽压力 2)调整冷却水量 3)清除污垢 4)抽气并检查原因 5)检查冷剂泵和溶液泵 6)调整稀溶液循环量 7)清洗喷淋管喷嘴 8)调整冷媒水温度 9)关闭蒸汽,检查电路和安全保护装置并加以调整 10)检查溶液高温、冷剂水防冻结等安全保护继电器,并调整至给定值
停车后溴化锂溶液结晶	1)溶液稀释时间太短 2)稀释时冷剂水泵停下来 3)稀释时冷却水泵和冷媒水泵停下来 4)停车后蒸汽阀未全关闭 5)稀释时外界无负荷	1)增加稀释时间,使溶液温度达60℃以下,各部分溶液充分均匀混合。 2)检查冷剂水泵 3)检查冷却水泵和冷媒水泵 4)关闭蒸汽阀门 5)稀释时必须施有外界负荷,无负荷时必须打开冷剂水旁通阀,将溶液稀释,使其在温度较低的环境条件下不产生结晶
冷剂水污染	1)送往高压发生器的溶液循环量过大,液位过高 2)送往低压发生器的溶液循环量过大,液位过高 3)冷却水温度过低,而冷却水量过大 4)送往高压发生器的蒸汽压力过高	1)适当调整送往高压发生器通路上阀的开启度,使液位合乎要求 2)适当调整送往低压发生器通路上阀的开启度,使液位合乎要求 3)适当减少冷却水的水量 4)适当调整蒸汽压力
"循环故障"指示灯亮,报警铃响 1)高压发生器出口溶液温度超过限定温度 2)低压发生器出口溶液温度超过限定温度 3)稀溶液出口温度低于25℃ 4)高压发生器出口浓溶液压力超过0.02MPa	1)蒸汽压力太高 2)机组内有空气 3)冷却水量不足,进口温度太高或传热管结垢 4)蒸发器中冷剂水被溴化锂污染 5)高压发生器溶液循环量太小 6)低压发生器溶液循环太小 7)冷却水进口温度太低 8)溶液热交换器结晶 9)高压发生器传热管破裂	1)降低蒸汽压力 2)抽真空至规定值 3)检查传热管,若结垢,进行清洗 4)冷剂水再生 5)检查冷却水的流量、温度 6)调节机组稀溶液循环量 7)升高冷却水进口温度 8)检查机组是否结晶,若结晶,融晶处理 9)检查机组的压力值,判断传热管是否破裂
"冷媒水缺"指示灯亮,报警铃响 1)冷媒水泵不工作 2)冷媒水量太少,压差继电器因压差小于0.02MPa而动作	1)冷媒水泵损坏或电源中断 2)冷媒水过滤器阻塞 3)水池水位过低,使水泵吸空	1)检查电路和水泵 2)检查冷媒水管路上的过滤器 3)检查水池水位

故障现象	原因	排除方法
"冷却水断"指示灯亮,报警铃响	1)冷却水泵损坏或电源中断 2)冷却水过滤器阻塞	1)检查电路和水泵 2)检查冷却水管路上的过滤器
"蒸发器低温"指示灯亮,报警铃响	1)制冷量大于用量 2)冷媒水出口温度太低	1)关小蒸汽阀,降低蒸汽压力 2)调整工作的机组台数
运转中机组突然停车	1)电源停电 2)冷剂水低温,继电器不动作 3)电动机因过载而不运转 4)安全保护装置动作而停机	1)检查供电系统,排除故障,恢复供电 2)检查温度继电器动作的给定值,重新调整 3)查找过载原因,使过载继电器复位 4)查找原因,若继电器给定值设置不当,则重新调整
蒸发器冻结	1)冷媒水出口温度太低 2)冷媒水量过小 3)安全保护装置发生故障	1)对蒸发器解冻 2)检查冷媒水温度和流量,消除不正常现象 3)检查安全保护装置动作值,重新调整
制冷量低于设计值	1)稀溶液循环量不适当 2)机器的密封性不良,有空气泄入 3)真空泵性能不良 4)喷淋装置有阻塞,喷淋状态不佳 5)传热管结垢或阻塞 6)冷剂水被污染 7)蒸汽压力过低 8)冷剂水和溶液注入量不足 9)溶液泵和冷剂泵有故障 10)冷却水进口温度过高 11)冷却水量或冷媒水量过小 12)结晶 13)表面活性剂不足	1)调节阀1、阀2,使溶液循环量合乎要求 2)开启真空泵抽气,并检查泄漏处 3)测定真空泵性能,并排除真空泵故障 4)冲洗喷淋管 5)清洗传热管内壁污垢与杂物 6)测量冷剂水的相对密度,若超过1.04时,进行冷剂水再生。 7)调整蒸汽压力 8)添加适量的冷剂水和溶液 9)测量泵的电流,注意运转声音,检查故障,并予以排除 10)检查冷却水系统,降低冷却水温 11)适当加大冷却水量和冷媒水量 12)溶晶 13)补充表面活性剂(辛醇)
屏蔽泵汽蚀	1)溶液质量分数过高 2)冷剂水与溶液量不足 3)热交换器内结晶,发生器液位升高 4)冷剂泵运转时冷剂水旁通阀打开 5)负荷太低 6)稀释运转时间太长	1)检查热源供热量和机组是否漏气 2)添加冷剂水与溶液至规定数量 3)将冷剂水旁通至吸收器中,根据具体情况注入冷剂水或溶液 4)关闭冷剂水旁通阀 5)按照负荷调节冷剂泵排出的冷剂水量 6)调节稀释控制继电器,缩短稀释时间
真空泵抽气能力下降	1)真空泵故障 ①排气阀损坏 ②旋片弹簧失去弹性或折断,旋片不能紧密接触定子内腔,旋转时有撞击声 ③泵内脏污及抽气系统内部严重污染 2)真空泵油中混有大量冷剂蒸汽,油呈乳白色,黏度下降,抽气效果降低 ①抽气管位置布置不当 ②冷剂分离器中喷嘴堵塞或冷却水中断 3)冷剂分离器结晶	1)检查真空泵运转情况,拆开真空泵 ①更换排气阀 ②更换弹簧 ③拆开清洗 2)更换真空泵油 ①更改抽气管位置,应在吸收器管簇下方抽气 ②清洗喷嘴,检查冷却水系统 3)溶晶
冷媒水出口温度越来越高	1)外界负荷大于制冷能力 2)机组制冷能力降低 3)冷媒水量过大	1)适当降低外界负荷 2)见制冷量低于设计值的排除方法 3)适当降低冷媒水量
自动抽气装置运转不正常	1)溶液泵出口无溶液送至自动抽气装置 2)抽气装置结晶	1)检查阀门是否处于正常状态 2)溶晶

表 5-15　直燃型溴化锂吸收式冷热水机组常见故障及其排除方法

故障现象	原　因	排除方法
机组无法启动	1)无电源进控制箱(无状态显示) 2)控制电源开关断开 3)控制箱熔断器熔断	1)检查主电源及主空气开关 2)合上控制箱中控制开关及主空气开关 3)检查回路接地或短路,更换熔断器
小火时或点火时燃烧器熄灭	1)手动燃料供应阀关闭 2)供气压力不正常 3)风门或燃料供应阀不联动 4)燃烧空气不充足 5)燃烧器故障(原因多种)	1)打开燃料供应阀 2)检查燃料供给及压力调节阀 3)检查并调整 4)开大风门 5)参见燃烧器手册
启动时结晶	1)冷却水进口温度过低 2)空气漏入,或机组内积存大量不凝性气体 3)超负荷	1)把冷却水旁通,使温度上升。检查冷却水进口温度控制器 2)抽真空,溶液泵汽蚀时用真空泵抽气;确定通大气的阀门完全关闭,检查抽气装置的效果是否良好,必要时进行气密性试验 3)慢慢加负荷
停机期间结晶	1)稀释不充分 2)冷却水机组停机后,长时间通以低温冷却水	1)检查稀释温度或时间继电器的给定值和动作情况。检查冷剂水旁通阀的动作情况 2)关闭冷却水泵
运行中结晶	1)冷却水进口温度过高或过低 2)冷却水量过少(冷却水进出口温差大)或过多 3)冷水、热水、冷却水系统传热管结垢 4)空气漏入机组内或积存不凝性气体 5)表面活性剂不足 6)超负荷 7)燃烧装置动作不良或给定值不当,燃烧量过大 8)水室或气室隔板泄漏 9)冷剂水充注量不足	1)调整冷却水旁通阀,检查冷却水进口温度控制器,检查冷却塔 2)检查冷却水配管中阀门的开启度,拆下冷却水管路中的滤网,检查冷却水泵 3)清扫传热管 4)抽真空,溶液泵汽蚀时用真空泵抽气;确定通大气的阀门完全关闭,检查抽气装置的效果是否良好,必要时进行气密性试验 5)补充表面活性剂(辛醇) 6)检查负荷系统 7)检查燃烧系统(燃料压力、燃料流量、控制风门动作情况等),检查温度控制器 8)打开水室进行检查,按要求安装 9)补充冷剂水
制冷量降低	1)机内有空气或不凝性气体 2)冷却水进口温度高 3)冷却水量少 4)传热管结垢或因异物而堵塞 5)表面活性剂不足 6)冷剂水中混有溴化锂溶液 7)燃烧装置的动作不良或给定值不当,燃烧量少 8)水室隔板泄漏 9)制冷、采暖转换阀没有完全关闭 10)冷剂水从冷剂水旁通阀中旁通走 11)冷剂水补充过量	1)抽真空,溶液泵汽蚀时用真空泵抽气;确定通大气的阀门完全关闭,检查抽气装置的效果是否良好,必要时进行气密性试验 2)调整冷却水旁通阀,检查冷却水进口温度控制器,检查冷却塔 3)检查冷却水配管中阀门的开度,检查冷却水配管中的滤网,检查冷却水泵 4)清扫传热管 5)补充表面活性剂(辛醇) 6)冷剂水取样,当相对密度大于 1.04 时,进行冷剂水再生 7)检查燃烧系统(燃料压力、燃料流量、控制风门动作情况等),检查温度控制器 8)打开水室进行检查,按要求安装 9)关闭转换阀 10)关闭冷剂水旁通阀,必要时拆开冷剂水旁通阀检查 11)放出冷剂水
采暖量下降	1)燃烧装置不良,燃烧量减少 2)水室或气室隔板泄漏 3)制冷、采暖转换阀没有完全关闭	1)检查燃烧系统(燃料压力、燃料流量、控制风门动作情况等),检查温度控制器 2)打开水室进行检查,按要求安装 3)关闭转换阀

故障现象	原因	排除方法
热水出口温度过低	1)设定点太低 2)热负荷过大 3)热水管堵塞 4)高压发生器传热管堵塞(排烟温度高) 5)机组中有不凝性气体 6)能量控制故障 7)燃烧器能量控制不能完全打开 8)燃烧器燃烧效率低 9)热水流量过大	1)重新设定 2)检查过负荷原因 3)清洗管子 4)检查传热管,检查空气供给 5)检查抽气装置及机组气密性 6)检查能量控制设定及运行情况 7)将机组及燃烧开关置于自动位置 8)调节燃烧器控制 9)检查测量仪表,重新设定
冷水(热水)出口温度不稳定	1)温度控制器给定值整定不妥 2)外界负荷变化	1)调整温度控制器的给定值,检查给定温度及比例带、积分时间 2)使外界负荷稳定
安全装置动作,冷热水机组故障停机(警报蜂鸣器响)	1)冷剂泵异常 2)溶液泵异常 3)冷剂水低温(热水高温)继电器动作 4)高压发生器、高压控制器或溶液高温继电器动作 5)空气压力低,压力开关动作 6)燃料压力降低或升高,压力开关动作 7)排气高温继电器动作 8)熄火(安全开关动作)	1)若过负荷继电器动作,则按下电磁开关的复位装置,检查电动机温度,电流值和绝缘情况 2)若过负荷继电器动作,则按下电磁开关的复位装置,检查电动机温度,电流值和绝缘情况 3)检查温度继电器动作及给定值,温度控制器冷(热)水出口温度的给定过低(高)时,根据样本要求调好 4)检查冷却水量是否过少,检查冷剂水阻气排水器的动作 5)检查风机(检查过负荷继电器动作) 6)寻找燃料压力变化的原因 7)检查传热管内表面,若有烟灰附着,应予清除(高压发生器),检查空燃比,如果空气过剩,应予调整 8)通过点火试验,检查各阀的开度、检查点火栓、火焰的稳定情况、燃料量、空气量、空燃比、主燃烧器和点火燃烧器
燃烧火焰不正常	1)空燃比不恰当 2)燃烧器喷嘴阻塞	1)若燃烧压力变动,检查其原因,再调整空燃比 2)检查燃烧器喷嘴
溶液泵汽蚀	1)溶液量不足 2)结晶 3)溶液循环量过大(质量分数差小)	1)加溶液 2)溶晶 3)调节溶液循环量
冷剂泵汽蚀	1)冷剂水量不足 2)液位开关(低)不灵 3)冷却水温过低	1)加冷剂水 2)调好液位开关,使动作正常 3)调节冷却水温或添加冷剂水
抽气装置工作不正常	1)没有溶液到抽气装置 2)抽气装置结晶 3)抽气阀门开度不对	1)检查所有的阀门是否处于正常状态 2)用蒸汽从外部消除结晶 3)检查阀门及掌握操作方法
运行过程中停电	外部原因	关闭热源主阀
停机期间真空度下降	有泄漏处	关闭通大气的阀门,检查通大气部位是否松弛,必要时进行气密性试验

5.4.2 溴化锂吸收式制冷机组的检修

(1) 真空阀门的检修

① 高真空隔膜阀的检修 溴化锂吸收式机组中,抽气系统、溶液与冷剂取样及连接测试仪表等,通常采用密封性较强的焊接式真空隔膜阀,其主要部件是真空隔膜。真空隔膜通常由丁腈橡胶、氟橡胶以及其他橡胶制成,使用时间过长,易产生老化而失去弹性或者断

裂，因此需定期更换。通常每2～3年调换一次，如果用于抽气系统或高温部位，建议最好1～2年更换一次。高真空隔膜阀的检修，主要是调换真空隔膜而不需要换新的隔膜阀。其步骤如下。

　　a. 用氮气破坏机组的真空，其目的是防止空气进入机组。

　　b. 根据阀门位置，若需要的话，应将溴化锂溶液排出机组，放入储液器中。

　　c. 拆下阀盖上的螺栓，拿掉阀盖。

　　d. 取下旧隔膜，换上新隔膜。

　　e. 装上阀盖并拧紧螺栓。

　　f. 对所有连接处进行检漏。

　　g. 将溶液重新灌入机组（其数量与排出相同）。

　　h. 启动真空泵，将机组抽至高真空。换真空隔膜时应注意：隔膜的位置应对准，隔膜上限应对准阀座的肋；螺栓应对称地均匀拧紧。

　　机组在运行中（或停机期间）调换真空隔膜，也可带真空操作。不管真空隔膜阀装于何位置，均可不需破坏机内的真空而放出溶液（或冷剂水）。方法是：准备好新的隔膜和阀盖组件，迅速进行更换，尽量使空气少泄漏入机组内。更换结束后，启动真空泵，抽除漏入机内的空气，直至机组运转工况恢复正常（或机内呈高真空状态）。

　　真空隔膜阀的旋转手轮，有的采用胶木制成，容易损坏，损坏后应换上新的手轮。有的采用铝合金制作，使用时间较长，若旋转不动，则修理或更换。若阀杆损坏则应更换，但也不必换整个阀门，只需将阀盖及整个组件更换即可。若更换整个阀门，焊接时，焊缝附近的管根部及阀门要用湿布缠绕，以防焊接高温而损坏隔膜。

　　② 高真空球阀的检修　高真空球阀是用手柄通过轴杆将球旋转90°，以接通或切断气流及液流。采用聚四氟乙烯紧贴球面，达到内部密封。球可以转动任意角度并定位锁定，从而达到调节流量的目的。阀门要保存在清洁干燥处，防止因潮湿而生锈。阀门安装时，注意不得碰伤密封面，零部件要清洁。阀门调节流量时要锁紧，轴端红线槽和球通径方向应一致。真空球阀密封氟橡胶应定期检查，如发现泄漏应拆卸检查或更换密封橡胶，通常2～3年更换一次。

　　③ 真空蝶阀的检修　真空蝶阀型号各不相同，但大多基本相似。有的采用旋动手柄通过轴杆使阀板转动，改变管道内截面积大小，达到调节流量的目的，其位置可任意调节。也可用电动执行器通过连杆带动轴旋转。阀门应保存在清洁干燥处，以防生锈。阀门安装及调换时，螺栓应对称均匀地拧紧。调节时结合刻度定位。调节阀的检查与修理主要是密封件，应保持密封面不漏，密封件一般2～3年更换一次，视具体情况缩短或延长更换期限。在安装或更换密封件时，注意密封面不受损坏并保持密封面清洁干燥。

　　(2) 视镜的检修

　　① 拆卸视镜的程序（以非烧结型视镜为例）

　　a. 用防锈剂喷湿螺栓，等一段时间后再拧下视镜螺栓。拧下螺栓时，要均匀地轻轻用力，以防锈蚀而将螺栓拧断。特别是高压发生器视镜，因溴化锂溶液有腐蚀性，而且高压发生器温度又高，螺栓腐蚀生锈难以拧下。

　　b. 拆下视镜盖板。

　　c. 拆下视镜玻璃。当心玻璃破裂，可用旋具轻轻敲起。检查视镜玻璃，若无法清洁，则应换上新视镜玻璃。

　　② 重新安装视镜的程序（以非烧结型为例）

　　a. 视镜座的密封面应擦干净，密封面不应有刻痕及垃圾，以免影响视镜的密封。

　　b. 装视镜垫片。垫片通常采用聚四氟乙烯板制成。在装配前，垫片表面大约一半处涂上密封膏，增加垫片的密封性，但垫片表面不要全部涂密封膏，以免压紧时，密封膏会被挤压出来进入机内。

c. 装上视镜玻璃。

d. 再装视镜玻璃外面密封垫片。

e. 装视镜盖板。

f. 拧紧螺栓。方法是先将全部螺栓安上，然后对称并均匀地拧紧螺栓。切勿将螺栓逐个分别拧紧，以免受力不均，使视镜玻璃损坏。

(3) 屏蔽泵的检修

溴化锂吸收式机组运行中，若发现屏蔽泵有异常现象，或者屏蔽泵发生故障，应检查屏蔽泵，必要时应检修。此外，为了保证机组能长期安全可靠地运行，应在屏蔽泵发生故障或异常情况出现之前，事先有计划地安排检修屏蔽泵。一般屏蔽泵中易出现故障，需检修的是石墨轴承，它的使用寿命为15000h。

溴化锂吸收式机组中的溶液泵和冷剂泵都是屏蔽泵，这种泵属于离心泵，但泵与电动机连在一起，呈密封型。泵中转子安装于一个很薄的不锈钢壳体内，泵出口的一部分溶液（溴化锂溶液或冷剂水）通过泵的内部或外部循环，以冷却电动机并润滑轴承。进口装有诱导轮，以降低泵的吸程。

屏蔽泵的检修是一项专业性较强、有一定难度的检修工作，一般均由屏蔽泵制造厂家承担。此处介绍的检修方法仅供用户维修操作时参考。

① 主要检修内容

a. 检查轴承的磨损是否在允许的范围内。

b. 检查轴套和推力板是否有损坏。

c. 检查各部分的螺栓是否松动。

d. 检查泵壳、叶轮等部件是否被腐蚀。

e. 循环管路和过滤网是否有阻塞。

f. 电动机的绝缘电阻和线圈电阻是否在允许范围内。

g. 接线盒的接线端子是否完好无损。

② 拆卸

a. 断开机组电源，特别是要断开屏蔽泵电源，将开关锁紧。

b. 机组停机后，将机组内抽至高真空，使机组内无不凝性气体，然后用氮气破坏真空，机组内里正压。

c. 将机组内溴化锂溶液和冷剂水注入储液器中，储液器内也抽至高真空。

d. 打开泵的接线盒并断开电源线，在拆下的导线端子上分别做好记号，以防再接线时发生错接。

e. 拆下电动机与泵体法兰连接的螺栓，按次序在两个法兰上做上记号。注意移动电动机前，应用物体支撑电动机。

f. 如果有循环冷却管与泵体相连，应拆下循环冷却管。

g. 用卸盖螺栓将电动机从泵体拉出来，这时就可以检查泵壳内部、叶轮及诱导轮。

h. 拆卸诱导轮和叶轮。松开叶轮与诱导轮之间的锁紧垫片，给诱导轮轻微的逆时针方向冲击力，拧下诱导轮，然后再拆卸叶轮。注意：不要勉强撬动叶轮以免造成轴弯曲。

i. 从电动机上拆下前、后轴承座，将转子组件从电动机后部抽出。在抽出转子组件时，当心不要擦伤定子屏蔽套。

在拆卸过程中注意：不要遗失螺栓、垫片、键等配件；在泵解体后，应用清水清洗部件，彻底清除泵内的残留溶液，以防止腐蚀生锈。

③ 检测　屏蔽泵拆卸完毕后，可对易损件及其他零件进行检查和测量，以便确定零件是否要更换。

a. 检查电动机内的循环通路和循环管，需要时清洗。

b. 检查转子和定子腔有无伤痕、摩擦痕迹或小孔，损坏严重时要换上新电动机。

c. 检查电动机端盖上的径向轴承孔和摩擦环室，若内表面粗糙或磨损到直径大于规定数值，则应更换。

d. 检查径向推力轴承，若表面非常粗糙或伤痕深，或磨损厚度小于规定数值，则需要更换轴承。位于叶轮端的推力轴承通常磨损最为严重。

e. 检查叶轮的摩擦面。若非常粗糙或磨损到其外径小于规定数值，则要更换叶轮。

f. 检查摩擦环。若摩擦面非常粗糙或有较探伤痕，或摩擦环内径小于规定数值，需要更换摩擦环。摩擦环由螺栓固定。

g. 检查转动轴上的推力轴瓦。如果非常粗糙，伤痕很深或磨损严重，应更换。推力轴瓦由销子固定。

h. 检查转动轴上径向轴套表面情况，若非常粗糙或磨损严重，则要更换。径向轴套由销子固定。

i. 检查电动机绝缘电阻，要求绝缘电阻大于 $10\text{M}\Omega$。

④ 重新组装　重新组装按照拆卸相反的顺序即可，但应注意以下几点。

a. 清洁所有部分，如放垫片的表面、O 形圈的槽。使用新的垫片和新的 O 形圈。

b. 按照拆卸零件时所做的记录装配，不要弄错。如电动机电线的记号、电动机与泵法兰上的位置记号、径向轴承与推力轴承的位置和方向记号，以及电动机末端径向轴承和推力轴承的位置和方向记号等。

c. 更换轴承时，先将垫片放入轴承外圈的横向槽内，再将轴承放入推力轴承座中，把固定螺钉拧至垫片处，拧到可使轴承有轻微左右移动的程度。

d. 更换轴套和推力板时，不要漏装键，注意推力板光滑面的方向朝着石墨轴承。

e. 在安装前、后轴承时，一定要注意将定位销放入固定定子法兰的孔内，并把角形密封圈放好。

f. 安装辅助叶轮时，注意叶轮方向，叶片是向后安装的。在锁紧螺母前，插入内舌垫片，用销紧螺母（左旋）紧固，并使垫片折边。

g. 叶轮安装前应先将过滤网装好，叶轮与诱导轮间放入内舌垫片，叶轮由诱导轮紧固后，将内舌垫片折边，以防诱导轮松动。

h. 诱导轮安装结束后，在装入泵壳前用手转动叶轮，检查转动是否灵活。若转动灵活，则可将泵装入泵壳。若用手转动时，泵轴转动不灵活，则重新拆卸，检查前、后轴承座的安装是否正确，轴是否弯曲。

i. 泵壳与定子间的连接螺母不要单边紧固，必须由对称位置开始，依次均匀地进行慢慢紧固。

⑤ 完善工作

a. 将屏蔽泵与机组重新连接起来，若需焊接，应防止异物及焊渣进入机组。

b. 向机组充入氮气，对屏蔽泵进行检漏，以确定泵的所有连接处不泄漏。

c. 启动真空泵，将机组抽至高真空。

d. 将放出的溴化锂溶液和冷剂水等量地重新注入机组。

e. 重新对泵接线盒按拆卸时的记号接线，使接线与原来相同，接线盒置放原处。

f. 对机组恢复供电，可以重新启动机组。

g. 记录检查日期和检查结果。

(4) 抽气系统的检修

① 真空泵的检修　真空泵是抽气系统中最主要的设备，通常采用的是旋片式真空泵。一般情况下，泵使用2000h后，应进行检修。但由于使用场合及条件不同，如由于在溴化锂吸收式机组中抽气时，水蒸气会随同不凝性气体一同进入真空泵内，使油乳化，影响泵的抽气性能，且水会使真空泵零件生锈；若操作不当，还会使溴化锂溶液抽至真空泵内，产生腐蚀而使泵生锈，影响其性能。因此，必须根据实际情况缩短检修期，并及时更换易损件。真空泵通常每年应检修一次。

对于新真空泵，跑合运转后，可能有少量金属碎屑和杂质在油箱中沉积起来，在运转一段时间后，应将油放出，加新真空泵油。此外，对存放日久而真空度达不到要求的泵，可密闭泵口，开气镇阀2～4h，必要时可换新油。以后的换油期根据使用情况和效果酌情决定。

换油方法：密闭进气口，先开泵运转半小时，待油变稀，再停泵从放油孔放出，然后再开进气口运转10～20s，同时从进气口缓缓加入少量清洁真空泵油（30～50cm³），以使排出腔内存油并保持润滑。如放出来的油很脏，再缓缓加入少量清洁真空泵油，但不可用清洗液冲洗泵内存油和杂质。将油放尽，旋紧放油螺塞后，从加油孔加入清洁真空泵油。

a. 拆卸　倘若需要拆泵检修或者清洗，必须注意拆泵顺序，以免损坏机件。下面以2XZ-B型真空泵为例加以说明。

（a）放尽真空泵内的存油。

（b）松开进气法兰螺栓，拔出进气接管，松开气镇法兰螺栓，取出气镇阀。

（c）拆下油箱，拆下防护罩，松开联轴器上的紧固螺栓。

（d）拆除挡油板、排气阀盖板、气道压盖。松开高级泵盖与支座连接的螺栓，取下泵体。

（e）松开低级泵盖螺钉，连同低级转子和旋片一起拉出。

（f）用同样方法拆下高级泵盖和高级转子、高级旋片。

（g）如需要进一步拆卸，松开装在低级转子轴头上的偏心轮体上的螺钉，抽出低级转子。

（h）其他零件是否需要拆卸，视情况而定。

如果拆下后，零件完好无损，油也清洁无杂物，则泵腔内壁可不必擦洗。若零件有损伤或损坏，应更换零件。若需要擦洗时，一般用砂布擦拭即可。有金属碎屑、泥砂或其他脏物必须清洗时，可用汽油等擦洗。应避免纤维留在零件上，防止堵塞油孔。用清洗液清洗时，不要浸泡，以免渗入螺孔、销孔。洗后需干燥后才可装配。

b. 重新装配

（a）装配前，用砂布擦拭零件，不要用棉砂或回丝，以防堵塞油孔。零件表面涂以清洁真空泵油。

（b）先装高级转子和旋片，再装高级定盖销、螺钉、键、泵联轴器等。建议以定子端面为基准竖装。装后用手旋转转子，应无滞阻和明显轻重。转子与定子弧面不可紧贴，以防咬合。用同样方法装低级转子和旋片。注意各O形环密封圈应先装在槽内，且O形环应更换。

（c）将止回阀偏心块转到上方，拔起偏心块，检查进油嘴上的橡胶止回阀头平面与进油孔嘴的开启最大距离，应为2～3mm。松手后，阀头应自动关住进油孔。必要时，可调节阀杆座上的三个螺钉。

（d）将泵部件、键、泵联轴器装在支架上，旋紧紧固螺栓。手盘动联轴器应能轻松旋转。再装上防护盖。

（e）装上气道压盖、排气阀、挡油板及油箱。

（f）装上进气嘴、气镇阀，并以法兰紧固。在装气镇阀时，先将O形圈涂上油。装入气镇阀，应使气镇阀密封平面与油箱顶面尽量平行，然后紧固油箱螺栓。

装配后，应观察运转情况，测量极限真空，不合格时应加以调整；在检修泵的同时，也应对系统管道、阀门和电动机等加以检查、检修。

② 真空电磁阀的检修　真空电磁阀是安装在真空泵和抽气管路上的专用阀门，与真空泵接在同一电源上，泵的开启与停止直接控制了阀的开启和关闭。

真空电磁阀应每年检修一次。将电磁阀接上额定电压，若动作，则电磁阀工作；若不动作，应拆卸检查。也可将电磁阀与真空泵接在同一电源上，启动真空泵，若电磁阀上通大气的阀开始吸气，马上又不吸气，说明电磁阀是好的；若电磁阀一直吸气，则说明电磁阀不工作，应检修。当真空泵停止运行时，电磁阀上通气阀吸气，则电磁阀工作；若不吸气，则说明电磁阀已坏。

断开电源，拆下电磁阀罩盖，检查线路上的熔断器和整流二极管是否完好，如果损坏应更换新品。用万用表检查线圈绕组阻值是否正常，如果线圈烧坏或阻值不合要求，则应更换。

拆下电磁阀中的弹簧，若生锈，应除锈，或换新的弹簧。若机组在抽真空时，真空电磁阀经检查其他都正常，仅仅是因锈蚀而咬牢时，可用铁棒顶弹簧，使弹簧滑动而恢复工作。

③ 钯元件检修　在自动抽气装置中，抽出的不凝性气体在分离室中分离，若机组密封性好，则一般说来，不凝性气体主要是氢气，可以通过把元件加热后自动排放至大气。

每隔两年应检查或更换钯加热器。如果钯元件不热或不起作用，应检查钯元件供应电压是否正常，运行情况是否正常，接线是否牢固，是否生锈等。

应注意，若储气室中排气操作有误，钯元件隔离阀未关闭，而使钯接触溴化锂溶液，钯元件会被损坏，应检查或更换。如果维修机组需用火焰切割时，应放尽储气室中的气体，否则由于氢气的存在，对储气室进行火焰切割时，有引起爆炸的危险。

④ 高真空隔膜阀的检修　溴化锂吸收式机组抽气系统中，其阀门一般均采用真空隔膜阀，特别是主抽气阀，经常关开，应定期检修或更换，详见真空阀的检修有关内容。

⑤ 抽气系统的泄漏检修　抽气系统中，接管、接头等部位应定期检查是否泄漏，特别是与测试真空的仪表，如 U 形管差压计相连时，一般采用真空胶管与 U 形玻璃管相连接。既不能扎得过紧，以防玻璃管破碎，又不能太松，以防泄漏。为保证机组的气密性，最好在接头处涂以真空膏密封。

(5) 燃烧器的检修

直燃型溴化锂吸收式冷（热）水机组与蒸汽型机组基本相同，只是高压发生器不是用蒸汽加热，而是以燃料（如油、煤气等）直接燃烧产生的高温烟气为热源，因此，燃烧器的管理与检修就显得十分重要。燃烧器的检修同样是专业性较强、有一定难度的检修工作，一般由制造厂商承担。

① 燃油燃烧器　燃油燃烧器的拆卸步骤如下。

a. 切断机组电源，特别是切断燃烧器电源。

b. 切断曲路，停止供油，拆下油泵进油管，取出联轴器，松开螺栓，即可取出油泵。

c. 拆下电动机，取下风叶，即可取出进风座。

d. 松开连杆，拆下伺服电动机和凸轮。

e. 拆下油管、安全电磁阀和工作电磁阀。

f. 松开电眼接线柱，取出电眼。

g. 打开上盖板、边盖板，取出接线组排座和点火变压器。

h. 拆下法兰插销，取出燃烧筒。

i. 拆下螺栓，取出喷嘴座和喷嘴。

安装步骤与上述步骤反向进行。

② 燃气燃烧器　燃气燃烧器拆卸步骤如下。

a. 切断机组电源，切断燃烧器电源。

b. 关闭燃气阀门，切断气路。

c. 从管道线上依次拆下球阀、过滤器、稳压阀、DMN 电磁阀及其他管道组件。

d. 拆下燃气蝶阀。

e. 同①中步骤 c、d、f～h。

f. 拆下螺栓，取出燃气空气混合燃烧头。

安装步骤与上述拆卸步骤反向进行。

③ 检验　燃烧器拆卸之后，应对易损件及其他零件进行检验和测量，必要时应更换。

a. 检验点火电极之间的距离，点火电极与喷嘴之间的距离，旋风盘（扩散盘）平面与喷嘴距离，旋风盘与燃烧筒之间的相对位置是否符合规定值. 否则要进行调整。

b. 检验喷嘴是否磨损或受污染。磨损或受污染则应更换。

c. 检验点火电极是否受污染或潮湿，应进行清洁并干燥。

d. 检验过滤器，应进行清洗。

e. 检验燃烧器控制器，设定值与实际值是否一致，否则应调整。

f. 其他零件的检验，如限位开关、调节器等。

按照设备技术标准检修的设备，要由生产组织者和专业技术人员对重点设备依照完好技术条件检修后验收。溴化锂吸收式制冷机组设备完好技术件见表 5-16。

表 5-16　溴化锂吸收式制冷机组设备完好技术件

项目	检查项目	技术要求	备　注
主机	机组密封	24h 下降值小于或等于 66.7Pa(0.5mmHg)	
	传热管排清洁	管内壁光洁,呈金属本色	
	机外防腐蚀包括管板、水室等	全部除锈,涂防腐材料	
	隔膜式真空阀	密封良好,隔膜无老化	
	控制仪表	灵敏、可靠	
	机体部分保温	完整无损坏	
	溶液: 溴化锂溶液质量分数 pH 值 铬酸锂含量 浑浊情况	符合工艺要求(一般为 56%～58%) 9.0～10.5 之间 0.1%～0.3% 纯净、无沉淀物	
屏蔽泵	石墨轴承与推力盘径向间隙	0.15mm	最大不超过 0.25mm
	叶轮与口径环径向间隙	0.2～0.3mm	最大不超过 0.6mm
	转子窜量	1.0～1.5mm	
	叶轮静平衡	摆动角度不超过 10°	
	过滤器	干净、无腐蚀孔洞	
	密封性能	正压检漏无泄漏	
	电动机绝缘	不低于 0.5MΩ	
真空泵	定子、转子旋片粗糙度	保持平正光滑	不准有明显划伤、沟槽
	泵体内清洁	干净无污物	
	润滑油孔	畅通无堵塞	
	轴封与密封环	严密而可靠	
	阀片	灵活适中	
	电磁阀	性能可靠	
管道		按设计要求做好保温及防腐工作,不准有锈蚀、泄漏	
阀门		严密、灵活、无泄漏	
制冷量		不低于 90%	可结合设备实际状况和外界条件而定

第6章 中央空调水系统和风系统

中央空调水系统分为冷却水系统和冷冻水系统。其中冷却水系统主要靠冷却塔散热，水在冷却塔中滴溅成无数小水珠或在填料表面呈膜状流动，充分与空气接触，把空气中大量灰尘、微生物、可溶性盐类及腐蚀性气体带入冷却水中，使水中杂质浓度不断增加；此外由于水不断蒸发、泄漏、飞散，也使水的杂质浓度提高，这将给中央空调系统的运行带来很多危害。冷冻水系统则由于腐蚀性大，极易造成盘管堵塞，机组及管路附件腐蚀，影响系统正常运行。所以实时地进行中央空调水系统清洗与维护至关重要。

对于中央空调风系统而言，微细的颗粒物与风道内壁产生静电吸附，风管中灰尘产生堆积，一方面导致风阻加大，使风机的负载加大，设备使用寿命会降低，能源消耗增大；另一方面积尘诱导细菌滋生，滋生各类有害微生物，如病毒、细菌、内霉素、真菌、军团菌、冠状病毒等。

6.1 中央空调水系统

6.1.1 中央空调水系统调试

(1) 水系统管道试压

管道安装完毕，外观检查合格后，必须对整个系统进行水压试验，检查管道系统有无渗漏现象。水压试验应按设计要求进行，当设计无规定时，应符合下列规定。

水系统管道压力试验分为两个部分。

强度试验压力：冷热水、冷却水系统的试验压力，当工作压力≤1.0MPa时，为工作压力的1.5倍，但最低不小于0.6MPa；当工作压力大于1.0MPa时，为工作压力加0.5MPa。

严密性试验压力：钢制管道为工作压力，塑料管道为设计工作压力的1.15倍。

① 分层、分区试压　大型或高层建筑宜采取分区、分层试压，分区、分层试压完毕后再进行系统试压，即对相对独立的局部区域的管道进行试压，具体如下：

a. 在强度试验压力下稳压10min，压力不下降；

b. 再将系统压力降至严密性试验压力，在60min内压力不下降、外观检查无渗漏且目测管道无变形才为合格。

② 系统试压　分区管道与系统主、干管全部连通后，对整个系统的管道进行系统的试压。系统试验压力以最低点的压力为准，但最低点的压力不得超过管道与组成件的承受压力。

a. 系统试压时应将系统与（开式）膨胀水箱隔开。

b. 在强度试验压力下稳压10min压降不得＞0.02MPa，再将系统压力降至严密性试验压力，在 60min 内压力不下降、外观检查无渗漏且目测管道无变形为合格。

注意：系统压力试验经检查合格后，才能进行系统清洗和保温工作；凝结水系统采用充水试验，应以不渗漏为合格。

（2）水系统管道清洗、排污

① 水系统管道残留杂物的危害

a. 杂物残留在管道内，如果进入制冷机组、空调设备，会引起设备换热器管道堵塞，流经换热器水流量下降，严重影响空调效果。

b. 管道内铁屑、焊渣等杂物一旦进入制冷机组或空调设备换热器内，会在运行过程中反复摩擦造成换热器内换热管道穿孔，导致设备进水而损坏。尤其对于采用板式换热器的机组，如果异物卡在换热器内，很容易产生结冰现象，胀坏板式换热器，导致氟系统进水，烧毁压缩机。

② 管道安装期间的清污　在管道安装期间，进入管道内部的杂物，仅靠后期冲洗，很难彻底排出。管道内壁自身附着的杂物和安装中进入管道的杂物应在施工安装过程中清理干净，保持管道系统内部清洁。

a. 管道安装前应对管道内壁进行清污处理，管道内不得残留杂物。

b. 管道安装完毕或中断时，应对敞口处做临时封闭处理，避免灰尘等杂物进入管道。

c. 钢制管道在开孔过程中产生杂物大，靠后期冲洗很难排出，必须在管道焊接封闭前，将管道内部的焊渣、铁屑清理出来。

ⓐ 首先用铁锤敲击管道底部和管道开孔对立面，以及焊缝、死角处，使管道内部焊渣、铁屑与管道脱离。

ⓑ 接着用小块磁铁，从开孔部位伸进管道内部，将焊渣、铁屑吸出，并清理干净。

③ 水系统管道清洗注意事项　管道清洗主要利用一定流速的清水带动管道内污物和杂质，使其在水流带动下排出管道，达到清洁管道目的。系统清洗必须注意以下事项。

a. 为避免脏水、异物进入主机及末端，主机设备和末端设备不得参与冲洗。

b. 系统冲洗、排污工作应在管道安装完成后连接设备前完成，或在冲洗过程中将所有末端设备和主机设备进、出水管上的阀门关闭。冲洗前，应将系统内的仪表予以保护，并将流量孔板、喷嘴、滤网、温度计、节流阀及止回阀芯等部件拆除，妥善保管，待冲洗后再重新装上。

c. 清洗时应充分利用主机、主干管及支干管进、出水之间的旁通，如未设置旁通，可在支干管末端用短管临时连通，以保持冲洗管道贯通。

d. 冲洗时，排污管截面积不小于被冲洗管道截面积的 60%，以系统内可能达到的最大压力和流量进行，直到排水口的水色和透明度与入口对比相近，无可见杂物为合格。

④ 系统清洗　空调水系统管道分支较多，必须先进行分区、分段清洗，全部分段冲洗合格后，才进行系统清洗。

a. 分区、分段清洗

ⓐ 分区、分段管道一般用加压水泵清洗，清洗时必须关闭所有末端设备供回水端阀门。

ⓑ 根据管道情况可对供回水干管进行单根管道清洗，也可用短管连通供回水分支干管末端的排污阀，同时对供回水干管进行贯通清洗。总之用清水对分支干管进行清洗时，必须一端进水，一端排污，直到管道内部无杂物为止，如图 6-1 所示。

b. 系统贯通清洗　各分区、分段清洗完成后，系统灌满清水，检查主机设备和所有末端设备供、回水管上的阀门是否处在关闭状态，主干管及支干管进、出水之间是否完全贯通。

ⓐ 启动系统循环泵，对系统进行反复冲洗和排污。

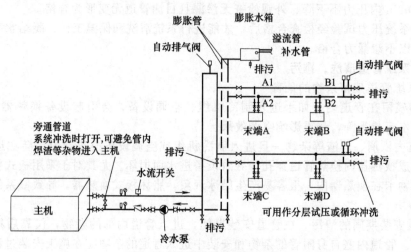

图 6-1　水系统管路清洗示意

ⓑ 系统清洗时可交替关闭部分分层、分区管道，使冲洗速度提高，加强冲洗效果。

ⓒ 系统投入运行后，设备水侧换热器和管道内部会产生铁锈和水垢等污物，应配制专用清洁药剂定期对水系统管道和换热器进行清洗和排污。

⑤ 系统排污　系统排污设置应在最低点和所有局部弯头的底部，且宜安装不小于 $DN40mm$ 排水阀，便于杂物排除和整个系统的水被排空。

a. 系统清洗后，应打开排污阀排污，排水应引入最近的合适的排水点，以免污染。对主管或末端设备上设置的 Y 形过滤器需拆开，将过滤器滤网拆下，清洗干净。

b. 管道清洗后要循环试运行 2h 以上，才能将各旁通关闭，打开主机及末端阀门与制冷机组、空调设备贯通。

(3) 水质控制

空调水系统采用水为介质，水质因地域不同而各异，长时间运行易产生水垢，使制冷主机性能下降。如果水质杂物过多，杂物沉淀于蒸发器中，会阻塞冷冻水的流通，导致冻结，进而损毁设备。因此，水在进入水系统前必须经过过滤，并用软化水设备进行软化。同时使用前应分析水质，如 pH 值、电导率、氯离子浓度、硫离子浓度等。表 6-1 为机组的水质标准：

表 6-1　水系统水质标准

pH 值：6.5～8.0	总硬度：$<50\times10^{-6}$	硫酸离子：$<50\times10^{-6}$	硅：$<30\times10^{-6}$
电导率(25℃)：$<200\mu s/cm$	硫离子：无	含铁量：$<0.3\times10^{-6}$	钠离子：无要求
氯离子：$<50\times10^{-6}$	氨离子：无	钙离子：$<50\times10^{-6}$	

(4) 水泵、冷却塔的试运行

① 水泵试运行

a. 试运行前的准备工作　检查水泵紧固连接部位，不得松动。用手盘动泵轴应轻便灵活，不得有卡碰现象。水泵运转前，应将入口阀全开，出口阀全闭，待水泵启动后再将出口阀慢慢打开。

b. 离心式水泵试运行　瞬时点动水泵，检查叶轮与泵壳有无摩擦声和其他不正常现象，并观察水泵的旋转方向是否正确。水泵启动时，应用钳形电流表测量电动机的启动电流，待水泵正常运转后，再测量电动机的运转电流，保证电动机的运转功率或电流不超过额定值。

在水泵运转过程中应用金属棒或长柄旋具等，仔细监听轴承内有无杂音，以判断轴承的运转状态。水泵的滚动轴承运转时温度不应高于 75℃；滑动轴承运转时温度不应高于 70℃。

水泵运转时，其填料的温升也应正常，在无特殊要求情况下，普通软填料允许有少量的泄漏，其泄漏量不应大于表 6-2 的规定；机械密封的泄漏量不应大于 5mL/h。

表 6-2　填料密封的泄漏量

设计流量/(m³/h)	≤50	50~100	100~300	300~1000	>1000
泄漏量/(mL/min)	15	20	30	40	60

水泵运转时的径向振动应符合设备技术文件的规定，如无规定时，可参照表 6-3 所列的数值。

表 6-3　泵的径向振幅（双向值）

转速/(r/min)	<375	375~600	600~750	750~1000	1000~1500	1500~3000	3000~6000
振幅值/mm	<0.18	<0.15	<0.12	<0.10	<0.08	<0.06	<0.04

水泵运转经检查一切正常后，再进行 2h 以上的连续运转，运转中如未发现问题，水泵单机试运行即为合格。水泵试运行结束后，应将水泵出、入口阀门和附属管中系统的阀门关闭，将泵内积存的水排净，防止锈蚀或冻裂。

② 冷却塔试运行

a. 试运行前的准备工作　清扫冷却塔内的夹杂物和尘垢，防止冷却水管或冷凝器等堵塞。冷却塔和冷却水管路系统用水冲洗，管路系统应无漏水现象。检查自动补水阀的动作状态是否灵活准确。冷却塔内的补给水、溢水的水位应进行校验。

对横流式冷却塔配水池的水位，以及逆流式冷却塔旋转布水器的转速等，应调整到进塔水量适当，使喷水量和吸水量达到平衡的状态。

确定风机的电动机绝缘情况及风机的旋转方向。

b. 冷却塔试运行　冷却塔试运行时，应检查风机的运转状态和冷却水循环系统的工作状态，并记录运转情况及有关数据；如无异常现象，连续运转时间不应少于 2h。

检查喷水量和吸水量是否平衡，以及补给水和集水池的水位等运行状况。测定风机的电动机启动电流和运转电流值。检查冷却塔产生振动和噪声的原因。冷却塔出、入口冷却水的温度。测量轴承的温度。检查喷水的偏离状态。

冷却塔在试运行过程中，管道内残留的以及随空气带入的泥沙和尘土会沉积到集水池底部，因此试运行工作结束后，应清洗集水池。

冷却塔试运行后如长期不使用，应将循环管路及集水池中的水全部放出，防止设备冻坏。

(5) 水系统调试

① 冷冻或冷却水系统调试应在系统试压、清洗、排污合格后进行。

② 开启冷冻循环水泵及冷却塔、冷却水泵试运转 2h 以上。

③ 各类水泵叶轮旋转方向应正确、运转平稳、无异常振动和声响，紧固连接部件无松动。水泵连续运转 2h 后，滑动轴承外壳不得超过 70℃，滚动轴承不得不得超过 75℃。

④ 检查水系统管道排空情况，并通过末端设备上的排气阀对设备进行排空。

⑤ 系统水流量必须严格按照设计要求，调整到许可的偏差范围内，避免大流量、小温差，使各回路达到水力均衡（详见水系统流量调节）。

⑥ 在设计图纸中标明各分支回路、末端设备的水流量，有条件的应在各分支回路等大型末端设备上设置检测和流量调节用的平衡阀。

⑦ 认真记录、整理各回路的调整参数及水泵等设备的运行参数，为以后的运行维保、改造提供原始参数。

6.1.2 中央空调水系统的运行操作

(1) 水泵的运行操作

在中央中调系统的水系统中，不论是冷却水系统还是冷冻水系统，驱动水循环流动所采用的水泵绝大多数是各种卧式单级单吸或双吸清水泵（简称离心泵）。

① 启动前的检查

a. 检查水泵轴承的润滑油是否充足、良好。

b. 水泵及电机的地脚螺栓与联轴器螺栓是否脱落或松动。

c. 水泵及进水管部分全部充满了水，当从手动放气阀放出的是水而没有空气时，即可认定。

d. 轴封不漏水或为滴水状（但每分钟的滴数符合要求）。如果漏水或淌数过多，要查明原因，改进到符合要求。

e. 关闭好出水管的阀门，以有利于水泵的启动，如装有电磁阀，则手动阀应是开启的，电磁阀为关闭的。同时要检查电磁阀的开关是否动作正确、可靠。

f. 对卧式泵，要用手盘动联轴器，看水泵叶轮是否能转动，如果转不动，要查明原因，消除隐患。

② 水泵启动

a. 打开水泵吸水管的放气阀，放出吸水管和水泵内的空气。检查吸水管和泵体内的水是否充足，如无水时，要把它们灌满。

b. 检查吸水管道和排水管道的阀门是否打开。水泵的吸水水阀应打开，排水阀应关闭。

c. 检查水泵和电动机的轴承的润滑情况。

d. 启动水泵时，应注意电流表的负荷，不得超过极限电流。

e. 启动电动机，迅速打开水泵的排水阀。

注意在停泵时，应先关闭水泵的排水阀，再切断电动机电源。当电动机停止运转后，关闭吸水阀。

③ 运行检查

a. 电机不能有过高的温升，无异味产生。

b. 轴承润滑良好，温度不得超过周围环境温度 35～40℃，轴承的极限最高温度不得高于 80℃。

c. 轴封处（除规定要滴水的型式外）、管接头均无漏水现象。

d. 无异常噪声和振动。

e. 地脚螺栓和其他各连接螺栓的螺母无松动。

f. 基础台下的减振装置受力均匀，进出水管处的软接头无明显变形，都起到了减振和隔振作用。

g. 电流在正常范围内。

h. 压力表指示正常且稳定，无剧烈抖动。

(2) 冷却塔的运行操作

冷却塔作为用来降低制冷机所需冷却水温度的散热装置，目前采用最多的是机械抽风逆流式圆形冷却塔，其次是机械抽风横流式（又称直交流式）矩形冷却塔。这两种冷却除了外形、布水方式、进风形式以及风机配备数量不同外，其他方面基本相同。因此，在运行操作方面，对两者的要求是大同小异。

① 检查工作　冷却塔组成构件多，工作环境差，因此检查内容也相应较多。对冷却塔的检查工作根据检查的内容、所需条件以及侧重点的不同，可分为启动前的检查与准备工作、启动检查工作和运行检查工作三个部分。

a. 启动前的检查与准备工作　当冷却塔停用时间较长，准备重新使用前（如在冬、春季不用，夏季又开始使用），或是在全面检修、清洗后重新投入使用前，必须要做的检查与准备工作内容如下。

ⓐ 检查所有连接螺栓的螺母是否有松动。特别是风机系统部分，要重点检查，以免因螺栓的螺母松动，在运行时造成重大事故。

ⓑ 由于冷却塔均放置在室外暴露场所，而且出风口和进风口都很大，有的加设了防护网，但网眼仍很大，难免会有树叶、废纸、塑料袋等杂物在停机时从进、出风口进入冷却塔内，因此要予以清除。如不清除会严重影响冷却塔的散热效率；如果杂物堵住出水管口的过滤网，还会威胁到制冷机的正常工作。

ⓒ 如果使用皮带减速装置，要检查皮带的松紧是否合适，几根皮带的松紧程度是否相同。如果不相同则换成相同的，以免影响风机转速，加速过紧皮带的损坏。

ⓓ 如果使用齿轮减速装置，要检查齿轮箱内润滑油是否充满到规定的油位。如果油不够，要补加到位。但要注意，补加的应是同型号的润滑油，严禁不同型号的润滑油混合使用，以免影响润滑效果。

ⓔ 检查集水盘（槽）是否漏水，各手动水阀是否开关灵活并设置在要求的位置上。集水盘（槽）有漏水时则补漏，水阀有问题要修理或更换。

ⓕ 拨动风机叶片，看其旋转是否灵活，有没有与其他物件相碰撞，有问题要马上解决。

ⓖ 检查风机叶片尖与塔体内壁的间隙，该间隙要均匀合适，其值不宜大于 $0.008D$（D 为风机直径）。

ⓗ 检查圆形塔布水装置的布水管管端与塔体的间隙，该间隙以 20mm 为宜，而布水管的管底与填料的间隙则不宜小于 50mm。

ⓘ 开启手动补水管的阀门，与自动补水管一起将冷却塔集水盘（槽）中的水尽量注满（达到最高水位），以备冷却塔填料由干燥状态到正常润湿工作状态要多耗水量之用。而自动浮球阀的动作水位则调整到低于集水盘（槽）上沿边 25mm（或溢流管口 20mm）处，或按集水盘（槽）的容积为冷却水总流量的 1%～1.5% 确定最低补水水位，在此水位时能自动控制补水。

b. 启动检查工作　启动检查工作是启动前检查与准备工作的延续，因为有些检查内容必须"动"起来，才能看出是否有问题，其主要检查内容如下。

ⓐ 启动风机，看其叶片是否俯视时是顺时针转动，而风是由下向上（天）吹的，如果反了要调过来。

ⓑ 短时间启动水泵，看圆形塔的布水装置（又叫配水、洒水或散水装置）是否俯视时是顺时针转动，转速是否在表 6-4 对应冷却水量的数字范围内。如果不在相应范围就要调整。因为转速过快会降低转头的寿命，而转速过慢又会导致洒水不均匀，影响散热效果。布水管上出水孔与垂直面的角度是影响布水装置转速的主要原因之一，通常该角度为 5°～10°，通过调整该角度即可改变转速。此外，出水孔的水量（速度）大小也会影响转速，根据作用与反作用原理，出水量（速度）大，则反作用力就大，因而转速就高，反之转速就低。

表 6-4　圆形冷却塔布水装置参考转速

冷却水量/(m³/h)	6.2～23	31～46	62～195	234～273	312～547	626～781
转速/(r/min)	7～12	5～8	5～7	3.5～5	2.54～4	2～3

ⓒ 通过短时间启动水泵，可以检查出水泵的出水管部分是否充满了水，如果没有，则连续几次间断地短时间启动水泵，以赶出空气，让水充满出水管。

ⓓ 短时间启动水泵时还要注意检查集水盘（槽）内的水是否会出现抽干现象。因为冷却塔在间断了一段时间后再使用时，洒水装置流出的水首先要使填料润湿，使水层达到一定

厚度后，才能汇流到塔底部的集水盘（槽）。在下面水陆续被抽走，上面水还未落下来的短时间内，集水盘（槽）中的水不能干，以保证水泵不发生空吸现象。

ⓔ 通电检查供回水管上的电磁阀动作是否正常，如果不正常要修理或更换。

c. 运行检查工作　作为冷却塔日常运行时的常规检查项目，要求运行值班人员经常关注。

ⓐ 圆形塔布水装置的转速是否稳定、均匀。如果不稳定，可能是管道内有空气存在而使水量供应产生变化所致，为此，要设法排除空气。

ⓑ 圆形塔布水装置的转速是否减慢或是有部分出水孔不出水。这种现象可能是因为管内有污垢或微生物附着而减少了水的流量或堵塞了出水孔所致，此时就要做清洁工作。

ⓒ 浮球阀开关是否灵敏，集水盘（槽）中的水位是否合适。如果有问题要及时调整或修理浮球阀。

ⓓ 对于矩形塔，要经常检查配水槽（又叫散水槽）内是否有杂物堵塞散水孔，如果有堵塞现象要及时清除。槽内积水深度宜不小于50mm。

ⓔ 内各部位是否有污垢形成或微生物繁殖，特别是填料和集水盘（槽）里，如果有污垢或微生物附着要分析原因，并相应做好水质处理和清洁工作。

ⓕ 注意倾听冷却塔工作时的声音，是否有异常噪声和振动声。如果有则要迅速查明原因，消除隐患。

ⓖ 检查布水装置、各管道的连接部位、阀门是否漏水。如果有漏水现象要查明原因，采取相应措施堵漏。

ⓗ 对使用齿轮减速装置的，要注意齿轮箱是否漏油。如果有漏油现象要查明原因，采取相应措施堵漏。

ⓘ 注意检查风机轴承的温升情况，一般不大于35℃，最高温度低于70℃。温升过大或温度高于70℃时要迅速查明原因予以消除。

ⓙ 查看有无明显的飘水现象，如果有要及时查明原因予以消除。

② 清洁工作　冷却塔的清洁工作，特别是其内部和布水装置的定期清洁工作，是冷却塔能否正常发挥冷却效能的基本保证，不能忽视。

a. 外壳的清洁　目前常用的圆形和矩形冷却塔，包括那些在出风口和进风口加装了消声装置的冷却塔，其外壳都是采用玻璃钢或高级PVC材料制成，能抗太阳紫外线和化学物质的侵蚀，密实耐久，不易褪色，表面光亮，不需另刷油漆作保护层。因此，当其外观不洁时，只需用水或清洁剂清洗即可恢复光亮。

b. 填料的清洁　填料作为空气与水在冷却塔内进行充分热湿交换的媒介体，通常是由高级PVC材料加工而成，属于塑料一类，很容易清洁。当发现其有污垢或微生物附着时，用水或清洁剂加压冲洗或从塔中拆出分片刷洗即可恢复原貌。

c. 集水盘（槽）的清洁　集水盘（槽）中有污垢或微生物积存最容易发现，采用刷洗的方法就可以很快使其干净。但要注意的是，清洗前要堵住冷却塔的出水口，清洗时打开排水阀，让清洗的脏水从排水口排出，避免清洗时的脏水进入冷却水回水管。在清洗布水装置、配水槽、填料时都要如此操作。此外，不能忽视在集水盘（槽）的出水口处加设一个过滤网的好处，在这里设过滤网可以挡住大块杂物（如树叶、纸屑、填料碎片等）随水流进入冷却水回水管道系统，清洗起来方便、容易，可以大大减轻水泵入口水过滤器的负担，减少其拆卸清洗的次数。

d. 圆形塔布水装置的清洁　对圆形塔布水装置的清洁工作，重点应放在有众多出水孔的几根支管上，要把支管从旋转头上拆卸下来仔细清洗。

e. 矩形塔配水槽的清洁　当矩形塔的配水槽需要清洁时，采用刷洗的方法即可。

f. 吸声垫的清洁　由于吸声垫是疏松纤维型的，长期浸泡在集水盘中，很容易附着污物，需用清洁剂配合高压水冲洗。

上述各部分的清洁工作，除了外壳可以不停机清洁外，其他都要停机后才能进行。

③ 运行调节　由于冷却水的流量和回水温度直接影响制冷机的运行工况和制冷效率，因此保证冷却水的流量和回水温度至关重要。而冷却塔对冷却水的降温功能又受室外空气环境湿球温度的影响，且冷却水的回水温度不可能低于室外空气的湿球温度，因此了解一些湿球温度的规律对控制冷却水的回水温度也十分重要。从季节来看，春、夏季室外空气的湿球温度一般较高，秋、冬季较低；从昼夜来看，夜晚室外空气的湿球温度一般较高，白天较低；而夏季则是每日 10～24 时室外空气的湿球温度较高，0 时到次日 10 时较低；从气象条件来看，阴雨天时室外空气的湿球温度一般较高，晴朗天较低。这些影响冷却水回水温度的天气因素是无法人为改变的，只能通过对设备的调节来适应这种天气因素的影响，保证回水温度在规定的范围内。

通常采用的调节方式主要是两种：一是调节冷却水流量；二是调节冷却水回水温度。具体可采用以下一些调节方法。

a. 调节冷却塔运行台数　当冷却塔为多台并联配置时，不论每台冷却塔的容量大小是否有差异，都可以通过开启同时运行的冷却塔台数，来适应冷却水量和回水温度的变化要求。用人工控制的方法来达到这个目的有一定难度，需要结合实际，摸索出控制规律才行得通。

b. 调节冷却塔风机运行台数　当所使用的是一塔多风机配置的矩形塔时，可以通过调节同时工作的风机台数来改变进行热湿交换的通风量，在循环水量保持不变的情况下调节回水温度。

c. 调节冷却塔风机转速（通风量）　采用变频技术或其他电机调速技术，通过改变电机的转速进而改变风机的转速使冷却塔的通风量改变，在循环水量不变的情况下达到控制回水温度的目的。当室外气温比较低，空气又比较干燥时，还可以停止冷却塔风机的运转，利用空气与水的自然热湿交换来达到冷却水降温的要求。

d. 调节冷却塔供水量　采用与风机调速相同的原理和方法，改变水泵的转速，使冷却塔的供水量改变，在冷却塔通风量不变的情况下同样能够达到控制回水温度的目的。如果在制冷机冷凝器的进水口处安装温度感应控制器，根据设定的回水温度，调节设在冷却泵入水口处的电动调节阀的开启度，以改变循环冷却水量来适应室外气象条件的变化和制冷机制冷量的变化，也可以保证回水温度不变。但该方法的流量调节范围受到一定限制，因为水泵和冷凝器的流量都不能降得很低。此时，可以采用改装三通阀的形式来保证通过水泵和冷凝器的流量不变，仍由温度感应控制器控制三通阀的开启度，用不同温度和流量的冷却塔供水与回水，兑出符合要求的冷凝器进水温度。其系统形式如图 6-2 所示。

上述各调节方法都有其优缺点和一定的使用局限性，都可以单独采用，也可以综合采用。减少冷却塔运行台数和冷却塔风机降速运行的方法还会起到节能和降低运行费用的作用。因此，要结合实际，经过全面的技术经济分析后再决定采用何种调节方法。

（3）水系统流量调节

空调负荷的分布，随季节温度和日气温的变化极不均衡，在空调季节一般设计负荷占全

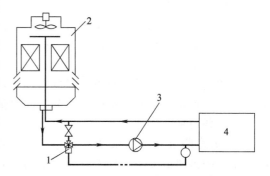

图 6-2　三通阀控制冷凝器进水温度
1—三通阀；2—冷却塔；3—冷却水泵；4—冷凝器

年总运行时间的 6％～8％。因此需根据负荷变化情况对水系统流量进行调节，以达到节能效益和经济效益。

在水系统空调中，空调循环水泵的能耗占到空调系统总能耗的15％～20％，因此通过改变水泵的运行情况实现变流量运行，来降低水泵的运行能耗。水泵的运行情况受管路影响较大，在变流量系统系统中，供、回水环路之间必须设置旁通（压差）调节装置。水泵流量调节方式主要有节流调节、台数调节、变速调节（及水泵变频调节）等。

① 节流调节　所谓水泵节流调节就是改变水泵出口阀门开度，利用节流过程的损失减小流量。节流后单位流量功耗加大，扬程升高，效率下降。因此水泵自身节能效果不明显，流量减小使主机供回水温差加大，主机运行负荷百分比降低而达到节能目的。

节流调节其流量调节范围不大，只能在水泵效率允许区间进行调节，适用于单台水泵系统小范围调节，由于采用阀门调节，流量控制的精确度低。采用节流调节时宜采用特性曲线相对较平坦的水泵，其流量调节区间较大，如图 6-3 所示。为避免水泵汽蚀，节流调节阀不应设置在水泵进水端，应设置在水泵出水端。

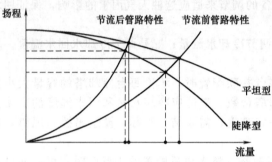

图 6-3　节流调节前后的特性曲线

② 台数调节　台数调节是通过检测水系统压差、流量或主机供回水温差等参数的改变来控制水泵运行的台数，适用于多台并联运行的水泵系统。一般主要有两种控制方法。

a.压差控制调节　利用水泵并联后的总特性曲线，设定某个压力作为上限，另一个作为下限，各台水泵在设定的压差范围内运行。当末端侧流量改变时，压力随之变化，当压力超过设定的上限值时，开始减少水泵台数；反之，增加水泵台数。

b.流量控制调节　在供水总管上设置流量计测得实际用水量，通过变送器将信号发送到台数控制器，台数控制器根据各水泵预设定的流量范围和变送器送来的信号进行比较。若实际用水量小于一台水泵的流量，则停止一台水泵，若水量继续减少则继续停泵；反之，则增加水泵运行。

采用台数调节时，当台数减少时，流速会降低，水泵流量偏大，扬程降低，水泵容易过载而烧毁水泵电机，如图 6-4 所示。当减至只有一台水泵工作，流量继续下降，应及时让旁通阀自动开启。

注意事项如下。

a.采用台数调节的并联水泵宜采用特性曲线陡降型的水泵，水泵扬程最好一致，应尽可能选择同型号水泵。

b.采用台数调节应安排好水泵的启停能依次顺序进行，保持水泵的工作机会均等，同时最好设置一台备用泵。

③ 变速调节（即水泵变频调节）　一般取3～5个末端供回水压差信号为循环流量的控制信号，当全部压差信号都大于设定值时，循环水泵降低转速，当任意一个压差小于设定值时，循环水泵增加转速。

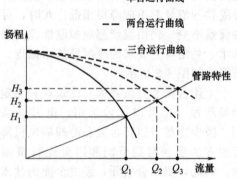

图 6-4　多台泵运行的特性曲线

6.1.3 中央空调水系统的维护保养

(1) 水泵的维护保养

为了使水泵能安全、正常地运行，为整个制冷系统的正常运行提供基本保证，除了要做好其启动前、启动以及运行中的检查工作，保证水泵有一个良好的工作状态，发现问题能及时解决，出现故障能及时排除以外，还需要定期做好以下几方面的维护保养工作。

① 加油 轴承采用润滑油润滑的，在水泵使用期间，每天都要观察油位是否在油镜标识范围内。油不够就要通过注油杯加油，并且要一年清洗换油一次。根据工作环境温度情况，润滑油可以采用 L-AN32 或 L-AN46 型全损耗系统用油。

轴承采用润滑脂（俗称黄油）润滑的，在水泵使用期间，每工作 2000h 换油一次，润滑脂最好使用钙基脂。

② 更换轴封 由于填料用一段时间就会磨损，当发现漏水量超标时就要考虑是否需要压紧或更换轴封。对于采用普通填料的轴封，填料密封部位滴水每分钟应在 10 滴之内，而机械密封泄漏量则一般不得大于 5mL/h。

③ 解体检修 一般每年应对水泵进行一次解体检修，内容包括清洗和检查。清洗主要是刮去叶轮内外表面的水垢，特别是叶轮流道内的水垢要清除干净，因为它对水泵的流量和效率影响很大。此外还要注意清洗泵壳的内表面以及轴承。在清洗过程中，对水泵的各个部件顺便进行详细认真的检查，以便确定是否需要修理或更换，特别是叶轮、密封环、轴承、填料等部件要重点检查。

④ 除锈刷漆 水泵在使用时，通常都处于潮湿的空气环境中，有些没有进行保温处理的冷媒水泵，在运行时泵体表面更是被水覆盖（结露所致），长期这样，泵体的部分表面就会生锈。为此，每年应对没有进行保温处理的冷媒水泵泵体表面进行一次除锈刷漆作业。

⑤ 放水防冻 水泵停用期间，如果环境温度低于 0℃，就要将泵内的水全部放干净，以免水的冻胀作用胀裂泵体。特别是安装在室外工作的水泵（包括水管），尤其不能忽视。如果不注意做好这方面的工作，会带来重大损坏。

(2) 冷却塔的维护保养

冷却塔在制冷系统中是用来降低冷凝器的进口水温（即冷却水温），在保证制冷系统的正常运行中起着重要的作用。为了使冷却塔能安全正常地使用得尽量长一些时间，除了做好启动前检查工作和清洁工作外，还需做好以下几项维护保养工作。

① 运行中应注意冷却塔配水系统配水的均匀性，否则应及时进行调整。

② 管道、喷嘴应根据所使用的水质情况进行定期或不定期的清洗，以清除上面的脏物及水垢等。

③ 集水盘（槽）应定期清洗，并定期清除百叶窗上的杂物（如树叶、碎片等），保持进风口的通畅。

④ 对使用带传动减速装置的，每两周停机检查一次传动带的松紧度，不合适时要调整。如果几根传动带松紧程度不同则要全套更换；如果冷却塔长时间不运行，则最好将传动带取下来保存。

⑤ 对使用齿轮减速装置的，每一个月停机检查一次齿轮箱中的油位。油量不够时要补加到位。此外，冷却塔每运行六个月要检查一次油的颜色和黏度，达不到要求必须全部更换。当冷却塔累计使用 5000h 后，不论油质情况如何，都必须对齿轮箱做彻底清洗，并更换润滑油。齿轮减速装置采用的润滑油一般多为 L-AN46 或 L-AN68 型全损耗系统用油。

⑥ 由于冷却塔风机的电动机长期在湿热环境下工作，为了保证其绝缘性能，不发生电动机烧毁事故，每年必须做一次电动机绝缘情况测试。如果达不到要求，要及时处理或更换电动机。

⑦ 要注意检查填料是否有损坏的，如果有要及时修补或更换。

⑧ 风机系统所有轴承的润滑脂一般一年更换一次，不允许有硬化现象。

⑨ 当采用化学药剂进行水处理时，要注意风机叶片的腐蚀问题。为了减缓腐蚀，每年清除一次叶片上的腐蚀物，均匀涂刷防锈漆和酚醛漆各一道。或者在叶片上涂刷一层0.2mm厚的环氧树脂，其防腐性能一般可维持2～3年。

⑩ 在冬季冷却塔停止使用期间，有可能因积雪而使风机叶片变形，这时可以采取两种办法避免：一是停机后将叶片旋转到垂直于地面的角度紧固；二是将叶片或连轮毂一起拆下放到室内保存。

⑪ 在冬季冷却塔停止使用期间，有可能发生冰冻现象时，要将冷却塔集水盘（槽）和室外部分的冷却水系统中的水全部放光，以免冻坏设备和管道。

⑫ 冷却塔的支架、风机系统的结构架以及爬梯通常采用镀锌钢件，一般不需要油漆。如果发现生锈，再进行去锈刷漆工作。

(3) 水质的维护

① 冷却水的水质维护

a. 水质标准　水质标准是循环冷却水水质控制的指标值，国家标准 GB 50050—2007《工业循环冷却水设计规范》对离心式冷水机组和直燃型溴化锂吸收式冷、热水机组做了规定，其他机组无明确规定，但可参照执行。

开式系统循环冷却水的水质标准应根据换热设备的结构形式、材质、工况条件、污垢热阻值、腐蚀率以及所采用的水处理配方等因素综合确定，并应符合表 6-5 的规定。

表 6-5　开式系统循环冷却水水质标准（摘录）

项目	单位	要求和使用条件	允许值
悬浮物	mg/L	换热器为板式、翅片管、螺旋板	≤10
pH 值		根据药剂配方确定	7.0～9.2
甲基橙碱度（以 $CaCO_3$ 计）	mg/L	根据药剂配方及工况条件确定	≤500
Ca^{2+}	mg/L	根据药剂配方及工况条件确定	30～200
Fe^{2+}	mg/L		<0.5
Cl^-	mg/L	碳钢换热设备	≤1000
		不锈钢换热设备	≤300
SO_4^{2-}	mg/L	SO_4^{2-} 和 Cl^- 之和	≤1500
硅酸（以 SiO_2 计）	mg/L		≤175
		Mg^{2+} 与 SiO_2 的乘积	<15000
游离氯	mg/L	在回水总管处	0.5～1.0
异养菌数	个/mL		$<5×10^5$
黏泥量	mL/m³		<4

注：Mg^{2+} 以 $CaCO_3$ 计。

b. 水质检测项目　一般一个月进行一次水质检测。由于检测项目受检测方法、检测仪表设备、专业人员配置和水质项目要求的限制，难以面面俱到。因此对于中央空调系统水质检测，主要检测以下几个项目即可。

ⓐ pH 值　水的 pH 值，即氢离子浓度，表示水的酸碱性，在化学上 pH＝7 的水为中性，按表 6-6 所述 pH 值的范围来区分水的酸碱性。

表 6-6　水的 pH 值

酸性水	弱酸性水	中性水	弱碱性水	碱性水
pH<5.5	pH＝5.5～6.5	pH＝6.5～7.5	pH＝7.5～10	pH>10

pH 值在循环冷却水项目检测中占有重要地位。补充水受外界影响，pH 值可能发生变化；循环冷却水由于 CO_2 在冷却塔溢出，pH 值会升高；部分药剂配方需要冷却水的 pH 值

保持在一定范围内才能发挥最大作用。因此 pH 值是循环冷却水检测的一个重要指标。

ⓑ 硬度　硬度是指能够结垢的两种主要盐类，即钙盐及镁盐的含量。一般而言，循环冷却水中 Ca^{2+}、Mg^{2+} 有较大幅度下降，说明结垢严重；Ca^{2+}、Mg^{2+} 含量变化不大的话，说明阻垢效果稳定。

ⓒ 碱度　金属离子与氢氧根形成的化合物是碱，某些金属与弱酸的盐也呈碱性。因而形成碱度的物质，主要是氢氧根离子（OH^-）以及含碳酸根（CO_3^{2-}）和碳酸氢根（HCO_3^-）等盐类，总碱度就是表示这些离子总和的数量。碱度是操作控制中的一个重要指标，当浓度倍数控制稳定，没有其他外界干扰时，由碱度的变化可以看出系统的结垢趋势。

ⓓ 电导率（或称电导度）是用于近似表示含盐量常用的指标。水溶液的电阻随着离子量的增加而下降。电导是电阻的倒数，因此电阻的减小就意味着电导率的增大。当水中溶解物质较少时，其电导率与溶解物质含量大致成比例的变化，因此测定电导率，可短时间内推断总溶解物质的大致含量。通过对电导率的测定可以知道水中的含盐量。含盐量对冷却水系统的沉积和腐蚀有较大影响。

ⓔ 悬浮物　表示悬浮状态的粗分散杂质的含量，常用过滤方法将水样过滤干燥而称重，以确定其含量。如菌藻繁殖、补充水悬浮物大、空气灰尘多等都可以增加循环冷却水的悬浮物。悬浮物多是循环冷却水系统形成沉积、污垢的主要原因，这些沉积物不但影响换热器的换热效率，同时也加剧金属的腐蚀。因此循环冷却水悬浮物的含量是影响污垢和热腐蚀率的一项重要指标。

ⓕ 游离氯　游离氯是指水中次氯酸和次氯酸盐中 Cl 的含量。游离氯是控制循环冷却水菌藻微生物的重要元素。调查表明，循环冷却水的余氯量一般在 $0.5\sim1.0\mathrm{mg/L}$，如果通氯以后仍然连续监测不出余氯，则说明系统中硫酸盐还原菌大量滋生，硫酸盐还原菌滋生时会产生 H_2S、S_2，它们与氯气反应消耗氯。因此监测余氯对杀菌灭藻、保证水质有重要意义。

ⓖ 药剂浓度　检测药剂浓度是为了保持药剂浓度的稳定，以便及早发现问题、处理问题保证水质。

c. 冷却水的化学处理

（a）阻垢剂　在循环冷却水中添加阻垢剂是目前消除、阻止结垢应用最广泛、效果最好的方法。常用的阻垢剂见表 6-7。

表 6-7　常用的阻垢剂

类别	化（聚）合物		用量/(mg/L)	特性
聚磷酸盐	六偏磷酸钠[$(NaPO_3)_6$]		$1\sim5$	1)在结垢不严重或要求不太高的情况下可单独使用
	三偏磷酸钠($Na_5P_3O_{10}$)		$2\sim5$	2)低剂量时起阻垢作用,高浓度时起缓蚀作用
有机磷酸盐系	含氧	氨基三亚甲基磷酸(ATMP)	$1\sim5$	1)不宜单独使用,一般与锌、铬或磷酸盐共用
		乙二胺四亚甲基磷酸(EDTMP)		2)含氧的不宜与氯杀菌剂共用
	不含氧	羟基亚乙基二磷酸(HEDP)		
磷酸酯类	单元醇磷酸酯 多元醇磷酸酯 氨基磷酸酯		$5\sim30$	与其他抵制剂联合使用效果好
聚羟酸类	聚丙烯酸 聚马来酸 聚甲基丙烯酸		$1\sim5$	铜质设备使用时必须加缓蚀剂

（b）缓蚀剂　冷却水对金属的腐蚀主要是电化学腐蚀。控制冷却水对金属的电化学腐蚀一般是向循环冷却水系统中投加缓蚀剂，阻止电化学腐蚀过程中的阴、阳极反应，降低腐

蚀电位，或促使阴极或阳极极化作用抑制电化学腐蚀反应的进行。根据缓蚀剂所形成保护膜的特性，可将缓蚀剂分为氧化膜型和沉淀膜型两种类型。代表性缓蚀剂及防腐蚀膜的类型与特性见表 6-8。

表 6-8　代表性缓蚀剂及防腐蚀膜的类型与特性

防腐蚀膜类型		典型的缓蚀剂	使用量 /(mg/L)	防腐蚀膜特性
氧化膜型		铬酸盐　铬酸钠、铬酸钾	200～300	膜薄、致密、与金属结合牢固，防腐蚀性能好
		亚硝酸盐　亚硝酸钠、亚硝酸胺	30～40	
		钼酸盐　钼酸钠	50 以上	
沉淀膜型	水中离子型	聚磷酸盐　六偏磷酸钠、三聚磷酸钠	20～25	膜多孔、较厚、与金属结合性能差
		硅酸盐　硅酸钠	30～40	
		锌盐　硫酸锌、氯化锌	2～4	
		有机磷酸盐　HEDP、ATMP、EDTMP	20～25	
	金属离子型	巯基苯并噻唑(MBT)　苯并三氮唑(BTA)　甲基苯并三氮唑(TTA)	1～2	膜较薄、比较致密，对铜和铜合金具有特殊缓蚀性能

　　(c) 复合缓蚀药剂　具有缓蚀和阻垢作用的两种或两种以上的药剂联合使用，或将阻垢剂和缓蚀剂以物理方法混合后所配制成的药剂，称为复合药剂，也称为复合水处理剂。复合药剂的缓蚀阻垢效果均比单一药剂效果好，复合药剂类型品种繁多，下面主要介绍国内外使用过和推荐使用的一些复合药剂及其选用原则。

　　ⓐ 磷系复合药剂
　　•聚磷酸盐＋锌盐　聚磷酸盐质量浓度为 30～50mg/L，锌盐质量浓度宜小于 4mg/L，pH 值宜小于 8.3，一般应控制在 6.8～7.2。
　　•聚磷酸盐＋锌＋芳烃唑类化合物　掺加芳烃唑类化合物的主要目的是保护铜及铜合金，一般掺加 1～2mg/L 即可起到有效的保护作用，同时也能起防止金属产生坑蚀的作用。常用的芳烃唑类化合物有巯基苯并噻唑（MBT）和苯并三氮唑（BZT），它们都是很有效的铜缓蚀剂，pH 值的范围为 5.5～10。
　　•六聚磷酸钠＋钼酸钠　可以形成阴极、阳极共有防护膜，大大提高缓蚀效果和控制点蚀的能力，铝酸盐在温度高于 70℃、pH 值大于 9 的水中缓蚀效果最好，使用量通常为 3mg/L 左右。钼酸盐的毒性小，对环境不会造成严重污染。

　　ⓑ 有机磷系复合药剂
　　•锌盐＋磷酸盐　用 35～40mg/L 的磷酸和 10mg/L 的锌盐，在 pH 值为 6.5～7.0 的条件下能有效地控制金属腐蚀，当改变上述两种药剂的组成比例，使锌盐的用量为磷酸盐质量的 30％时，可获得最佳缓蚀作用。使用时应注意下列条件：pH 值不应大于 8.5，当用于合金材质的系统时，pH 值小于 6.5，则磷酸盐会损伤金属；不宜用在有严重腐蚀产物的冷却水系统中；不适用于闭式冷却水系统；水的温度不宜高于 400℃。
　　•巯基苯并噻唑＋锌＋磷酸盐＋聚丙烯酸盐　推荐的巯基苯并噻唑的质量浓度为 1～2mg/L，磷酸盐为 8～10mg/L，锌为 3～5mg/L，聚丙烯酸盐为 3～5mg/L。
　　•以聚磷酸盐、聚丙烯酸和有机磷酸盐为主的组合
　　六偏磷酸钠＋聚丙烯酸钠＋羟基亚乙基二磷酸。
　　六偏磷酸钠＋聚丙烯酸钠＋羟基亚乙基二磷酸＋巯基苯并噻唑。
　　六偏磷酸钠＋聚丙烯酸钠＋羟基亚乙基二磷酸＋巯基苯并噻唑＋锌。
　　三聚磷酸钠＋聚丙烯酸钠＋乙二胺四亚甲基磷酸＋巯基苯并噻唑。
　　具体各部分的配比和投加量应根据水质特性和运行条件，通过试验并结合实际运行效果

确定。应该引起注意的是，这四种组合中均含有磷，为菌藻类微生物的生长提供了营养物质，在使用时必须同时投加杀生剂，控制菌藻类微生物的大量繁殖。

ⓒ 其他复合药剂

• 多元醇＋锌＋木质磺酸盐　在有大量污泥产生的循环水系统中，采用这种复合抑制剂较为有利，其质量浓度一般为 40～50mg/L，pH 值可提高到 8 左右。如再掺加巯基苯并噻唑，可提高缓蚀阻垢性能，而基本功能与不掺加时相似。另外，只用多元醇＋锌组成的复合抑制剂，也能获得较好的缓蚀阻垢效果。

• 亚硝酸盐＋硼酸盐＋有机物　该复合抑制剂主要用于闭式循环冷却水系统，在 pH 值为 8.5～10 时，投加剂量可为 2000mg/L。

• 有机聚合物＋硅酸盐　这种复合抑制剂对所有类型的杀生剂都无影响，适用于 pH 值为 7.5～9.5 的冷却水系统，在高温（70～80℃）和低流速运行条件下一般不会有结垢现象。

• 锌盐＋聚马来酸酐　聚马来酸酐是有效的阻垢剂，所以这种复合抑制剂主要用于有严重结垢的冷却水系统，不宜用于硬度较低且具有腐蚀趋势的冷却水系统。在运行中应使水的 pH 值控制在 8.5 以下。

• 羟基亚乙基二磷酸钠＋聚马来酸　缓阻效果好，加药量少，成本低，药效稳定且停留时间长，没有因药剂引起的菌藻问题。

• 钼酸盐＋葡萄糖酸盐＋锌盐＋聚丙烯酸盐　对于不同水质适应性强，有较好的缓蚀阻垢效果，耐热性好，克服了聚磷酸盐存在的促进菌藻繁殖的缺点，要求 pH 值在 8～8.5 的范围。

• 硅酸盐＋聚磷酸盐＋聚丙烯酸盐＋苯并三氮唑　对不同水质适应性较好，操作简单，价格便宜，质量浓度为 10～15mg/L。

（d）杀生剂　控制微生物的方法主要有物理法和化学法。物理法包括水的混凝沉淀、过滤以及改变冷却塔等设备的工作环境等，除去或抑制微生物的生长；化学法即向循环水中投加各种无机或有机的化学药剂，以杀死微生物或抑制微生物的生长和繁殖，这是目前普遍采用并行之有效的方法。

投加到水中杀死微生物或抑制微生物生长和繁殖的化学药剂称为杀生剂，又称为杀菌灭藻剂。目前，常用的杀生剂及特性见表 6-9，按其作用机理可分为氧化性杀生剂和非氧化性杀生剂两大类。

表 6-9　常用的杀生剂及特性

性质	类别	杀生剂	使用浓度/(mg/L)	pH 值
氧化性杀生剂	氯	氯气、液氯	2～4	
	次氯酸	次氯酸钠、次氯酸钙、漂白粉		6.5～7
		二氧化氯	2	6～10
		臭氧	0.5	
		氯胺	20	
非氧化性杀生剂	有机硫化合物	二甲基二硫代氨基甲硫酸 亚乙基二硫代基甲酸二钠		>7
		乙基大蒜素	100	>6.5
	季铵盐类化合物	洁尔灭、新洁尔灭	50～100	7～9
	铜化合物	硫酸铜	0.2～2	<8.5
		氯化铜		

杀生剂的投药方式一般有三种：连续投加、间歇投加和瞬间投加，其中采用最多的是定

期间歇投药方式。在投药量相同的情况下，采用瞬间投加可以造成一段时间内的高浓度，往往可以得到良好的杀生效果。连续投药消耗量大，只有在瞬间投加与间歇投加都不起作用时才采用。

d. 冷却水的物理处理　冷却水化学水处理具有操作简单、不需专用设施、效果显著等优点，但也有不足之处：ⓐ需要定期进行水质检验，以决定投加的药剂种类和药量，用药不当则达不到水质要求，甚至破坏设备和管道，因此技术性要求高；ⓑ大多数化学药剂都或多或少地有一些毒性，随水排放时会造成环境污染。

采用物理方法来达到降低水的硬度的目的即为物理水处理。采用物理水处理方式，其运行费用低，基本不需保养，也没有二次污染问题。最大的缺点是防垢能力有一定时限，超过了这个时限，不继续对水进行处理就仍会产生结垢现象。

目前常用的物理水处理方法有磁化法、高频水改法、静电水处理法和电子水处理法。

（a）磁化法　磁化法就是让水流过一个磁场，使水与磁力线相交，水受磁场外力作用后，使水中的钙、镁盐类不生成坚硬水垢，而生成松散泥渣。按产生磁场的能源和结构方式，磁水器主要分为两大类，即永磁式磁水器（永久磁铁产生磁场）和电磁式磁水器（通入电流产生磁场）。

经实践检验，磁水器对处理负硬水效果最显著，对总硬度小于 500mg/L（以 $CaCO_3$ 计），水硬度小于总硬度的 1/3 时，效果较好。空调水系统磁水器安装位置示意如图 6-5 所示。

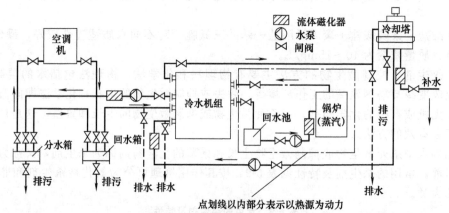

图 6-5　空调水系统磁水器安装位置示意

（b）高频水改法　高频水改法是让水经高频电场后，使水中钙、镁盐类结垢物质都变成松散泥渣而不结硬垢。能对水进行高频水改法处理的设备称为高频水改器。它由振荡器和水流通过器（又称为换能器或水改器）两部分组成。振荡器是利用电子管的振荡原理产生高频率电能；水流通过器则由同轴的金属管、瓷管（或玻璃管）和铜网组成，金属管为外电极，铜网为内电极，两者之间形成高频电场，水流则从金属管与瓷管（玻璃管）之间的空间流过。

（c）静电水处理法　静电除垢可用洛仑兹力的作用原理来解释，其设备称为静电除垢器，它由水处理器和直流电源两部分组成。水处理器的壳体为阴极，由镀锌无缝钢管制成，壳体中心有一根阳极芯棒。芯棒外套有聚四氟乙烯管，以保证良好的绝缘。被处理的水在阳极和壳体之间的环状空间流过；采用高压直流电源（或称高压发生器）。静电水处理器如图 6-6 所示。

（d）电子水处理法　采用电子水处理法的设备称为电子水处理器（图 6-7）。它由两部分组成：一部分为水处理器，其壳体为阴极，壳体中心装有一根金属阳极，被处理的水通过金属电极与壳体之间的环状空间进入用水设备；另一部分为电源，它把220V、50Hz的电流转变为低电压的直流电，在水处理器中产生电子场。

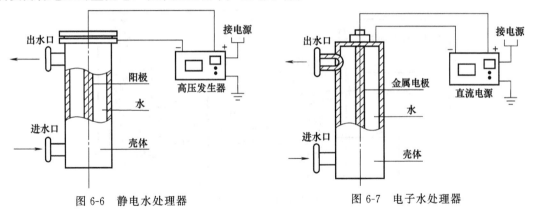

图 6-6　静电水处理器　　　　　　　　　　图 6-7　电子水处理器

　　其工作原理是：当水流经过电子水处理器时，在低电压、微电流的作用下，水分子中的电子被激励，从低能阶轨道跃迁至高能阶轨道，而引起水分子的电位能损失，其电位下降，使水分子与接触界面（器壁）的电位差减小，甚至趋于零，这样会使：ⓐ水中所含盐类离子因静电引力减弱而趋于分散，不致趋向器壁积聚，从而防止水垢生成；ⓑ水中离子的自由活动能力大大减弱，器壁金属离解也将受无垢的新系统影响，起到防蚀作用；ⓒ水中密度较大的带电粒子或结晶颗粒沉淀下来，使水部分净化，这也意味着这种方法具有部分除去水中有害离子的作用。

　　电子水处理器在各种场合的安装如图6-8～图6-13所示。

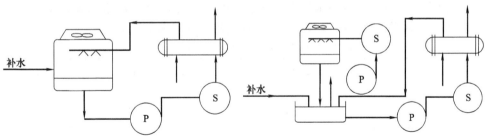

图 6-8　电子水处理器的安装（1）　　　　　图 6-9　电子水处理器的安装（2）

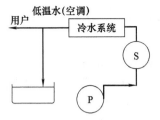

图 6-10　电子水处理器的安装（3）

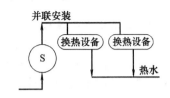

图 6-11　电子水处理器的安装（4）

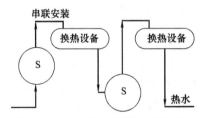

图 6-12　电子水处理器的安装（5）

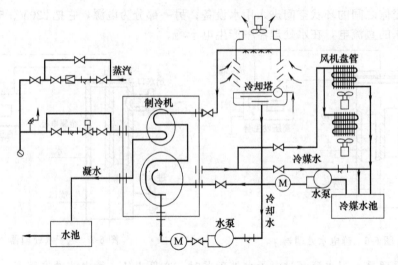

图 6-13 溴化锂制冷循环电子水处理器的安装

② 冷却水的水质维护 中央空调冷冻水系统通常是闭式循环系统，系统内的水一般经软化处理，又由于冷冻水温不是太高，因此结垢的问题相对不是太突出。但由于系统的不严密及停运时的管理不善，往往会造成管路的腐蚀。腐蚀产物有的进入水中，有的黏附在设备上，时间一长，影响了冷冻水系统的正常运行。所以，冷冻水有必要进行水质处理，以抑制和减缓问题的产生。空调冷冻水的水质处理，除了采用软化水外，一般还投加缓蚀剂或复合水处理剂。

目前国家及行业还未制定相应的水质控制标准，可参考表 6-10 上海市地方标准 DB31/T—94《宾馆、饭店空调用水及冷冻水水质标准》规定的空调用水水质指标。

表 6-10 空调用水及冷冻水水质指标

项目	单位	冷水	热水	冷却水
pH 值		8～10	8～10	7～8.5
总硬度	kg/m³	＜0.2	＜0.2	＜0.8
总溶解固体	kg/m³	＜2.5	＜2.5	＜3.0
浊度	度(NTU)	＜20	＜20	＜50
总铁	kg/m³	$<1 \times 10^{-3}$	$<1 \times 10^{-3}$	$<1 \times 10^{-3}$
总铜	kg/m³	$<2 \times 10^{-4}$	$<2 \times 10^{-4}$	$<2 \times 10^{-4}$
细菌总数	个/m³	$<10^{9}$	$<10^{9}$	$<10^{10}$

(4) 水系统管路的清洗与预膜

水系统的清洗与预膜处理是减少腐蚀、提高热交换效率、延长管道和设备使用寿命的有效措施之一。因此，清洗与预膜是日常水处理不可缺少的重要环节，其过程为：水冲洗→化学药剂清洗→预膜→预膜水置换→投加水处理药剂→常规运行。

① 水系统清洗 水系统的清洗，对新系统来说，可以提高预膜效果，减少腐蚀和结垢的产生。对已投入使用的系统来说，可以保证长期安全生产，较低的操作费用，减少维修时间，节约能量，延长设备使用寿命等，因此在水质处理过程中，必须给予足够的重视。如图 6-14 所示为中央空调水系统的清洗。

a. 水系统清洗的目的 对于新的循环冷却水系统在开车之前必须进行清洗。因为设备和管道在安装过程中，难免会有一些焊接碎屑、切削物、润滑油、建筑物碎片等遗留在系统管路中，这些杂物如不清扫、冲洗干净，将会影响预膜处理，即使不采用预膜方案，这些碎屑杂质也会促进腐蚀，加速悬浮物的沉积。

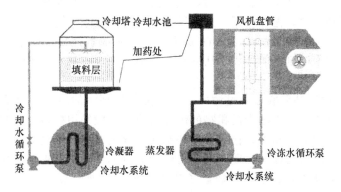

图 6-14 中央空调水系统的清洗

对于已经投入生产使用的循环冷却水系统，在使用较长一段时间后，当水质处理不够理想时，会使换热器传热表面上沉积碳酸盐、硅酸盐、硫酸盐、磷酸盐等硬垢以及金属氧化的腐蚀产物、菌藻滋生的黏泥等。即使水质处理较好时，循环冷却水经过较长期的运转后，浊度也会大大提高，这是因为循环水浊度的变化受到补充水浊度和空气灰尘等因素的影响。当浊度达到足以产生大量的沉积物，影响换热器传热效率时，就必须对水系统进行清洗。

b. 水系统清洗的方法　对于水系统清洗方法，国内外有很多种，一般可分物理清洗和化学清洗两大类。

（a）物理清洗　利用物理机械方法将附着的沉积物除去，常用的有以下几种方法。

ⓐ 人工清洗　这种方法对于陈旧系统的停机清洗是最常用也是最简单的方法。一般用棍棒、橡皮塞、钢丝或尼龙刷等穿过换热器管子，除去设备内的沉积物。这种方法费时间，劳动强度大，效率低，如有可能应尽量避免使用。

ⓑ 高压水冲洗法　高压水射流清洗，此方法可用于清洗管道等设备。在清洗换热器时，需将换热器两端头拆下，用高压水枪逐根清洗换热管。对于管道，则可采用有挠性枪头的高压水射流清洗。这种方法对新系统是经常采用的，但对陈旧系统有局限性，对较硬的水垢和腐蚀产物或较重的沉积物是不容易冲洗掉的。

ⓒ 空气搅动法　空气搅动法是将压缩空气输入热交换器，搅动正常的水流，使沉积物破碎松散。所需压缩空气的压力比冷却水系统的压力大 0.18MPa 左右即可。其装置如图6-15所示。

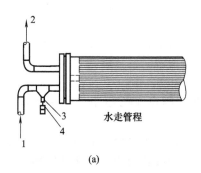

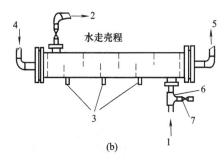

1—冷却水进口；2—冷却水出口；
3—压缩空气；4—快速空气启动阀
　　　　　　(a)

1—冷却水进口；2—冷却水出口；3—空气交替进入点；4—制冷剂进口；
5—制冷剂出口；6—压缩空气；7—快速空气启动阀
　　　　　　(b)

图 6-15　空气搅动法装置

ⓓ 不停机机械清洗法　有两种类型的机械设备可装在管线上用于热交换器的清洗。
第一种是利用海绵橡胶球清洗，海绵橡胶球直径比需清理的传热管内径略大，这些球送

入热交换器管子的入口，并借水流的压力，强制进入管内，在热交换器出口过筛，并用螺旋式输送泵将球送回到入口，循环使用，这一过程常常需要反复进行。

第二种是使用 $1\sim2$in（1in＝2.54cm）的刷子，固定放置在每根管子中，管子两端设有小塑料网。刷子在管中受到水的冲力，从一端沿着管子到另一端。管中的水也能反向流动，以达到清洗的目的。

ⓔ 旁滤法 旁滤法是采取分流过滤的方法，降低循环水的浊度，使循环水的浊度始终保持在一个允许的范围内，以减少沉积物的沉降概率。一般采用机械过滤的方法，过滤设备通常有两种：一种是旋流分离器，让部分循环水通过分离器，在分离器中产生旋涡，水中悬浮的固体颗粒则由于离心力撞向器壁，因重力作用而沉降到分离器锥形底部被除去；另一种是比较经常采用的旁滤池，在池中堆放砂子或无烟煤等过滤介质，使部分循环水通过旁滤池，除去水中悬浮固体。部分循环水经过旁滤后，循环水浊度一般均可达到要求。

物理清洗的优点是：可以省去化学清洗所需的药剂费用；避免化学清洗后清洗废液的处理或排放问题，造成环境污染；不易引起被清洗的设备和管道腐蚀。存在的缺点是：部分物理清洗方法需要在中央空调系统停止运行后才能进行；清洗操作比较费工时，有些方法造成设备和管道内表面损伤。

（b）化学清洗 化学清洗是通过化学药剂的作用，使被清洗设备中的沉积物溶解、疏松、脱落或剥离的一类方法。化学清洗也常和物理清洗配合使用。

ⓐ 化学清洗剂类型 常用于中央空调水系统中设备和管道清洗的酸洗剂可以分为无机酸和有机酸两大类。

ⅰ.无机酸类清洗剂 常用作清洗剂的无机酸有盐酸、硫酸、硝酸和氢氟酸。无机酸能电离出大量氢离子（H^+），因而能使水垢及金属的腐蚀产物较快溶解。为了防止在酸洗过程中产生腐蚀，要在酸洗液中加入缓蚀剂。

• 盐酸（HCl） 盐酸用于化学清洗时的浓度为 $2\%\sim7\%$，加入缓蚀剂的配方为：盐酸为 $5\%\sim9\%$ 时，乌铬托品为 0.5%；盐酸为 $5\%\sim8\%$ 时，乌洛托品为 0.5%，冰醋酸为 $0.4\%\sim0.5\%$，苯胺为 0.2%。

• 硫酸（H_2SO_4） 硫酸用于化学清洗时的浓度一般不超过 10%，加入缓蚀剂的配方：硫酸为 $8\%\sim10\%$，若丁为 0.5%。硫酸不适用于有碳酸钙垢层的设备和管道的清洗，否则会生成溶解度极低的二次沉淀物，给清洗造成困难。

• 硝酸（HNO_3） 硝酸用于化学清洗时的浓度一般不超过 5%，加入缓蚀剂的配方：$8\%\sim10\%$ 的硝酸加"兰五"（兰五的成分为乌洛托品 0.3%，苯胺 0.2%，硫氰化钾 0.1%）。

• 氢氟酸（HF） 氢氟酸是硅的有效溶剂，所以常用它来清洗含有二氧化硅（SiO_2）的水垢等沉积物，而且它还是很好的铜类清洗剂，一般用于化学清洗时的浓度在 2% 以下。

ⅱ.有机酸类清洗剂 常用于酸洗的有机酸有氨基磺酸和羟基乙酸。

• 氨基磺酸 利用氨基磺酸水溶液进行清洗时，温度要控制在 65℃ 以下（防止氨基磺酸分解），浓度不超过 10%。

• 羟基乙酸 羟基乙酸易溶于水，腐蚀性低，无臭，毒性低，生物分解能力强，对水垢有很好的溶解能力，但对锈垢的溶解能力却不强，所以常与甲酸混合使用，以达到对锈垢溶解良好的效果。

ⅲ.碱洗剂 常用于中央空调循环水系统设备和管道碱洗的碱洗剂有氢氧化钠和碳酸钠。

• 氢氧化钠（NaOH） 氢氧化钠又称烧碱、苛性钠，为白色固体，具有强烈吸水性。它可以和油脂发生皂化反应生成可溶性盐类。

• 碳酸钠（Na_2CO_3）　碳酸钠又称纯碱，为白色粉末，它可以使油脂类物质疏松、乳化或分散变为可溶性物质。在实际碱洗过程中，常将几种碱洗药剂配合在一起使用，以提高碱洗效果。常用的碱洗配方为：氢氧化钠 $0.5\%\sim2.5\%$，碳酸钠 $0.5\%\sim2.5\%$，磷酸三钠 $0.5\%\sim2.5\%$，表面活性剂 $0.05\%\sim1\%$。

⑥ 化学清洗过程

ⅰ. 停机化学清洗过程　停机化学清洗的一般过程为：水冲洗→杀菌灭藻清洗→碱洗→水冲洗→酸洗→水冲洗→中和钝化（或预膜）

• 水冲洗　水冲洗的目的是冲洗掉水系统回路中的灰尘、泥沙、脱落的藻类以及腐蚀产物等一些疏松的污垢。冲洗时水的流速以大于 $0.15m/s$ 为宜，必要时可正反向切换冲洗。冲洗合格后，排尽回路中的冲洗水。

• 杀菌灭藻清洗　杀菌灭藻清洗的目的是杀灭水系统回路中的微生物，使设备和管道表面附着的生物黏泥剥离脱落。在排尽冲洗水后，重新将回路注满水，并加入适当的杀生剂，然后开泵循环清洗。在清洗过程中，必须定时测定水的浊度变化，以掌握清洗效果。一般浊度是随着清洗时间的延长逐渐升高的，到最大值后，回路中的浊度即趋于不变，此时就可以结束清洗，排除清洗水。

• 碱洗　碱洗的主要目的是除去回路中的油污，以保证酸洗均匀（一般是在水系统回路中有油污时才需要进行碱洗）。

一般来说，钢铁在碱液中不会被腐蚀，因此，碱洗一般不加缓蚀剂。但系统中如有铝和镀锌设备时，则不宜用碱洗，因为这种两性金属不仅溶于酸，也溶于碱。在重新注满水的回路中，加入适量的碱洗剂，并开泵循环清洗，当回路中的碱度和油含量基本趋于不变时即可结束碱洗，排尽碱洗水。如果再加入适量的表面活性剂，更增强了去污能力。另外，碱洗也常与酸洗交替进行，以便清除那些较难除去的无水硫酸钙和硅酸盐等，水垢中 SiO_2 含量在 80% 以上时，可直接用 15% 左右的浓碱液溶解清洗。

碱洗也常用于酸洗后的中和，这样可使系统中金属腐蚀减至最少。

• 碱洗后的水冲洗　碱洗后的水冲洗是为了除去水系统中残留的碱洗液，并将部分杂质带水系统。在冲洗过程中，要经常测试排出的冲洗水的 pH 值和浊度，当排出水呈中性或微碱性，且浊度降低到一定标准时，水冲洗即可结束。

• 酸洗　酸洗的目的是除去水垢和腐蚀产物。在水系统充满水后，将酸洗剂加入系统回路中，然后开泵循环清洗。在可能的情况下，应切换清洗循环流动方向。在清洗过程中，定期（一般每半小时一次）测试酸洗液中酸的浓度、金属离子（Fe^{2+}、Fe^{3+}、Cu^{2+}）的浓度、pH 值等，当金属离子浓度趋于不变时即为酸洗终点，排尽酸洗液。

• 酸洗后的水冲洗　酸洗后的水冲洗是为了除去水系统回路中残留的酸洗液和脱落的固体颗粒。方法是用大量水对水系统进行开路冲洗，在冲洗过程中，每隔 $10min$ 测试一次排出的冲洗液的 pH 值，当接近中性时停止冲洗。

• 中和钝化　酸洗后，如不能及时进行预膜处理，则酸洗后露出的新鲜金属表面很活泼，极易产生浮锈，影响预膜效果。在酸洗后，还要用清水冲洗，再进行钝化处理，目的是使洗净的金属表面保持干净，不产生浮锈。若设备与管道清洗后马上就投入使用，可直接预膜而不需钝化。

钝化即金属经阳极氧化或化学方法（如强氧化剂反应）处理后，由活泼态变为不活泼态（钝态）的过程。钝化后的金属由于表面形成紧密的氧化物保护薄膜，因而不易腐蚀。常用的钝化剂有磷酸氢二钠（Na_2HPO_4）和磷酸二氢钠（NaH_2PO_4），在 $90℃$ 下钝化 $1h$ 即可。

ⅱ. 不停机化学清洗　在中央空调系统需要清洗但又不能停止供冷或供暖时，就要采用不停机的化学清洗方法。不停机清洗不存在系统清洗后不使用问题，所以清洗后不需要钝化，只需预膜。另外使用中的中央空调水系统存在油污的可能性较小，因而不需要碱洗处理。中央空调水系统不停机化学清洗的程序为：杀菌灭藻清洗→酸洗→中和→预膜。

• 杀菌灭藻清洗　杀菌灭藻清洗的目的、要求与停机清洗相同，只是在清洗结束后不一定要排水。当系统中的水比较浑浊时，可从系统的排污口排放部分水，并同时由冷却塔或膨胀水箱将新鲜水补足以达到使浊度降低即稀释的目的。

• 酸洗　酸洗的目的、要求与停机清洗基本相同，所不同的是，在酸洗前要先向系统中加入适量的缓蚀剂，待缓蚀剂在系统中循环均匀后再加入酸洗剂。不停机酸洗要在低 pH 值下进行，通常 pH 值在 2.5～3.5 之间。酸洗后应向系统中补加新鲜水，同时从排污口排放酸洗废液，以降低系统中水的浊度和铁离子浓度。然后加入少量的碳酸钠中和残余的酸，为下一步的预膜打好基础。

• 预膜　具体见以后内容。预膜完后将高浓度的预膜水仍采用边补水边排水的方式稀释，控制磷值为 10mg/L 左右即可。

化学清洗的优点：沉积物清洗彻底，清洗效果好；可以进行不停机清洗，使中央空调系统正常供冷或供暖；清洗操作简单。化学清洗的缺点：易对设备和管道产生腐蚀；产生的清洗废液易造成二次污染；清洗费用相对较高。

② 预膜处理　预膜处理就是向循环水系统中添加化学药剂使循环水接触的所有经清洗后的设备、管道形成一层非常薄的能抗腐蚀、不影响热交换、不易脱落的均匀致密保护膜的过程。常用的保护膜有两种类型，即氧化型膜和沉淀型膜，各种膜的特性见表 6-8。

a. 预膜方法与成膜控制条件

（a）预膜方法　预膜处理和酸洗后的钝化处理作用一样，也是使金属的腐蚀反应处于全部极化状态，消除产生电化学腐蚀的阴、阳极的电位差，从而抑制腐蚀。

在系统已清洗干净并换入新水后，投加预膜剂，启动水泵水循环流动 20～30h 进行预膜。预膜后如果系统暂不运行，则任由药水浸泡；如果预膜后立即转入正常运行，则于一周后分别投加缓蚀阻垢剂和杀生剂。其过程为：杀菌灭藻清洗→酸洗→中和→预膜剂→循环 20～30h 成膜。

经预膜处理后的系统，一般均能减轻腐蚀，延长设备和管道的使用寿命，保证连续安全地运行，同时能缓冲循环水中 pH 值波动的影响。

（b）成膜控制条件　预膜剂经常是采用与抑制剂大致相同体系的化学药剂，但不同的预膜剂有不同的成膜控制条件，见表 6-11。

表 6-11　抑制剂用作预膜剂的主要控制条件

预膜剂	使用浓度/(mg/L)	处理时间/h	pH 值	水温/℃	水中离子/(mg/L)
六偏磷酸钠＋硫酸锌（80%：20%）	600～800	12～14	6～6.5	50～60	Ca²⁺≥50
三聚磷酸钙	200～300	24～48	5.5～6.5	常温	Ca²⁺≥50
铬＋磷＋锌	200				
重铬酸钾	200	24	5.5～6.5		Ca²⁺≥50
六偏磷酸钠	150				
硫酸锌	35				
硅酸盐	200	7～72	6.5～7.5	常温	
铬酸盐	200～300		6～6.5	常温	
硅酸盐＋聚磷酸盐＋锌	150	24	7～7.5	常温	
有机聚合物	200～300		7～8		Ca²⁺≥50
硫酸亚铁	250～500	96	5～6.5	30～40	

保护膜的质量与成膜速度除与预膜剂有直接关系外，还受以下因素的影响。

ⓐ 水温　水温高有利分子的扩散，加速预膜剂的反应，成膜快，质地密实。实际做不到维持较高温度，只能维持常温，一般可通过加长预膜时间来弥补。

ⓑ 水的 pH 值　水的 pH 值过低会产生酸钙沉淀，会影响膜的致密性与金属表面的结合力。如 pH 值低于 5 则将引起金属的腐蚀。一般控制在 5.5～6.5 为宜。

ⓒ 水中离子　钙（Ca^{2+}）与锌（Zn^{2+}）离子是预膜水中影响较大的两种离子。如果预膜水中不含钙或钙含量较低，则不会产生密实有效的保护膜。规定预膜水中的钙的质量浓度不能低于 54mg/L。锌离子能促进成膜速度，在预膜过程中，锌与聚磷酸盐结合能生成磷酸锌，从而牢固地附着在金属表面上，成为其有效的保护膜，所以在聚磷酸盐预膜剂中要加锌盐。

ⓓ 预膜液流速　在预膜过程中，要求预膜液流速要高一些（不低于 1m/s）。流速大，有利于预膜剂和水中溶解氧的扩散，因而成膜速度快，其所生成的膜也较均匀密实；但流速过高（大于 3m/s），则又可能引起预膜液对金属的冲刷侵蚀；如流速太低，成膜速度慢，保护膜不够致密。

b. 预膜效果检验　预膜处理的效果，目前尚无准确、简便、快速的方法进行现场检验。一般是在生产系统进行预膜时，利用旁路挂片进行检测，观察挂片上成膜情况，使用的预膜剂不同，挂片上成膜的色彩也不同，例如用六偏磷酸钠和硫酸锌预膜时，挂片上呈一层均匀的蓝的彩色膜；如用阳极型缓蚀剂形成钝化膜时，挂片上仍保持发亮的金属光泽。通常用肉眼观察，膜层均匀、颜色一致、无锈蚀即表示预膜良好。也有用配制的化学溶液，滴于挂片上进行检验。化学溶液的配制及检验方法如下。

（a）硫酸铜溶液法　称取 15g 氯化钠和 5g 硫酸铜溶于 100mL 水中，将配制好的硫酸铜溶液滴于预膜的和未预膜的挂片上，同时测定两个挂片上出现红点所需的时间，两者的时差越大，表示预膜效果越好。因为红点是硫酸铜与 Fe 反应后被置换出来的 Cu 所致，如膜形成均匀，孔率少，则硫酸铜溶液不易与膜下的 Fe 起反应，因此，出现红点所需的时间就长，反之就短。

（b）亚铁氰化钾溶液法　称取 15g 氯化钠和 5g 亚铁氰化钾溶于 100mL 水中，将配制好的亚铁氰化钾溶液同时滴在预膜和未预膜的挂片上，测定出现蓝点所需的时间，两者时差越大，表示预膜效果越好。

c. 补膜与个别设备预膜处理

（a）补膜　补膜是当某些原因造成循环水系统的腐蚀速度突然增高，或在系统中发现带涂层的薄膜脱落时，而进行补救处理。补膜一般是增大起膜作用的抑制剂用量，使抑制剂的投加量提高到常规运行时用量的 2～3 倍。其他控制条件与预膜处理时基本相同。

（b）个别设备预膜处理　个别设备预膜处理是指那些更换的新设备或个别检修过的设备在重新投入使用前的预膜处理。这种预膜处理与对整个循环水系统进行的预膜处理基本相同，即将配制好的预膜液用泵进行循环；也可以采用浸泡法，将待预膜处理的设备或管束浸于配制好的预膜液中，经过一定时间后即可以取出投入使用。这两种处理方法比整个循环水系统中进行预膜处理容易，成膜质量也能保证。

冷却塔通常由人工定期清洗，不需要预膜，加上冷却塔除外的循环冷却水系统进行清洗和预膜的水不需要冷却，因此为了避免系统清洗时脏物堵塞冷却塔的配水系统和淋水填料，加快预膜速度，避免预膜液的损失，循环冷却水系统在进行清洗和预膜时，循环的清洗水和预膜水不应通过冷却塔，而应由冷却塔的进水管与出水管间的旁路管通过。

6.1.4　中央空调水系统的检修

（1）水泵常见故障检修

水泵在启动后及运行中经常出现的故障，其原因分析与解决方法见表 6-12。

表 6-12　水泵常见故障的原因分析与解决方法

问题或故障	原因分析	解决方法
启动后出水管不出水	1)进水管和泵内的水严重不足 2)叶轮旋转方向反了 3)进水和出水阀未打开 4)进水管部分或叶轮内有异物堵塞	1)将水充满 2)调换电机任意两根接线位置 3)打开阀门 4)清除异物
启动后出水压力表有显示,但管道系统末端无水	1)转速未达到额定值 2)管道系统阻力大于水泵额定扬程	1)检查电压是否偏低,填料是否压得过紧,轴承是否润滑不够 2)更换合适的水泵或加大管径、截短管路
启动后出水压力表和进水真空表指针剧烈摆动	有空气从进水管随水流进泵内	查明空气从何而来,并采取措施杜绝
启动后一开始有出水,但立刻停止	1)进水管中有大量空气积存 2)有大量空气吸入	1)查明原因,排除空气 2)检查进水管口的严密性,轴封的密封性
在运行中突然停止出水	1)进水管、口被堵塞 2)有大量空气吸入 3)叶轮严重损坏	1)清除堵塞物 2)检查进水管口的严密性,轴封的密封性 3)更换叶轮
轴承过热	1)润滑油不足 2)润滑油(脂)老化或油质不佳 3)轴承安装不正确或间隙不合适 4)泵与电机的轴不同心	1)及时加油 2)清洗后更换合格的润滑油(脂) 3)调整或更换 4)调整找正
泵内声音异常	1)有空气吸入,发生汽蚀 2)泵内有固体异物	1)查明原因,杜绝空气吸入 2)拆泵清除
泵振动	1)地脚螺栓或各连接螺栓和螺母有松动 2)有空气吸入,发生汽蚀 3)轴承破损 4)叶轮破损 5)叶轮局部有堵塞 6)泵与电机的轴不同心 7)轴弯曲	1)拧紧 2)查明原因,杜绝空气吸入 3)更换 4)修补或更换 5)拆泵清除 6)调整找正 7)校正或更换
流量达不到额定值	1)转速未达到额定值 2)阀门开度不够 3)输水管道过长或过高 4)管道系统管径偏小 5)有空气吸入 6)进水管或叶轮内有异物堵塞 7)密封环磨损过多 8)叶轮磨损严重	1)检查电压、填料、轴承 2)开到合适开度 3)缩短输水距离或更换合适的水泵 4)加大管径或更换合适的水泵 5)查明原因,杜绝空气吸入 6)清除异物 7)更换密封环 8)更换叶轮
耗用功率过大	1)转速过高 2)在高于额定流量和扬程的状态下运行 3)叶轮与蜗壳摩擦 4)水中混有泥沙或其他异物 5)泵与电机的轴不同心	1)检查电机、电压 2)调节出水管阀门开度 3)查明原因,消除 4)查明原因,采取清洗和过滤措施 5)调整找正

（2）冷却塔常见故障检修

冷却塔在运行过程中经常出现的问题或故障，其原因分析与解决方法见表6-13。

表 6-13　冷却塔常见故障的原因分析与解决方法

问题或故障	原 因 分 析	解 决 方 法
出水温度过高	1)循环水量过大 2)布水管(配水槽)部分出水孔堵塞造成偏流 3)进出空气不畅或短路 4)通风量不足 5)进水温度过高 6)吸、排空气短路 7)填料部分堵塞造成偏流 8)室外湿球温度过高	1)调阀门至合适水量或更换容量匹配的冷却塔 2)清除堵塞物 3)查明原因,进行改善 4)参见通风量不足的解决方法 5)检查冷水机组方面的原因 6)改善空气循环流为直流 7)清除堵塞物 8)减小冷却水量
通风量不足	1)风机转速降低 　传动皮带松弛 　轴承润滑不良 2)风机口叶片角度不合适 3)风机叶片破损 4)填料部分堵塞	1)调整方式 　调整电机位张紧或更换皮带 　加油或更换轴承 2)调至合适角度 3)修复或更换 4)清除堵塞物
集水盘(槽)溢水	1)集水盘(槽)出水口(滤网)堵塞 2)浮球阀失灵,不能自动关闭 3)循环水量超过冷却塔额定容量	1)清除堵塞物 2)修复 3)减少循环水量或更换容量匹配的冷却塔
集水盘(槽)中水位偏低	1)浮球阀开度偏小,造成补水量小 2)补水压力不足,造成补水量小 3)管道系统有漏水的地方 4)冷却过程失水过多 5)补水管径偏小	1)开大到合适开度 2)查明原因,提高压力或加大管径 3)查明漏水处,堵漏 4)参见冷却过程水量散失多的解决方法 5)更换
有明显飘水现象	1)循环水量过大或过小 2)通风量过大 3)填料中有偏流现象 4)布水装置转速过快 5)隔水袖(挡水板)安装位置不当	1)调节阀门至合适水量或更换容量匹配的冷却塔 2)降低风机转速或调整风机叶片角度或更换合适风量的风机 3)查明原因,使其均流 4)调至合适转速 5)调整
布(配)水不均匀	1)布水管(配水槽)部分出水孔堵塞 2)循环水量过小	1)清除堵塞物 2)加大循环水量或更换容量匹配的冷却塔
配水槽中有水溢出	1)配水槽的出水孔堵塞 2)水量过大	1)清除堵塞物 2)调至合适水量或更换容量匹配的冷却塔
有异常噪声或振动	1)风机转速过高,通风量过大 2)轴承缺油或损坏 3)风机叶片与其他部件碰撞 4)有些部件紧固螺栓的螺母松 5)风机叶片螺钉松 6)皮带与防护罩摩擦 7)齿轮箱缺油或齿轮组磨损 8)隔水袖(挡水板)与填料摩擦	1)降低风机转速或调整风机叶片角度或更换合适的风机 2)加油或更换 3)查明原因,排除 4)紧固 5)紧固 6)张紧皮带,紧固防护罩 7)加够油或更换齿轮组 8)调整隔水袖(挡水板)或填料
滴水声过大	1)料下水偏流 2)冷却水量过大	1)查明原因,使其均流 2)调整循环水量

6.2 中央空调风系统

6.2.1 中央空调风系统调试

(1) 风机试运行

① 试运行的准备工作 检查风机进、出口处柔性管是否严密。传动带松紧程度是否适合。用于盘车时,风机叶轮应无卡碰现象。

主风管及支管上的多叶调节阀应全开,如用三通调节阀应调到中间位置。风管内的防火阀应放在开启位置。送、回(排)风口的调节阀应全部开启。新风、回风口和加热器(表面换热器)前的调节阀开启到最大位置。加热器的旁通阀应处于关闭状态。

② 风机的启动与运转 瞬间点动风机,检查叶轮与机壳有无摩擦和不正常的声响。风机的旋转方向应与机壳上箭头所示方向一致。风机启动时,应用钳形电流表测量电动机的启动电流,待风机正常运转后再测量电动机的运转电流。如运转电流值超过电动机额定电流值时,应将总风量调节阀逐渐关小,直至回降到额定电流值。

在风机正常运转过程中,应以金属棒或长柄螺丝刀,仔细监听轴承内有无噪声,以判定风机轴承是否有损坏或润滑油中是否混入杂物。风机运转一段时间后,用表面温度计测量轴承温度,所测得的温度值不应超过设备说明书中的规定;如无规定值时可参照表6-14所列数值。

表 6-14 轴承温度

轴承形式	滚动轴承	滑动轴承
轴承温度/℃	≤80	≤60

风机在运转过程中的径向振幅应符合表6-15所列数值。

表 6-15 风机径向振幅(双向值)

风机转速/(r/min)	<375	375~550	550~750	750~1000	1000~1450	1450~3000	>3000
振幅值/mm	<0.18	<0.15	<0.12	<0.10	<0.08	<0.06	<0.04

风机经运转检查一切正常,再进行连续运转,运转持续时间不少于2h。

(2) 风量的测定

中央空调系统风量测定的目的是检查系统和各个房间的风量是否符合设计要求。测定内容包括系统送风量、回风量、排风量、新风量及房间正压风量的测定。根据测试位置的不同,风量的测定分为风管内风量的测量和风口风量的测量。风管内风量采用毕托管-微压计或热球风速仪测量;风口风量采用热球风速仪或叶轮风速仪测量。

① 风管内风量的测量 在风管中测定风量,实际上归结为选择测定断面,测量断面尺寸,确定测点及测定各点风速,进而求各点平均风速。

a. 测定断面的选择 测定断面应选择在气流均匀而稳定的直管段上,离开产生涡流的局部配件(弯头、三通等)一定距离。即按气流方向,应在局部阻力件之后大于5倍管径D(或矩形风管大边尺寸A),在局部阻力件之前大于2倍管径D(或矩形风管大边尺寸A)的直管段上选择测定断面,如图6-16所示。因射流的影响,调节阀前后应避免设置测定断面。

b. 测定断面测点的布置 由流体力学可知,当流体在管道中流动时,其速度的大小在管道断面上的分布是由管壁到管中心逐渐增大。空气在风管内流动时,风管中心区风速较均匀,靠近边缘风速会快速减小。因此,管道断面压力分布也不均匀。所以在测定压力时,必须在同一断面上多点测定，然后求出该断面的平均值。测点越多，所得的结果就越准确。测定断面内测点的位置与数目，主要取决于风管断面的形状与尺寸。

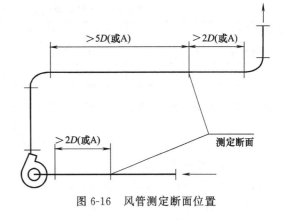

图 6-16　风管测定断面位置

（a）矩形断面测点布置　对矩形风管，可将测定断面划分为若干个接近正方形的面积相等的小断面，其面积一般不大于 0.05m² （边长 150～200mm），测点取在小断面的中心，如图 6-17 所示。一般认为当气流稳定时，边长可放到 400～500mm，但边缘测点距风管壁不宜大于 100mm。至于测孔开设在风管的大边或小边，应以方便操作为原则。

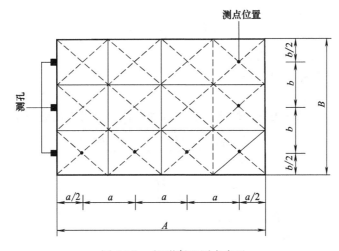

图 6-17　矩形断面测点布置

（b）圆形断面测点布置　对圆形风管应将测定断面划分为若干个面积相等的同心圆环，测点布置在各圆环面积等分圆环线上，而且应在相互垂直的直径上布置两个或四个测孔，如图 6-18 所示。按风管直径确定的圆环数 m，见表 6-16。

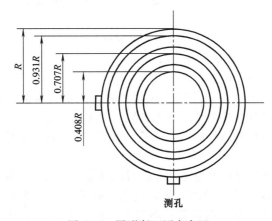

图 6-18　圆形断面测点布置

表 6-16　圆形风管测点划分的圆环数及测点数

风管直径 D/mm	200 以下	200~400	400~600	600~800	800~1000	1000 以上
圆环数 m	3	4	5	6	8	10
测点数	12	16	20	24	32	40

同心环上各测点到风管中心的距离可按下式计算。

$$R_n = R\sqrt{\frac{2n-1}{2m}} \tag{6-1}$$

式中　R——风管半径，mm；

　　　R_n——风管中心到 n 环测点的距离，mm；

　　　n——从风管中心算起圆环的顺序号；

　　　m——风管断面所划分的圆环数。

c. 计算风管断面平均风速　各个测点所测参数的算术平均值，可看做是测定断面的平均风速值，即：

$$v = \frac{v_1 + v_2 + \cdots + v_n}{n} \tag{6-2}$$

式中　　　　v——断面的平均风速值，m/s；

v_1，v_2，$\cdots$，v_n——各测点的风速，m/s；

　　　　　　n——测点数。

在风量测定中，如果是用皮托管测出的空气动压值，也可求出断面空气平均流速，即：

$$p_d = \left(\frac{\sqrt{p_{d_1}} + \sqrt{p_{d_2}} + \cdots + \sqrt{p_{d_n}}}{n}\right)^2 \tag{6-3}$$

$$v = \sqrt{\frac{2p_d}{\rho}} \tag{6-4}$$

式中　p_{d_1}，p_{d_2}，p_{d_n}——各测点的动压值，Pa；

　　　　　n——测点数；

　　　　　ρ——空气的密度，m³/kg。

在现场测定中，测定断面的选择受到条件的限制，个别点测定的动压可能出现负值或零值，计算平均动压时，要将负值当零值处理，而测点的数量应包括零值和负值在内的全部测点。

d. 风量计算　求出风管断面的平均风速，便可计算出通过测量断面的风量。风管内风量的计算公式为：

$$L = 3600Av \tag{6-5}$$

式中　L——通过测量断面的风量，m³/h；

　　　A——风管测定断面的面积，m²；

② 风口风量的测量　对于空调房间的风量或各个风口的风量，如果无法在各分支管上测定，可以在送、回风口处直接测量。当在送风口处测定风量时，由于该处气流比较复杂，通常采用加罩法测定，即在风口外加一个罩子，罩子与风口的接缝处不得漏风。这样使得气流稳定，便于准确测量。

在风口处加罩子会使气流阻力增加，造成所测风量小于实际风量。但对于风管系统阻力较大的场合（如风口加装高效过滤器）影响较小。如果风管系统阻力不大，则应采用如图 6-19 所示的罩子。因为这种罩子对风量影响较小，使用简单又能保证足够的准确性，故在风口风量的测量中常用此法。

回风口处由于气流均匀,所以可以直接在贴近回风口格栅或网相处用测量仪器测定风量。

(3) 系统风量的调整

根据风量调整的原理,在不同情况下应用的风量调整方法有基准风口法、流量等比分配法和逐段分支调整法等。这里主要介绍基准风口调整法。

基准风口调整法就是在系统风量调整前先对全部风口的风量初测一遍,并计算出各个风口的初测风量与设计风量的比值,将其进行比较后找出比值最小的风口。将这个比值最小的风口作为基准风口,由此风口开始进行调整。

现以如图 6-20 所示的系统为例,说明其调整方法。将图 6-20 中所示的各风口编号,并将设计风量分别填入表 6-17 中。

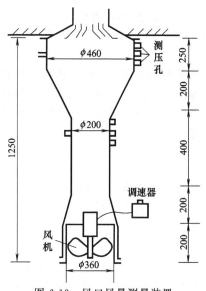

图 6-19 风口风量测量装置

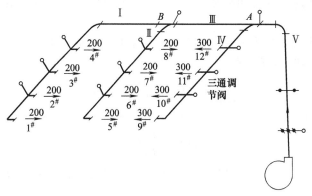

图 6-20 基准风口调整法示意

风量单位为 m³/h

表 6-17 各风口实测风量表

风口编号	设计风量 /(m³/h)	最初实测风量 /(m³/h)	$\dfrac{最初实测风量}{设计风量} \times 100\%$
1#	200	160	80
2#	200	180	90
3#	200	220	110
4#	200	250	125
5#	200	210	105
6#	200	230	115
7#	200	190	95
8#	200	240	120
9#	300	240	80
10#	300	270	90
11#	300	330	110
12#	300	360	120

调整前,先用校验过的风速仪将全部风口的送风量初测一遍,并将计算出的各个风口的最初实测风量与设计风量的比值的百分数也填入表 6-17 中。

由表 6-17 可知，最小比值的风口分别是支干管Ⅰ上的 1# 风口，支干管Ⅱ上的 7# 风口、支干Ⅳ上的 9# 风口，所以就选 1#、7#、9# 风口作为调整各分支干管上风口风量的基准风口。

风量的测定调整一般应从离心风机最远的支干管Ⅰ开始。

为便于调整，一般使用两套仪器同时测量 1#、2# 风口的风量，此时借助于 2# 风口处的三通调节阀进行调节，使 1#、2# 风口的最初实测风量与设计风量的比值百分数近似相等，即：

$$\frac{L_{2测}}{L_{2设}}\times100\% = \frac{L_{1测}}{L_{1设}}\times100\%$$

经过这样调节，1# 风口的风量必然有所增加，其比值数要大于 80%；2# 风口的风量有所减少，其比值小于原来的 90%，但比 1# 风口原来的比值数 80% 要大一些。假设调节后的比值数为：

$$\frac{L_{2测}}{L_{2设}} = 83.7\% \approx \frac{L_{1测}}{L_{1设}} = 83.5\%$$

这说明两个风口的阻力已经达到平衡，根据风量平衡原理可知，只要不变动已调节过的三通阀位置，无论前面管段的风量如何变化，1#、2# 风口的风量总是按新比值数有效地进行分配。

1# 风口的仪器不动，将另一套仪器放到 3# 风口处，同时测量 1#、3# 风口的风量，并通过 3# 风口处的三通阀调节，使：

$$\frac{L_{3测}}{L_{3设}}\times100\% \approx \frac{L_{1测}}{L_{1设}}\times100\%$$

此时 1# 风口已经大于 83.5%，3# 风口已经小于原来的 110%。设新的比值为：

$$\frac{L_{3测}}{L_{3设}} = 92\% \approx \frac{L_{1测}}{L_{1设}} = 92.2\%$$

自然 2# 风口的比值数也随即增大到 92.2% 多一点。用同样的测量调节方法，使 4# 风口与 1# 风口达到平衡。假设：

$$\frac{L_{4测}}{L_{4设}} = 106\% \approx \frac{L_{1测}}{L_{1设}} = 106.2\%$$

自然 2#、3# 风口的比值也随即增大到 106.2%，至此，支干管Ⅰ上的风口均调整平衡，其比值数近似相等。

对于支干管Ⅱ、Ⅳ上的风口风量也按上述方法调节到平衡。虽然 7# 风口不在支干管末端，仍以 7# 风口作为基准风口，但要从 5# 风口开始向前逐步调节。

各条支干管上的风口调整平衡后，就需要调节支干管上的总风量。此时，从最远的支干管开始向前调节。

选取 4#、8# 风口为Ⅰ、Ⅱ支干管的代表风口，调节节点 B 处的三通阀，使 4#、8# 风口风量的比值数相等，即：

$$\frac{L_{4测}}{L_{4设}}\times100\% \approx \frac{L_{8测}}{L_{8设}}\times100\%$$

调节后，1# ～3#、5# ～7# 风口风量的比值数也相应的变化到 4#、8# 风口的比值数，则证明支干管Ⅰ、Ⅱ的总风量已经调整平衡。

选取 12# 风口为支干管Ⅳ的代表风口，选取支干管Ⅰ、Ⅱ上任一个风口（例如选 8# 风口）为管段Ⅲ的代表风口。利用节点 A 处的三通阀进行调节，使 12#、8# 风口风量的比值数近似相等，即 $\frac{L_{12测}}{L_{12设}}\times100\% \approx \frac{L_{8测}}{L_{8设}}\times100\%$；于是其他风口风量的比值数也随着变化到新的比值数，则支干管Ⅳ、管段Ⅲ的总风量也调到平衡，但此时所有风口量都不等于设计风量。

将总干管Ⅴ的风量调节到设计风量，则各支干管和各风口的风量将按照最后调整的比值数进行分配达到设计风量。

6.2.2 中央空调风系统的运行操作

（1）风机的运行操作

风机是通风机的简称，在中央空调系统各组成设备中用到的风机主要是离心风机和轴流风机。由于离心风机在中央空调系统中的使用多于轴流风机，因此，在这里只介绍离心风机，轴流风机内容参阅冷却塔的相关内容。

① 启动前的检查

a. 皮带松紧度检查

b. 各连接螺栓螺母紧固情况检查　风机与基础或机架，风机与电动机，以及风机自身各部分（主要是外部）连接螺栓和螺母是否松动的检查、紧固工作。

c. 减振装置受力情况检查　检查减振装置是否发挥了作用，是否工作正常。主要检查各减振装置是否受力均匀，压缩或拉伸的距离是否都在允许范围内，有问题要及时调整和更换。

d. 轴承润滑情况检查

② 风机启动　风机从启动到达到正常工作转速需要一定时间，而电机启动时所需要的功率超过其正常运转时的功率。由离心风机性能曲线可以看出，风量接近于零（进风口管道阀门全闭）时功率较小，风量最大（进风口管道阀门全开）时功率较大。为了保证电机安全启动，应将离心风机进口阀门全关闭后启动，待风机达到正常工作转速后再将阀门逐渐打开，避免因启动负荷过大而危及电机的安全运转。轴流风机无此特点，因此不宜关阀启动。

③ 运行检查　风机有些问题和故障只有在运行时才会反映出来，风机在转并不表示它一切正常，需要通过摸、看、听及借助其他技术手段去及时发现风机运行中是否存在问题和故障。因此，运行检查工作是不能忽视的一项重要工作，其主要检查内容有：电机温升情况、轴承温升情况（不能超过60℃）、轴承润滑情况、噪声情况、振动情况、转速情况、软接头完好情况。如果发现上述情况有异常，可参考6.2.3部分的有关内容进行及时处理，避免产生事故，造成损失。

④ 运行调节　风机的运行调节主要是改变其输出的空气流量，以满足相应的变风量要求。调节方式可以分为两大类：一类是风机转速改变的变速调节；另一类是风机转速不变的恒速调节。

a. 风机转速改变的变速调节　风机转速改变可通过电动机调速方法和改变风机与电动机间的传动关系进行调节。

b. 风机恒速风量调节

（a）改变叶片角度　改变叶片角度是只适用于轴流风机的定转速风量调节方法，通过改变叶片的安装角度，使风机的性能曲线发生变化，这种变化与改变转速的变化特性很相似。由于叶片角度通常只能在停机时才能进行调节，调起来很麻烦，而且为了保持风机效率不致太低，这个角度的调节范围较小，再加上小型轴流风机的叶片一般都是固定的，因此，该调节方法的使用受到很大限制。

（b）调节进口导流器　调节进口导流器是通过改变安装在风机进口的导流器叶片角度，使进入叶轮的气流方向发生变化，从而使风机性能曲线发生改变的定转速风量调节方法。导流器调节主要用于轴流风机，并且可以进行不停机的无级调节。从节能情况来看，虽然不如变速调节，但比阀门调节要有利得多；从调节的方便、适用情况来看，比风机叶片角度调节优越得多。

(2) 风量的调节

风量系统的调节最主要的方法是根据室内负荷调节系统的工作状况。而调节系统工作状况可从改变风机性能曲线或改变管路性能曲线这两个途径着手。

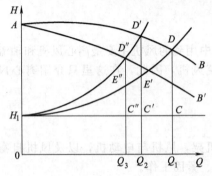

图 6-21　压出管和吸入管阀门流量调节

① 改变管路性能曲线的调节方法

a. 压出管阀门节流　在风机转速不变的情况下，利用开大或关小风机压出管上阀门开度，从而改变管路的阻抗系数 S，使管路性能曲线改变，以达到调节流量的目的。典型的定风量系统风量控制就是采取此种方法。

如图 6-21 所示，AB 是风机特性曲线，当阀门全开时，其管路性能曲线为 H_1D，设此时管路阻抗系数为 S_1，流量最大为 Q_1，则管路阻力损失 $S_1Q_1^2$ 较小（CD 段），工作点为 D；当阀门关至某一开度时，则管路曲线由 H_1D 变为 H_1D'，此时管路阻抗系数为 S_2，流量减至 Q_2，工作点由 $D{\to}D'$，阻力损失为 $S_2Q_2^2$（$C'D'$ 段），而该流量 Q_2 对应于原管路的损失仅为 $S_1Q_2^2$（$C'E'$ 段），其余部分（S_2-S_1）Q_2^2 为节流的额外压头损失（$E'D'$ 段）。

b. 吸入管阀门节流　如图 6-21 所示，在风机转速不变的情况下，当关小风机吸入管阀门时，不仅使管路性能曲线由原来的 H_1D 变为 H_1D'，同时也改变了风机的性能曲线，由 AB 变为 AB'。因为当吸入阀门关小时，风机入口气体的压强降低，相应的气体密度变小，其风机压头和流量同时变小。于是节流后的工作点由节流前的 D 点移至 D'' 点，其节流的额外压头损失也从（S_2-S_1）Q_2^2（$E'D'$ 段）相应减小为（S_2-S_1）Q_3^2（$E''D''$ 段），所以在风机吸入管处设置调节阀比在压出管处设置有利。

② 改变风机性能曲线的调节法　为节约空调能耗，各种变流量的风机及变风量系统等相继发展，它们大多以调节风机性能曲线来满足节能要求。

a. 改变风机的转速　由相似律可知，当改变风机转速 n 时，其效率基本不变，但流量 Q、压头 H 及功率 N 都按下式改变。

$$\frac{Q_1}{Q_2}=\sqrt{\frac{H_1}{H_2}}=\sqrt[3]{\frac{N_1}{N_2}}=\frac{n_1}{n_2} \tag{6-6}$$

如图 6-22 所示，风机在不同转速下的性能曲线 AB 和 $A'B'$ 与管路性能曲线 CE 的交点分别为 D 和 D'。当工作点由 D 变至 D' 点时，风机的流量由 Q_1 变至 Q_2，压头由 H_1 降为 H_2。

下面讨论改变风机转速的调节方法。对于风机常用的异步电机，有：

$$n=\frac{60f}{P}(1-s) \tag{6-7}$$

式中　n——电机转速，r/min；

　　　f——交流电频率，Hz；

　　　P——电机磁极对数；

　　　s——电机转差率（其值甚小，一般异步电机小于 0.1）。

从式（6-7）可以看出，改变转速可从改变 P 或 f 着手，以下分别讨论。

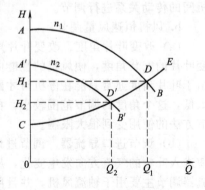

图 6-22　改变风机性能调节

ⓐ 采用具有多种磁极对数的变速电机，通过电气开关，可方便地改变转速。由于结构比较复杂，通常仅两级调速，即从 3000r/min 跳至 1500r/min，1500r/min 跳至 1000r/min，或由 1000r/min 跳至 750r/min。此方法现在已很少用于空调系统。

ⓑ 变频调速通过改变电机定子供电频率达到平滑地改变电机的同步转速；它还可以通过逐渐增大频率和定子电压，使电机转速逐渐升高。当风机达到设定的流量或压力时就自动地稳定旋转，使风机在超过市电频率下运转，适应空调负荷短时间大幅提高的要求。变频调节是一种良好的空调节能调节方法。

需要注意的是，由于变频装置会产生电磁波，应采取消除电磁波的技术手段，以达到相关技术标准要求。

b. 改变风机进口导流叶片角度　在风机进口处安装导流器（又称风机启动多叶调节阀），当导流器叶片角度改变时，进入叶轮的气流预旋方向改变，风机本身的性能曲线随之改变。

导流叶片既是风机的组成部分，又是吸入管路上的调节阀，因此它的角度变化既改变了风机性能曲线，又改变了管路性能曲线，使该方法具有调节灵活的特点。

导流器调节法的特性曲线如图 6-23 所示。以风机导流叶片角度分别为 $0°$、$30°$、$60°$ 为例，风机性能曲线和管路性能曲线对应各有 3 条，其工作点分别为 1、2 和 3。当调节导流叶片角度而减小风量时，风机功率沿着 $1'$、$2'$ 和 $3'$ 下降。如不安装导流器，只依靠管网节流使风量减小到 Q_2 和 Q_3 时，风机功率沿着叶片角度为 $0°$ 的功率曲线由 $1'$ 向 $2''$ 和 $3''$ 移动，所以用导流器调节，比单用管路节流阀调节消耗的功率小，是一种比较经济的调节方法。

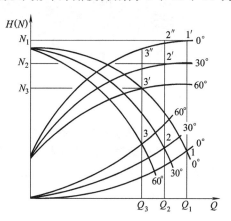

图 6-23　导流器调节法的特性曲线

6.2.3　中央空调风系统的维护保养

(1) 风机的维护保养

风机停机不使用可分为日常停机（如白天使用，夜晚停机）或季节性停机（如每年 4～11 月份使用，12～3 月份停机）。从维护保养的角度出发，停机期间主要应在以下几方面做好维护保养工作。

① 风叶每六个月要定期清洁，以延长风机使用寿命。

② 皮带每三个月要定期调整松紧。

③ 风机进风网口要保持通畅。

④ 出风口要保证百叶开启大于 70%。

⑤ 连续使用时间不超过 8～10h。

⑥ 风机电机要注意防水，保持清洁。

⑦ 定期检查风机油座内的油是否足够正常运转，以及定期加油或更换。

(2) 风管的清洗

中央空调如果不及时清洗，造成的危害及影响是巨大的，主要危害如下。

滋生细菌，传染疾病：由于风道通过出风口、回风口与室内形成相对封闭空间，风道内的灰尘（一般肉眼看不见）及病菌会随着空调风吹到房间各个角落，逐渐变成室内空气的污染源；同时某一个房间的病菌也容易随着空调循环风吹到其他房间形成交叉感染。

风阻加大、损耗能源：空气在风道内流动，由于黏附物与流体的相对运动而产生了摩擦力，空气在风道内流动的过程中，要克服这种阻力而消耗能量。

① 风管清洗设备　风道清洗设备按功用有如下划分：a. 检测监控系统，包括检测机器人、控制器、显示器等；b. 管道清洗装置；c. 集尘过滤设备，包括大功率风机、集尘过滤箱、软管等；d. 其他辅助设备，例如气囊、空气压缩机等。其中管道清洗装置按工作原理不同又可分为电动、气动两类。气动清洗设备有气锤、气鞭、气动清扫刷等。电动清洗设备有电动刷、风管钻、清洗机器人等。

a. 风道清洗机器人设备　风道专用清洗机器人，带前后彩色摄像头，可有线遥控全部清洗过程，带同期录像功能，机械臂可遥控清洗高度，可清洗 200～1200mm 高度的风道，清洗方向为径向与纵向，带正反转，车体操作灵活，可与铲物头和吹气头配合使用，如图6-24 所示。可视监控设备如图 6-25 所示。

图 6-24　风道专用清洗机器人

b. 电动旋转风道清洗设备　电动旋转驱动设备分为手动驱动和自动驱动。自动驱动能变频调速，可自动限时正反转清洗，可与清洗软轴配合，并有不同型号的毛刷，对复杂、细小的管道进行高效清洗，如图 6-26 所示。

图 6-25　可视监控设备　　　　　　图 6-26　电动旋转驱动设备

另外，还有强力吸尘过滤设备，吸风量达 2400m³/h；气动吹扫喷雾设备，可对风道内灰尘进行吹扫清洗。喷雾头可装配在清洗机器人上与储液罐、空气压缩机连接使用，可对风道内喷洒清洗剂；风道气堵产品采用高耐磨、防扎漏 PVC 复合材料制作，可对不同规格的风道进行清洗前的阻隔等。

② 风道清洗工艺

a. 主风管的清洗　首先用检测机器人对风管内部进行检测录像。将机器人从检测口放入要检测的风管内，对风管内部污染状况进行检测。通过监视的摄像单元可从显示器上看到风管内部污染的情况及整个检测的过程跟踪录像。

　　针对不同规格、不同尺寸的风管，分别用清洁机器人、电动万能刷、空气喷嘴等工具进行污染物的清理吹扫，如图 6-27 所示。利用吸尘箱产生的负压对污染物进行收集。将清洁机器人放入清洗的中央空调风管内进行清扫作业，由近而远清扫风管内壁。清扫时，使刷头或机器人沿作业口进入管道，剥离管道内壁附着的污染物，使其可以被吸尘器制造的气流输送到吸尘器并被吸收。通过监视的摄像单元可从显示器上看到风管内部的清洗及设备的工作情况，以便通过操作按钮控制机器人手臂升降高度、滚筒刷及行进的方向。在用空气喷嘴进

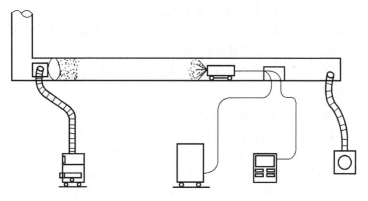

图 6-27　清洗方法

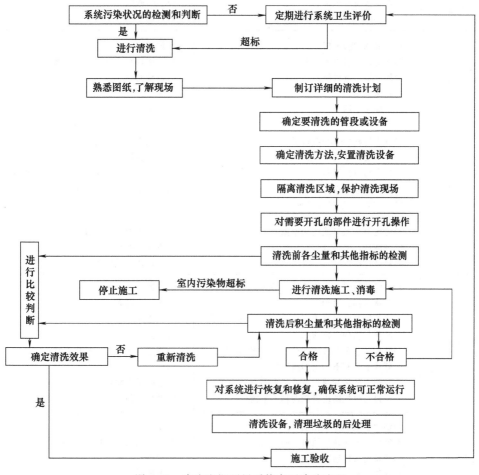

图 6-28　中央空调通风系统主要清洗流程

行吹扫作业时，吹扫设备沿作业口进入风道，进行高压空气吹扫，用压缩气流输送污染物。必要时可与清洁机器人配合使用，使风管内的灰尘彻底被吸出。清洗后取出工具，使用检测机器人进行效果检测并录像，至合格为止。

b. 支风管的清洗　吸尘箱吸风管与主风管上的吸尘开口连接；风管上开一个口作为吸尘器设备的吸管接口使用，用专用软管连接通风管道和吸尘器（开口位置离送风口较近可利用现有的风口作为吸尘器的吸管接口）。用软刷、喷嘴、电动万能刷等工具对支风管进行清洗，未被清洗的支风管与主风管连接处的防火阀处于关闭状态，清洗时吸尘箱处于开启状态；清洗时对于中央空调通风系统尺寸较小的风管，用电动万能刷进行清理，对弯曲的通风管段及立管，用空气软刷或者空气喷嘴进行清理。

③ 清洗流程　中央空调通风系统主要清洗流程如图 6-28 所示。

6.2.4　中央空调风系统的检修

这里主要介绍风机常见故障检修，风机不论是在制造、安装，还是选用和维护保养方面，稍有缺陷即会在运行中产生各种问题及故障。了解这些常见问题和故障，掌握其产生的原因和解决方法，是及时发现和正确解决这些问题及故障，保证风机充分发挥其作用的基础。风机常见问题和故障的原因分析与解决方法如表 6-18 所示。

表 6-18　风机常见问题和故障的原因分析与解决方法

问题或故障	原 因 分 析	解 决 方 法
电机温升过高	1)流量超过额定值 2)电机或电源方面有问题	1)关小阀门 2)查找电机和电源方面的原因
轴承温升过高	1)润滑油(脂)不够 2)润滑油(脂)质量不良 3)风机轴与电机轴不同心 4)轴承损坏 5)两轴承不同心	1)加足 2)清洗轴承后更换合格润滑油(脂) 3)调整同心 4)更换 5)找正
皮带方面的问题	1)皮带过松(跳动)或过紧 2)多条皮带传动时,松紧不一 3)皮带易自己脱落 4)皮带擦碰皮带保护罩 5)皮带磨损、油腻或脏污	1)调电机位张紧或放松 2)全部更换 3)将两皮带轮对应的带槽调到一条直线上 4)张紧皮带或调整保护罩 5)更换
噪声过大	1)叶轮与进风口或机壳摩擦 2)轴承部件磨损,间隙过大 3)转速过高	1)参见下面有关条目 2)更换或调整 3)降低转速或更换风机
振动过大	1)地脚螺栓或其他连接螺栓的螺母松动 2)轴承磨损或松动 3)风机轴与电机轴不同心 4)叶轮与轴的连接松动 5)叶片重量不对称或部分叶片磨损、腐蚀 6)叶片上附有不均匀的附着物 7)叶轮上的平衡块重量或位置不对 8)风机与电机两皮带轮的轴不平衡	1)拧紧 2)更换或调紧 3)调整同心 4)紧固 5)调整平衡或更换叶片或叶轮 6)清洁 7)进行平衡校正 8)调整平衡
叶轮与进风口或机壳摩擦	1)轴承在轴承座中松动 2)叶轮中心未在进风口中心 3)叶轮与轴的连接松动 4)叶轮变形	1)紧固 2)查明原因,调整 3)紧固 4)更换

问题或故障	原因分析	解决方法
出风量偏小	1)叶轮旋转方向反了 2)阀门开度不够 3)皮带过松 4)转速不够 5)进风或出风口、管道堵塞 6)叶轮与轴的连接松动 7)叶轮与进风口间隙过大 8)风机制造质量问题,达不到铭牌上标定的额定风量	1)调换电机任意两根接线位置 2)开大到合适开度 3)张紧或更换 4)检查电压、轴承 5)清除堵塞物 6)紧固 7)调整到合适间隙 8)更换合适风机

附　　录

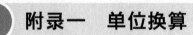

附录一　单位换算

表1-1　压力单位换算

帕 (Pa) 牛顿/米² (N/m²)	千克力/厘米² (kgf/cm²) 工程大气压 (at)	磅力/英寸² (lbf/in²) (psi)	巴 (bar)	毫米汞柱 (mmHg)	千克力/米² (kgf/m²) 毫米水柱 (mmH₂O)	米水柱 (mH₂O)	英寸汞柱 (inHg)	英寸水柱 (inH₂O)	标准 大气压 (atm)
1	1.02×10^{-5}	1.45×10^{-4}	10^{-5}	7.5×10^{-3}	0.102	1.02×10^{-4}	2.95×10^{-4}	4.01×10^{-3}	9.87×10^{-6}
98067	1	14.23	0.981	735.56	10^{4}	10	28.96	393.7	0.968
6894.8	0.07	1	0.069	51.715	703	0.703	2.036	27.68	0.068
10^{5}	1.02	14.51	1	750.1	1.02×10^{4}	10.2	29.53	402	0.987
133.32	1.36×10^{-3}	0.019	1.33×10^{-3}	1	13.6	0.014	0.039	0.535	1.32×10^{-3}
9.8067	10^{-4}	1.42×10^{-3}	9.81×10^{-5}	0.074	1	10^{-3}	2.89×10^{-3}	0.039	9.68×10^{-5}
9806.7	0.1	1.422	0.098	73.56	1000	1	2.896	39.37	0.097
3386.5	0.035	0.491	0.034	25.45	345.33	0.345	1	13.61	0.033
249.09	2.54×10^{-3}	0.036	2.49×10^{-3}	1.87	25.4	0.025	0.074	1	2.46×10^{-3}
101325	1.033	14.7	1.013	760	10333	10.33	29.92	406.8	1

表1-2　热（冷）量单位换算

美国冷吨（USRT）	瓦（W）	大卡/小时（kcal/h）	英热单位/小时（Btu/h）
1	3517	3024	12000
2.84×10^{-4}	1	0.8598	3.412
3.31×10^{-4}	1.163	1	3.968
8.33×10^{-5}	0.293	0.252	1

附录二　常用运行、维护保养与检修记录表

表 2-1　多机头活塞式中央空调冷水机组运行记录

机组编号：

开机时间：　　　　　停机时间：　　　　　　　　　日期：20　年　月　日

记录时间	蒸发器						冷凝器						压缩机			压缩机电动机						运行机头数或编号	记录人
	制冷剂		水温/℃		水压/MPa		制冷剂		水温/℃		水压/MPa		润滑油			电流/A			电压/V				
	压力/MPa	温度/℃	进水	出水	进水	出水	压力/MPa	温度/℃	进水	出水	进水	出水	油位/cm	油温/℃	油压差/MPa	A相	B相	C相	AB	BC	CA		
备注																							

表 2-2　螺杆式中央空高调冷水机组运行记录

机组编号：

开机时间：　　　　　停机时间：　　　　　　　　　日期：20　年　月　日

记录时间	蒸发器						冷凝器						压缩机			滑阀位置	压缩机电动机						记录人
	制冷剂		水温/℃		水压/MPa		制冷剂		水温/℃		水压/MPa		润滑油				电流/A			电压/V			
	压力/MPa	温度/℃	进水	出水	进水	出水	压力/MPa	温度/℃	进水	出水	进水	出水	油位/cm	油温/℃	油压差/MPa		A相	B相	C相	AB	BC	CA	
备注																							

表 2-3　离心式中央空调冷水机组运行记录

机组编号：

开机时间：　　　　　　停机时间：　　　　　　　　　　日期：20　年　月　日

记录时间	蒸发器						冷凝器						导叶开度/%	轴承温度/℃	压缩机			压缩机电动机						记录人
	冷冻水				制冷剂		冷却水				制冷剂				润滑油			电流/A			电压/V			
	温度/℃		压力/MPa		压力/MPa	温度/℃	温度/℃		压力/MPa		压力/MPa	温度/℃			油位/cm	油温/℃	油压差/MPa	百分比/%						
	进水	出水	进水	出水			进水	出水	进水	出水									A相	B相	C相	AB	BC	CA	
备注																								

表 2-4　直燃型燃油溴化锂吸收式冷温水机组运行记录

机组编号：

开机时间：　　　　　　停机时间：　　　　　　　　　　日期：20　年　月　日

项目	测点　记录时间									平均值
温度/℃	高压发生器									
	冷(温)水进水									
	冷(温)水出水									
	冷却水进水									
	冷却水出水									
压力/MPa	高压发生器									
	冷(温)水进水									
	冷(温)水出水									
	冷却水进水									
	冷却水出水									
视镜	冷剂水液位									
	变频器频率/Hz									
	燃烧机火力									
	电压/V									
每4h记录一次	燃烧	油压/MPa								
		排烟温度/℃								
	变频器									
	吸收泵									
	冷剂泵									
	冷(温)水泵									
	冷却水泵									
	冷(温)水流量/(kg/h)									
	冷却水流量/(kg/h)									

项目	测点 　　记录时间											平均值
每天记录一次	总耗油量/(kg/天)											
	总运行时间/h											
	平均耗油量/(kg/h)											
记录人												
备注												

注：1. 除每4h和每天记录一次的项目外，其余各项一般1h或2h记录一次。

2. 如为燃气机组则油压改为供气压力。

表 2-5　蒸汽型双效溴化锂吸收式制冷机运行记录

机组编号：

开机时间：　　　　　停机时间：　　　　　　　　　日期：20　年　月　日

部件	参　数		8 时	9 时	10 时	11 时	12 时	13 时	14 时	15 时	16 时	17 时
高压发生器	加热蒸汽	压力/MPa										
		温度/℃										
		流量/(kg/h)										
蒸发器	蒸发温度/℃											
	冷媒水	进水温度/℃										
		出水温度/℃										
		流量/(kg/h)										
低压发生器	冷剂加热蒸汽温度/℃											
	冷剂蒸汽凝结水温度/℃											
	稀溶液进口温度/℃											
	浓溶液出口温度/℃											
冷凝器	冷凝温度/℃											
	冷却水	进水温度/℃										
		出水温度/℃										
		流量/(kg/h)										
吸收器	喷淋溶液温度/℃											
	冷却水	进水温度/℃										
		出水温度/℃										
		流量/(kg/h)										
高温热交换器	浓溶液	进口温度/℃										
		出口温度/℃										
	稀溶液	进口温度/℃										
		出口温度/℃										

部件	参数		8时	9时	10时	11时	12时	13时	14时	15时	16时	17时
低温热交换器	浓溶液	进口温度/℃										
		出口温度/℃										
	稀溶液	进口温度/℃										
		出口温度/℃										
凝水回热器	凝水	进水温度/℃										
		出水温度/℃										
	稀溶液	进口温度/℃										
		出口温度/℃										
屏蔽泵	发生器泵	电流/A										
	吸收器泵											
	蒸发器泵											
记录人												
备注												

表 2-6 中央空调系统水泵、冷却塔运行记录

日期：20　年　月　日

记录时间	冷冻水泵 1号							冷却水泵 1号							冷却塔 1号						记录人
	压力/MPa		电流/A			电压/V			压力/MPa		电流/A			电压/V			电流/A			电压/V		
	进水	出水	A相	B相	C相	AB	BC	CA	进水	出水	A相	B相	C相	AB	Bc	CA	A相	B相	C相	AB	BC	CA
备注																						

注：如果是调速泵，需另加转速（r/min）或频率（Hz）栏。

表 2-7 设备维护保养记录

日期：20 年 月 日

序号	维护保养项目	纪要	完成人
1			
2			
3			
4			
5			
6			
7			
8			

表 2-8 检修记录

日期：20 年 月 日

设备名称		型号规格		设备编号	
检修原因					
故障现象					
原因分析					
检修情况纪要					
检修时间			检修人		
备注					

表 2-9 中央空调系统运行交接班记录

班次	20 年 月 日 时～20 年 月 日 时	交班人
交接时间	20 年 月 日 时	接班人

交班人:本班运行情况及特别留言

接班人:接班记事

参 考 文 献

[1]　中华人民共和国劳动和社会保障部. 中央空调系统操作员 [M]. 北京：中国电力出版社，2003.

[2]　魏龙主编. 制冷与空调设备 [M]. 北京：机械工业出版社，2012.

[3]　张国东主编. 中央空调系统运行维护与检修 [M]. 北京：化学工业出版社，2010.

[4]　孙见君主编. 空调工程施工与运行管理 [M]. 第2版. 北京：机械工业出版社，2008.

[5]　魏龙主编. 制冷设备维修手册 [M]. 北京：化学工业出版社，2012.

[6]　张祉祐. 制冷空调设备使用维修手册 [M]. 北京：机械工业出版社，1998.

[7]　李金川编. 空调制冷安装调试手册 [M]. 北京：中国建筑工业出版社，2006.

[8]　李援瑛主编. 中央空调操作与维护 [M]. 北京：机械工业出版社，2008.

[9]　齐长庆主编. 中央空调系统操作员（初级）[M]. 北京：机械工业出版社，2011.

[10]　宋友山主编. 中央空调系统操作员（高级）[M]. 北京：机械工业出版社，2011.

[11]　陈维刚主编. 中央空调工（初级）[M]. 北京：中国劳动社会保障出版社，2003.

[12]　辛长平主编. 中央空调操作与管理 [M]. 北京：机械工业出版社，2012.

[13]　周邦宁主编. 空调用螺杆式制冷机（结构、操作、维护）[M]. 北京：中国建筑工业出版社，2002.

[14]　魏龙主编. 制冷与空调职业技能实训 [M]. 北京：高等教育出版社，2007.

[15]　魏龙. 冷冻机油对压缩式制冷系统的影响及选择 [J]. 压缩机技术，2001（6）：18-20.

[16]　魏龙. 软填料密封存在的问题与改进 [J]. 通用机械，2005（2）：50-54.

[17]　何耀东主编. 空调用溴化锂吸收式制冷机 [M]. 第2版. 北京：中国建筑工业出版社，1996.

[18]　戴永庆主编. 溴化锂吸收式制冷空调技术实用手册 [M]. 北京：机械工业出版社，2000.

[19]　付卫红主编. 空调系统运行维修与检测技能培训教程 [M]. 北京：机械工业出版社，2010.

[20]　夏云铧，袁银男主编. 中央空调系统应用与维修 [M]. 第2版. 北京：机械工业出版社，2009.